Le cerveau et la pensée

La révolution des sciences cognitives

Ouvrages parus chez le même éditeur

Les Sciences humaines. Panorama des connaissances, Jean-François Dortier, 1998.

L'Identité. L'individu, le groupe, la société, Jean-Claude Ruano-Borbalan (coord.), 1998.

La Communication : état des savoirs, Philippe Cabin (coord.), 1998.

Les Organisations : état des savoirs, Philippe Cabin (coord.), 1999.

Le Cerveau et la Pensée. La révolution des sciences cognitives, Jean-François Dortier (coord.), 1999.

L'Histoire aujourd'hui, Jean-Claude Ruano-Borbalan (coord.), 1999.

Philosophies de notre temps, Jean-François Dortier (coord.), 2000.

L'Economie repensée, Philippe Cabin (coord.), 2000.

La Sociologie : histoire et idées, Philippe Cabin et Jean-François Dortier (coord.), 2000.

Eduquer et Former. Les connaissances et les débats en éducation et en formation, Jean-Claude Ruano-Borbalan (coord.), 2001 (2ᵉ éd. refondue et actualisée).

Le Langage : nature, histoire et usage, Jean-François Dortier (coord.), 2001.

Le Pouvoir : des rapports individuels aux relations internationales, Bruno Choc et Jean-Claude Ruano-Borbalan (coord.), 2002.

Familles : permanence et métamorphoses, Jean-François Dortier (coord.), 2002.

La Culture : de l'universel au particulier, Nicolas Journet (coord.), 2002.

Si vous désirez être informé(e) des parutions de Sciences Humaines Éditions et de la revue mensuelle *Sciences Humaines* :
Sciences Humaines, 38, rue Rantheaume,
BP 256, 89004 Auxerre Cedex.
Tél. : 03 86 72 07 00/Fax : 03 86 52 53 26.
www.scienceshumaines.fr

Le cerveau et la pensée

2e édition actualisée et augmentée

La révolution des sciences cognitives

Coordonné par
Jean-François Dortier

Réalisation et diffusion de l'ouvrage

Cet ouvrage reprend des articles parus dans le mensuel *Sciences Humaines* ainsi que plusieurs textes inédits.

Conception : Jean-François Dortier

Coordination : Bruno Choc

Conception maquette, mise en pages intérieures :
PolyPAO, 89420 Saint-André-en-Terre-Plaine

Fabrication : Jean-Paul Josse

Secrétariat : Laurence Blanc

Promotion, diffusion : Nadia Latreche-Leal

Diffusion Presses universitaires de France

© Sciences Humaines Éditions, 1998,
38, rue Rantheaume,
BP 256, 89004 Auxerre Cedex

Dépôt légal : 1re édition, février 1999 ; 2e édition, janvier 2003

ISBN 2-912601-18-5

SCIENCES COGNITIVES, PREMIERS REGARDS

JEAN-FRANÇOIS DORTIER*

INTRODUCTION

QUESTIONS SUR LA PENSÉE

Ou « tout ce que vous n'aviez jamais voulu savoir sur les sciences cognitives... » en onze questions.

Qu'est-ce que la pensée ?

La pensée ? C'est un mot que les hommes ont inventé pour désigner « tout ce qui leur passe par la tête » : du souvenir d'enfance au calcul approximatif du budget du mois, des méditations philosophiques aux rêves de vacances, d'une croyance religieuse à la recherche d'un numéro de téléphone, etc.

Dans un sens plus large, la pensée peut aussi consister en des impressions subjectives (il fait chaud, ça fait mal...) et des perceptions soudaines (« Tiens, un kangourou ! »). Telle est donc la pensée : un bric-à-brac d'impressions, d'images, de représentations, de souvenirs, d'idées, de jugements, de croyances, de raisonnements, qui peuvent être fugitifs ou permanents, vagues ou organisés, conscients ou non.

En langage scientifique, on ne parle pas de « pensée », mais de « cognition » (du latin *cognocere* = connaître). Les sciences qui l'étudient sont les « sciences cognitives » (1). La cognition

---

est ici entendue dans un sens très large puisque les recherches concernées sont habituellement regroupées en plusieurs grandes catégories : la perception, la mémoire, l'apprentissage, le langage, l'intelligence, le raisonnement, la conscience et les processus d'attention… auxquelles on peut rajouter des thèmes subsidiaires comme la créativité, la psychologie du développement, le pilotage de l'action, les émotions.

On peut se demander comment fonctionnent et coopèrent ces différents « modules » de la cognition : existe-t-il un superviseur général (qu'on appellerait la conscience) qui pilote toutes ces activités psychiques ? Ces dernières ne relèvent-elles pas d'un même mode de traitement ? Tout le monde pense-t-il de la même manière ? Voilà le type de questions qu'étudient les « sciences de la pensée » ou sciences cognitives.

Qu'entend-on par « sciences de la pensée » ou « sciences cognitives » ?

Les sciences cognitives forment un vaste continent de recherches qui touchent à plusieurs disciplines : la psychologie cognitive, l'intelligence artificielle, les neurosciences (2), la linguistique, la philosophie de l'esprit. On parle même aujourd'hui d'« anthropologie cognitive » et de « sociologie cognitive ».

La grande originalité des sciences cognitives réside dans leur démarche pluridisciplinaire. En principe du moins ! Bien des informaticiens ignorent tout de la psychologie, des neurobiologistes se désintéressent des débats philosophiques sur les liens entre cerveau et esprit et *vice versa*.

Les domaines couverts (perception, mémoire, apprentissage, conscience, raisonnement, etc.) sont étudiés à plusieurs niveaux : des bases biologiques (physiologie des cellules, anatomie du cerveau…) jusqu'à l'étude des « états mentaux internes » (représentations, images mentales, stratégie de résolution de problèmes). Ce dernier aspect avait été longtemps banni de la recherche en psychologie et forme l'une des originalités des sciences cognitives.

---

2. Voir mots clés en fin d'ouvrage.

Quel genre de recherches mène-t-on ?

En 1965, le Hollandais A. De Groot, chercheur en psychologie et « maître » au jeu d'échecs, a réalisé l'expérience suivante. Il présente durant quelques secondes à des joueurs chevronnés un échiquier où sont placées plusieurs pièces leur demandant de se souvenir ensuite de leur position. A ce test, les très bons joueurs – maîtres et grands maîtres – ont obtenu des résultats bien supérieurs à ceux réalisés par des novices soumis à la même épreuve. Quelques instants leur suffisent pour mémoriser la place de la presque totalité des pièces. Est-ce à dire que les joueurs d'échecs ont une meilleure mémoire que les autres ? C'est la conclusion qu'en a tirée A. De Groot. Selon lui, ce n'est pas la capacité de projection (capacité à anticiper un nombre de coups supérieur) qui caractérise le bon joueur, mais la grande maîtrise dans les configurations de jeu connues. Cela leur permet d'évoluer facilement en imaginant les phases de jeu successives.

En 1973, Herbert A. Simon, l'un des pères de l'Intelligence Artificielle (IA) et le psychologue américain W. Chase ont renouvelé l'expérience de A. De Groot, mais en changeant un peu les données de départ. Cette fois les pièces étaient placées au hasard sur l'échiquier (sans que cela ne corresponde à une position de jeu comme dans le premier cas). Les maîtres d'échecs n'ont alors pas eu de meilleurs résultats que les novices. Conclusion ? Le bon joueur mémorise mieux les configurations uniquement si elles correspondent pour lui à une position du jeu. En bref, il mémorise parce qu'il peut interpréter ce qui se passe. De cette simple expérience, on peut tirer une leçon plus générale : la capacité de mémorisation est dépendante de l'organisation de la pensée et de la connaissance de « situations caractéristiques ». Voilà un type de recherches que l'on peut mener sur le fonctionnement de la pensée.

Un autre exemple ? L'étude des élèves qui souffrent de dyslexie (trouble de la lecture) montre que beaucoup d'entre eux présentent un déficit phonologique : ils mélangent les « fa », « va », ou « co » et « go ». Est-ce dû à un problème d'audition ? Non : à des tests auditifs, ces sujets ont de résultats tout à fait normaux. Les causes de ce déficit phonologique restent donc à élucider.

De telles recherches existent par milliers. Elles visent à

résoudre des questions aussi différentes que : «la motivation influence-t-elle la perception de l'environnement?»; «quels sont les liens entre langage et pensée?»; «comment le cerveau contrôle-t-il les doigts du pianiste?»; ou encore «quelles sont les étapes que suit la pensée pour résoudre un problème de mots croisés?».

Comment travaille la pensée?

Emmanuel Kant l'avait déjà compris : le monde tel qu'on le perçoit n'est pas un exact reflet de la réalité mais une reconstruction mentale. Le réel est filtré et mis en forme par nos «cadres mentaux». Dans les années 20, les «psychologues de la forme» (*Gestalt Theory*) avaient démontré expérimentalement cette idée à propos de la vision. Les informations reçues du monde extérieur sont saisies dans le cadre de «formes» préétablies, à travers lesquelles nous percevons la réalité. Le réel ne nous apparaît pas tel qu'il est, mais tel que nos sens, notre «esprit», nous permettent de le voir.

Les sciences cognitives ont généralisé cette découverte. Le cerveau, siège de la pensée, fonctionne comme un dispositif de «traitement de l'information». Cela signifie que le sujet pensant ne se contente pas d'assimiler des données brutes de son milieu. Penser, c'est toujours effectuer des tris et focaliser son attention sur certaines données, puis les mettre en forme et les assembler selon des modalités diverses (association, déduction, analogie). Cette perspective globale a donné lieu à de multiples découvertes, qui ont à leur tour de multiples conséquences dans les domaines de la perception, de la mémoire, de l'apprentissage.

Prenons l'exemple de la perception visuelle, on sait que l'œil est tout sauf un organe passif qui se contenterait de «filmer» la réalité. Notre regard est le prolongement d'un esprit qui scrute, cible, cadre, analyse et interprète son environnement. Le psychologue anglais David C. Marr a ainsi pu montrer comment l'œil décode progressivement la réalité en plusieurs étapes (de l'ébauche primaire à l'image élaborée) en fonction d'une attention très sélective (3).

Dans le domaine des représentations sociales, les psychologues

---

3. Voir dans cet ouvrage le chapitre VIII, «Perception et réalité».

sociaux ont analysé la façon dont notre vision de la société et d'autrui est largement filtrée par des «biais cognitifs» (centres d'intérêts, stéréotypes, représentations sociales) qui nous rendent très sensibles à certains aspects de notre milieu et tendent à éliminer les informations qui nous déplaisent. Nous ne voyons pas tous le monde de la même façon car chacun y puise les données qui l'intéressent.

Qu'est-ce qu'un «cadre mental»?

Pour s'adapter au monde, il faut le connaître, et cela suppose de rapporter les informations reçues à des «cadres mentaux». J'entends siffler dans le jardin et je sais qu'il s'agit d'un oiseau sans qu'il me soit nécessaire de le voir. Penser suppose une «mise en forme» du monde à partir d'indices partiels. Cette mise en forme s'effectue en fonction de «catégories» assez stables. Les spécialistes des sciences cognitives parlent de «formes», de «scripts», de «stéréotypes», de «modèles mentaux» ou encore de «catégories» (4), pour désigner l'ensemble de ces grilles d'analyse implicites qui nous servent à décoder le réel. On les découvre dans le domaine de la perception visuelle, de la mémoire, du raisonnement... Ces cadres mentaux routiniers, sources de nos connaissances, sont aussi la cause de beaucoup d'erreurs. A la catégorie mentale «oiseau», nous associons spontanément des caractéristiques comme «avoir des ailes», «voler», «pondre des œufs», en oubliant parfois que le poussin ne vole pas, le coq ne pond pas d'œufs, le kiwi n'a pas d'ailes, et que ce sont pourtant des oiseaux.

Comment se constituent nos idées, nos représentations du réel?

Fermez les yeux et pensez à l'Acropole sur la colline d'Athènes. L'image est nette, n'est-ce pas? Maintenant, essayez de compter les colonnes. Impossible! En fait, l'image que nous avons en tête est une vision globale qu'il est bien difficile de décomposer en éléments simples. Dans la vie quotidienne, les idées,

---

4. Voir dans cet ouvrage l'article «Pensée et langage : les limites de la traduction automatique».

les images se présentent à l'esprit comme des «blocs unifiés», des unités de sens, des représentations toutes construites.

Pourtant, parfois nos représentations se trouvent «dissociées». C'est le cas lorsqu'on rencontre quelqu'un dans la rue que l'on connaît, mais que l'on est incapable de «situer». Placé hors de son contexte, on a du mal à identifier la personne qui est en face de soi. Impossible de retrouver son nom, sa fonction, de savoir où on l'a vue. D'où une certaine gêne… *«Bon sang, mais où est-ce que je l'ai vue?»* Quelques minutes plus tard, les idées nous reviennent. Ah oui, c'est madame Machin, la postière!

Que s'est-il passé? La reconnaissance globale que l'on a habituellement d'une personne, de son physique et de son identité, s'est brusquement «dissociée» dans notre esprit. On ne reconnaît plus qu'un visage sans pouvoir reconstruire la vision globale que l'on avait de cette personne.

Les recherches en neuropsychologie auprès de patients atteints de troubles rares (aphasie, agnosie, amnésie (5)) nous ont appris beaucoup sur la façon dont le cerveau reconstruit le réel. Certains malades atteints d'aphasies très spécifiques sont incapables de nommer des objets courants (un couteau, un crayon), alors qu'ils savent les utiliser. Certains patients souffrant de «prosopagnosie» ne peuvent plus reconnaître les visages familiers et identifient leurs proches grâce au son de leur voix. Les idées et représentations qui peuplent nos cerveaux résultent en fait de la combinaison de nombreux processus disjoints qui se combinent pour former des images globales du monde. L'étude des troubles psychiques rares (souvent liés à des lésions neurologiques localisées) permet justement de retrouver les différentes fonctions impliquées dans la formation des images, des paroles, des souvenirs. Plusieurs unités psychiques coopèrent et se regroupent pour former une vision globale d'un objet, d'une personne, d'une situation. C'est la synthèse de ces éléments qui permet d'attribuer aux choses un nom, une fonction, une valeur, bref, un «sens». La façon dont les différents modules se combinent pour former des représentations globales reste cependant une énigme.

---

5. Voir mots clés en fin d'ouvrage.

Comment l'humain fait-il pour décider, raisonner, résoudre des problèmes ?

Face à de nombreux problèmes de la vie courante, l'être humain utilise des stratégies mentales que l'on nomme des «heuristiques». Par exemple, pour retrouver son portefeuille égaré, on va commencer par chercher aux endroits les plus courants : poches de vêtement, tables et tiroirs (heuristique n° 1). Si cette stratégie échoue, on adopte alors une autre démarche : elle consiste à essayer de se rappeler où on l'a utilisé pour la dernière fois (heuristique n° 2). En désespoir de cause, si ces stratégies sont infructueuses, il va falloir passer la maison au peigne fin : stratégie d'exploration plus systématique et plus coûteuse mais plus fiable (heuristique n° 3).

La psychologie cognitive et l'IA essaient de découvrir de tels algorithmes de résolution de problèmes (dans le domaine du jeu d'échecs, du diagnostic médical, du choix de consommation, etc.). Pour cela, on formalise les stratégies mentales sous formes de programmes d'ordinateur, qui simulent les étapes et procédures nécessaires pour réaliser des tâches. Puis on compare ces programmes aux performances humaines, pour voir comment s'y prend l'esprit humain pour résoudre des problèmes.

Paradoxalement, l'hypothèse initiale des théoriciens des sciences cognitives, qui pensaient pouvoir traduire facilement la pensée humaine sous forme de règles logiques, a buté sur de rudes obstacles. Les stratégies mentales ne sont qu'en partie réductibles à un ensemble de procédures logiques. Les ressources dont dispose la pensée humaine pour penser sont multiples : le raisonnement logique certes, mais aussi l'analogie, la pertinence, la présomption, l'induction, les routines mentales. Bref, l'humain a recours à une grande panoplie de stratégies, plus ou moins fiables mais irréductibles à un modèle unique. On a parlé à ce propos de «polymorphisme du raisonnement humain» (6). L'esprit humain est moins «calculateur» et «raisonneur» qu'on ne l'avait cru. S'il dispose de «raison», cette raison est faite d'un mariage entre ce que Pascal nommait «l'esprit de finesse» et

---

6. C. George, *Polymorphisme du raisonnement humain. Une approche de la flexibilité de l'activité inférentielle*, Puf, 1997.

«l'esprit de géométrie». Par ailleurs, on découvre que les émotions orientent fortement la pensée pour décider ce qu'il faut faire face à un environnement incertain (7).

Comment expliquer les erreurs ?

Beaucoup de nos erreurs de jugements et de nos oublis ne sont pas liés à des défauts de la pensée, à des perturbations du système cognitif mais proviennent plutôt de son fonctionnement normal. Pour travailler, notre cerveau a besoin de créer des «cadres mentaux» et des programmes d'action relativement stables. Ils sont en général bien adaptés à un nombre important de situations courantes. C'est justement lorsqu'une situation nouvelle survient et que l'on applique machinalement un programme connu que survient l'erreur. Noam Chomsky l'avait déjà compris. Lorsqu'un enfant dit *«je m'ai fait mal»*, il commet certes une erreur de français, mais son erreur est logique. Il n'a fait que généraliser abusivement une règle qu'il a déjà entendue.

Je sais que les poissons ont des nageoires, une forme allongée, vivent sous l'eau. C'est là une catégorie mentale stable et valide dans la plupart des cas où l'on rencontre un tel animal. Je risque d'en déduire, à tort, que le dauphin qui vit dans l'eau et possède des nageoires est un poisson, alors qu'il s'agit d'un mammifère marin. C'est donc souvent la même démarche de la pensée qui conduit à la vérité et à l'erreur.

Comment fonctionne la mémoire ?

Il n'existe pas «une» mémoire, mais différents types de mémoire : la plupart des spécialistes sont d'accord là-dessus. Ainsi, pour apprendre à faire un gâteau, on mobilise tout d'abord une «mémoire de travail» (dite aussi mémoire à court terme) : c'est celle que l'on mobilise pour se rappeler du poids de farine entre la lecture de la recette et le moment du pesage. Puis on mobilisera une «mémoire épisodique» qui stockera longtemps le souvenir du premier gâteau que l'on a réussi à faire. Il existe aussi une «mémoire procédurale» qui corres-

---

7. Voir le texte de G. Chapelle, «Peut-on penser sans émotions ?» dans cet ouvrage.

pond au « savoir-faire » de la recette. Le travail de reconstruction du passé est un autre élément important de la mémoire. Les souvenirs ne sont jamais une reproduction fidèle du passé. On l'enjolive ou on le noircit ; on le filtre et on le réorganise. C'est ce qu'ont montré par exemple les expériences menées par le psychologue anglais Frederic Bartlett dès les années 30. Il racontait à ses étudiants des contes indiens très compliqués, et faisant appel à des situations très inhabituelles. Plus tard, il leur demandait de raconter l'histoire qu'ils avaient entendue. Les étudiants avaient alors tendance à reconstruire un récit plus cohérent, lié à des situations connues, en y introduisant une logique et des éléments qui n'étaient pas dans l'histoire initiale. Bref, ils reconstruisaient en partie le conte à partir de « cadres mentaux » qui leur étaient plus familiers. Par la suite, de nombreuses recherches ont confirmé ces constats sur la reconstruction des souvenirs.

Existe-t-il des théories générales de la pensée ?

Rappelons tout d'abord qu'une théorie n'est qu'un corpus d'hypothèses que l'on projette sur la réalité pour lui donner du sens. Puis souvenons-nous que les théories sont des constructions humaines plus ou moins fiables et toujours perfectibles. A partir de là, on peut distinguer trois types de théories.

1) Il y a d'abord le « paradigme » général des sciences cognitives : on vient de le rencontrer à propos de la mémoire, de la perception et du raisonnement. Il consiste à envisager la pensée comme un dispositif de « traitement de l'information » où les informations sont soumises à différentes manipulations : filtrage, mise en forme, combinaison, organisation. Ce paradigme n'est pas à proprement parler une théorie, mais plutôt une perspective, un angle d'approche des phénomènes mentaux.

2) Il existe ensuite des « théories » qui proposent d'expliquer l'architecture globale de la pensée. C'est le cas, par exemple, du « computationnisme », l'un des modèles de base des sciences cognitives. Cette théorie prend pour modèle le fonctionnement de l'ordinateur. Le cerveau serait une sorte de « machine logique » qui traite les données sous forme de symboles (ou « représentations ») en les combinant entre elles à partir de programmes ou d'algorithmes (suite d'instructions

11

et de règles qui permettent de résoudre un problème) (8). Ce modèle «computationniste» a été présenté sous sa forme la plus canonique par le philosophe américain Jerry Fodor en 1983 (dans *La Modularité de l'esprit*).

Le modèle concurrent, appelé «connexionnisme», envisage le cerveau sur le modèle de la fourmilière. Il s'agirait d'un vaste réseau composé d'unités élémentaires en interaction et qui s'auto-organisent sans planification d'ensemble. Le modèle connexionniste, héritier de la cybernétique (8) des années 40, a été proposé par les Américains James McClelland et David E. Rumelhart en 1986 (9).

Il ne faut pas croire que les chercheurs en sciences cognitives se partagent en deux «camps», deux idéologies, deux orthodoxies : les «computationnistes» contre les «connexionnistes». Des modèles intermédiaires sont concevables.

Enfin, un troisième niveau de conceptualisation (après le paragdime et les théories générales) correspond aux «théories locales». Ce sont des modèles de portée plus limitée, relatifs à un domaine particulier : le langage, la mémoire, la perception, etc. Dans le domaine de la lecture, par exemple, il existe une théorie dite de «la double voie» selon laquelle le processus de décodage d'un texte passe par deux canaux différents. Le premier canal, appelé «accès direct», passe directement de la visualisation du mot à sa compréhension. L'autre voie suppose une «médiation phonologique», c'est-à-dire une verbalisation intérieure du mot (on «se parle» et on «s'entend» silencieusement en lisant, et cette petite voix intérieure serait utile au décodage des mots). Ces deux accès coopéreraient dans la lecture selon le degré de familiarité avec les mots rencontrés. On dispose d'une pléiade de modèles particuliers qui servent de support aux recherches. La prolifération de ces modèles «locaux» ne doit pas dérouter. Si «la pensée» n'est qu'une chimère conceptuelle qui rassemble sous un même mot des processus psychiques très différents, alors l'existence d'un seul modèle de fonctionnement n'a peut-être pas lieu d'être.

---

8. Voir mots clés en fin d'ouvrage.
9. Sur le débat entre approches computationniste et connexionniste, voir dans cet ouvrage l'article de G. Chapelle : «Symbolistes et connexionnistes : de la confrontation à l'intégration», ainsi que l'entretien avec James McClelland.

Les sciences de la pensée ne sont-elles pas «réductionnistes»?

On l'a vu, les sciences cognitives se sont édifiées autour du modèle du «traitement de l'information». Cela a ouvert de nouvelles perspectives et permis de faire de nombreuses découvertes sur les mécanismes de la résolution de problèmes, de la mémoire, de la vision.

A partir de là, une certaine orthodoxie s'est imposée. Certains ont voulu enfermer les sciences cognitives dans un modèle unique et universel: celui du computationnisme qui envisage le cerveau comme un ordinateur et l'esprit comme un programme informatique. Le computationnisme a été qualifié de «grande chapelle orthodoxe» par le philosophe Daniel C. Dennett.

Mais des voix se sont élevées pour contester ce modèle, lui reprochant une vision «mécaniste» de la pensée. Ainsi Jerome Bruner, l'un des pionniers de la psychologie cognitive et tenant d'une approche «humaniste» du psychisme, dénonce la dérive technicienne des sciences cognitives (10).

Puis sont apparus des théories concurrentes (comme le connexionnisme) ou des modèles locaux qui ne se souciaient pas forcément d'entrer dans une orthodoxie. De plus, des programmes de recherche nouveaux se sont constitués récemment. Ils s'attachent à explorer les liens entre pensée et émotions, pensée et société, pensée et action, pensée et évolution, et plus généralement à réintroduire la pensée dans le vivant (11). Ces travaux contribueront sans doute à renouveler les perspectives.

Au fur et à mesure qu'elles agrégeaient de nouvelles disciplines, qu'elles étendaient leur champ, les sciences de la pensée se sont diversifiées.

Actuellement, la plupart des chercheurs admettent qu'il existe plusieurs niveaux d'organisation et d'explication d'un phénomène psychique (biologique, fonctionnel, intentionnel), et qu'il est vain de vouloir à tout prix «réduire» un niveau d'explication à l'autre. Les sciences de la pensée ne forment pas aujourd'hui un empire monolithique. Derrière l'unité de référence au «cognitif» se dessine un univers de recherches plutôt foisonnant, multiforme et composite.

---

10. J.S. Bruner, *Car la culture donne forme à l'esprit*, Georg Estiel, 1997.
11. Voir le chapitre XIII de cet ouvrage.

JEAN-FRANÇOIS DORTIER*

HISTOIRE DES SCIENCES COGNITIVES**

L'histoire des sciences cognitives est-elle vraiment celle d'une révolution qui ravage tout sur son passage? En réalité, au fil de leurs conquêtes progressives, les sciences cognitives n'ont cessé de diversifier leurs approches, leurs modèles et leurs niveaux d'analyse. Récit d'une aventure scientifique.

1700-1800 : Vers la formalisation de la pensée

C'est un vieux rêve de philosophe. Rapporter toutes les activités de l'esprit humain à un petit nombre d'éléments : des «idées simples», des «règles élémentaires» qui gouvernent l'ensemble des productions mentales des humains. Découvrir quelques «atomes» de sens qui permettraient ensuite de comprendre toutes les idées qui naissent dans l'esprit des hommes : des opinions de l'homme de la rue aux pensées les plus élaborées. Telle est l'optique des philosophes «rationalistes», comme René Descartes (1596-1650) ou Gottfried Wilhelm Leibniz (1646-1716), qui s'opposent aux «empiristes», comme John Locke (1632-1704) ou David Hume (1711-1776), pour qui la pensée se construit à partir de la perception et d'expériences. Pour R. Descartes au contraire, penser, c'est raisonner. Et la raison consiste à enchaîner entre elles des idées simples selon les règles rigoureuses de la logique. Pour G.W. Leibniz, penser, c'est calculer.

---

* Rédacteur en chef du magazine *Sciences Humaines*.
** *Sciences Humaines*, hors série n° 35, décembre 2001-février 2002.

1845-1945 : Vers la pensée automatique

Le projet de formalisation de la pensée va aboutir en un siècle à l'invention de l'ordinateur :

• Le projet d'une mécanisation de la pensée a commencé à prendre forme au XIXᵉ siècle. George Boole (1815-1864) invente le «calcul symbolique», qui permet de traduire des opérations logiques comme «ou», «et», «si... alors» en opérations mathématiques simples effectuées sur les chiffres 0 et 1. G. Boole rêve de traduire toutes les opérations de l'esprit humain en une mathématique élémentaire. *«Les lois qu'il nous faut construire sont celles de l'esprit humain.»*

• A la même époque, Charles Babbage (1792-1871) dessine les plans d'une «machine analytique» capable de traiter des équations de type «(a + b) x (c + d)» ou de calculer des logarithmes. Le travail des premiers ordinateurs consiste à calculer, à résoudre des problèmes algébriques ou logiques, à stocker, trier, classer des données (*data*) en exécutant une suite d'instructions écrites sous forme d'un langage symbolique (informatique). Voilà ce que l'on appelle *«computer»*. L'invention de l'ordinateur résulte de la convergence de nombreuses découvertes : invention du calcul symbolique (G. Boole) ; essor de l'électronique (qui permet la construction de mémoires), du calcul numérique (les premières machines à calculer électriques datent des années 1920) ; techniques de programmation (cartes perforées), etc. Deux innovations intellectuelles sont décisives :

• En 1936, le mathématicien anglais Alan M. Turing (1912-1954) imagine un dispositif virtuel (machine de Turing) qui traduit tout problème mathématique humainement calculable sous forme d'une suite d'opérations simples. Il invente ainsi le principe de l'algorithme, une des bases de ce que sera l'informatique.

• John von Neumann (1903-1957), en associant le calcul analytique (réalisé par les premiers supercalculateurs électroniques) et le principe de l'algorithme (issu de la machine de Turing), jette les bases des premiers véritables ordinateurs (dits d'«architecture von Neumann»). Il n'existe pas à proprement parler de premier ordinateur (pas plus qu'il n'existe de première voiture ou de premier avion). Dans les années 1945-1950, on assiste à la transformation de supercalculateurs en ordinateurs, par suite d'innovations continues. L'Eniac en

1946, *« le dernier des grands calculateurs »*, selon Philippe Breton, et le projet Edvac de 1945 à 1951 sont des étapes qui aboutissent à la création des premiers « vrais » ordinateurs comme l'Univac ou l'IBM 701 (1951).

1860-1900 : Premières découvertes sur le cerveau

Au début du XIXᵉ siècle, la phrénologique de Franz Josef Gall (1758-1828) prétend connaître les instincts et les facultés intellectuelles des hommes en observant la forme de leur crâne. Cette théorie n'a aucune assise scientifique solide, mais l'idée de base n'est pas absurde : elle suppose qu'il existe dans le cerveau des aires spécialisées, siège d'aptitudes spécifiques. Dans les années 1860, Paul Broca (1824-1880) localise le centre du langage dans le lobe temporal gauche. Carl Wernicke (1848-1905) découvre qu'une forme d'aphasie (1) est liée à une lésion d'une zone voisine de l'aire de Broca. S'ensuit un débat passionné, vers la fin du XIXᵉ siècle, entre « localisationnistes », pour qui on peut localiser les « facultés mentales » dans des aires spécialisées du cerveau, et les « holistes » qui, comme Pierre Flourens (1794-1867), persistent à penser que le cerveau fonctionne comme un « tout ».

À la fin du XIXᵉ siècle, l'Espagnol Santiago Ramón y Cajal (1852-1934) découvre l'existence du neurone. Les premières « cartographies » des aires du cerveau apparaissent au début du XXᵉ siècle avec Walter Campbell et Korbinian Brodmann.

1945-1955 : Cybernétique, cerveau et ordinateur

De 1946 à 1953 furent organisées à New York les conférences Macy, qui rassemblèrent un groupe de scientifiques d'horizons divers parmi lesquels on trouve les mathématiciens Norbert Wiener (1894-1964) et J. von Neumann, le neurophysiologiste Warren McCulloch, mais aussi des chercheurs des sciences humaines comme l'anthropologue Gregory Bateson (1904-1980), le sociologue Paul F. Lazarsfeld (1901-1976), le psychologue Kurt Lewin (1890-1947).

---

1. Voir les mots clés en fin d'ouvrage.

Un des thèmes de discussion concerne la cybernétique. Le terme a été forgé par N. Wiener en 1948. Pour son créateur, la cybernétique (du grec *kubernetes*, pilote) sera la nouvelle science des systèmes autorégulés. N. Wiener a travaillé pour l'armée américaine sur des dispositifs de pilotage automatique des avions (ils sont dotés d'un mécanisme de *feed-back* qui leur permet de maintenir un cap). Il est convaincu que ce système d'autorégulation automatique est un dispositif très général que l'on trouve dans d'autres systèmes : organismes vivants, cerveaux, sociétés...

Les domaines d'application de la cybernétique peuvent donc aller de la physiologie à l'ingénierie, en passant par la connaissance du cerveau.

Les participants aux conférences Macy ne partageaient pas tous les mêmes conceptions. Mais leurs idées gravitaient autour de quelques idées-forces.

Celle d'abord de la possibilité d'associer le calcul et un support électrique, idée essentielle qui va être à l'origine de l'invention de l'ordinateur, de la théorie de l'information (Claude E. Shannon) et de la compréhension de certains modes de fonctionnement des cellules du cerveau (W. McCulloch).

Une autre idée-force est celle « d'action finalisée », de pilotage par rétroaction (*feed-back*), qui aura des répercussions fondamentales en intelligence artificielle. L'idée de « modèle », de « système » (où interagissent des éléments) est à l'origine de toutes les versions de la théorie des systèmes qui vont naître dans les années suivantes. On voit bien comment les idées d'ordinateur, de cerveau, de système autorégulé, de calcul logique... s'interpénètrent et s'articulent de différentes manières, débouchant sur de nouvelles pistes et aboutissant parfois aussi à des impasses.

Si l'on s'accorde à penser qu'il y a une analogie évidente entre le fonctionnement du cerveau et celui des machines automatiques, plusieurs modèles sont en gestation. Un modèle « connexionniste », inspiré de la physiologie et du béhaviorisme, conçoit les opérations intelligentes comme un système autorégulé. Un modèle « symbolique » envisage la pensée comme une série de calculs.

Les conférences Macy furent un moment fondateur, de rencontres fertiles, mais aussi de rendez-vous manqués (2). Le

---

2. Voir J.-P. Dupuy, *Aux origines des sciences cognitives*, La Découverte, 1999.

terme de cybernétique tombera en désuétude dans les années 60, après la mort de son fondateur N. Wiener. Il sera réactivé un temps par H. von Foerster, secrétaire des conférences Macy et théoricien de la «seconde cybernétique».

1956 : La naissance de l'intelligence artificielle

Eté 1956 à Dartmouth (Canada), le mathématicien John McCarthy organise le premier séminaire sur l'intelligence artificielle (IA). Son confrère Marvin Minsky et Claude E. Shannon, le père de la théorie de l'information, sont présents. Il y a aussi Herbert A. Simon, spécialiste des organisations, et son ami mathématicien Alan Newell. Tous deux créent la surprise en présentant le premier programme d'intelligence artificielle : *Logic Theorist*. Ce programme informatique est destiné à démontrer des théorèmes mathématiques. Il fonctionne comme une machine logique capable d'enchaîner et d'articuler entre elles une foule de propositions à partir de quelques prémisses (sur le modèle du syllogisme «si A implique B» et «B implique C» alors «A implique C»).

L'IA est née. Son but : copier, puis dépasser les activités humaines réputées intelligentes, comme raisonner, utiliser le langage ou résoudre des problèmes. Comment y parvenir ? H.A. Simon propose une voie générale : chaque problème à résoudre peut être décomposé en une série de buts intermédiaires, et on explorera différentes voies pour chacun d'eux jusqu'à ce que la solution soit trouvée.

Par exemple, pour réparer une panne de voiture, on décompose en deux séries de problèmes : s'agit-il d'un problème électrique ou mécanique ? Si c'est un problème électrique : vérifier d'abord la batterie, puis le démarreur. Si c'est un problème mécanique, etc. Sur ce principe de résolution de problèmes, H.A. Simon et A. Newell conçoivent, en 1957, *General Problem Solver* (GPS), un programme informatique dont la vocation est de résoudre toute une classe de problèmes de même type. A partir de ce prototype, H.A. Simon pense pouvoir bientôt créer une machine à traduire les langues, jouer aux échecs, prendre des décisions, etc. Il ne cache pas son ambition : *«D'ici dix ans, un ordinateur numérique sera champion du monde d'échecs.»* Le GSP serait ainsi un bon modèle pour rendre compte de la pensée humaine. *«D'ici dix ans, en psychologie, la plupart des théories prendront la forme de programmes informatiques»*, affirment péremptoirement H.A. Simon et A. Newell.

Sur cette lancée, les recherches s'engagent rapidement et, dans les années qui suivent, de nouvelles réalisations voient le jour. En 1958, J. McCarthy crée le Lisp (pour *List Processing*, traitement de ligne), un langage de programmation en IA encore très utilisé aujourd'hui.

En 1959, Arthur Samuel invente un programme de jeu de dames. A partir des années 60, les premiers systèmes experts sont mis au point. En 1965, Edward Feigenbaum crée *Dentral*, un système expert capable de déterminer la formule chimique d'une molécule. En 1966 naît *Eliza*, un programme de dialogue homme-machine conçu par Joseph Weizenbaum.

En 1970, Terry Winograd crée SHRDLU, un programme qui comprend et «répond» à des instructions (déplacer des objets sur un support) données en langage humain. La même année paraît le premier numéro de la revue *Artificial Intelligence*.

1956 : Les débuts de la psychologie cognitive

Au début des années 50, le béhaviorisme règne dans la psychologie américaine, mais quelques auteurs commencent à prendre leurs distances avec ce paradigme. Parmi eux, deux professeurs de Harvard, Jerome S. Bruner et George Miller. J.S. Bruner a publié en 1956 *A Study of Thinking*, qui tranche avec les principes béhavioristes. Au lieu de s'intéresser aux seuls comportements observables des sujets, J.S. Bruner et ses collaborateurs cherchent à mettre en évidence les stratégies mentales de sujets confrontés à une tâche (classer des cartes par exemple). Il s'agit de comprendre le cours de leur pensée, la séquence des opérations mentales qui conduisent à résoudre un problème. Toujours en 1956, G. Miller montre dans un article célèbre, «Le chiffre magique 7», que la mémoire immédiate est limitée : elle ne parvient qu'avec peine à retenir une liste de plus de sept éléments. Pour surmonter cette faiblesse, l'esprit humain emploie une méthode qui consiste à grouper les éléments (comme on le fait pour un numéro de téléphone où l'on regroupe les 10 chiffres en 5 nombres de 2 chiffres). Dans ses travaux ultérieurs, G. Miller tentera de mettre à jour de tels «plans d'action» utilisés par le cerveau pour résoudre des problèmes. Il s'intéresse aux premiers pas de l'IA, car il pense y trouver des outils pour formaliser ces fameux plans d'action, qui sont à la pensée ce que le programme est à l'ordinateur. Il sera présent à l'un des séminaires fondateurs de l'IA, tenu au MIT en 1956, aux côtés de H.A. Simon et du jeune Noam Chomsky. En 1960, ce dernier fonde avec J.S. Bruner le Center of Cognitive Psychology à Harvard. C'est une nouvelle approche de la pensée; on ouvre la boîte noire pour comprendre les arcanes de la pensée en action. La démarche consiste à essayer de révéler les stratégies mentales utilisées par des sujets face à un problème.

Pour J.S. Bruner, il s'agit d'un nouveau champ, immense, pour la psychologie : l'étude des productions mentales, à laquelle doivent s'associer anthropologues, philosophes, linguistes, historiens des idées, etc. Avec le recul, on peut bien sûr assigner des précurseurs plus lointains (Frederick C. Bartlett) et considérer qu'une approche différente, comme la psychologie de la forme, ou celle de Jean Piaget, faisait déjà de la psychologie cognitive.

1956 : Noam Chomsky et la grammaire générative

En 1956, l'année de naissance de l'IA et de la psychologie cognitive, N. Chomsky a 28 ans. Il vient juste de passer sa thèse (*The Logical Structure of Linguistic Theory*). Lui aussi va participer au mouvement de fondation des sciences cognitives. Il est d'ailleurs présent à la conférence du MIT, avec le psychologue G. Miller et les pionniers de l'IA comme H.A. Simon. Il est en train de formuler une nouvelle théorie linguistique : la grammaire générative (GG). Elle est exposée en 1957 dans *Syntaxic Structures*.

S'appuyant sur les pistes lancées par son professeur Zellig S. Harris (grammaire transformationnelle), N. Chomsky part de l'existence d'une aptitude proprement humaine à produire le langage et à construire des phrases en associant des mots selon des règles de grammaire. Cette aptitude (compétence) est naturelle chez l'enfant. Elle repose sur la maîtrise de quelques règles de production universelles, c'est-à-dire communes à toutes les langues. Ainsi un enfant qui apprend à parler forme des phrases telles que *«tombé ballon»*, ou *«ballon tombé»*. Cela signifie qu'il construit des phrases, à partir de constituants fondamentaux (nom, verbe…), organisées selon une règle de production (P = N + V). Par la suite, il enrichira la phrase de nouveaux éléments pour dire «*le ballon est tombé*» ou «*il est tombé, le ballon*». L'enfant commet des erreurs, mais ces erreurs ont un sens. Il pourra dire «*le ballon a tombé*» ou «*le ballon, il est tombé*». Mais il applique une règle (l'usage d'un auxiliaire). Jamais on ne l'entendra dire «*le tombé a ballon*»… Il y a bien, à la source de la production d'une phrase, une sorte de logique invisible, des «*règles de production*» sous-jacentes. Ces règles sont sans doute universelles, communes à toutes les langues. Chaque langue s'est composée ensuite, à sa manière, en fonction de variations autour de quelques motifs.

On voit bien tout le parti que l'IA naissante peut tirer de ce projet. D'une part, l'esprit de la GG est proche de celle de l'IA. Dans les deux cas, il s'agit de retrouver des «programmes», fondamentaux, réductibles à quelques règles de production, qui permettent de «générer» toutes sortes de productions mentales.

Si N. Chomsky parvient à construire un véritable modèle de GG, alors il deviendra facile de traduire ces règles de grammaire universelle (GU) dans un programme informatique, et donc de permettre à un ordinateur de parler, de traduire… Mais, au fil des années, la théorie de N. Chomsky, de plus en plus abstraite, s'est progressivement éloignée de cet objectif initial d'un traitement informatique.

1975 : Jerry Fodor et la théorie «symbolique» de l'esprit

Le philosophe Jerry Fodor (né en 1935) a enseigné au MIT de 1959 à 1986 et fait partie du staff de N. Chomsky. Il sera présent à ses côtés lors de la célèbre confrontation entre J. Piaget et N. Chomsky, à Royaumont, en 1975, année où il publie *Le Langage de la pensée* qui va faire date dans l'histoire des sciences cognitives.

• **Le langage de la pensée.** Dans son livre *The Language of Thought* (Crowell, 1975, non-traduit en français), J. Fodor présente un modèle de la pensée qui s'inspire largement de l'analogie avec le fonctionnement de l'ordinateur. La pensée est au cerveau ce que le logiciel informatique (*software*) est à la machine (*hardware*).

Un programme informatique, comme un calcul mathématique, se présente comme une série d'instructions, traitées sous forme d'une combinaison de symboles liés entre eux par des règles logiques. Par exemple, les idées «si les nuages s'accumulent, alors il va pleuvoir» ou «les gens qui ne s'aiment plus devraient divorcer», pourraient être, au fond, réduites à des propositions abstraites du type «si p alors q». Tel serait le principe du «langage de la pensée» : une sorte de langage algébrique, qui convertirait les représentations ordinaires (la pluie, le mariage) en un langage abstrait, fait de symboles (ou «représentations»), sur lesquels s'effectuent des calculs (ou «computations»).

En d'autres termes : les opérations de l'esprit sont des opérations logico-mathématiques (computations) sur des symboles. Et penser, c'est manipuler des symboles. Le rôle des sciences cognitives revient à élucider ce langage symbolique qui gouverne les productions mentales. *«De plus,* ajoute J. Fodor, *de même qu'un calcul mathématique peut être effectué sur des supports très différents (boulier, machine mécanique ou électronique), on peut dissocier l'analyse des opérations effectuées des supports matériels (cerveau ou machine) qui le permettent.»* Telle est la thèse dite «fonctionnaliste», que J. Fodor reprend de son ancien professeur, le philosophe Hilary Putnam.

• **La modularité de l'esprit.** Quelques années plus tard, J. Fodor publie *La Modularité de l'esprit* (3). Sa thèse centrale remet au goût du jour l'ancienne idée des facultés mentales. L'esprit ne fonctionne pas comme un tout unifié. Le psychisme humain traite les informations sous forme de modules spécialisés destinés chacun à un type particulier d'opération. *«Ainsi,* note J. Fodor, *les mécanismes perceptifs sont distincts de ceux du langage ou de la mémoire. La maîtrise du langage se décompose à son tour en sous-modules spécialisés : certains sont spécifiques à la grammaire, d'autres traitent des informations sémantiques contenant le sens des mots.»*

Pour J. Fodor, un module est donc : 1) spécifique à une opération précise ; 2) son fonctionnement est autonome, rapide et donc inconscient ; 3) il possède une localisation neuronale précise. Mais comment coordonner ces modules entre eux ? Selon J. Fodor, ils sont sous la coupe d'un système central

---

3. Minuit, 1986.

chargé de coordonner et de centraliser les informations traitées par les modules spécifiques.

Le modèle de l'esprit défendu par J. Fodor a été désigné de plusieurs façons : on parle de modèle symbolique, « computo-représentationnel », ou tout simplement de cognitivisme.

Théorie de référence pour de nombreux auteurs, il va susciter aussi des critiques de la part de ses détracteurs qui, comme Daniel C. Dennett ou Francisco Varela, parleront à son propos de la « grande orthodoxie » du cognitivisme.

1975-1985 : Les débats de la philosophie de l'esprit

Les prétentions de l'intelligence artificielle (IA) à vouloir « modéliser la pensée », créer des « machines intelligentes », ne pouvaient laisser indifférents les philosophes de l'esprit. Dès 1972, Hubert Dreyfus avait publié *What Machine Can't Do* (4), dans lequel il critiquait les ambitions de l'IA. Selon lui, la machine ne fait qu'exécuter des règles abstraites, alors que la pensée humaine est fondée sur des projets, des intentions. A partir des années 80, la polémique rebondit. Le philosophe John R. Searle, l'un des grands noms de la philosophie américaine, développe à son tour une série d'arguments pour démontrer que la machine ne pense pas car elle n'a pas accès au sens. L'argument de la « chambre chinoise » est destiné à montrer qu'une machine ne fait que manipuler des symboles abstraits, sans en comprendre la signification. Elle peut traduire mot à mot un texte dans deux langues étrangères, dès lors qu'elle dispose d'un dictionnaire de correspondances. Mais ne comprenant pas le sens des mots utilisés, elle bute donc sur les ambiguïtés sémantiques : comment peut-on choisir entre *« weather »* ou *« time »* pour traduire le mot français « temps », si on n'a pas accès à son sens ? La critique est forte, car c'est justement dans le domaine de la traduction automatique que l'IA commence à montrer ses limites.

De son côté, un penseur comme D.C. Dennett se fait le défenseur résolu de l'IA. Pour lui, les machines peuvent à terme parfaitement relever le défi du sens, qui n'est au fond qu'un problème technique parmi d'autres. Selon lui, les humains

---

4. Traduit en français sous le titre *L'Intelligence artificielle. Mythes et limites*, Puf, 1984.

s'acharnent à créer des mythes autour d'entités comme la conscience, l'intention, qui font écran à la compréhension des mécanismes mentaux, lesquels, en principe, n'ont rien de mystérieux.

Bien d'autres débats vont agiter la communauté des philosophes. L'un d'entre eux porte sur les liens entre cerveau et pensée : le « *mind/body problem* ». Il oppose les tenants du fonctionnalisme comme J. Fodor, les matérialistes comme Patricia Churchland, qui défendent une conception neurologique de la pensée, les tenants de l'émergence (J.R. Searle), ceux de la théorie du double aspect (Ernest Nagel), etc. Chacune des grandes questions de la philosophie de l'esprit va donner lieu en cascade à de multiples autres débats et développements, selon un mode de confrontation et de dialogue très caractéristique de la philosophie anglo-saxonne. De ce fait, en quelques années, la philosophie de l'esprit va devenir un des champs les plus fertiles de la philosophie anglo-saxonne.

1975-1995 : La formation de la galaxie « sciences cognitives »

Jusqu'au milieu des années 70, le terme « sciences cognitives » était inexistant. Une convergence d'idées, de recherches, était en train de s'opérer entre un petit lot de chercheurs en IA, psychologues cognitifs, linguistes d'inspiration chomskienne, et quelques philosophes. Mais le cognitivisme n'avait pas encore pris la forme d'une véritable discipline, avec un paradigme unifié et une assise institutionnelle solide. A partir de 1975, les choses changent. Aux Etats-Unis, les sciences cognitives commencent à faire parler d'elles, s'organisent et se rassemblent sous une même bannière. La cristallisation s'opère d'un triple point de vue : théorique, institutionnel, médiatique.

• Théoriquement, un « paradigme cognitif » s'impose autour du modèle symbolique de J. Fodor. Même si certains contestent ce modèle, même si d'autres options théoriques existent, le modèle symbolique ou computo-représentationnel s'impose comme une référence dominante. Le cognitif, c'est le traitement de l'information symbolique.

• Institutionnellement, une impulsion décisive proviendra de l'initiative de la fondation Alfred P. Sloan, une grande fondation privée américaine qui décide d'investir dans ce nouveau domaine prometteur. Jusque-là, les recherches émanaient surtout de quelques centres de recherche (MIT, Carnegie Mellon et San Diego). En 1975, la fondation Sloan va injecter 20 millions de dollars et financer des recherches dans tout le pays. Elle va également financer la création d'une revue, *Cognitive Science*, dont le premier numéro paraît en 1977, et la création d'une société savante en 1979. Toujours à la demande de la fondation paraît un premier rapport sur l'état des sciences cognitives, rédigé en 1978. Pour la première fois y apparaît le fameux hexagone des disciplines concernées : philosophie, IA, psychologie, linguistique, neurosciences, anthropologie. Les sciences cognitives débarquent en France près de dix ans plus tard. Le CNRS prend conscience de la nouveauté et organise les premiers programmes pluridisciplinaires. De nombreux laboratoires et centres de recherche se rebaptisent « cognitifs ».

• L'édition est le troisième pôle de la reconnaissance des sciences cognitives. Au début des années 80 se multiplient les manuels, ouvrages d'introduction, livres de vulgarisation. En 1985, le psychologue Howard Gardner publie la première *Histoire de la révolution cognitive*, sous-titrée *Une nouvelle science de l'esprit* (5). Deux ans plus tard, en France, sous le titre « Nouvelle science de l'esprit », la revue *Le Débat* publie un dossier spécial sur le thème, alors qu'un colloque de Cerisy est organisé la même année. Les contributions du colloque et de la revue *Le Débat* seront incluses dans l'ouvrage *Introduction aux sciences cognitives* (6).

Au début des années 90 est créé à Lyon l'Institut des sciences cognitives, dirigé par Marc Jeannerod. Premier centre disciplinaire de ce type en France, il marque la reconnaissance institutionnelle du champ de la cognition en France.

1985 : Un modèle concurrent : le connexionnisme

Dans les années 80, l'intelligence artificielle (IA) classique commence à s'essouffler. Les résultats ne sont pas à la hauteur des espérances. Il y a certes des réalisations – systèmes experts,

---

5. Payot, 1993.
6. D. Andler (dir.), Gallimard, 1992.

jeux d'échecs, robotique –, mais d'autres domaines sont en panne : la traduction automatique, la reconnaissance des formes, l'apprentissage. Et si l'intelligence fonctionnait sur d'autres bases que celle du modèle symbolique ?

On se tourne alors vers le modèle connexionniste, qui apparaît comme un concurrent sérieux. L'idée connexionniste n'est pas une nouveauté. Elle était déjà en germe dans la cybernétique. Le connexionnisme envisage les opérations cognitives comme le résultat émergent de petites unités interconnectées qui interagissent entre elles, sans pilote central. C'est un modèle en réseau supposé copier le fonctionnement du cerveau (avec ses neurones interconnectés) ou d'une fourmilière. En ce début des années 80, les modèles connexionnistes semblent prometteurs, mais ils n'en sont encore qu'à leurs premiers pas.

1990-2000 : Le retour de la conscience

La conscience a été longtemps refoulée en psychologie par la psychanalyse, qui s'intéressait aux phénomènes inconscients, et par le béhaviorisme, qui l'excluait par principe de son champ d'étude. En se proposant d'explorer les «états mentaux», «représentations» et «stratégies mentales», les sciences cognitives préparaient le terrain pour la réapparition de la conscience comme thème d'étude privilégié.

De fait, à partir du début des années 90, on assiste à une avalanche de publications sur le sujet. Elles émanent de philosophes, neurobiologistes, psychologues (7).

Cette profusion de publications ne doit pas cacher l'ambiguïté du terme. Par «conscience», on entend parfois des choses bien différentes d'un auteur à l'autre. Pour les uns, elle s'identifie à la pensée en général (le fait d'avoir des états mentaux) ; pour d'autres, à la subjectivité (le fait d'éprouver des sensations, des émotions) ; pour d'autres encore, elle se limite au pilotage réflexif des actions.

Les Anglo-Saxons distinguent deux mots pour désigner la conscience :

---

7. D.C. Dennett, *La Conscience expliquée*, Odile Jacob, 1993 ; J.-C. Eccles, *Evolution du cerveau et création de la conscience : à la recherche de la vraie nature de l'homme*, Fayard, 1992 ; J. Delacour, *La Biologie de la conscience*, Puf, «Que sais-je ?», 1994 ; etc.

• *awareness* désigne la conscience-attention, le fait d'être en état de veille, de vigilance (par opposition à l'état de sommeil) ;
• *consciousness* renvoie à la production de pensées, de représentations mentales.
Enfin, on peut ajouter à cela la conscience réflexive ou conscience de soi.
L'étude des troubles de la conscience (héminégligence, syndrome de personnalités multiples) constitue l'une des voies de recherche des psychologues et neurobiologistes.

1999-2000 : La décennie des neurosciences

En 1983 paraît *L'Homme neuronal*, de Jean-Pierre Changeux, un ouvrage de vulgarisation qui connaît un grand succès auprès du public. L'auteur y présente les avancées des nouvelles sciences du cerveau en affichant une nette ambition : à terme, les neurosciences vont permettre de dévoiler les secrets ultimes de la pensée. Cette affirmation va susciter l'irritation de ceux qui y voient l'effet d'un « réductionnisme neuronal » arrogant.
Toujours est-il que, dans les années suivantes, les neurosciences vont prendre une place de plus en plus grande au sein des sciences cognitives. Les années 90 seront même baptisées la « décennie du cerveau ».
• Les avancées des neurosciences prennent appui sur des découvertes réalisées à partir des années 50. Les recherches de David Hubel et Torsten Wiesel ont permis de cerner avec précision les différentes aires visuelles impliquées dans la vision. Pour leurs travaux, ils reçurent le prix Nobel de médecine en 1981. Ce prix fut partagé avec Roger Sperry, un autre grand neurologue qui mit en lumière le rôle spécifique des deux hémisphères cérébraux.
A ces travaux se sont ajoutées de nombreuses autres découvertes, parmi lesquelles celles de Wilder Penfield (cartographie des fonctions cérébrales sur le cortex), Robert McLean (les « trois cerveaux »), J.-P. Changeux (recherches sur l'épigenèse), Michael Pozner, Michael S. Gazzaniga et bien d'autres.
• De nouvelles techniques d'imagerie cérébrale – scanner, imagerie à résonance magnétique (IRM), tomographie par émission de positons (TEP) –, à partir des années 80, font pro-

gresser considérablement l'étude de l'activité cérébrale. Mais on aurait tort de croire que les progrès des neurosciences se bornent à vouloir cartographier le cerveau. L'objectif principal des neurosciences vise à comprendre les opérations mentales. En observant, par IRM, l'activité cérébrale de sujets en train de lire, de compter, de parler, on peut isoler les différentes composantes cognitives d'une tâche. Par exemple, en comparant les zones cérébrales activées d'un sujet qui lit des mots ayant un sens («table», «chaussure»), puis d'autres mots qui n'en ont pas («charlus» ou «raïble»), selon la méthode dite de «soustraction». L'étude de lésions très spécifiques, comme la prosopagnosie (trouble de la reconnaissance des visages humains) apporte également de précieux renseignements sur les mécanismes de la vision.

• Les découvertes en neurosciences alimentent de grands débats scientifiques et philosophiques. Le vieux débat sur la localisation des zones cérébrales refait surface, mais sous une forme nouvelle. Il est admis qu'il existe bien des aires spécialisées dans le cerveau (pour le langage, la vision, la motricité, etc.), mais le débat porte désormais sur le degré de spécialisation et sur l'existence de dispositifs de coordination entre modules (sont-ils pilotés par un «centre» ou sont-ils spontanément coordonnés)?

Un autre débat, de nature philosophique, porte sur les liens entre cerveau et esprit. La pensée est-elle soluble dans l'activité neuronale? On quitte ici le terreau strict des faits pour passer à une discussion de philosophes. La plupart des neuroscientifiques admettent que la pensée est forcément ancrée sur un support cérébral (dont il leur revient d'étudier le fonctionnement), mais qu'elle dépend également de l'apprentissage, et donc de facteurs culturels et sociaux.

• L'intelligence artificielle (IA) était, vingt ans plus tôt, la «science-pilote» des sciences cognitives. Désormais, ce sont les neurosciences, rebaptisées «cognitives», qui sont le pivot des sciences de la cognition.

2003 : Les sciences cognitives au seuil du XXIᵉ siècle

Les sciences cognitives se sont déployées en plusieurs étapes depuis quarante ans, successivement autour de disciplines-phares et de paradigmes dominants. Dans les années 60-70, l'informatique a joué le rôle de science-pilote (modèle du cerveau-ordinateur). Le modèle computationnel du traitement de l'information formait alors le paradigme de référence. A partir des années 80, les neurosciences ont eu le vent en poupe. Les neurosciences cognitives deviennent alors l'un des pivots des sciences cognitives. Les modèles de réseaux neuronaux se développent (connexionnisme, intelligence distribuée, neurones formels, etc.). Au début des années 2000, une nouvelle configuration se met en place. Il n'y a plus vraiment de modèle dominant. Ni le modèle computationnel, ni son concurrent connexionniste ne peuvent prétendre à l'hégémonie. Et cela pour plusieurs raisons :

• D'abord en raison du développement même des recherches, qui montrent les limites de chacun des modèles : le modèle computationnel bute sur la formalisation du langage ou la reconnaissance des formes ; de même, le connexionnisme n'apporte pas la révolution espérée dans les domaines de l'apprentissage, de la reconnaissance des formes…

• De nouvelles approches surgissent : l'évolutionnisme, des modèles interactionnistes, constructivistes, écologiques, mettent l'accent sur le rôle du contexte, des interactions dans l'élaboration des processus psychiques.

• Un certain éclectisme s'impose alors. L'idée selon laquelle un modèle (ou une discipline) pourrait détenir la clé ultime du psychisme n'est plus de mise. La plupart des chercheurs admettent que la pensée est un phénomène « bio-psycho-social », même si chaque recherche spécialisée suppose de s'inscrire à un niveau d'observation ne prenant en compte que l'une de ces dimensions. Dans les années 1960-1970, les thèmes de prédilection des sciences cognitives portaient sur la perception, le langage, la résolution de problèmes. Dans les années 90, la mémoire et la conscience sont venues sur le devant de la scène. Aujourd'hui, ce sont les émotions, la motricité qui retrouvent de l'intérêt. La cognition s'ancre dans le corps. On insiste désormais sur le fait que le cerveau est un organe vivant, que la pensée est tributaire d'un corps et que celui-ci est plongé dans un environnement social. Une autre tendance s'impose : la prise en compte de la diversité des processus mentaux – intelligences multiples, mémoires multiples, diversité des dispositifs impliqués dans la production du langage, etc. L'espoir de trouver un modèle unique pour « penser la pensée » s'éloigne.

SCIENCES COGNITIVES : SCIENCES DE LA PENSÉE

La psychologie cognitive : du calcul à l'évolution

JEAN-FRANÇOIS DORTIER[*]

LA RÉVOLUTION COGNITIVE[**]

La psychologie cognitive a bouleversé la façon de concevoir le psychisme. Son modèle dominant conçoit la pensée comme une sorte de programme logique qui manipule des symboles abstraits. Forces et limites d'un modèle.

UNE VRAIE RÉVOLUTION se doit d'être radicale et conquérante. Tel fut le cas avec ce que l'on a nommé la « révolution cognitive » (1). Il y a trente ans, le mot « cognitif » était absent des publications en psychologie. Aujourd'hui, la psychologie cognitive (2) a tout bouleversé sur son passage et a conquis le pouvoir de façon quasi hégémonique. Omniprésente dans les articles, les manuels, les laboratoires, les colloques… certains n'hésitent pas à assimiler la psychologie dans son ensemble à la psychologie cognitive (3).

Comme toute révolution digne de ce nom, la « révolution cognitive » a renversé un ordre ancien, s'est emparée du pouvoir de façon exclusive, a forgé une nouvelle orthodoxie. Mais son succès a aussi provoqué des réactions hostiles et des critiques sévères.

Mais quelle est donc la nature de cette révolution ? En quoi est-ce une façon nouvelle de concevoir l'être humain ? Quels en sont les principes, les champs d'application ?

---

* Rédacteur en chef du magazine *Sciences Humaines*. Auteur de *Les Sciences humaines. Panorama des connaissances*, Sciences Humaines Editions, 1998.
** *Sciences Humaines*, hors série n° 19, décembre 1997/janvier 1998.
1. H. Gardner, *Histoire de la révolution cognitive*, Payot, 1993.
2. Voir mots clés en fin d'ouvrage.
3. C'est ce que font par exemple R. Ghiglione et J.-F. Richard dans leur *Cours de psychologie en quatre volumes* (Dunod, 1998) quand ils affirment « *que le fait de considérer les activités de traitement de l'information comme des activités centrales du fonctionnement humain soit unificateur du champ de la psychologie, il est difficile d'en douter.* » (t. I, p. XXII).

Sept, le chiffre magique

On s'accorde généralement pour dater la naissance de la psychologie cognitive à l'année 1956, marquée par trois événements… passés assez inaperçus à l'époque.

Le premier événement prend la forme d'un article de George Miller au titre énigmatique : «Le nombre magique 7, plus ou moins 2», publié par la *Psychological Review* (4). Dans cet article, G. Miller, alors jeune psychologue à Harvard, tentait d'attirer l'attention de ses collègues sur certaines limites du psychisme humain.

Lorsque l'on doit traiter des informations, l'esprit tend à s'embrouiller dès que leur nombre atteint sept (plus ou moins 2). Il est, par exemple, difficile de mémoriser une suite de plus de sept chiffres (comme la liste 4, 2, 9, 3, 9, 8, 3, 5). Au-delà, la mémoire chancelle. S'il en est ainsi, soutient G. Miller, c'est que le cerveau possède une structure propre, avec ses limites, et qu'il ne peut pas être comparé à un réceptacle vierge comme le suppose le béhaviorisme (5). De plus, remarque G. Miller, pour surmonter leurs limites intellectuelles, les humains ont inventé une solution ingénieuse : regrouper les chiffres par grappes. Il est ainsi plus facile de retenir la liste de chiffres cités en les regroupant par paires : 4/2, 9/3, 9/8 et 3/5. G. Miller met ainsi l'accent sur une capacité de l'esprit : celle d'effectuer un véritable «traitement» logique qui ne se réduit pas à un simple enregistrement des données transmises.

Le deuxième événement se produit l'année où G. Miller publie son retentissant article. Jerome Bruner, un de ses amis et collègue à Harvard, va lancer lui aussi des recherches qui s'inscrivent dans la même perspective.

J. Bruner travaillait à l'époque sur le processus de «catégorisation» (6). En demandant à ses étudiants de classer des cartes de couleurs et de formes différentes, J. Bruner s'était aperçu que les individus utilisaient des stratégies mentales différentes. Les uns procédaient à partir d'une carte de référence (*focusing*), d'autres effectuaient un classement fondé sur une vue d'ensemble de la pile de cartes (*scanning*).

Cette idée de «stratégies mentales» changeait radicalement de perspective par rapport au béhaviorisme, théorie psychologique alors dominante : elle s'intéressait aux cheminements de la pensée consciente du sujet, aux différentes étapes par lesquelles le sujet cherche à résoudre un problème.

Le cognitivisme, première manière

Les recherches de G. Miller et de J. Bruner avaient pour trait commun, à l'époque, d'être révolutionnaires, voire hérétiques. Le béhaviorisme, courant de pensée alors dominant en psychologie, soutenait qu'il est scientifiquement erroné de s'intéresser à la subjectivité du sujet (à ses états mentaux conscients). La psychologie selon le béhaviorisme devant se borner à étudier les comportements extérieurs observés objectivement. Les travaux de G. Miller et de

---

4. «The magical Number Seven Plus or Minus Two : some Limits on our Capacity for Processing Information».
5. Voir mots clés en fin d'ouvrage.
6. *Idem.*

J. Bruner mettaient l'accent sur les «états mentaux» du sujet, sur ses capacités de raisonnement, sur la façon dont il traitait l'information. Conscients d'avoir ouvert une brèche dans la psychologie dominante de l'époque, ils créent ensemble le Harvard Center for Cognitive Studies, dont le projet n'est rien moins que de fonder la psychologie sur de nouvelles bases. «*La révolution cognitive avait l'ambition de ramener l'esprit dans le giron des sciences humaines d'où l'avait chassé le long hiver glacé de l'objectivisme*», raconte J. Bruner, retraçant son projet fondateur. Il s'agissait de reconstituer les stratégies de pensée, voire les «visions du monde» des personnes en train de penser. C'était un vent nouveau qui soufflait sur la recherche. On allait enfin ouvrir la «boîte noire» de l'esprit humain. D'ailleurs, les fondateurs du Centre de Harvard invitaient philosophes et anthropologues à s'associer à ce grand programme de recherches.

C'est ainsi qu'à partir de la fin des années 60, la psychologie cognitive prend son envol et détrône le béhaviorisme. Mais ce n'est pas tout à fait dans l'optique de G. Miller et de J. Bruner que la révolution cognitive se développe, car, en 1956, au moment où les deux hommes lançaient leur révolution, se produit un troisième événement qui allait durablement marquer la psychologie cognitive naissante. Durant l'été, à l'Université de Dartmouth (Etats-Unis), se tient un séminaire qui réunit psychologues, ingénieurs, mathématiciens et neuroscientifiques (7) autour d'un projet fascinant : la mise en œuvre d'une «intelligence artificielle» (8) capable de

copier et de simuler les performances de l'intelligence humaine. Ce séminaire est aujourd'hui considéré comme l'acte de naissance des sciences cognitives (9). Cette direction donnée aux premières recherches cognitives est sensiblement différente de celle envisagée par G. Miller et J. Bruner, même si à l'époque personne n'en a vraiment conscience.

Le modèle canonique du cognitivisme

En quelques années, un «modèle standard» de la psychologie cognitive va prendre forme. Ce modèle s'inspire du modèle informatique. Il considère que le cerveau fonctionne sur le mode de l'ordinateur (et inversement…). Cela signifie que la pensée humaine est une suite d'opérations logiques effectuées sur des symboles abstraits. Le but de la psychologie est alors de dévoiler les programmes d'action sous-jacents qui, à l'instar des programmes informatiques, gèrent le fonctionnement du cerveau. L'informatique est un auxiliaire précieux pour simuler les opérations mentales (représentation, mémorisation, résolution de problèmes, etc.) et pour en comprendre les ressorts. En accord avec ce modèle standard, défendu par des auteurs comme Herbert A. Simon, Zenon Pylyshyn ou Philip Johnson-Laird, le philosophe Jerry Fodor a donné la formulation la plus canonique de ce modèle qu'il nomme «computo-représentationnel» (10). Ce modèle

---

7. Voir mots clés en fin d'ouvrage.
8. *Idem.*
9. *Idem.*
10. *Psychosemantics, The Problem of Meaning in the Philosophy of Mind*, MIT Press, 1987.

s'articule autour de deux propositions centrales :
– la pensée humaine consiste à «traiter des informations» ou, autrement dit, à «manipuler des représentations»;
– les processus mentaux s'effectuent à différents niveaux d'organisation dont il faut cerner les logiques spécifiques.
Voyons de plus près ce que cela signifie. Le premier principe du modèle «computo-représentationnel» repose sur une idée simple : penser, c'est manipuler des représentations. Lire, rédiger une lettre, choisir où passer ses vacances, participer à une conversation, etc., tout cela ne serait rien d'autre que la manipulation d'une foule de symboles, d'images, de concepts, bref, des «représentations» sur lesquelles on effectue un ensemble d'opérations logiques (déduction, généralisation, assemblage, etc.). Ce processus s'effectue en trois temps : 1) filtrage des données; 2) mise en forme; 3) computation.
• **Le filtrage de l'information** a été l'un des premiers phénomènes mis au jour par les psychologues cognitivistes. Dès 1954, Collin Cherry avait expérimenté l'effet *«Cocktail Party»* : dans le brouhaha d'un cocktail, il est parfaitement possible de sélectionner la voix de son auditeur parmi les autres; l'attention sélective les transforme en un bruit de fond sans signification. Ce processus de sélection est très courant : lorsqu'on lit en écoutant de la musique, la mélodie disparaît bientôt de notre champ perceptif et s'évanouit de notre conscience. Les chercheurs ont ainsi découvert de nombreux processus de filtrage qui interviennent au niveau de la perception visuelle, de la mémorisation, de la lec-

ture… Cette sélection de l'information limite notre perception de l'environnement, mais elle est une condition indispensable pour penser de façon efficace.
• **La mise en forme** a été la deuxième étape de la cognition. Elle consiste à décoder les informations recueillies, c'est-à-dire à les transformer en «représentations» mentales. La «représentation» est un concept central en psychologie cognitive. Une représentation peut être une image mentale (un cube, un visage, etc.), un symbole abstrait (x, A, $, etc.), un concept (maison, atome, animal, etc.), bref un ensemble structuré d'objets mentaux qui correspond à une connaissance sur le monde. Par exemple, le mot «oiseau» est une représentation qui renvoie à un certain nombre d'informations associées : un oiseau est un animal qui a des ailes et un bec, qui vole (11).
La psychologie cognitive a mis au jour toute une série de représentations de natures très différentes : on les appelle formes (12), schémas (13), modèles mentaux (14), catégories (15), stéréotypes (16).
Ainsi, la «théorie des schémas» de l'Anglais Frederic Bartlett (1886-1969) soutient que, lorsque nous écoutons une histoire, nous mobilisons en permanence des schémas mentaux implicites. Le mot «désert» évoque en nous une image stéréotypée avec des attributs

11. Cette connaissance peut être vraie ou fausse, c'est pourquoi certains auteurs préfèrent parler de croyance plutôt que de connaissance (une «croyance» peut à son tour être vraie ou fausse, bien sûr!).
12. Voir mots clés en fin d'ouvrage.
13. *Idem.*
14. *Idem.*
15. *Idem.*
16. *Idem.*

associés : le sable, le soleil, l'absence de végétation, la chaleur. Ce schéma peut d'ailleurs nous induire parfois en erreur : le désert de Gobi, par exemple, n'est ni chaud, ni couvert de sable.

On trouve dans la pensée ordinaire une foule de catégories pour désigner les objets qui nous entourent (meubles, outils, vêtements, etc.), pour penser le monde social (paysans, Chinois, capitalistes, etc.), en passant par des catégories plus abstraites ou générales (le temps, la liberté, la mort, etc.).

Il existe tout un débat entre psychologues pour savoir si les représentations mentales sont codées sous forme de propositions abstraites ou sous forme d'images visuelles, ou pour savoir lesquelles sont universelles et lesquelles varient selon les cultures.

• **La computation.** La pensée ne serait, selon l'approche cognitiviste, que la combinaison des représentations, formant des assemblages plus complexes. Ces assemblages s'effectueraient à partir d'opérations diverses : déduction et induction (deux formes d'inférence (17)), comparaison et analogie. On parle de computation pour désigner l'ensemble de ces opérations logiques (18).

L'idée de base qui anime la théorie computationnelle de l'esprit est que toute la pensée, même la plus ordinaire, peut être traduite sous forme d'une sorte d'algèbre mentale. Ainsi, pour produire une idée simple du type : «*Si je vais au supermarché acheter un livre, je le paierai moins cher*», notre esprit mobilise une suite d'opérations logiques du type «*si A, alors B*» (opération de déduction). Cette idée simple est tra-duisible en termes de logique des propositions sous la forme «si *f(x)*, alors *P1 < P2*» (où *f* = acheter, *x* = marchandise, *P1* = prix du livre en supermarché, *P2* = prix du livre en librairie).

Un des grands axes de recherche de la psychologie cognitive consistera donc à dévoiler ces suites d'opérations – appelées aussi «heuristiques» (19) : celles employées par l'écolier qui effectue une addition, ou par le responsable financier qui prend une décision d'investissement, ou encore par le médecin qui réalise un diagnostic.

Les recherches empruntent en fait différentes voies. Pour certains chercheurs, les modes de raisonnement se réduisent à quelques inférences simples (déduction et induction), pour d'autres, il y a une foule de mécanismes de raisonnements différents (20) : analogie, comparaison, généralisation, etc.

Une des orientations de la recherche les plus passionnantes concerne l'analyse des pièges et des erreurs qui truffent le raisonnement ordinaire. Ainsi, dans le raisonnement précédent, nous avons généralisé abusivement la croyance générale (les prix sont moins élevés en supermarché) en l'appliquant au prix du livre qui, selon la loi, ne peut varier de plus de 5 % dans tous les points de vente (21).

---

17. Voir mots clés en fin d'ouvrage.
18. La «computation» est plus proche de la logique des propositions que du calcul mathématique.
19. Voir mots clés en fin d'ouvrage.
20. C.H. George, *Polymorphisme du raisonnement humain*, Puf, 1997, et M.D. Gineste, *Analogie et Cognition*, Puf, 1997.
21. E. Drozda-Senkowska, *Les Pièges du raisonnement. Comment nous nous trompons en croyant avoir raison*, Retz, 1997.

Les niveaux d'analyse de la cognition

Si la pensée s'effectue en trois étapes, comment fonctionne la «machine» mentale qui en est le support? A cette question, le «modèle standard» de la psychologie cognitive apporte également une réponse nette, et qui n'est pas réductionniste comme on le croit souvent. Selon cette approche, il est nécessaire de distinguer plusieurs «étages» du fonctionnement cognitif.

La pensée s'organise à plusieurs niveaux qui vont des processus les plus élémentaires – la circulation de l'influx nerveux dans les neurones – au niveau le plus élaboré, celui de la pensée consciente. On ne sait pas exactement combien de niveaux d'organisation sont ainsi impliqués. Mais une chose est sûre : il existe une architecture complexe avec de multiples interactions entre neurones, entre groupes de neurones, entre aires spécialisées et, finalement, le fonctionnement d'ensemble du cerveau.

On peut distinguer au moins trois niveaux de fonctionnement :

1) le niveau le plus élémentaire (bien qu'il soit déjà très complexe) est celui des neurones dont le comportement pourrait être décrit sous forme de réactions binaires (activation/non-activation, 1 ou 0, + ou –, oui ou non) ;

2) le niveau intermédiaire est celui de la pensée organisée en modules spécialisés où s'effectuent des opérations logiques plus complexes (heuristiques) sur des symboles abstraits. C'est le niveau computationnel ;

3) le niveau supérieur est celui des représentations et des intentions conscientes : écrire une lettre, composer de la mu-sique exigent de mobiliser des représentations élaborées.

C'est en s'appuyant sur une telle démarche en termes de niveaux d'organisation que le psychologue anglais David C. Marr (1945-1980) a proposé un modèle d'analyse de la vision. Selon lui : «*Essayer de comprendre la perception en étudiant seulement les neurones, c'est comme essayer de comprendre le vol d'un oiseau en étudiant simplement ses plumes : c'est tout simplement impossible.*» (22) La théorie de D.C. Marr prend en compte un niveau computationnel, définissant les buts et les fonctions à réaliser, un niveau dit «algorithmique», où l'on dégage des opérations de base nécessaires pour réaliser cette tâche. Enfin, un troisième niveau d'analyse est celui de l'exploration des processus biologiques impliqués dans la perception. Une explication globale de la perception visuelle suppose de combiner ces trois approches : l'apport de la psychologie (qui étudie la fonction), celui de la biologie (qui explore les bases neuronales), comme celui de l'informatique (qui peut simuler la fonction) se combinent. «*La morale de cette histoire est que l'ignorance dans une de ces trois disciplines est préjudiciable*», conclut D.C. Marr.

Une des questions qui agitent les cognitivistes est de savoir si les processus décrits sont généralisables à tous les processus mentaux – de la perception à la résolution de problèmes – ou s'il existe des modules spécifiques, qui fonctionneraient selon des logiques

---

22. D.C. Marr, *Vision, a Computational Investigation into the Human Representation and Processing of Visual Information*, W.H. Freeman & Co, 1982.

propres. Dans son livre *La Modularité de l'esprit*, le philosophe J. Fodor a admis qu'il pouvait en être ainsi, laissant place à une pluralité de modèles explicatifs.

Voilà donc – à grands traits – le programme de la psychologie cognitive. Il est vaste, il comporte plusieurs dimensions : les différents mécanismes impliqués (filtrage, représentation, computation, etc.), les différents niveaux d'analyse (neuronale, modulaire, représentationnelle, etc.), et les différentes aptitudes (perception, mémoire, résolution de problèmes, etc.).

Le projet scientifique du cognitivisme est donc un programme scientifique au sens fort du terme. Il comporte un modèle de référence (le modèle du traitement de l'information), et un domaine de recherche immense (de la perception à la résolution de problèmes, en passant par la mémoire, le langage, l'apprentissage, la lecture). De plus, il comporte des hypothèses annexes et des théories locales (sur la nature des représentations, les formes de raisonnement, etc.), des niveaux d'étude distincts (biologique, informatique, fonctionnel, etc.). Sans exagérer son unité interne, on est bien en présence de ce que l'historien des sciences Thomas Kuhn nomme un « paradigme scientifique ».

Remises en cause et contre-modèles

Cependant, à partir de la fin des années 80, des « dissidences » et des critiques venues d'horizons différents vont égratigner ce bel édifice.

La première contestation est venue du « connexionnisme », modèle concurrent venu de la Côte Ouest des Etats-Unis, et qui a connu son heure de gloire à la fin des années 80 (*voir dans cet ouvrage l'article de G. Chapelle, «Symbolistes et cognitivistes : de la confrontation à l'intégration»*). Le connexionnisme n'est pas totalement opposé au cognitivisme « orthodoxe ». Il se fonde lui aussi sur des modèles informatiques, mais il cherche une correspondance plus étroite avec le fonctionnement du cerveau humain. Le modèle connexionniste se distingue sur deux points du modèle computationniste : d'une part, il rejette la notion de représentation et, d'autre part, il ne considère pas que les opérations mentales s'effectuent par une suite de calculs en série, mais par un « traitement parallèle distribué » (en anglais *Parallel Distributed Processing*, ou PDP). Que cela signifie-t-il ? L'idée de base est que notre cerveau est composé de différentes unités (les neurones) qui sont toutes connectées entre elles, formant ainsi d'immenses réseaux. Chaque neurone est capable d'exécuter une opération simple : réagir ou non à une excitation et la transmettre ou non à ses voisins. Certaines connexions entre neurones sont fréquemment sollicitées, d'autres le sont moins. A terme, ces ensembles de neurones connectés entre eux forment des configurations stables à l'image des constellations stellaires. Lorsque certains neurones d'une constellation sont excités, ils envoient des messages aux neurones voisins, et la configuration globale est alors activée. A cette configuration peut correspondre une réaction réflexe ou une opération mentale donnée.

Pour certains, le connexionnisme n'est

41

rien d'autre qu'un béhaviorisme déguisé (23). Toujours est-il que les modèles connexionnistes vont s'essouffler à leur tour. Séduisants sur le plan conceptuel, ils tardent à réaliser de véritables simulations des opérations mentales complexes.

D'autres critiques du cognitivisme, assez virulentes, viendront de la biologie. Francisco Varela, par exemple, reproche à la « *grande chapelle orthodoxe du cognitivisme* » de ramener la pensée humaine à un dispositif mécanique et logique alors que la pensée s'inscrit dans le vivant (24).

Mais la critique la plus amère est venue d'un des fondateurs de la psychologie cognitive elle-même en la personne de J. Bruner. Dans son livre *Act of Meaning* (25), il reproche à la psychologie actuelle de s'être détournée de son cours initial. L'inspiration première était de redonner place à l'esprit humain au sein de la psychologie. L'ambition finale était de reconstituer l'univers mental des humains avec leurs rêves, leurs désirs, leurs représentations du monde, etc. Mais la révolution informatique a conduit sur une autre voie, celle qui considère l'esprit comme une machine à calculer très sophistiquée. Or, « *le traitement de l'information exige une planification rigoureuse et des règles précises. Il n'a que faire de questions oiseuses comme "Comment le monde est-il organisé dans l'esprit d'un musulman fondamentaliste ?", ou "En quoi le moi diffère-t-il dans la Grèce d'Homère et dans la société postindustrielle ?".* » Questions qui étaient pourtant, selon J. Bruner, à la source du projet cognitiviste. Pour l'essentiel, le projet reste en chantier. Les révolutions sont cruelles, elles trahissent souvent les idéaux de leurs pères…

23. G. Tiberghien, « Le connexionnisme, stade suprême du béhaviorisme ? », *Penser l'esprit, des sciences de la cognition à une philosophie cognitive*, Pug, 1996.
24. F. Varela, *Connaître, les sciences cognitives*, Seuil, 1989. Voir aussi l'entretien avec F. Varela dans cet ouvrage.
25. Traduction française, *Car la culture donne forme à l'esprit. De la révolution cognitive à la psychologie culturelle*, Eschel, 1991.

Le modèle cognitiviste de la pensée

1 Le filtrage
La pensée opère une sélection des données. Ex. : pour discerner une image, il faut éliminer d'autres stimuli du champ visuel.

2 La mise en forme
Les informations sont intégrées dans des « cadres mentaux » (images mentales, schémas, catégories, stéréotypes, etc.).

3 Opérations
Les représentations sont associées entre elles par diverses opérations : induction, déduction, généralisation, association, analogie, etc.

Penser = traiter de l'information

• La cognition
La psychologie rassemble sous le nom de « cognition » diverses opérations mentales :
**la perception (visuelle, auditive...) ; la mémoire ;
l'apprentissage ; le langage (oral et écrit) ;
la résolution de problèmes.**

Les niveaux de traitement de l'information

• Niveau conscient
Niveau où l'esprit manipule des représentations et intentions. Par exemple, la lecture d'un texte induit des images mentales qui s'enchaînent entre elles et donnent une cohérence générale au texte.

• Niveau computationnel
Niveau de traitement des signes.
Lire suppose de décoder les signes en termes de lettres, mots, phrases.

• Niveau neuronal
Niveau où s'opèrent les opérations les plus élémentaires (qui sont en fait très complexes). Pour la lecture, c'est ici que les stimuli visuels sont reçus et traités comme des signes graphiques.

GAËTANE CHAPELLE*

SYMBOLISTES ET CONNEXIONNISTES : DE LA CONFRONTATION À L'INTÉGRATION**

QUELS MODÈLES POUR LA PENSÉE ?

Deux courants théoriques se sont affrontés dans les années 80, le symbolisme et le connexionnisme, pour expliquer les mécanismes de la pensée. Le premier les décrit comme un emboîtement de modules, le second comme un immense réseau. La confrontation de ces théories aux données expérimentales a, dans les années 90, abouti à des conceptions intermédiaires.

L A QUESTION principale de la science cognitive est depuis ses débuts : quels sont les mécanismes de la pensée ? Deux grandes familles de chercheurs sont apparues, en fonction de leur approche des mécanismes mentaux. Les symbolistes, dits aussi cognitivistes ou computationnistes, considèrent que la pensée consiste en la manipulation de symboles selon des règles logiques. Cette conception a plusieurs conséquences. Premièrement, un symbole est indépendant de la structure physique qui le représente (cerveau ou ordinateur). Deuxièmement, les mécanismes mentaux consistent en des opérations de transformation d'un type d'information en un autre, ordonnées en série. Par exemple, pour lire un mot, nous commençons par décoder des traits et des courbes comme une lettre, ensuite un ensemble de lettres comme un son, et enfin un ensemble de sons comme un mot signifiant. Troisièmement, les différentes étapes de traitements sont prises en charge par des systèmes isolés, appelés modules. On pourrait alors localiser chaque module à un endroit du cerveau.

D'autres chercheurs, les connexionnistes, se sont opposés au symbolisme sur plusieurs aspects : tout d'abord, selon eux, on ne peut pas étudier la pensée sans tenir compte des contraintes liées à la structure du cerveau. Pour comprendre les mécanismes de la pensée, il

*Journaliste scientifique au magazine *Sciences Humaines*.
** *Sciences Humaines*, n° 89, décembre 1998. Texte revu et corrigé par l'auteur, octobre 2002.

Deux modèles de la pensée

Le symbolisme

Traitement sériel
Les étapes de traitement de l'information se succèdent les unes aux autres, une à la fois, et sans en éviter une.

Modularité
Chaque étape du traitement de l'information est gérée par un module spécialisé. Les modules peuvent s'emboîter les uns dans les autres, selon une organisation logique et hiérarchique précise

Computationnisme
Le traitement de l'information ressemble à un programme informatique (*computer*) qui calcule de façon logique une réponse selon l'information qu'il reçoit.

Le connexionnisme

Traitement parallèle
Les différents aspects de l'information sont traités en même temps par des unités semblables aux neurones, appelés parfois neurones «formels».

Réseau distribué
Les unités de traitement sont toutes connectées entre elles, formant ainsi un vaste réseau dans tout le cerveau.

Niveau sub-symbolique
Les connexionnistes s'intéressent aux mécanismes cachés sous la notion de symbole. Selon eux, le symbole émerge de l'activité d'un réseau d'unités de traitement.

---

faut partir des neurones et de leur enchevêtrement. Ensuite, selon eux, la conception en série du traitement de l'information n'est pas compatible avec la rapidité avec laquelle nous sommes capables de traiter une information. Vu la lenteur de l'influx nerveux, il faut postuler un traitement parallèle pour expliquer la rapidité d'une réaction. Par exemple, si nous traitons en série les caractéristiques d'un obstacle sur notre route, puis la nécessité ou non de freiner, et la façon dont on enfonce la pédale de frein, il est certain qu'au moment d'agir, il sera trop tard. Enfin,

les partisans du connexionnisme refusent la notion de modularité.

Ils conçoivent donc la pensée comme le résultat de l'activité d'un immense réseau comme celui constitué par les millions de neurones et les milliards de synapses du cerveau humain. Selon eux, l'idée d'un rouge-gorge, par exemple, émerge de l'activation simultanée d'un ensemble de neurones distribués partout dans le cerveau et connectés entre eux. Comme les rouges-gorges que l'on voit dans notre jardin ont tous en commun leur taille, leur couleur et certains comportements, certains neurones sont souvent sollicités en même temps pour observer cet oiseau. Lorsqu'ensuite nous pensons au rouge-gorge, les mêmes neurones s'activent et provoquent l'idée que l'on en a, c'est-à-dire un petit oiseau familier de nos jardins. La question pourrait être alors : quels sont les domaines de la cognition dans lesquels ces différents modèles excellent ? Plutôt que débattre longuement sur les arguments pour ou contre chacune de ces approches, mieux vaut adopter une démarche pragmatique

Le symbolisme, expert en calcul

Pour certains, comme le psychologue anglais David C. Marr (1945-1980), comprendre les mécanismes impliqués dans une tâche nécessite d'analyser sa fonction. On peut alors déterminer les étapes par lesquelles cette tâche doit nécessairement passer. Ensuite, on confronte un tel modèle avec la réalité du fonctionnement psychologique des êtres humains. On voit alors si le modèle permet d'expliquer l'ensemble de la diversité des comportements.

Les psychologues symbolistes ont utilisé cette démarche afin de comprendre les phénomènes mentaux. La modélisation du calcul est un exemple de processus mental que l'approche symbolique a permis de très bien comprendre. Prenons la tâche simple, qui consiste à répondre à la question « que font trois fois cinq ? ». Comme D.C. Marr le suggère, on peut commencer par établir les étapes nécessaires pour arriver à la réponse « quinze ». Tout d'abord, nous devons reconnaître la forme sonore /tRwa/. En effet, nous aurions beau-

coup de mal à répondre à la même question posée en japonais ou en quechua. Une fois que nous avons reconnu le son /tRwa/ comme familier, nous devons accéder à sa signification. De même, nous devons comprendre le mot « cinq », et le mot « fois ». Après les avoir reconnus, nous devons nous lancer dans la recherche de la solution. La plupart d'entre nous se souviennent sûrement d'un examen oral pendant lequel la question posée résonnait et tournait dans notre tête sans que nous arrivions à enclencher le processus de recherche de la solution. Ce processus dépendra, dans ce simple calcul, à la fois de chacun des nombres, et de l'opération qui les relie. La réponse n'est bien sûr pas la même pour « trois fois six », ni pour « trois plus cinq ». Enfin, une fois la solution trouvée, il faut pouvoir transformer sa signification en une réponse que l'interlocuteur pourra entendre, c'est-à-dire en un son articulé correspondant à « quinze ». Les chercheurs Michael McCloskey et Alfonzo Caramazza ont ainsi proposé un modèle du calcul tout à fait typique de l'approche symbolique. Selon eux, il existe trois sous-systèmes distincts, l'un de compréhension des numéraux, l'autre de production des numéraux, et le troisième de calcul. Ils ont ensuite confronté leur modèle à l'observation de patients cérébrolésés ayant des troubles sélectifs, correspondant à l'un ou l'autre des sous-systèmes. Suite à une lésion cérébrale, le sous-système « production des nombres » était détruit chez un patient, alors que les deux autres sous-systèmes étaient intacts. Cette personne était incapable de fournir elle-même le résultat correct (ni oralement, ni par écrit) mais pouvait choisir la bonne réponse parmi celles qu'on lui proposait.

Des objections importantes ont été faites aux modèles symbolistes, comme celle qui consiste à demander combien de sous-systèmes on va devoir emboîter les uns dans les autres pour expliquer toutes les variations possibles du comportement. Et celle, récurrente chez les opposants au symbolisme, qui affirme qu'une telle structure de pensée séquentielle implique un temps de réalisation d'une tâche absolument non conforme aux exigences de l'environnement. Néanmoins, il semble que pour certaines fonctions comme le calcul, fortement basé sur la manipulation de symboles, le modèle symboliste constitue un modèle explicatif performant.

réseau
et reconnaissance des objets

Les connexionnistes opposent une objection fondamentale au symbolisme : la notion même de symbole ne révèle pas comment un symbole acquiert un sens (1). Il n'avance à rien de dire que la pensée consiste en la manipulation de symboles. Ce serait comme dire que pour apprendre à parler, l'enfant apprend à utiliser les mots. Oui, mais comment apprend-il le sens des mots ? Cette remise en cause du symbole comme l'élément de base de la pensée est essentielle pour les connexionnistes. Selon eux, le sens n'est pas contenu dans le symbole, mais il émerge de l'activité d'un ensemble d'unités inférieures au symbole. Ils parlent alors de niveau sub-symbolique. Le sens n'existe pas

non plus dans chaque unité sub-symbolique, mais dans la configuration particulière de ces unités lors de leur activation simultanée. D'où la métaphore du réseau.

Une idée ne serait pas stockée telle quelle dans le cerveau. En fait, un concept ne serait que le résultat de l'activation simultanée d'un réseau de neurones et de leurs multiples connexions synaptiques. Ce réseau s'organiserait progressivement, au fur et à mesure de nos expériences.

Vu l'importance que le connexionnisme attache à la constitution du sens des symboles, cette approche est très efficace pour expliquer une capacité cognitive comme la reconnaissance des objets. Dans la vie de tous les jours, nous identifions très aisément les objets qui nous entourent. Et ce, peu importe les conditions réelles de l'environnement. Les variations de lumière, d'angles de vue, de position de l'objet ne sont pas un obstacle à sa reconnaissance. En fait, nous l'identifions, d'une part, grâce à son contexte (aux autres objets qui l'entourent), mais surtout, d'autre part, par une comparaison entre cet objet précis et une image plus générale de l'objet que nous avons en mémoire.

Les chercheurs James McClelland et David Rumelhart (2) ont proposé, au milieu des années 80, un modèle connexionniste appelé le «modèle de traitement parallèle distribué» (en anglais, *Parallel Distributed Processing*

---

1. F. Varela, *Connaître les sciences cognitives, tendances et perspectives*, Seuil, 1989.
2. J. McClelland, D. Rumelhart et G. Hinton, «Une nouvelle approche de la cognition : le connexionnisme», *Le Débat*, 47, 1987.

Model). Selon eux, chaque image d'objet est stockée en mémoire sous la forme d'une configuration précise de neurones, reliés entre eux de façon excitatrice, mais aussi inhibitrice. Par exemple, dans le réseau de neurones qui permet d'identifier une rose, les unités qui détectent la couleur rouge de la fleur vont exciter les unités qui détectent l'aspect velouté des pétales, ou la couleur verte des feuilles. Mais ces mêmes unités vont aussi inhiber celles qui traitent la couleur bleue. Grâce à de tels liens, nous pouvons identifier de très loin une rose au milieu d'un buisson, même si la distance ne nous donne pas tous les indices nécessaires à son identification. L'avantage d'un modèle comme celui de J. McClelland et D. Rumelhart est d'être très rapide, puisque tous les aspects de l'objet sont analysés en même temps, mais aussi de permettre de reconnaître des objets dans toutes sortes de conditions, puisque même si un indice manque, il est activé par ceux auxquels il est fréquemment associé. La conception de la pensée comme un réseau est donc très efficace pour décrire des compétences cognitives comme la reconnaissance des objets, mais également l'apprentissage de catégories sémantiques.

Cela veut-il dire que cette approche doit être privilégiée, et substituée à l'approche symbolique pour décrire tous les aspects de la pensée ? Doit-on toujours opposer ces deux approches ? Ou bien peut-on imaginer qu'elles puissent se compléter, ou coopérer, pour avancer dans notre connaissance de la pensée ? Le débat est, bien sûr, loin d'être résolu, mais il semble néanmoins que dans certains domaines les notions du symbolisme et du connexionnisme peuvent être conciliées.

La mémoire : quand les modèles convergent

Nos capacités de mémoire se manifestent dans toutes sortes de situations et sous toutes sortes de formes. Dans la lignée de la tradition symbolique et modulariste, le psychologue Endel Tulving a proposé en 1972 de distinguer deux grands systèmes de mémoire à long terme, la mémoire épisodique et la mémoire sémantique. Il affirmait que nous aurions dans notre cerveau un système responsable du souvenir précis d'épisodes de notre vie (la mémoire épisodique) et une autre qui contient les connaissances générales et abstraites que nous avons sur le monde (la mémoire sémantique).

Cette conception concorde avec l'observation de patients amnésiques qui, suite à une lésion cérébrale, ont gardé leurs connaissances sémantiques sur le monde, mais ne se souviennent plus des épisodes de leur vie, vécus avant ou après leur accident. Puisque la plupart des amnésiques souffrent d'une lésion d'une région du cerveau comprenant l'hippocampe (appelée ainsi en raison de sa ressemblance avec l'animal marin), il est logique d'en déduire que le système « mémoire épisodique » se situe dans l'hippocampe. Une conception symboliste de la mémoire semble donc appropriée.

Au cours de ses travaux, E. Tulving a complexifié son modèle de la mémoire jusqu'à affirmer l'existence de cinq systèmes de mémoire différents. En 1995, il a encore apporté de nouvelles nuances à son modèle, inspirées du connexionnisme (3). Pour pouvoir expliquer tout ce qu'on sait sur la mémoire, il admet que certains phénomènes de mémoire peuvent se faire en parallèle : selon lui, toutes les informations contenues dans un événement sont stockées dans tous les systèmes de mémoire concernés. Par exemple, les aspects perceptifs sont stockés dans la mémoire perceptive, les aspects généraux et abstraits dans la mémoire sémantique, et les détails précis d'un événement unique dans la mémoire épisodique.

Au même moment, J. McClelland et ses collègues (4) proposent un modèle de la mémoire dont les fondements sont connexionnistes, mais qui emprunte également certaines notions à leurs opposants. Selon eux, la mémoire serait composée de deux grands systèmes : l'un situé dans le néocortex, et l'autre dans l'hippocampe. Selon J. McClelland, le néocortex, grâce à sa structure en réseau, enregistre l'état du monde en même temps qu'il le perçoit. Mais cet apprentissage est très lent. Les réseaux de neurones ne se transforment que s'ils ont été sollicités un très grand nombre de fois en même temps. Or, nous sommes tous capables d'apprendre certaines choses en une fois. Pour apprendre des événements uniques (les souvenirs épisodiques dont parlait

E. Tulving), nous avons besoin d'un autre système de mémoire, l'hippocampe. Cette structure nerveuse serait capable de retenir quels neurones du néocortex étaient actifs lors d'un événement unique, et de les réactiver lorsque nous repensons à cet événement. L'hippocampe jouerait alors le rôle d'entraîneur du néocortex, car il réactiverait ces mêmes réseaux de neurones pour que le souvenir s'enregistre pour toujours. Le modèle de mémoire de J. McClelland est donc connexionniste par sa conception de l'apprentissage sous forme de réseaux distribués, mais il emprunte aux symbolistes la notion de systèmes différents.

L'explication d'une capacité cognitive comme la mémoire intègre donc depuis quelque temps certaines notions du symbolisme et du connexionnisme. Une conception en termes de modules ne peut pas être complètement écartée, mais il faut en même temps décrire des mécanismes au sein de ces modules sous forme de processus parallèles et distribués.

3. E. Tulving, « Organization of memory : quo vadis ? », dans M. Gazzaniga, The Cognitive Neurosciences, MIT Press, 1995.
4. J. McClelland, B. McNaughton et R. O'Reilly, « Why there are complementary learning systems in the hippocampus and neocortex : insights from the successes and failures of connectionist models of learning and memory », Psychological Review, 102, 1995.

VERS UNE CONVERGENCE ENTRE SYMBOLISTES ET CONNEXIONNISTES

Entretien avec James McClelland[*]

Fondateur (avec David Rumelhart) d'un modèle connexionniste très célèbre, le «modèle de traitement parallèle distribué». En 1995, il a proposé un modèle de la mémoire largement basé sur la conception connexionniste des réseaux de neurones. Pour expliquer toutes nos capacités de mémoire, il emprunte aux modèles symbolistes la notion de systèmes différents, l'un lent et rigide, situé dans le néocortex, l'autre très rapide et flexible, situé dans l'hippocampe.

Sciences Humaines : Pourriez-vous nous préciser la différence qu'il y a, selon vous, entre l'approche symboliste et connexionniste ?

James McClelland : Selon moi, c'est une question de niveau d'analyse de la cognition. Le traitement de l'information sous forme de symboles est certainement une activité cognitive typique des êtres humains. La question est de savoir si nos connaissances sur la cognition ne progresseraient pas davantage en s'intéressant au niveau d'analyse caché sous les symboles, c'est-à-dire au niveau des mécanismes de base qui les sous-tendent. C'est la tâche que se sont donnée les connexionnistes.

SH : Dans votre modèle de la mémoire, vous décrivez deux systèmes différents. Cela veut-il dire qu'un bon modèle, même s'il est connexionniste, doit nécessairement emprunter aux symbolistes la notion de modules distincts ?

J.McC. : Beaucoup de gens croient que les connexionnistes affirment qu'il n'y a aucune organisation dans le cerveau. Mais ce n'est pas vrai. En fait, la plupart d'entre eux admettent qu'il y a des spécialisations régionales. Geoff Hinton écrivit un jour que la représentation du cerveau est locale lorsqu'on se place à un niveau global, et globale lorsqu'on se place à un niveau local... Globale signifie ici distribuée, mais il est plus élégant de dire globale... En revanche, les connexionnistes ne croient pas que les différentes régions du cerveau travaillent indépendamment les unes des autres. Il existe des modules, mais ceux-ci ne sont pas emboîtés comme dans les modèles symbolistes.

* Professeur de psychologie et codirecteur du Centre pour l'étude des bases neuronales de la cognition, à l'université Carnegie Mellon, Pittsburgh, Etats-Unis.

Ils travaillent au contraire conjointement, et influencent ensemble les résultats des processus cognitifs. Dans le cerveau, quand une région est connectée à une autre, les connexions sont réciproques. Donc, même si les régions sont spécialisées, elles communiquent tout le temps entre elles. Dans mon modèle de la mémoire, les deux systèmes sont complémentaires et coopèrent pour produire la mémoire. De cette façon, nous gardons les avantages des deux systèmes.

SH : **Pensez-vous que nous assistons à la fin de l'opposition entre symbolistes et connexionnistes ? Et qu'à l'avenir, les théoriciens de ces deux traditions vont de plus en plus coopérer ?**

J.McC. : Oui, je le pense. C'est déjà ce qui se passe. En partie, je crois, parce que les approches symbolistes ressemblent souvent aux approches connexionnistes, et que les connexionnistes ont fait l'effort de reconnaître l'importance des grandes structures du cerveau, évitant ainsi l'une des critiques les plus fondées que leur faisaient les symbolistes.

Propos recueillis par
GAËTANE CHAPELLE
(*Sciences Humaines*, n° 89, décembre 1998)

JEAN-FRANÇOIS DORTIER*

QU'EST-CE QUE LA PSYCHOLOGIE ÉVOLUTIONNISTE ?**

Si les mœurs, les techniques, les sciences... évoluent à des rythmes rapides, les aptitudes intellectuelles comme les pulsions des humains, elles, restent stables au cours du temps. Car notre cerveau est façonné par des millénaires d'évolution.

LES HUMAINS éprouvent une répulsion spontanée à l'égard des excréments. En revanche, les mouches les adorent. Quant aux chiens, ils aiment flairer l'urine de leurs congénères. Pourquoi ? Les excréments sont, pour les mouches, une source de nourriture. Pour les chiens, ils sont un moyen de communication (marquage du territoire) et de reconnaissance (identification des individus, de leur sexe...). Chez les humains, les déchets sont vecteurs de maladie. Leur répulsion spontanée à l'égard de leurs excréments serait donc une forme d'adaptation émotionnelle naturelle correspondant à un danger biologique. Tout le monde admet ainsi que certaines émotions de base sont naturellement programmées par l'évolution.

La peur (du noir, du vide, du serpent) est une réaction de défense de l'organisme face au danger ; le désir sexuel est une condition de la reproduction des individus. Pour les tenants de la nouvelle psychologie évolutionniste, ces conduites, programmées par l'évolution, peuvent s'étendre à toute une classe de phénomènes : les émotions, les conduites sociales, les modes de communication, le raisonnement, les attitudes amoureuses ou le langage.

Le cerveau et l'héritage évolutif
Pour Leda Cosmides et John Tooby, deux des pionniers de l'approche évolutionniste en psychologie, le cerveau

---

* Rédacteur en chef du magazine *Sciences Humaines*.
** *Sciences Humaines*, n° 119, août-septembre 2001.

n'est pas une cire molle sur laquelle on peut graver n'importe quel programme (1). Comme tous les organes du corps, le cerveau a été façonné par l'évolution pour résoudre des problèmes adaptatifs précis : se reproduire, se nourrir, se défendre, analyser son environnement, communiquer avec les membres de son groupe.

Ainsi, la capacité à catégoriser (c'est-à-dire à classer) les objets de notre environnement (les fleurs, les arbres, les oiseaux, les hommes) serait une aptitude innée, forgée par l'évolution. Cette aptitude permet de structurer son environnement et d'agir efficacement dans un milieu toujours changeant. L'évolution aurait doté les humains (comme les autres espèces) d'un équipement mental particulier, d'une sorte de boîte à outils intellectuelle, divisée en « modules spécialisés » adaptés à des fonctions précises.

Essor d'une discipline

La psychologie évolutionniste a fait son apparition dans les années 1980-1990 dans les pays anglo-saxons. Pratiquement inexistante dans la littérature scientifique, elle a fait depuis une entrée remarquée : dans la littérature spécialisée, les dictionnaires, les manuels de psychologie, les ouvrages de vulgarisation, les sites Internet (2).

On peut distinguer deux courants en son sein. L'un est issu de la sociobiologie et de l'éthologie humaine, et s'applique surtout au domaine des affects : les émotions, conduites morales ou comportements amoureux (3). Par exemple, la différence dans le mode d'expression de la jalousie chez les hommes et les femmes sera expliquée par leur mode de reproduction respectif. Si les hommes sont plus sensibles à l'infidélité sexuelle de leur compagne qu'à son infidélité affective, c'est parce qu'un mâle n'est jamais assuré d'être le véritable géniteur de sa compagne. Cette forme de jalousie masculine a donc été sélectionnée par l'évolution. En revanche, la jalousie féminine est plutôt de nature émotionnelle, car l'infidélité affective de leur compagnon aurait des conséquences plus graves qu'une infidélité sexuelle : elle risque d'être délaissée, seule responsable de l'éducation de ses enfants (4).

L'autre courant de la psychologie évolutionniste concerne le domaine des aptitudes intellectuelles : perception, raisonnement, mémoire, conscience, langage (5). Ainsi, la vision des couleurs est, au sein des mammifères, une aptitude innée spécifique aux hommes et aux grands singes. La capacité à dénombrer un petit nombre d'objets (de 1 à 6) est une aptitude innée, présente chez l'homme et plusieurs autres espèces (le rat, les oiseaux, les singes…). En s'appuyant notamment sur l'étude des capacités précoces des nourrissons, la psychologie évolutionniste tente d'établir une sorte de répertoire des aptitudes mentales ou des conduites

1. J. Tooby, L. Cosmides, « Evolutionary Perspectives », dans M.S. Gazzaniga (dir.), *The Cognitive Neurosciences*, MIT, 1995 (3ᵉ éd.).
2. Voir, par exemple, H. Plotkin, *Evolution in Mind. An introduction to evolutionary psychology*, Penguin Press, 1997.
3. R. Wright, *L'Animal moral*, éd. Michalon, 1995.
4. « D'où vient la jalousie ? », *Sciences Humaines*, n° 70, mars 1997.
5. S. Pinker, *Comment fonctionne l'esprit*, Odile Jacob, 2000.

émotives héritées de l'évolution : catégorisation, raisonnement, perception des lois du monde physique, aptitudes spatiales, conscience, perception des intentions, langage.

Tout est-il programmé ?

Les raisonnements de la psychologie évolutionniste attirent les critiques de ceux qui y voient une façon de vouloir expliquer toutes les conduites humaines par le passé évolutif des hommes, l'hérédité des conduites, les mécanismes adaptatifs, figeant ainsi les comportements humains dans le cadre de lois naturelles inamovibles.

Les psychologues évolutionnistes se défendent résolument de vouloir tout réduire à l'inné. Tous admettent qu'un grand nombre de conduites et aptitudes humaines ne sont pas « naturelles » : le calcul mental, la lecture, le piano, la pratique musicale exigent des années d'apprentissage et sont évidemment des aptitudes acquises. Simplement, ces apprentissages ne seraient pas possibles sans un outillage mental de base qui, lui, est universel, inné et propre à l'espèce humaine. La culture (technique, sociale, et les apprentissages de toutes sortes) se greffe sur des aptitudes (cognitives et émotionnelles) qui sont relativement stables et héritées de notre passé évolutif.

Les neurosciences :
à la découverte du cerveau

GAËTANE CHAPELLE*

NEUROSCIENCES

L'EXPLORATION
D'UN CONTINENT, LE CERVEAU**

Le débat sur la localisation de capacités comme voir, calculer, lire ou se souvenir est un des enjeux des neurosciences. Mais peut-on explorer le cerveau en le cartographiant comme un continent inconnu ?

CHERCHEUR en neurosciences. Voilà une profession qui provoque souvent des commentaires admiratifs, teintés d'un certain effroi, qui vient sans doute d'une mauvaise connaissance de cette discipline. Il est vrai que même si l'étude du cerveau est très ancienne, elle ne connaît un développement considérable que depuis une trentaine d'années. Neuroscientifiques, neurobiologistes, neurophysiologistes, neuroanatomistes, neuropsychologues, autant de termes pour désigner des chercheurs très mal connus. Dans cette liste, un point commun évident : «neuro», associé à une discipline (*voir encadré page suivante*). Le neurophysiologiste étudie la physiologie du cerveau, le neuroanatomiste décrit son anatomie. Et le neuropsychologue ? Il étudie la psychologie du

cerveau ? L'association de «neuro» et «psychologie» révèle en fait l'une des questions fondamentales des neurosciences : quel est le rapport entre le cerveau et le comportement ? Autrement dit, comment le cerveau nous permet-il de marcher, de voir, de parler, de calculer, de penser ? Toutes les neurosciences sont orientées vers ce but : comprendre le rôle du cerveau, et son fonctionnement, dans toutes nos actions quotidiennes, depuis les plus simples, comme marcher ou voir, jusqu'aux plus complexes, comme calculer la racine carrée d'un nombre, ou réfléchir sur la condition mortelle de l'être humain.

---

* Journaliste scientifique au magazine *Sciences Humaines*.
** Texte inédit.

Les chercheurs en neurosciences

Les neurosciences regroupent une constellation de disciplines spécialisées. Elles se différencient principalement par leur niveau d'analyse du système nerveux, ainsi que par les techniques d'évaluation qu'elles utilisent.

Neurobiologiste du développement : il analyse le développement et la maturation du système nerveux. Par exemple, on sait grâce à lui que la structure générale du cerveau humain continue à évoluer jusqu'à l'âge de 2 ans.

Neurobiologiste moléculaire : il étudie la nature et la fonction des molécules du cerveau, notamment à partir du matériel génétique des neurones. Il s'intéresse ainsi aux rôles des protéines et enzymes dans la modification d'une synapse.

Neuroanatomiste : il étudie la structure du système nerveux. Le neuroanatomiste permet ainsi d'avoir des schémas du cerveau, en trois dimensions, afin de connaître les liens entre ses différentes parties.

Neuroendocrinologiste : il s'intéresse aux hormones du cerveau. Par exemple, il a permis de montrer que certaines dépressions sont dues à des maladies de la thyroïde, de l'hypophyse, etc.

Neurophysiologiste : il mesure l'activité électrique du cerveau, soit au niveau d'une cellule (avec des micro-électrodes), soit au niveau du cerveau entier (avec l'électro-encéphalogramme), en fonction d'une stimulation. Les neurophysiologistes ont ainsi découvert que certaines cellules du cortex visuel ne réagissent qu'aux traits orientés selon un certain angle.

Neuropharmacologiste : il étudie l'effet de médicaments ou de drogues sur le système nerveux. Ce chercheur est à l'origine de médicaments comme les antidépresseurs ou les anxiolytiques.

Neuropsychologue : il tente d'établir un rapport entre les processus psychologiques et le fonctionnement du cerveau. Sa méthode d'étude repose principalement sur l'observation de sujets souffrant de lésions cérébrales soit provoquées (chez l'animal), soit accidentelles (chez l'homme). Le neuropsychologue s'intéresse par exemple aux cas d'amnésie (troubles de la mémoire) ou d'aphasie (troubles du langage).

G.C.

Une carte du cerveau

Depuis que les savants s'intéressent au rapport entre cerveau et comportement, une de leurs préoccupations majeures a été de situer dans le corps humain le siège de l'esprit. Dans l'Antiquité égyptienne et grecque, on hésitait entre le cœur et le cerveau. Le premier à affirmer que c'était le cerveau, avec observations à l'appui, fut Galien, (130-200) un médecin romain. Il avait remarqué que les blessures à la tête des gladiateurs avaient un effet sur leur comportement. En pratiquant des dissections de cerveaux de moutons, il précisa sa théorie et affirma qu'il y avait deux grandes structures cérébrales différentes, le cerveau et le cervelet. Le premier, il situa deux fonctions indispensables de l'être humain à deux endroits différents du cerveau : le cervelet serait déterminant dans la coordination des mouvements, et le cerveau dans la sensation et la perception (1).

Deux mille ans plus tard, comprendre le lien entre cerveau et comportement implique encore souvent de localiser dans le cerveau les différentes fonctions de notre comportement. La question qui se pose est alors : peut-on localiser chaque type de comportement à un endroit précis du cerveau, ou au contraire, doit-on considérer que tout le cerveau participe à tous nos comportements ? Posée de façon plus simple, la question est : peut-on dessiner une carte « géographique » du cerveau sur laquelle apparaît le pays « lecture », le pays « mémoire », le pays « vision » ? Ou bien, doit-on concevoir que nous lisons, nous nous souvenons ou nous voyons grâce au travail de notre cerveau tout entier. Ce débat s'est formalisé par l'apparition de deux grandes théories : la théorie « localisationiste », partisane d'une cartographie du cerveau, et la théorie « holiste », partisane d'une implication globale du cerveau dans tous nos comportements.

Au XIXe siècle et début du XXe siècle, le débat entre localisationistes et holistes est particulièrement virulent. Des découvertes très importantes, comme l'existence de neurones responsables de la motricité et d'autres responsables de la sensation par Charles Bell et François Magendie (en 1810), alimentent les thèses localisationistes. En 1809, Franz Joseph Gall, un médecin autrichien, développe la théorie la plus localisationiste qui ait existé : la phrénologie. Cette théorie affirme que certains traits de caractères sont liés à la forme de la tête. La méthode de recherche de F.J. Gall, qui s'est révélée scientifiquement très douteuse, consiste à mesurer le crâne de centaines de personnes ainsi que leur personnalité, et à corréler ces deux aspects. Il dessine ainsi une « carte géographique » du cerveau, situant chaque trait de personnalité à un endroit du cerveau. Par exemple, l'estime de soi se trouve sur le haut du crâne, l'amour parental à l'arrière, juste à côté de l'amour conjugal, etc.

Marie-Jean-Pierre Flourens (1794-1867), un grand physiologiste français, opposa à cette théorie différents arguments. Tout d'abord, les dimensions du crâne ne permettent pas de prédire les dimensions du cerveau. Ensuite, des

---

1. M.F. Bear, B.W. Connors et M.A. Paradiso, *Neurosciences, à la découverte du cerveau*, Pradel, 1997.

lésions expérimentales limitées à certaines régions du cerveau ne permettent pas d'isoler les traits de personnalité décrits par F.J. Gall. Emporté dans son élan, M.-J.-P. Flourens alla encore plus loin, puisqu'il affirma même que toutes les régions du cerveau étaient impliquées de la même manière dans toutes les fonctions cérébrales. M.-J.-P. Flourens fut donc l'un des premiers défenseurs d'une théorie holiste.

La théorie phrénologique de F.J. Gall n'était certes pas scientifiquement fondée. Mais elle eut un succès considérable. Et lorsque le neurologue français Paul Broca (1824-1880) identifia en 1861 la zone cérébrale responsable du langage, les chercheurs commencèrent réellement à croire que l'on pouvait situer les fonctions psychologiques dans le cerveau. P. Broca avait parmi ses patients un homme aphasique (qui comprenait les mots mais n'était plus capable de parler). Il autopsia son cerveau et remarqua une lésion cérébrale située dans le lobe frontal gauche. Il en conclut donc que cette zone du cerveau était spécifiquement liée au langage.

La recherche sur le cerveau pouvait alors prendre son essor. On disposait de méthodes de recherche rigoureuses, comme la méthode des lésions expérimentales sur les animaux, ou l'observation *post mortem* des cerveaux de patients souffrant de lésions cérébrales. Les chercheurs avaient maintenant la conviction que l'on pouvait déterminer pour chaque région du cerveau son rôle dans le comportement. Au XXᵉ siècle, l'exploration du cerveau est devenue un champ de recherche à part entière. Vers la fin des années 60, on voit apparaître pour la première fois le terme de neurosciences pour désigner l'ensemble des disciplines biologiques et cliniques qui étudient le système nerveux (2).

Le débat entre localisationistes et holistes a cependant beaucoup progressé. Et comme cela arrive souvent, il s'est beaucoup complexifié. Le développement des techniques d'observation du cerveau, comme l'enregistrement de l'activité électrique des neurones, l'examen par scanner des lésions cérébrales des patients vivants, et depuis peu l'imagerie du cerveau en pleine activité, a beaucoup renforcé l'intérêt pour l'approche localisationiste. Mais paradoxalement, la localisation des fonctions du comportement dans le cerveau a pris un autre statut : elle n'est plus un but en soi, mais un outil pour comprendre le comportement. On assiste à un déplacement de l'intérêt des neuroscientifiques. Au début du siècle, ils étaient comme des explorateurs d'un nouveau monde : le système nerveux. Ils tentaient de le cartographier. Comme certains navigateurs ont pu donner leur nom à une île découverte, les neurologues donnaient leur nom à une nouvelle structure nerveuse (l'aire de Broca, les cellules de Purkinje, etc.). Actuellement, ils ne s'intéressent à la localisation d'une fonction que parce que cela les aide à mieux comprendre le comportement qu'ils étudient. Les neuroscientifiques, qui étudient les bases neurologiques de la vision, s'en sont bien rendus compte.

---

2. Collectif, *Dictionnaire fondamental de la psychologie*, Larousse, 1997.

Le regard sous l'œil des neurosciences

Nous ne regardons pas le monde qui nous entoure uniquement avec nos yeux. Ils sont bien sûr essentiels pour capter les images, mais ils ne peuvent suffire à les comprendre. Nous interprétons les images grâce à plusieurs structures nerveuses situées à différents endroits de notre cerveau. Différentes disciplines des neurosciences ont essayé de localiser les structures nerveuses qui nous servent à voir.

Les neuroanatomistes, avec leurs microscopes, ont décrit différentes structures nerveuses impliquées dans la vision. L'image d'un objet commence par être traitée par la rétine (dans le fond de l'œil), puis elle est transmise par les nerfs optiques aux corps genouillés latéraux (deux petites structures en forme de genoux enfouies dans les profondeurs des hémisphères droit et gauche du cerveau), et arrive dans le cortex visuel primaire, dans le lobe occipital (à l'arrière du cerveau). Les neuroanatomistes ont aussi découvert qu'il existait une organisation très précise des neurones dans chacune de ces structures, ainsi que des connexions particulières entre, par exemple, les corps genouillés et le cortex visuel.

Les neuroanatomistes décrivent les structures cérébrales ; les neurophysiologistes en décrivent le rôle. David Hubel et Torsten Wiesel, prix Nobel de médecine et de physiologie en 1981, ont montré qu'il existe des cellules du cortex visuel qui répondent à des images très spécifiques. Leur méthode de recherche consistait à enregistrer les variations d'activité électrique d'une cellule nerveuse d'un chat selon la stimulation lumineuse qu'ils lui présentaient. Ils ont ainsi remarqué que la microélectrode, placée sur une cellule particulière, ne réagissait pas du tout à un gros point lumineux, mais qu'elle réagissait très activement à une barre lumineuse orientée à 35°. Les découvertes de D. Hubel et T. Wiesel ont enthousiasmé les partisans des théories localisationistes, puisqu'elles montraient que les neurones pouvaient avoir un rôle très spécifique. Les neurophysiologistes se sont donc lancés dans une vaste entreprise : déterminer pour chaque cellule, le stimulus spécifique auquel elle réagissait.

Toutefois, comme l'a fait remarquer le psychologue anglais David C. Marr (1945-1980), avant de chercher le rôle de chaque neurone du cortex visuel, il faut définir quels composants d'une image doivent être identifiés pour qu'elle acquière une signification. La construction de l'image visuelle se fait en plusieurs étapes, d'une esquisse primaire à une image en trois dimensions, très élaborée et significative. Tout d'abord, nous transformons l'ensemble des différentes intensités lumineuses de notre environnement en une image assez grossière des zones lumineuses semblables. Ensuite, nous analysons plus précisément ces zones lumineuses et nous identifions les bords et les contours des objets. Mais voir ne consiste pas seulement à percevoir un objet. Il s'agit également d'identifier l'objet en vue d'une interaction avec lui. Dans ce que D.C. Marr appelle *« l'ébauche en 2,5 dimensions »*, nous analysons la profondeur, le mouvement et les ombres de l'objet. Ces trois premières étapes d'analyse permettent ainsi de percevoir l'objet et d'y réagir, par un mouvement des yeux, ou par un geste pour le toucher ou au contraire l'éviter. Jusqu'à ce niveau d'analyse, nous n'avons pas encore reconnu l'objet. Pour cela, nous devons comparer la forme de l'objet à une connaissance stockée en mémoire.

Récemment, les chercheurs sur la vision ont utilisé la démarche de D.C. Marr, mais avec les nouvelles techniques d'imagerie cérébrale. L'avantage de ces techniques est qu'elles ne nécessitent pas d'actes chirurgicaux comme celles de la neurophysiologie. Elles permettent d'étudier la perception visuelle de l'homme, et ainsi de s'intéresser à des fonctions plus complexes, comme par exemple l'identification de mots.

Michael Posner et Marcus Raichle ont ainsi étudié la perception visuelle de mots, par la méthode de topographie par émission de positons (TEP) (3). Comme D.C. Marr le préconisait, ils ont commencé par décomposer les mécanismes nécessaires pour lire un mot. Ils ont ainsi fait l'hypothèse qu'un mot contient quatre types d'informations : il est tout d'abord composé de traits reliés entre eux (des barres verticales et horizontales, des courbes, etc.). Ensuite, ces traits forment des lettres (a, x ou m). Ces lettres se combinent selon des règles (en français, il n'y a jamais dans un mot deux a qui se suivent, par exemple). Et enfin, les mots ont une signification («chien» désigne un animal à quatre pattes, avec des poils, qui peut être domestiqué, etc.). Lorsqu'on essaye de déterminer grâce à une technique d'imagerie comme la TEP quelle

région du cerveau est responsable de chaque mécanisme, on utilise ce que les chercheurs appellent la «méthode de soustraction». Pour utiliser cette méthode, il faut inventer des *stimuli* qui impliquent tous les mécanismes nécessaires, moins un, moins un, moins un... jusqu'au plus élémentaire. Par exemple, pour lire CHIEN, il faut 4 mécanismes : percevoir les traits et les courbes, reconnaître qu'une barre horizontale entre deux barres verticales, c'est un H, savoir que I-E-N désigne en français un son précis et enfin, savoir ce que signifie CHIEN. En revanche, pour lire RAITON, il ne faut plus que 3 mécanismes, les 4 nécessaires à CHIEN, moins celui de la signification, puisque RAITON n'existe pas en français (en revanche, l'assemblage des lettres R-A-I ou T-O-N existe dans d'autres mots français). Ensuite, pour lire PFRSN, on n'utilise plus que 2 mécanismes, les 4 dont on a parlé, moins celui de la signification et celui des règles de la phonétique. Et enfin, pour la suite de caractères «>/≈©◊ß», on n'utilise plus qu'un mécanisme, celui qui perçoit les courbes, les traits, etc. M. Posner et M. Raichle ont donc utilisé ces 4 types de *stimuli*, et ont observé grâce à la TEP quelles zones du cerveau s'activaient. En soustrayant les zones qui s'activent pour lire RAITON à celles qui s'activent pour lire CHIEN, ils espéraient trouver l'endroit du cerveau où est traitée la signification des mots. Et ainsi de suite, pour les autres mécanismes.

3. M. Posner et M. Raichle, *L'Esprit en images*, De Boeck Université, 1998.

Les résultats de leur étude sont impressionnants ! Selon le type de stimulus utilisé, les images cérébrales obtenues par TEP varient très nettement. La perception des traits et des courbes semble prise en charge par le cortex visuel droit, alors que la lecture de faux mots ou de mots active plus particulièrement le cortex visuel gauche. Les chercheurs ont donc réussi à localiser des mécanismes précis de la lecture de mots dans des zones définies du cerveau.

L'étude des bases neurologiques de la perception visuelle, par les neuroanatomistes, les neurophysiologistes ou les nouvelles techniques d'imagerie cérébrale, confirme donc largement les théories localisationistes. Doit-on alors conclure par une victoire des localisationistes ? Ce n'est pas si simple. Les connaissances actuelles sur les bases neurologiques de la mémoire montrent en effet qu'il est beaucoup plus difficile de localiser des fonctions cognitives complexes.

Souvenirs, souvenirs…
êtes-vous ici, ou là ?

Selon un adage célèbre, « on en apprend tous les jours ». La mémoire, à la base de nos capacités d'apprentissage, est en effet l'une des fonctions les plus importantes de notre psychisme. Les neurosciences se sont donc tout naturellement intéressées à cette fonction cognitive.

L'observation de patients atteints de troubles de mémoire suite à des lésions cérébrales a contribué à affirmer que l'on pouvait localiser la mémoire. Ainsi, les neuropsychologues ont observé des cas d'amnésie consécutifs à des lésions cérébrales dans trois grandes zones du cerveau : la zone du diencéphale, le lobe temporal médian, et la région basale sous-frontale. Mais en même temps, le fait que trois types de lésions différentes puissent provoquer le même genre de troubles montre que la mémoire dépend bien plus d'un circuit nerveux que de zones cérébrales précises : plusieurs zones doivent travailler conjointement pour enregistrer de nouvelles informations.

La neuropsychologie animale a alors contribué à mieux spécifier le rôle des structures qui composent ce circuit. Par exemple, Larry Squire et Stuart Zola-Morgan, grâce à la méthode des lésions expérimentales chez le singe, ont montré que l'hippocampe (une structure nerveuse située dans les zones limbiques du cerveau, et dont la forme évoque l'animal de mer) et le cortex adjacent étaient essentiels pour réaliser des tâches de mémoire de reconnaissance visuelle. Lorsque les singes qu'ils observaient avaient une lésion de ces structures nerveuses, ils n'étaient plus capables de réaliser une tâche de mémoire qu'ils réussissaient bien avant la lésion.

Mais comme pour la perception visuelle, on ne peut localiser les zones cérébrales impliquées dans la mémoire si on ne dispose pas d'une bonne théorie (*voir dans cet ouvrage le chapitre «Mémoire et apprentissage»*). Ainsi, les observations de patients amnésiques ont révélé qu'il existait différentes formes de mémoire. En effet, ces personnes, même si elles sont incapables de se souvenir d'événements nouveaux, peuvent néanmoins apprendre de nouvelles informations, lorsqu'on les répète un très grand nombre de fois, et lorsqu'elles ne doivent pas les retrouver consciemment. Par exemple, Martial Van der Linden et Françoise Coyette ont appris au patient André à utiliser un logiciel de traitement de texte. Cet apprentissage a été très long, mais André sait maintenant très bien l'utiliser. Curieusement, lors des séances d'apprentissage, malgré ses progrès face à l'ordinateur, il ne se souvenait pas des leçons précédentes, ni même qu'il suivait cette formation. Les théoriciens de la mémoire distinguent ainsi la mémoire explicite, qui concerne le souvenir conscient d'avoir vécu un événement, de la mémoire implicite qui se réfère à un apprentissage non conscient mais réel. La question d'un neuroscientifique est alors de déterminer si on peut situer la mémoire implicite dans le cerveau, et si oui, à quel endroit. Puisque la mémoire implicite des amnésiques est préservée, on peut en déduire qu'elle ne doit pas être gérée par les mêmes structures nerveuses que celles qui gèrent les capacités d'apprentissage explicite, perdues par ces patients.

Pour mesurer les capacités de mémoire implicite, les psychologues utilisent souvent l'expérience appelée «complétement de trigrammes». Cette expérience comporte plusieurs étapes. Les chercheurs commencent par présenter des mots aux participants en leur demandant de compter le nombre de T. Cette tâche leur permet en fait d'apprendre aux personnes une liste de mots, sans qu'elles ne s'en rendent compte. Après cette étape d'apprentissage involontaire, on montre aux participants trois lettres (ce qu'ils appellent un trigramme), et on

leur demande de dire le premier mot qui leur vient à l'esprit qui commence par ces trois lettres. Une partie de ces trigrammes est en fait les 3 premières lettres des mots de la liste apprise involontairement. Comme les personnes ne savent pas qu'elles participent à une expérience sur la mémoire, elles ne se rendent pas compte du point commun entre les deux étapes de l'expérience, ou du moins ne cherchent pas volontairement à se rappeler des mots de la première liste. Ce qui est intéressant, c'est que les personnes vont avoir tendance à compléter les trois lettres par les mots de la première liste, mais inconsciemment. Selon les chercheurs, cette tendance est le résultat de l'action de la mémoire implicite.

Récemment, des psychologues ont utilisé des techniques d'imagerie cérébrale pour observer quelles zones du cerveau s'activaient lorsque des personnes en bonne santé accomplissaient cette tâche de complétement de trigrammes (4). L'hippocampe ne participe pas à cette tâche de mémoire. Deux formes de mémoire différentes, la mémoire implicite et la mémoire explicite sont donc localisées à des endroits différents du cerveau.

Mais leurs observations sont étonnantes sur un point majeur : lorsque les chercheurs comparent l'activité du cerveau pendant l'étape d'apprentissage involontaire et pendant l'étape de rappel inconscient, ils remarquent non pas une augmentation mais une diminution d'activité dans la même zone du cer-

---

4. B. Desgranges, K. Lebreton et F. Eustache, «Mémoire implicite et imagerie fonctionnelle cérébrale», *Psychologie française*, mars 1998.

veau à la deuxième étape. Retrouver un mot qui commence par trois lettres demande donc moins d'effort au cerveau que compter le nombre de T qu'il contient. Et surtout, aucune autre région du cerveau n'est nécessaire pour retrouver ce mot. Les spécialistes expliquent un tel effet de la façon suivante : lorsque les personnes ont dû compter le nombre de T dans les mots, certains de leurs neurones se sont activés en même temps pour lire le mot. Lors de la deuxième étape, la lecture des trois premières lettres de ces mots a entraîné automatiquement, en nécessitant beaucoup moins d'énergie, l'activation des mêmes neurones.

Cette interprétation a des conséquences importantes : tout d'abord, cela signifie que les phénomènes de mémoire implicite sont commandés par d'autres régions que la mémoire explicite. Mais surtout, la mémoire implicite ne semble pas être située à un endroit précis du cerveau. En fait, les zones du cerveau impliquées dans la mémoire implicite semblent dépendre de l'endroit nécessaire pour percevoir le stimulus.

Lorsque ce sont des mots écrits, on va retrouver une diminution de l'activation dans les zones qui permettent de lire les mots, si en revanche, ce sont des mots entendus, ce sera dans les zones qui ont permis de les entendre, et si ce sont des images d'objets, ce sera dans les zones qui permettent de reconnaître ces objets. La mémoire implicite ne peut donc pas être localisée à un endroit du cerveau mais elle peut exister à de nombreux endroits différents. Les théories localisationistes sont donc fortement remises en question lorsqu'il s'agit de

localiser les structures nerveuses responsables de la mémoire.

Mais si l'on affirme que certaines formes de mémoire peuvent se trouver dans n'importe quel ensemble de neurones, il faut pouvoir prouver que les neurones eux-mêmes peuvent retenir de l'information. Ce travail est celui des neurobiologistes. Ils ont prouvé qu'il existait une plasticité synaptique. Cela veut dire que la connexion entre deux neurones peut se modifier de façon durable. Pour le prouver, le canadien Tim Bliss et le norvégien Terje Lømo ont travaillé sur des morceaux de tissu cortical de lapins. Ils envoyaient de petites décharges électriques à des neurones de ce tissu cortical, et observaient les effets produits sur les connexions synaptiques entre les neurones. En simplifiant leurs résultats, on peut dire qu'ils ont réussi à prouver qu'une seule petite stimulation électrique pouvait transformer pour très longtemps la structure de la synapse. Quel rapport entre cette découverte et la mémoire ? En fait, la stimulation électrique provoquée par T. Bliss et T. Lømo est semblable à celle qui arrive naturellement lorsque le lapin perçoit un objet dans son environnement. Les résultats de T. Bliss et T. Lømo montrent que lorsque le lapin a vu une première fois cet objet, certaines synapses se modifient et vont ainsi « retenir » cet objet.

Une telle plasticité synaptique a été découverte dans l'hippocampe, mais aussi dans le néocortex. Les théories des neuropsychologues sont donc compatibles avec les résultats des neurobiologistes : les neurones de ces différentes structures nerveuses sont capables de retenir de l'information, et peuvent donc être impliqués dans la mémoire. Bien sûr, il reste encore bien des choses à préciser. Par exemple, pourquoi les neurones de l'hippocampe sont indispensables pour retenir consciemment un événement de notre vie, et pourquoi ceux du néocortex n'en sont pas capables.

Les débats se nuancent

Les avancées des neurosciences montrent à quel point les grands débats qui les animent – comme le débat entre localisationistes et holistes, ou entre symbolisme et connexionnisme (*voir dans cet ouvrage l'article de G. Chapelle, «Symbolistes et connexionnistes : de la confrontation à l'intégration»*) – doivent être nuancés, et adaptés aux différentes fonctions du comportement qu'elles étudient. Alors que le localisationisme est assez bien confirmé par les études sur la perception visuelle, ces mêmes théories sont beaucoup plus fragiles lorsqu'il s'agit de localiser les bases neurologiques de la mémoire. Les théories localisationistes, qu'elles soient confirmées ou au contraire remises en question, ont en tout cas le mérite de faire progresser notre compréhension du cerveau et de ses liens avec le comportement.

Au début de leur existence, les neurosciences s'étaient donné comme but d'obtenir une image du cerveau en trois dimensions, en définissant les structures impliquées dans les différents comportements. Aujourd'hui, elles doivent offrir une conception du cerveau en quatre ou même cinq dimensions, en tenant compte non seulement de la structure du cerveau, mais aussi de son évolution dans le temps, avec les données de la physiologie, et de son rapport à la pensée, avec les apports de la psychologie.

La neuropsychologie cognitive, science carrefour

Après une lésion cérébrale, Mme Gagnon déclenche régulièrement l'alarme du service hospitalier dans lequel elle se trouve, en franchissant une porte interdite *« pour aller voir son chien dans la chambre de son fils »*. En fait, Mme Gagnon se croit chez elle. Pourtant, elle n'a aucun problème de vue, et admet lorsqu'on la raisonne qu'elle est à l'hôpital.

Mme Pourier, elle, depuis une encéphalite ne reconnaît plus les objets qui l'entourent. Elle n'est plus capable de faire ses courses seule, car elle ne reconnaît pas les fruits et les légumes à l'étalage.

M. Béraud souffre, lui, de problèmes de lecture depuis un accident vasculaire cérébral. Lorsqu'on lui demande de lire le mot TIGRE, il prononce LION, et pour le mot CHEMISIER, il dit BLOUSE.

Entre neurologie et psychologie

Tous ces cas intéressent depuis longtemps les neuropsychologues car ces derniers se servent des troubles des patients pour comprendre le fonctionnement normal de notre pensée. A ce titre, la neuropsychologie cognitive est une science carrefour, entre neurologie et psychologie. Toutefois, les chercheurs en neuropsychologie cognitive s'attachent généralement plus au versant psychologique que neurologique. Selon Xavier Seron *« Si la plupart des neuropsychologues cognitivistes s'intéressent à toute avancée des connaissances (...) neurologiques (...), ils pensent aussi généralement qu'ils sont en mesure de développer leurs modèles sans introduire* a priori *des contraintes biologiques. »* (1) En poussant le trait plus loin, on pourrait dire que la neuropsychologie cognitive n'a de neurologique que son intérêt pour des personnes dont le cerveau est lésé.

L'exemple de l'utilisation des nombres en illustre bien les enjeux. Ainsi, le cas d'un patient qui ne réussissait pas des exercices arithmétiques simples. Lorsqu'un chercheur lui demandait « combien font 4 + 5 ? », le patient pouvait répondre *« huit »*, ou écrire 5. On pourrait le croire incapable de calculer. Mais les neuropsychologues D. Benson et M. Denckla ont montré que les difficultés du patient étaient dues à une seule étape de la tâche : la production de la réponse. En effet, lorsqu'il pouvait choisir le résultat parmi des réponses déjà écrites, il ne faisait aucune erreur. Une autre observation confirmait le trouble de production des nombres de ce patient : lorsqu'il devait lire des nombres à haute voix ou en écrire sous dictée, il commettait de nombreuses erreurs.

Les chercheurs en neuropsychologie ont découvert d'autres types de dissociations, comme par exemple ce patient H.Y., décrit par Michael McCloskey et Alfonzo Caramazza, capable de comparer deux nombres écrits sous forme de chiffres arabes (23 < ou > 68), mais incapable de le faire si ces nombres étaient écrits en lettres (vingt-trois < ou > soixante-huit). Ces deux cas indiquent donc que la compréhension et la production de nombres dépendent de mécanismes différents, ainsi que la compréhension de nombres écrits en chiffres arabes ou en lettres.

Science expérimentale et clinique

La neuropsychologie cognitive est également une science carrefour au niveau de la méthodologie qu'elle emploie. Il s'agit tout autant d'une science expérimentale que clinique. Expérimentale, en ce sens qu'elle utilise la méthode dite hypothético-déductive, qui consiste à élaborer une théorie (par exemple sur les étapes nécessaires pour lire un mot), puis mettre cette théorie à l'épreuve des faits. Le chercheur prépare alors minutieusement des tâches qu'il fait effectuer par un ou plusieurs patients. Mais également clinique, car elle est souvent basée sur l'étude de cas uniques, et parce que son objectif est aussi d'améliorer les conditions de vie des patients cérébrolésés par une rééducation, ou une adaptation de leurs conditions de vie à leurs troubles.

De plus en plus, le neuropsychologue clinicien utilise pour son diagnostic la même démarche que celle des chercheurs. Bien plus que classer le patient dans une famille de maladie (en le diagnostiquant comme aphasique, dyslexique, ou amnésique), il va décomposer les différentes étapes impliquées dans une tâche que le patient ne peut plus faire, et essayer de déterminer celle qui est déficitaire. Ensuite, sur cette base, il pourra tenter soit de réinstaller cette capacité chez le patient, soit de lui faire utiliser un moyen détourné pour réaliser la même tâche. Prenons l'exemple d'un patient qui se plaint de problèmes d'utilisation des nombres, et qui par exemple, se trouve en difficulté lorsqu'il achète un paquet de cigarettes. Pour acheter un paquet de cigarettes, il faut au minimum disposer des capacités suivantes : d'une part connaître le prix approximatif du paquet (capacité de mémoire), ensuite reconnaître les billets de banques (capacité de lecture des chiffres), pouvoir comparer le prix du paquet avec le montant d'un billet (capacité de comparaison des quantités) et contrôler le retour de monnaie (capacité de calcul). On pourrait encore décomposer plus finement certaines étapes, comme celles du calcul. Mais la démarche générale reste la même. Le clinicien, après cette analyse, va évaluer chaque étape indépendamment des autres. Il pourra ainsi déterminer que tel patient n'est plus capable de reconnaître les chiffres. La rééducation pourra alors consister soit en un réapprentissage de la lecture des chiffres, soit, ce qui est sans doute plus efficace pour une adaptation rapide au trouble, en apprenant au patient à reconnaître les billets par un autre moyen, comme leur couleur ou leur taille. Dans tous les cas, le clinicien devra adapter sa thérapie à chaque patient, aussi bien pour faire son diagnostic que pour programmer une rééducation. Il s'agit donc d'une approche exigeante. En cela la neuropsychologie est tout à fait représentative de l'importance des enjeux des neurosciences : en effet, comprendre les relations entre cerveau et pensée ne peut conduire à des théories simples et générales. Tout est complexe, de plus en plus complexe !

G.C.

1. X. Seron, *La Neuropsychologie cognitive*, Puf, «Que sais-je?» 2754, 1993.

LE CERVEAU ET LA COMPLEXITÉ

ENTRETIEN AVEC JEAN-PIERRE CHANGEUX[*]

Le neurobiologiste tente de retrouver les fonctions psychiques associées à chacun des niveaux d'organisation du cerveau, sans pour autant l'isoler de son environnement et de son histoire.

Sciences Humaines : Le cerveau humain est souvent considéré comme la structure la plus complexe de l'univers. Comment un neurobiologiste, spécialiste du cerveau, peut-il affronter cette complexité ?

Jean-Pierre Changeux : Il faut d'abord se départir d'un usage de la notion de complexité qui servirait à couvrir notre ignorance. Il ne faut pas utiliser ce terme pour justifier le fait qu'on ne saurait rien, que la complexité échappe à l'entendement parce qu'il y a trop de facteurs en jeu.

Cela dit, le cerveau est effectivement une structure d'une extrême complexité. Quelques données suffisent à le montrer. Le nombre total de cellules nerveuses dans l'encéphale est de l'ordre de 100 milliards – chiffre considérable pour un organe de 1,3 ou 1,4 kg. Ces neurones se répartissent en quelques centaines de catégories. Chaque neurone établit environ 10 000 contacts avec d'autres cellules nerveuses.

Si l'on s'intéresse maintenant au fonctionnement des neurones, on constate que chacun peut synthétiser et libérer plusieurs neuromédiateurs (1) ; de plus, l'éventail de neuromédiateurs libérés est susceptible de varier.

Si l'on s'en tient aux seuls critères que sont le nombre de cellules, leur nombre de connections, la diversité des neuromédiateurs... la combinatoire qui en résulte donne au cerveau de l'homme une organisation unique par sa complexité par rapport à tous les autres êtres vivants.

* Professeur au Collège de France, dirige le Laboratoire de neurobiologie moléculaire de l'Institut Pasteur. Il a publié Raison et Plaisir, *Odile Jacob*, 1994.

SH : A-t-on une idée de la façon dont cet immense réseau de neurones s'organise et fonctionne ?

J.-P.C. : Abordons d'abord la question de l'architecture d'ensemble. Il existe tout d'abord une architecture de fonctionnement «en parallèle» ; c'est-à-dire que l'information est traitée de manière simultanée par des aires multiples. C'est le cas, par exemple, des nombreuses cartes engagées dans la perception visuelle qui traitent, en même temps, des informations sur les couleurs, les formes ou les reliefs, des objets observés. Mais il existe également une organisation hiérarchique. C'est une idée importante : je défends une thèse, déjà ancienne, selon laquelle l'encéphale est structuré en niveaux d'organisation, qui sont autant de niveaux de complexité. Ces niveaux d'organisation vont de la molécule à la cellule, de la cellule aux circuits élémentaires de neurones, puis des réseaux de circuits à des organisations de plus en plus globales ; en quelque sorte, des réseaux de réseaux !

A chaque niveau d'organisation correspondent des fonctions définies. Une des fonctions associées à la cellule est la propagation d'influx nerveux ou la libération de neuromédiateurs, c'est donc une fonction de communication élémentaire. Au niveau des circuits de neurones, on peut faire correspondre des comportements plus élaborés mais encore très simples, comme l'arc réflexe ou des programmes d'actions fixes. Si l'on remonte maintenant vers des architectures plus complexes, se forment des «assemblées de neurones» de plus en plus complexes. Dans le cerveau humain vont être codés les concepts, les représentations symboliques. Certains territoires de notre encéphale sont plus spécialisés dans tel ou tel type de représentations. Enfin, il existe un niveau supérieur, que l'on peut qualifier de niveau de la raison, où s'élaborent l'organisation des conduites, la planification des comportements, les intentions. Il y a donc plusieurs niveaux d'organisation qui engagent des ensembles de territoires distincts mais en interaction. Les aires impliquées dans la pensée rationnelle incluent de manière privilégiée les aires frontales et préfrontales qui sont très développées chez les primates et notamment chez l'homme. Cette manière de voir permet de dégager une architecture d'ensemble, à la fois en parallèle et en niveaux d'organisation hiérarchique, avec une intrication profonde et une grande diversité fonctionnelle.

La méthode que je suggère consiste donc à remonter du simple au complexe. L'objectif est de mettre en relation chaque niveau d'organisation cérébrale avec un ensemble de fonctions définies, sachant que des régulations entre niveaux s'établissent du bas vers le haut comme du haut vers le bas. Cette mise en corrélation entre un réseau défini de neurones, un ensemble d'activités élémentaires et un comportement a pu être réalisée par le neurobiologiste suédois Sten Grillner à propos de la nage chez la lamproie, poisson très archaïque.

Les comportements complexes ne peuvent apparaître qu'à partir de réseaux organisés. Vous ne pouvez rendre compte d'une conduite élaborée à partir d'une seule cellule ou d'un petit réseau de neurones. Ce sont des propriétés émergentes qui n'apparaissent qu'à un niveau d'organisation donné.

SH : En remontant comme cela vers des niveaux de plus en plus complexes, la méthode scientifique traditionnelle qui consiste à isoler des fonctions est-elle encore opérante ? Dispose-t-on d'outils pour appréhender cette complexité croissante ?

J.-P.C. : Il y a plusieurs modes d'exploration des relations entre organisation neuronale et fonctions. Le premier est celui de la neuropsychologie, discipline médicale qui tente notamment de décrire les conséquences de lésions cérébrales définies sur le psychisme et les conduites humaines. La neuropsychologie est née au siècle dernier avec Paul Broca qui, le premier, a mis au jour l'existence d'aires spécialisées qui interviennent dans le langage. Cette méthode a été également utilisée plus récemment par François Lhermitte ou par Tim Shallice et leurs collègues. Ils ont montré, par exemple, que certaines lésions du cortex frontal n'altèrent ni le langage, ni la mémoire, mais affectent les capacités d'organisation des conduites. Ainsi, une personne atteinte de tels troubles ne parviendra pas, à la cafétéria, à organiser ses plats sur le plateau alors qu'elle reconnaît parfaitement chacun de ses plats.

Dans mon livre *Raison et Plaisir*, je cite les observations du neurologue russe Alexandre Luria qui relate le cas d'un patient atteint d'une lésion du lobe frontal. Celui-ci a du mal à analyser le sens du tableau alors qu'il en connaît tous les éléments. Placé devant un tableau du baron Klodt, *Le Dernier Printemps*, qui représente une jeune fille mourante assise dans un fauteuil, et que ses parents regardent tristement, le sujet fixe son attention sur la robe blanche de la jeune fille et en vient à confondre la mourante avec une jeune mariée... Encore un cas qui démontre qu'il existe une zone particulière du cortex responsable de la coordination des informations.

La seconde méthode d'étude consiste à utiliser les techniques d'imagerie cérébrale comme la caméra à positons. Ces méthodes permettent d'établir des cartes fonctionnelles du système nerveux central et d'établir des liens entre territoires cérébraux et fonctions (vision, audition, réflexion, mémoire...). Cette méthode d'imagerie, avec d'autres comme la résonance magnétique nucléaire et l'électroencéphalographie, peut apporter beaucoup dans les années à venir.

SH : **Mais ce ne sont là que des techniques qui enregistrent des liaisons entre une aire cérébrale et une fonction. A-t-on vraiment expliqué un mécanisme quand on a trouvé les bases organiques d'une fonction ?**

J.-P.C. : Pour progresser dans la compréhension des fonctions cérébrales, il me paraît indispensable de construire des modèles formels. Un modèle est une architecture logique, décrite sous la forme d'un programme d'ordinateur et qui fait appel à des «neurones formels». Pour rendre compte d'une fonction définie à un niveau d'organisation particulier, le modèle doit s'il est adéquat «simuler» une fonction. C'est ainsi qu'avec Stanislas Dehaene nous avons pu construire un modèle qui réussit à passer le test de Wisconsin. Ce test consiste à demander à une personne de comprendre la règle de réponse à une présentation de cartes à jouer en fonction de l'attitude positive ou négative de l'examinateur. Certains patients atteints de lésions frontales échouent à ce test. Le modèle et la simulation informatique permettent de saisir les opérations mobilisées dans le passage de ce test. C'est l'organisation de ces opérations logiques qui serait perturbée chez le patient. Voilà un exemple simple de tentative de simulation des fonctions mentales supérieures qui peut être utile à la fois dans la mise en correspondance structure-fonction et sur le plan médical.

SH : **Certains théoriciens des sciences cognitives estiment qu'on peut comprendre le fonctionnement mental en se passant de l'étude du substrat organique. Il s'agit de raisonner au niveau des stratégies de résolution de problèmes appliquées indépendamment de leur soubassement matériel. Qu'en pensez-vous ?**

J.-P.C. : Le schéma classique du cerveau-ordinateur distingue la «quincaillerie», ou le «matériel» qui correspond aux neurones du système nerveux central, et le «programme» que l'on met dans la machine, et qui détermine le comportement. L'important, selon ce schéma, serait de décrire les comportements sous la forme d'un programme d'ordinateur. Or, je pense qu'il y a opportunité d'un enrichissement considérable des connaissances à étudier les relations causales entre les fonctions mentales et leur support matériel. Les dissociations fonctionnelles provoquées par des lésions définies permettent de cerner les opérations mises en jeu dans une fonction donnée. Au départ, la tentation était de globaliser. Le fait de «dissocier» des fonctions conduit à éliminer sélectivement certaines opérations tout en en conservant d'autres. Prenons le cas de patients prosopagnosiques, c'est-à-dire atteints d'un trouble de reconnaissance des visages. On a pu montrer que certaines lésions bilatérales du lobe temporal entraînaient la prosopagnosie. De plus, dans les régions homologues chez le singe, on peut isoler expérimentalement les cellules individuelles qui répondent sélectivement à des visages complets comprenant les yeux, le nez, la bouche. Si on enlève certaines parties du visage, ces neurones ne répondent plus. On peut montrer qu'il existe des systèmes spécialisés dans la reconnaissance des visages qui incluent plusieurs étapes de complexité croissante dans ce processus.

SH : Au niveau des processus supérieurs, ne devrait-il pas y avoir collaboration entre plusieurs disciplines : la neurologie qui étudie les bases neuronales des conduites, la psychologie qui étudie les conduites elles-mêmes sans chercher à en connaître les bases biologiques ?

J.-P.C. : Cette collaboration est, bien entendu, non seulement souhaitable mais nécessaire. On ne peut étudier les bases neuronales d'une fonction que si on a étudié la fonction elle-même. Ce qui suppose que des psychologues aient développé leurs propres théories et modèles qu'ils proposent ensuite aux neurologues, et réciproquement. Il est nécessaire que ces disciplines aient atteint un niveau de développement suffisant si l'on veut qu'elles se rejoignent ensuite dans l'explication. Les sciences cognitives sont des sciences fédératrices qui rassemblent neurologues, physiologistes, psychologues, linguistes, anthropologues, philosophes.

SH : Votre livre *Raison et Plaisir* s'attaque à un ambitieux programme : saisir les racines neuronales du plaisir esthétique.

J.-P.C. : Dans un texte de *Raison et Plaisir*, j'ai proposé des hypothèses sur les bases neuronales du plaisir esthétique. Tout en restant prudent d'ailleurs : il ne s'agit que de propositions et non d'une théorie achevée. Mais on trouve aussi dans ce livre des réflexions sur la démarche créatrice, sur les représentations sociales et leur propagation, sur l'histoire des idées, etc. J'ai voulu aussi montrer comment chaque discipline pouvait apporter sa contribution à la compréhension du tout.

Je souhaite que *Raison et Plaisir* montre comment peut s'envisager la collaboration entre neurosciences et sciences humaines. Il s'agit de suggérer une méthode d'investigation plutôt que de répondre sur le fond à toutes les questions que posent la contemplation et la création d'une œuvre d'art.

SH : Ce que vous dites là va à l'encontre d'une position qui vous est souvent attribuée depuis votre livre *L'Homme neuronal* : celle d'un réductionniste qui prétendrait expliquer tout le fonctionnement mental à partir de son seul scalpel...

J.-P.C. : Cela n'a jamais été mon point de vue. Dans *L'Homme neuronal*, j'ai essayé de faire le point sur les connaissances de l'époque en neurosciences. Mon propos était simplement de dire : il est important de tirer les conséquences pour les autres sciences des connaissances actuelles sur le cerveau. Dans plusieurs chapitres, j'ai explicitement écrit qu'il fallait créer des liens entre neurosciences et sciences de l'homme, en particulier l'anthropologie. C'est pour moi une évidence qu'on ne peut isoler le cerveau de l'homme de son environnement et de son histoire. Dans le cerveau de l'homme se nouent en fait trois évolutions :

– une évolution biologique qui va du singe à l'*Homo sapiens* ;
– un développement individuel (l'épigenèse) lié à une connectivité singulière des neurones due à l'empreinte du monde extérieur sur le cerveau ;
– l'évolution des cultures, rendue possible par les exceptionnelles capacités d'apprentissage propres au cerveau humain.
Je n'ai jamais prétendu expliquer l'homme à partir de la seule biologie. On ne peut vraiment comprendre l'homme que si on prend en compte ces trois évolutions qui engagent l'interaction du cerveau avec son environnement. J'ai toujours dit cela et j'ai d'ailleurs dépensé beaucoup d'énergie à travailler, à la fois sur le plan théorique et expérimental, sur ce que j'appelle « l'épigenèse », c'est-à-dire les modulations de l'organisation du réseau nerveux en développement par l'expérience et par l'activité interne à l'organisme. Cette position « réductrice » que l'on m'attribue quelquefois m'a toujours été étrangère.

Propos recueillis par
Jean-François Dortier
(*Sciences Humaines*, n° 47, février 1995)

---

1. Voir mots clés en fin d'ouvrage.

DES HORMONES AUX PASSIONS HUMAINES

ENTRETIEN AVEC JEAN-DIDIER VINCENT[*]

L'information circule dans le cerveau sous forme d'une activité électrique, mais aussi par le transfert de molécules chimiques, les hormones.

Sciences Humaines : Au sein du genre des neurologues, vous faites partie d'une espèce particulière, les neuroendocrinologues, de quoi s'agit-il ?

Jean-Didier Vincent : La neuroendocrinologie est une discipline relativement récente qui traite des rapports entre les deux systèmes de communication qui existent dans un organisme vivant : le système nerveux d'une part, le système hormonal de l'autre. Ce sont des réactions à double sens : d'une part le cerveau peut être considéré comme une grande et puissante glande qui sécrète de nombreuses hormones, les fameuses stimulines ou inhibines qui vont commander l'hypophyse et, par cet intermédiaire, commander toutes les glandes ; d'autre part, le cerveau est lui-même sous le contrôle permanent des hormones sécrétées par le corps. Parmi elles, il y a les hormones des surrénales qui gèrent l'adaptation à l'environnement comme les hormones sexuelles ; et puis il y a les hormones dites peptidiques.

La neuroendocrinologie s'est un peu compliquée ces derniers temps en devenant la «neuro-immuno-endocrinologie» : on sait aujourd'hui que le cerveau commande le système immunitaire. Celui-ci a en charge la définition du soi, c'est-à-dire qu'il reconnaît ce qui lui est étranger et qu'il met en place les mécanismes de défense contre les organismes étrangers, microbes ou autres...

* Professeur de neurophysiologie à l'université de Bordeaux-II et directeur de l'Unité de neurobiologie des comportements à l'Inserm. Il est l'auteur de Biologie des passions, *Odile Jacob, 1986, rééd. Points Seuil, de* Casanova, *Odile Jacob, 1990, et de* La Chair et le Diable, *Odile Jacob, 1996.*

SH : Pouvez-vous me donner un exemple de l'incidence des hormones sur le cerveau ?

J.-D.V. : Ces incidences sont multiples. La plupart des grands comportements comme le comportement sexuel, les comportements alimentaires ou tous les comportements d'adaptation sont sous la dépendance directe des hormones de l'organisme. Par ailleurs, il faut savoir que les hormones sont en quelque sorte les architectes du cerveau. Elles permettent la croissance de celui-ci et sa mise en place. Elles sont donc à la fois les architectes et les gérants de cet énorme building qu'est le cerveau.

SH : **Sur quels animaux mettez-vous en évidence ces relations ?**

J.-D.V. : J'ai travaillé depuis le début de ma carrière sur tous les modèles possibles. Pour étudier les contrôles nerveux de la reproduction, le lapin est un bon modèle, car par bien des côtés, il ressemble à l'homme ! Puis j'ai travaillé sur le rat et sur le singe. Le singe peut être étudié hors anesthésie. J'ai ainsi cherché à comprendre la façon dont le cerveau règle le contenu de l'organisme en eau et en sel. Si vous êtes dans le désert et que vous manquez d'eau, des mécanismes de régulation vont se déclencher. Vous allez arrêter d'uriner, cela va provoquer également des comportements comme la recherche de l'eau. Face à une situation, le cerveau élabore plusieurs types de ripostes : des réponses comportementales et physiologiques.

SH : **Vous vous êtes particulièrement intéressé aux passions humaines suscitées par les hormones.**

J.-D.V. : Les passions telles que je les entends ne sont pas ces phénomènes extrêmes, au sens moderne du mot, comme on les vit à l'opéra. J'entends passion au sens classique comme tout ce qui gère la présence de l'individu au monde, tout ce qui maintient l'être vivant en équilibre avec son milieu. Les hormones participent en tant que gestionnaires du corps à ces passions. Quelles sont-elles ? Je les ai réparties en passions fondamentales : la première est le désir. Pour moi, c'est tout ce qui pousse l'être à vivre. Ce sont les sources de la spontanéité, de l'action. Un individu ne peut être au monde que s'il est désirant. Ces actions s'orientent selon deux autres passions fondamentales que sont le plaisir et la souffrance. Le plaisir et la souffrance étant inséparables ; chaque plaisir s'accompagne de son contrepoids de souffrance. On appelle cela un processus opposant. Lorsqu'on procure trop de plaisir, il se met en place des mécanismes compensateurs. Chez le drogué, lorsqu'on arrête la drogue, il y a des mécanismes compensateurs qui le font souffrir comme le phénomène du manque, par exemple.

SH : **Le biologiste peut-il repérer l'ensemble des passions fondamentales qui animent l'être humain ?**

J.-D.V. : Il y a trois passions fondamentales qui sont le désir, le plaisir et la douleur sur lesquelles vont s'organiser des passions secondaires et qui sont des variations sur le désir. Le désir étant en quelque sorte universel et spécifié par son objet. Je ne pense pas qu'il y ait des structures propres à chaque désir mais il y a ensuite des voies secondaires qui l'orientent vers un canal ou un autre. Ce peut être le désir de la préservation de soi : la faim, la soif. Ce peut être le désir de l'autre : le désir sexuel. Ce peut être aussi le désir des autres : le pouvoir, l'organisation hiérarchique d'une société. Toutes les sociétés animales ont une organisation hiérarchique qui est régie par des règles de domination et de soumission.

SH : **Le sociologue pour les sociétés humaines, ou l'éthologiste pour les animaux, étudie les mécanismes de pouvoir. Le biologiste peut-il repérer, à son niveau, ce que signifie une passion secondaire comme le pouvoir ?**

J.-D.V. : Bien sûr, il y a les corrélations du pouvoir. Par exemple, dans une société de singes, on sait que les sécrétions hormonales ne sont pas les mêmes chez le singe dominant et chez le dominé. Le dominant a plus de testostérone que le dominé. Cela ne veut pas dire que l'hormone est la cause de ce pouvoir. Mais il est possible que les hormones interviennent dans la désignation des dominants et des dominés.

SH : **Au-delà de la faim, de la soif, de la sexualité, de la volonté de domination, y a-t-il d'autres passions comme l'attachement, le besoin de communication, le besoin d'exploration ?**

J.-D.V. : Au-delà des passions du corps (faim, soif), de l'autre (sexualité, domination), il y a ce que l'on pourrait appeler les passions du monde. Là, j'insiste sur le fait que le monde dans lequel s'exprime l'être lui appartient en propre. L'ensemble espace extra-corporel/corps forme un tout indissociable que j'appelle «l'état central fluctuant». Les passions du monde permettent l'adaptation à l'environnement. Par exemple, les relations qui unissent le petit à sa mère et qui passent par les odeurs, les contacts. Les hormones y sont impliquées. Ainsi, dans le cerveau, l'ocytocine est probablement une hormone fondamentale dans le lien social. Sécrétée à l'intérieur du cerveau au moment de l'accouchement, elle détermine le comportement maternel chez la mère.

Donc, il ne s'agit pas de tout ramener à une hormone, mais tout baigne dedans. Il n'est pas question de ramener le langage à un jeu hormonal. L'apprentissage, l'histoire individuelle, les relations, ont leur importance, mais il y a une base d'organicité indéniable

SH : Y a-t-il, au niveau biologique, quelque chose qui relève d'une pulsion d'exploration ?

J.-D.V. : Oui, l'activité exploratoire, que l'on peut appeler la curiosité, est fondamentale dans la genèse des comportements. Si vous mettez un rat dans un lieu qu'il ne connaît pas, il commence par l'explorer. Ce comportement n'est pas le même selon les espèces animales, ni selon les individualités.

Dans mon *Casanova*, j'ai parlé de ce qui peut être l'inverse de la curiosité, l'ennui. On se rend compte que les animaux et les humains privés de toute stimulation se trouvent dans une situation rapidement intolérable. L'ennui s'apparente à la douleur. La force qui pousse à échapper à l'ennui est un des moteurs des comportements. Là encore la dopamine joue probablement un rôle. L'ennui est un signe de présence au monde. On meurt de ne plus s'ennuyer. Regardez les vieux qui peuvent passer une journée sur leur balcon à regarder trois voitures sans s'ennuyer. Il y a une perte de besoins de stimulation, donc une perte d'ennui qui fait qu'au bout du compte, on n'est plus là. L'ennui est un des ressorts essentiels de l'être.

SH : Parmi les neurobiologistes, vous faites partie de ceux qui refusent un réductionnisme où le comportement de l'individu serait strictement déterminé par ses hormones.

J.-D.V. : Je suis contre un certain impérialisme neuronal, un ordre neuronal qui se substituerait à l'ordre moral, où tout est déterminé, tout est encâblé, où l'homme est prisonnier de ses déterminismes. En fin de compte, à vouloir connaître l'homme, on lui enlève de la liberté. Personnellement, l'ordre neuronal m'inquiète un peu, même si, sur le plan scientifique, je suis parfaitement réductionniste. Il s'agit d'un réductionnisme un peu douloureux mais d'un réductionnisme quand même pour essayer de comprendre comment marche la mémoire, comment s'élaborent nos stratégies. Quand vous voyez une hormone capable de déclencher un comportement maternel, vous ne pouvez pas vous empêcher d'être réductionniste.

SH : Vous semblez opposer un réductionnisme scientifique à une conception

de l'homme philosophique qui prône la liberté humaine. Mais ne peut-on concevoir également l'autonomie de l'humain, l'antiréductionnisme sur des bases scientifiques ?

J.-D.V. : Je refuse de tomber dans le piège qui consisterait à dire : mon réductionnisme neuronal me conduit à supprimer la liberté, donc je vais essayer de montrer que le cerveau est incertain. C'est mon savoir qui est incertain. Je ne récuse pas *a priori* la possibilité de tout savoir. Ce que je récuse dans un premier temps, c'est un horizon purement neuronal comme garant de la liberté de l'homme et comme fondement de son éthique. Rien ne nous autorise à cela.

SH : **Je reviens à mon idée de fonder une autonomie du psychisme, du comportement sur une base scientifique, en faisant appel à la notion d'auto-organisation par exemple...**

J.-D.V. : Oui, mais on va tomber alors dans la complexité, sur du verbalisme mal compris quand on n'est pas mathématicien. C'est de la phénoménologie à la sauce moderne. Ce n'est pas dépourvu d'intérêt, mais ce sont encore ce que j'appelle des machines célibataires, c'est-à-dire qui tournent surtout pour la satisfaction de celui qui les a faites ! Pour moi le réductionnisme ne se pose qu'en termes pratiques. Je ne récuse aucune philosophie mais je n'accepte pas l'ordre neuronal quand il est fondé sur des métaphores inachevées et trompeuses.

SH : **Pour terminer, pouvez-vous me dresser un panorama des grands défis de votre discipline dans les années à venir ?**

J.-D.V. : Le défi numéro un est de comprendre les bases élémentaires de la mémoire, des formes les plus simples aux plus élaborées. La seconde est : comment se construit le cerveau ? A partir de quelles molécules les neurones vont-ils se placer à tel ou tel endroit. Comment s'édifie l'architecture du cerveau ? Voilà à mon sens les deux principales questions. Les neurosciences doivent s'orienter dans ces directions si l'on veut faire de grandes avancées dans le domaine de la connaissance et de la thérapeutique. Thérapeutique qui devra être contrôlée sur le plan éthique, même si, les molécules et techniques inventées, il est déjà trop tard...

Propos recueillis par
JEAN-FRANÇOIS DORTIER
(*Sciences Humaines*, n° 8, juillet 1991)

GAËTANE CHAPELLE*

L'IMAGERIE CÉRÉBRALE**

Depuis les années 1990, les progrès techniques de l'imagerie cérébrale permettent une observation de plus en plus fine du cerveau, et surtout de son activité dans de nombreuses tâches mentales. Elle a ainsi contribué à l'essor des neurosciences cognitives.

POUR PROGRESSER, la science s'est toujours efforcée de voir l'invisible. Les scientifiques ont inventé des microscopes de plus en plus précis ou des télescopes toujours plus géants. En neurosciences, le rêve du chercheur est de voir le cerveau fonctionner, de « lire » dans les pensées. L'imagerie cérébrale est-elle en train de transformer le rêve en réalité ? Pendant longtemps, deux possibilités s'offraient : soit étudier le cerveau d'animaux (par implantation d'électrode dans un neurone de chat ou en détruisant une partie du cerveau d'un singe, etc.), soit étudier le cerveau d'êtres humains après leur décès. On ne pouvait alors expliquer que *post mortem* tel ou tel trouble du comportement. Mais les avancées techniques ont grandement amélioré les ressources des chercheurs en neurosciences.

Tout a commencé avec l'invention du scanner, au début des années 70. Par projection de rayons X, on pouvait enfin visualiser les différences de densité de tissus mous comme le cerveau. Le traitement des observations par ordinateur permettait alors de reconstruire une image semblable à celle d'un plan de coupe. Mais cette fois, on pouvait le faire du vivant de la personne. Le scanner avait pourtant deux limites : il ne permettait pas une très grande précision d'images, et il ne donnait

---

* Journaliste scientifique au magazine *Sciences Humaines*.
** *Sciences Humaines*, n° 104, Avril 2000.

qu'une image statique du cerveau. Mais son plus grand mérite fut d'inspirer d'autres inventions.

Les scientifiques pouvaient donc fabriquer « électroniquement » l'image d'un organe. Il leur restait maintenant à le faire pour le cerveau en pleine activité. Pour cela, ils sont partis d'un principe que le grand psychologue américain William James, en 1890, connaissait déjà : plus une partie du cerveau est active, plus le flux sanguin y est élevé. Par les variations de flux sanguin, on peut donc visualiser les zones impliquées dans une tâche. Deux techniques différentes, la tomographie par émission de positons (TEP) et l'imagerie par résonance magnétique (IRM), sont basées sur ce principe. Pour faire une TEP, on injecte un produit radioactif dans le sang du sujet et on localise ensuite ces atomes radioactifs. Cette technique n'est donc pas inoffensive. L'IRM, elle, n'implique aucune injection. Elle mesure des variations magnétiques, en faisant passer une onde électromagnétique (comme un signal radio) à travers le cerveau.

Quelle est sa précision ?

L'objectif de l'imagerie cérébrale n'est bien sûr pas de produire de jolies cartes du cerveau, colorées et détaillées. Son but réel est de comprendre comment fonctionne le cerveau, et surtout son rôle dans nos activités mentales. Pour cela, il faut maîtriser deux types de précision : spatiale et temporelle. L'importance de la précision spatiale est facile à comprendre : une zone de quelques millimètres carrés peut contenir plusieurs milliers de cellules. Les seules techniques qui permettent d'enregistrer l'activité d'un seul neurone ne peuvent être utilisées que chez l'animal (il faut ouvrir le crâne pour implanter une micro-électrode directement dans un neurone). L'IRM, qui est la plus précise des techniques actuelles, permet d'obtenir, dans le meilleur des cas, une résolution au millimètre près. Cela reste une performance à l'échelle du cerveau tout entier. Elle permet en effet de déterminer les zones du cerveau activées, par exemple lorsqu'on lit un mot ou qu'on calcule mentalement.

Une autre donnée doit être maîtrisée : le temps. Les étapes mentales s'enchaînent très rapidement. Pour les décrire, il faut donc aller aussi vite qu'elles. C'est là toute la difficulté de l'imagerie cérébrale. La technique d'imagerie la plus rapide est celle de l'IRM fonctionnelle (IRMf), avec un niveau de résolution temporelle qui peut atteindre 500 millisecondes. Ce qui exclut un très grand nombre d'étapes mentales. On sait par exemple, grâce aux techniques d'enregistrement de l'activité électrique des neurones, que certaines informations sont traitées en 50 ou 100 millisecondes. Mais les chercheurs ne se laissent pas démonter par ce genre d'obstacle. Leur stratégie consiste à combiner différentes techniques pour arriver à la plus grande précision spatiale et temporelle possible. L'enregistrement encéphalographique (EEG), qui se fait par la pose d'électrodes sur le crâne du sujet, et donc sans aucune intervention chirurgicale, permet de mesurer quasiment en temps réel l'activité électrique d'une région du cerveau. En revanche, cette méthode est très grossière au niveau spatial. Mais si l'on rassemble les résultats de l'IRMf et de l'EEG, on arrive à des analyses beaucoup plus fines.

Peut-elle lire dans les pensées ?

Que peuvent révéler les cartes colorées du cerveau ? Peut-on rêver qu'il suffit de voir où s'allume le cerveau pour savoir à quoi l'on pense ? Les choses ne sont pas si simples ! Il n'y a pas, dans le cerveau, la zone de l'amour parental, à côté de celle de l'amour conjugal, comme l'affirmait Franz Joseph Gall au début du siècle dans sa « théorie phrénologique ». Mais l'imagerie cérébrale confirme au contraire l'idée que certaines étapes simples des activités mentales sont prises en charge par des zones précises du cerveau. Pour le prouver, les scientifiques doivent déployer des trésors d'ingéniosité et de rigueur. L'imagerie cérébrale ne simplifie pas la recherche, elle l'oblige à encore plus de complexité !

Michael Posner et ses collègues ont essayé de déterminer, grâce à la TEP, l'organisation du langage dans le cerveau humain. Vaste entreprise, mais qu'ils ont abordée par une tâche apparemment très simple : dire pour un outil quelle est son utilisation (pour « marteau », dire « clouer »). Si l'on observe le cerveau d'un individu qui réalise cette tâche, on le verra sans doute clignoter comme un lunapark. De très nombreuses zones vont s'activer. Cela ne nous apprend donc rien. Avant toute chose, il faut analyser les mécanismes psychologiques impliqués dans

la tâche : d'une part, il faut pouvoir lire « marteau », d'autre part, il faut accéder à la signification de ce mot, et enfin, il faut prononcer la réponse « clouer ». Pour savoir quelles sont les zones responsables uniquement de l'accès à la signification du mot, les chercheurs utilisent la méthode dite de soustraction. Il s'agit de comparer deux tâches identiques en tous points, sauf un, puis de soustraire d'une image cérébrale celle de l'autre. Les seules zones restant sont celles chargées du mécanisme mental qui différencie les deux tâches. Ainsi, on va comparer l'image du cerveau de quelqu'un qui prononce le mot « marteau » et celle de quelqu'un qui cherche mentalement son utilisation et répond « clouer ». Si l'on soustrait la première image de la deuxième, il reste la zone nécessaire pour accéder à la signification du mot (1). Ce type d'étude exige donc, avant toute utilisation de l'imagerie cérébrale, d'analyser finement les mécanismes mentaux.

Mais que l'on ne s'y trompe pas, l'étude de M. Posner et ses collègues n'a pas déterminé où se trouvent les mots « marteau » et « clouer » dans le cerveau. Elle a plus largement détecté la zone qui permet d'accéder au sens d'un mot et de générer un verbe qui lui correspond. Il faut distinguer le contenu d'une pensée de son contenant.

---

1. M. Posner, M. Raichle, *L'Esprit en images*, De Boeck Université, 1998.

Quels progrès permet-elle ?

L'imagerie conduit-elle à une véritable révolution scientifique ? Selon Marc Jeannerod, elle apporte des connaissances majeures dans notre compréhension du cerveau et de ses relations avec la pensée. Elle a permis de détecter des différences entre processus mentaux qui paraissent très proches, comme celle qui existe entre calculer le résultat exact d'une addition, ou l'estimer approximativement : deux zones différentes du cerveau réalisent ces deux tâches. A l'inverse, elle montre les points communs entre des tâches très différentes : s'imaginer que l'on fait un geste active la même zone que le faire réellement. Elle permet aussi d'observer des états mentaux purs, comme les hallucinations auditives des patients schizophrènes. On a ainsi découvert que les zones primaires auditives (celles activées lors de la perception de bruits réels) s'activent lors des hallucinations auditives (2).

Mais l'imagerie cérébrale contribue également à des débats beaucoup plus vastes. Ainsi, elle apporte des arguments décisifs dans le débat entre localisationnistes (qui considèrent qu'à chaque capacité mentale correspond une région du cerveau) et les partisans de l'unicité de l'esprit. Les études par imagerie cérébrale montrent qu'il existe de fait des modules spécialisés dans le cerveau, mais aussi que toute activité mentale implique l'activation de tout un réseau à travers le cerveau. Même l'idée d'un « superviseur central », longtemps émise, semble remise en question.

Enfin, l'imagerie cérébrale apporte son grain de sel au débat sur le déterminisme biologique de la pensée. Les détracteurs de ces techniques ont longtemps craint qu'elles ne renforcent encore plus le déterminisme biologique. Bien sûr, la plupart des neuroscientifiques affirmeront que la pensée ne peut exister sans le cerveau. Mais l'imagerie cérébrale révèle justement toute l'influence des comportements sur la machine elle-même. On connaissait déjà la plasticité des neurones. Des études par IRM en dévoilent la force à l'échelle du cerveau : par exemple, la zone de la main gauche est plus grande chez les violonistes que chez les autres. Celle-ci se serait développée à force d'exercice. Autres résultats étonnants : la surdité, de naissance ou très précoce, provoque une réorganisation partielle du cerveau. Une partie du cortex visuel va se mettre à traiter ce qui devrait normalement être traité par le cortex auditif.

Paradoxalement, l'une des découvertes majeures de l'imagerie cérébrale est que justement, elle ne peut pas tout dire. Elle a en effet révélé que le cerveau était un ensemble très complexe de modules spécialisés, qui doivent travailler les uns avec les autres. Il ne suffit donc pas de « voir » ces modules pour comprendre la pensée. De plus, l'imagerie a montré que certains états mentaux essentiels, comme la sensation d'être conscient, ne dépendent pas de l'une ou l'autre zone du cerveau. Les chercheurs font l'hypothèse qu'elle dépend de l'activité syn-

---

2. « Voir dans le cerveau », *La Recherche*, numéro spécial 289, juillet-août 1996.

chronisée de tout un réseau. En résumé, on peut dire que les techniques d'imagerie mentale sont des outils d'exploration du cerveau au potentiel immense, à condition que ceux qui s'en servent déploient toute leur intelligence et leur rigueur afin de comprendre la pensée humaine.

GILLES MARCHAND*

PROMENADE AU PAYS DES NEUROSCIENCES**

Quel meilleur moyen pour comprendre les neurosciences que de s'intéresser à ses acteurs ? Rencontre avec trois neuroscientifiques...

L UNDI 10 septembre 2001, à Gif-sur-Yvette, région parisienne. Dans le cadre de l'action Cognitique lancée en 1999 par le ministère de la Recherche, un séminaire a lieu au château du centre CNRS Formation durant les quatre jours suivants. D'éminents neuroscientifiques sont venus, certains depuis le prestigieux MIT de Boston, d'autres encore de plusieurs laboratoires ou universités d'Europe. Le thème de cette conférence ? Différentes interventions sur l'abstraction, liée aux relations entre les données de l'expérience perceptive et les concepts. La présentation du séminaire est menée par Michel Imbert, spécialiste français des mécanismes cérébraux de la perception visuelle. Cet enseignant chercheur travaille au Centre de recherche cerveau et cognition, qu'il a fondé en 1993 à l'université Paul-Sabatier de Toulouse. Les travaux de sa thèse d'Etat, en 1967, avaient montré que les aires motrices du cerveau du chat recevaient des informations sensorielles, notamment visuelles et auditives. *« C'était la fin des années 60, et à ce moment-là le domaine à la mode était l'étude du système visuel, avec les grandes découvertes de Hubel et Wiesel. »* David Hubel et Torsten Wiesel, de l'Université de Harvard à Boston, furent parmi les précurseurs de la

---

* Journaliste scientifique au magazine *Sciences Humaines.*
** *Sciences Humaines*, hors série n° 35, décembre 2001-février 2002.

neurophysiologie du cerveau. Cette discipline s'interroge sur les mécanismes d'organisation et de fonctionnement du cerveau. Il est ressorti de leurs recherches sur la vision que les bases de la perception découlaient de la façon dont les neurones étaient organisés. Le retentissement de leurs travaux avant-gardistes leur a permis d'empocher le prix Nobel de physiologie et de médecine en 1981. D'autres chercheurs se sont enfoncés dans la brèche, et certains d'entre eux, comme M. Imbert, ont fondé totalement leur carrière sur la perception visuelle et ses mécanismes cérébraux. Mis à part le phénomène de mode, qu'est-ce qui justifie de s'intéresser durant plusieurs dizaines d'années à un seul domaine de recherche, aussi large soit-il ? *« Tout est parti d'une question : que voit un neurone ? »* Mais on n'essaie pas de répondre à cela par le biais d'une seule recherche. Il en faut de nombreuses, dont les résultats amènent d'autres questionnements et d'autres hypothèses. La démarche scientifique nécessite d'explorer de nouvelles voies, d'affiner ses travaux en fonction de ce qui est découvert.

De toute cette énergie déployée pour de grandes désillusions (souvent), ressortent parfois des résultats novateurs et inédits, qui permettent de faire évoluer les chercheurs travaillant dans le même domaine. Et également d'accéder à une reconnaissance de la communauté scientifique : publications d'articles dans des revues internationales (*Science* et *Nature* étant parmi les plus recherchées), colloques et conférences, sources de financement

pour des programmes de recherche, collaborations internationales...

Michel Imbert et la preuve par le chaton

Les travaux de M. Imbert sur le singe et le chat ont apporté une contribution importante à la compréhension de la perception visuelle. Le débat entre inné et acquis a longtemps été central dans la recherche fondamentale. L'une des controverses, des années 60 jusqu'au milieu des années 70, a concerné la sélectivité à l'orientation des neurones du cortex visuel : des neurones répondent plus spécifiquement à certains traits de l'objet selon leur orientation, leur angle. Toute la question reposait sur l'origine de la sélectivité à l'orientation des neurones : *« Est-elle génétiquement déterminée, indépendamment de l'expérience visuelle de l'animal (ici, le chat), ou est-elle le résultat d'un apprentissage au cours des premières semaines postnatales ? »* La question peut paraître tellement spécifique qu'elle en devient sans intérêt pour les non-spécialistes, mais ce type d'hypothèses permet d'avancer dans la compréhension du fonctionnement du cerveau et des opérations mentales. Les travaux de M. Imbert ont montré qu'il y a une part importante des neurones du cortex visuel chez le chaton dont les propriétés de sélectivité sont génétiquement déterminées. Mais, *« si l'animal n'a pas d'expérience visuelle, la sélectivité disparaît »*. Et le chercheur, qui s'était inspiré des conceptions du neurobiologiste Jean-Pierre Changeux, de conclure : *« Il faut la stabilisation par*

l'expérience des propriétés d'un programme génétique. »
D'autres de ses travaux sont allés plus loin dans ce qu'ils nous apprennent sur la vision chez le mammifère. Lorsqu'un animal a été privé dès sa naissance d'expérience visuelle, en restant plongé dans l'obscurité, son cortex visuel n'a plus de propriétés spécifiques. *« Pourtant, une expérience visuelle, même très brève, de quelques heures, suffit à restaurer les propriétés de sélectivité. »* Il y a une restauration possible des propriétés visuelles. Seul bémol, ces capacités ne sont pas illimitées, et dans ce cas la restauration n'est possible que dans une étape précoce du développement. De plus, *« l'animal doit se déplacer, explorer activement le milieu extérieur, même si cette exploration est limitée aux mouvements oculaires. S'il reste passif dans la lumière, la restauration des propriétés visuelles ne s'effectue pas »*. Plus récemment, il a mené des travaux sur la nature des informations sensorielles qui sont traitées dans les aires visuelles du singe : *« Dans le cortex visuel primaire du singe, il n'y a pas que des informations visuelles qui arrivent mais aussi des informations d'une autre modalité sensorielle. Ces données représentent la symétrique de mon travail de thèse : j'avais montré qu'il y avait des informations visuelles traitées dans les aires motrices, ici nous avons montré que dans le cortex visuel primaire arrivent des informations utiles à la motricité. »*
Actuellement, M. Imbert s'intéresse aux problèmes de développement du cortex visuel chez un singe, à l'aide de techniques anatomiques. Avec une de ses collaboratrices, il travaille notamment sur un domaine pointu s'il en est, le développement de la microvascularisation du cortex visuel primaire du singe. Ces recherches semblent encore s'affiner et s'inspirer du perfectionnement des techniques neuroscientifiques. Cela peut paraître paradoxal, mais M. Imbert revient à sa formation initiale en philosophie, pour aborder son champ de recherche : *« Maintenant, en fin de carrière, je m'intéresse à des aspects beaucoup plus théoriques, comme le développement des idées philosophiques et scientifiques concernant la perception visuelle. Il s'agit d'un travail d'histoire des idées et d'épistémologie, qui cherche à comprendre entre autres la part de la conscience dans la vision. »* En début de carrière, au sein d'un laboratoire de neurobiologie, son intérêt se portait sur les régions cérébrales réputées muettes, c'est-à-dire dont on ignorait à l'époque à quoi elles servaient. *« C'est un peu à cause de ma formation en philosophie que j'ai commencé mon travail scientifique. »* Retour aux sources, aujourd'hui, par une approche philosophique. La boucle est bouclée.

Xavier Seron
à l'affût des dysfonctionnements
Mercredi 19 septembre 2001, à Louvain-La-Neuve, en Belgique. A la faculté de psychologie de l'Université catholique de la ville, la rentrée se fait progressivement, entre les nouveaux étudiants un peu désorientés et les anciens qui retrouvent des lieux familiers. Au troisième étage du bâtiment

Un champ de recherche, la perception visuelle

Comment voit-on ? La question préoccupe de nombreux chercheurs en neurosciences comme Michel Imbert en France (*voir le texte de l'article*), et cela à plusieurs titres, le principal étant que la vision est le premier instrument du rapport de l'individu à son environnement. D'une découverte à l'autre, les connaissances sur la perception visuelle ne cessent de croître. Etat des lieux...

La phase initiale est celle de la réception de l'image par la rétine, composée de récepteurs qui captent l'énergie lumineuse. Par une succession d'étapes, l'image est projetée, sous la forme d'informations décomposées, sur le cortex visuel primaire (dans le lobe occipital, à l'arrière du cerveau). Si les structures anatomiques et les processus électriques et chimiques à l'œuvre sont assez bien connus, on ne sait pas comment les informations sont analysées par le cerveau pour reconstruire l'image visuelle en un tout cohérent. Les modèles de la psychologie cognitive apportent un autre éclairage, mais sans prendre en compte directement les connaissances sur le fonctionnement cérébral.

Les étapes du traitement visuel

La contribution la plus connue est le modèle du psychologue David Marr, en 1982 : l'information visuelle perçue subit des traitements successifs, dont le premier concerne la formation d'une « ébauche primaire » qui combine les traits, leur

se situe l'unité Neco (neuropsychologie cognitive), dont les chercheurs travaillent essentiellement sur le calcul, la perception visuelle et le langage. Parmi eux, Xavier Seron, neuropsychologue touche-à-tout : outre ses activités d'enseignement, il effectue des recherches sur les opérations mentales liées aux nombres et au calcul. Intéressé par la rééducation des troubles cognitifs, il est aussi codirecteur de l'unité de revalidation neuropsychologique de l'hôpital Saint-Luc. Différentes voies mais qui convergent toutes vers une même direction, celle de la neuropsychologie cognitive. Cette discipline est définie par X. Seron comme *« la science qui essaie de relier le fonctionnement mental, donc la manière dont on parle, dont on perçoit les objets, dont on effectue des gestes, avec le fonctionnement du cerveau »*. L'une des voies vise à comprendre les mécanismes normaux par le biais des dysfonctionnements du cerveau.

Mais pour X. Seron, la recherche n'est pas une finalité à elle seule : elle est aussi utile pour des applications directes aux personnes ayant des lésions cérébrales. A Saint-Luc, la volonté de l'équipe, composée de neuropsychologues, d'orthophonistes, d'ergothé-

orientation, les bords de cette information. Puis cette ébauche fournit des informations sur les surfaces visibles, dépendantes du point de vue de l'observateur, et enfin l'ébauche en 3 D permet l'élaboration d'une représentation centrée sur l'objet. Mais les modèles de ce type, aussi informatifs soient-ils, ne tiennent à aucun moment compte des bases cérébrales, multiples et interconnectées, de la fonction visuelle. L'étude des atteintes fonctionnelles des patients présentant une lésion cérébrale apporte d'autres éléments de compréhension : l'un des déficits de la perception visuelle s'appelle l'agnosie, qui concerne les difficultés à percevoir et à reconnaître une forme ou un objet. Il en existe différents types, correspondant chacun à un niveau du traitement de la forme : de l'agnosie pour les formes, qui concerne la perturbation de la détection des composantes élémentaires (lignes, orientation, bords) à l'agnosie sémantique, qui est marquée par les difficultés à accéder en mémoire à la fonction de l'objet correctement identifié.

Ainsi les diverses disciplines, que ce soit la neurophysiologie, la neuroanatomie, les sciences cognitives ou la neuropsychologie, apportent de nombreux éléments pour mieux comprendre les mécanismes en jeu dans la perception visuelle, mais il reste beaucoup de chemin à parcourir pour que tous ces apports s'imbriquent, et qu'on puisse enfin répondre à cette question : comment voit-on ?

G.M.

---

rapeutes, de neurologues, est justement d'aider les patients « *à retrouver un fonctionnement mental plus satisfaisant* ». La formation de X. Seron étant la psychologie de l'apprentissage, sa conception s'en inspire largement : « *Quand on côtoie des gens en difficulté, nécessairement on se pose la question de savoir si on dispose des connaissances et des méthodes pour leur réapprendre des comportements disparus, ou ajuster leur comportement en fonction des situations de la vie quotidienne.* » Autre approche importante du centre, la prise en compte de la dimension affective : comment le patient vit-il le fait d'être atteint dans son intégrité, ses compétences ? Deux psychiatres travaillent à Saint-Luc avec l'équipe de revalidation pour accompagner les patients.

La revalidation neuropsychologique est un des domaines de l'activité de X. Seron, sous l'angle clinique mais aussi de la recherche. Depuis le début de sa carrière, ses domaines d'intérêt ont varié : le langage, les troubles liés à l'atteinte du lobe frontal, l'héminégligence (une des perturbations spécifiques de la perception spatiale), et déjà la rééducation des déficits cognitifs. Ces dernières années, au sein de l'unité Neco, son travail est essentiellement lié au calcul. *« Comment se fait-il que très tôt, un petit bébé est capable de distinguer un élément de deux éléments ? Comment connaît-on les tables de multiplication ? Quels sont les processus mentaux qui nous permettent de lire les chiffres arabes ? »* Et LA question qui sous-tend les autres : *« Y'a-t-il des systèmes cérébraux particuliers qui soient dédiés au traitement des nombres ? Cette interrogation est également valable pour toutes les opérations mentales, que ce soit la mémoire, la syntaxe, la reconnaissance des visages ou l'organisation des gestes. »* Pour X. Seron, la réponse est claire et sans équivoque : la cognition arithmétique ne peut pas être vue comme une fonction unitaire. Dans ce domaine, comme sans doute dans d'autres, un ensemble d'opérations mentales est mis en jeu, et ces opérations peuvent être perturbées sélectivement par différentes lésions cérébrales. Une seule aire cérébrale n'est donc pas dévolue au calcul.

1 + 1 = 3,
disent certains enfants

Les travaux de X. Seron, liés aux opérations arithmétiques et au traitement des nombres, l'amènent dans différentes directions. Depuis ses débuts, marqués par des recherches sur les erreurs des patients, et des propositions de cadres théoriques, le domaine s'est largement ouvert. Il a travaillé avec des calculateurs experts ou prodiges, et collabore directement avec deux chercheurs du groupe calcul de Neco. Spécialisée en psychologie du développement, Marie-Pascale Noël s'intéresse

particulièrement aux troubles du calcul chez les enfants. Il y a en effet autant d'enfants dyscalculiques que d'enfants dyslexiques.

Beaucoup de recherches ont porté sur le développement des compétences numériques chez l'enfant, mais peu sur les difficultés. M.-P. Noël, entre ses activités d'enseignement et son implication dans un centre de consultations neuropsychologiques pour enfants, cherche à tester ses propres hypothèses. Y a-t-il une structure numérique innée, sur laquelle viendraient se construire tous les autres apprentissages mathématiques ? Autre questionnement : comment se fait le passage, chez les enfants, des données perceptives (comme la capacité précoce à détecter des différences de nombres de points) à la maîtrise des systèmes symboliques ? En clair, comment les enfants évoluent-ils vers l'apprentissage du code arithmétique ?

L'interrogation sous-jacente est basique mais complexe à explorer : elle revient à se demander pourquoi certains enfants présentent des difficultés, notamment pour les tables arithmétiques. L'hypothèse que cherche à tester M.-P. Noël est que ces enfants auraient des capacités limitées en mémoire à court terme (c'est-à-dire la mémoire immédiate, qui est une première étape avant le stockage des informations en mémoire à long terme). Une étude menée par M.-P. Noël a montré que les enfants ayant des capacités faibles de mémoire à court terme utilisaient beaucoup plus de supports concrets, comme le comptage sur les doigts, pour compenser leurs difficultés. Ce genre de résultats est applicable pour aider les enfants, en détectant rapidement et par un examen simple leurs difficultés. Mais peut-on trouver des outils prédictifs ? Une première voie est explorée par M.-P. Noël. Lorsqu'un enfant n'arrive pas à reconnaître et distinguer ses cinq doigts, la probabilité qu'il ait des problèmes dans l'acquisition des mathématiques augmenterait.

Autre collaborateur de X. Seron dans le groupe calcul, Mauro Pesenti. Ce chercheur utilise les techniques d'imagerie cérébrale dans des tâches de calcul proposées à des sujets sains, ce qui lui permet de voir quelle(s) aire(s) est activée(s). Son intérêt est la mise en rapport du fonctionnement du cerveau avec les comportements. Ce lien permet des implications directes sur les modèles théoriques cognitifs et la compréhension des patients. Le rôle des techniques de neuro-imagerie se ressent aussi en réhabilitation cognitive : elles permettent de voir l'effet de la rééducation en visualisant le niveau d'activation du cerveau (pour des opérations mentales déficitaires) à différents moments après la lésion. X. Seron va d'ailleurs lancer, avec sa collaboratrice Marie-Pierre de Partz, des programmes de rééducation cognitive précis, intercalés par des IRMf (*voir l'encadré page suivante*), pour voir les changements de contributions d'aires cérébrales. Par exemple, des techniques de rééducation de patients amnésiques, basées sur l'imagerie mentale, entraînent-elles une contribution des aires visuelles ? Ces techniques apportent également des informations pour le diagnostic, quand les aspects comportementaux sont trop proches entre deux maladies. Et parce qu'elles sont non-invasives ou irradiantes, elles sont applicables aux enfants, pour détecter au plus tôt des troubles du calcul par exemple. Les équipes de recherche semblent donc s'enrichir d'apports de plus en plus larges.

X. Seron nuance cette position : «*Le groupe calcul de Louvain n'est pas encore assez pluridisciplinaire. Pour favoriser les échanges entre les chercheurs, on a créé une école doctorale en neurosciences. Le but est de faire émerger une culture des neurosciences, où les psychologues et les médecins travaillent ensemble.*» D'autres envies animent-elles ce chercheur se considérant comme un généraliste de la neuropsychologie ? «*Si j'avais du temps et si j'étais plus jeune, je partirais en Amazonie pour comprendre comment certaines tribus d'Indiens comptent.*»

Denis Le Bihan
et le cerveau à découvert

Mardi 2 octobre 2001, à l'hôpital d'Orsay en région parisienne. Dans le département de recherche médicale, le professeur Denis Le Bihan dirige l'unité de neuro-imagerie anatomique et fonctionnelle. Il est reconnu comme un spécialiste des différentes techniques appliquées aux sciences cognitives et à la neuropathophysiologie et a reçu pour son travail la médaille d'or de l'International Society of Magnetic Resonance in Medecine. La rencontre avec ce chercheur est prometteuse, les techniques d'imagerie cérébrale étant au cœur des

Un outil, l'IRM fonctionnelle cérébrale

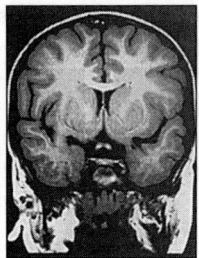

L'imagerie par résonance magnétique fonctionnelle (IRMf) est souvent présentée jusqu'à l'excès comme l'outil ayant révolutionné les neurosciences. Actuellement, elle est la technique la plus puissante pour visualiser le fonctionnement cérébral.

Née au début des années 90, elle a de nombreux avantages par rapport à d'autres techniques plus anciennes : reposant sur des modifications de concentration d'oxygène dans le sang, l'IRMf est totalement inoffensive. Elle permet une image avec les meilleures résolutions spatiale (1 mm) et temporelle (jusqu'à 1/10e de seconde) possibles actuellement. On peut donc visualiser précisément, et en temps réel, l'activité du cerveau : quelle(s) aire(s) est activée pour jouer aux échecs, lire un livre ou prévoir sa liste de courses. Dans le champ clinique, cette technique apporte des informations essentielles sur l'effet de la rééducation : les aires utilisées sont-elles les mêmes pour une tâche de mémoire à différents stades de la réhabilitation ?

Apports et limites de l'imagerie

Certaines personnes ayant une lésion cérébrale utilisent ainsi des stratégies compensatoires pour effectuer une tâche auparavant déficitaire ; d'autres aires cérébrales prennent ainsi le relais des zones touchées.

L'imagerie cérébrale sert également à affiner les diagnostics. Les aspects comportementaux de la maladie d'Alzheimer débutante et de la dépression sont suffisamment proches pour que le diagnostic ne puisse pas être réellement établi. Les techniques d'imagerie cérébrale montrent que les aires activées étaient en revanche très différentes. Grâce aux données de l'imagerie cérébrale, la prise en charge médicamenteuse de la maladie pourra être beaucoup plus précoce, et retarder ainsi son évolution. Alors, l'IRM fonctionnelle va-t-elle supplanter toutes les méthodes et les outils des neurosciences ? Le cerveau va-t-il devenir transparent ?

Comme toute technique, l'imagerie cérébrale présente des limites. Lorsqu'on effectue une addition, des aires cérébrales sont activées. Mais corrélation n'est pas cause : toutes ces zones sont-elles impliquées de la même façon dans le calcul ? De plus, l'IRMf reste un outil. En tant que tel, il n'a d'intérêt que s'il est utilisé dans le cadre d'une recherche expérimentale cohérente, ou de la collecte d'informations précieuses pour la compréhension des difficultés d'un patient.

G.M.

avancées des neurosciences. La technique la plus récente est l'IRMf, qui met en évidence les structures cérébrales que nous utilisons pour réaliser des opérations mentales. Au sein de l'unité, les collaborateurs viennent de champs variés : des physiciens qui développent des méthodes d'imagerie, des informaticiens s'occupant des logiciels d'analyse des images, des neurobiologistes, des cognitivistes, des médecins (radiologues, psychiatres). Sa propre formation est large – neurochirurgie, neuroradiologie, physique – ce qui lui permet d'adapter sa façon de travailler : *« Je me pose des questions de neurosciences et je développe ensuite un outil, ou inversement. »* D'autres membres du service ont une formation double ou triple, mais ceux qui ont une formation unique collaborent avec des équipes venant d'autres domaines.

Pour autant, la pluridisciplinarité n'est peut-être pas si évidente à gérer au quotidien : *« On essaie de travailler de concert, avec les difficultés liées à la culture et au langage de chaque spécialiste, pour se projeter dans ce que chacun peut faire pour émuler les autres. »* Mais quelle est la « politique » générale ? *« Notre groupe s'est donné comme mission de développer de nouvelles approches pour étudier le cerveau humain, de pousser les limites des techniques actuelles ou de découvrir de nouvelles méthodes d'investigation. Le but est de les appliquer d'emblée aux neurosciences et à la clinique. »* Très bien, mais comment cette volonté se concrétise-t-elle dans les recherches ? En ce qui concerne les méthodes techniques, le groupe

tente de comprendre comment différentes régions du cerveau interagissent. *« Jusqu'à présent, les découvertes concernent des "continents" : cette région fait ceci, celle-ci est impliquée pour cela... Mais cela ne nous explique pas comment le cerveau fonctionne. Pour n'importe quelle opération mentale, un certain nombre de régions vont se mettre à communiquer ensemble pendant un bref instant. »*

A l'écoute du rythme des molécules d'eau

La finalité est de trouver comment ces régions sont reliées, et comment les informations circulent. D. Le Bihan a conçu une nouvelle méthode au milieu des années 80 pour visualiser, par l'imagerie cérébrale, *« ces voies de communication qui relient les différentes régions »* : elle mesure les mouvements des molécules d'eau, qui composent les deux tiers du corps humain. Sous l'effet de l'agitation thermique, les molécules vibrent et bougent de quelques microns : ce phénomène physique très connu est la diffusion.

Par l'observation de ces mouvements, il est possible de détecter leur direction en cas d'activation cérébrale. Pionnier de l'imagerie de diffusion (qui a assis sa réputation), le chercheur n'avait à l'époque aucune idée de toutes les implications. L'une d'elles a été découverte par d'autres spécialistes quelques années après : dans les régions du cerveau où le sang n'arrive plus, suite à un infarctus cérébral, les molécules d'eau bougent beaucoup moins rapidement. Donc, en cas de suspicion d'infarctus cérébral, il est possible de faire une image de diffusion, et ainsi donner un traitement beaucoup plus rapidement à la personne touchée.

Un motif de satisfaction pour un chercheur attaché aux applications cliniques des avancées scientifiques : « *Il faut en gros dix ans entre le moment où on invente une méthode et celui où elle est utilisable pour le malade : convaincre de son intérêt les autorités médicales, trois ou quatre ans d'expériences chez l'animal, puis les essais chez l'homme, et un long délai pour que les services hospitaliers soient équipés. Notre objectif est vraiment l'utilisation des techniques en médecine, en clinique, soit pour aider au diagnostic, soit pour la thérapie.* » L'occasion est trop belle pour ne pas l'interroger sur les limites de ce que l'imagerie nous apprend sur le fonctionnement du cerveau : « *Oui, l'imagerie a des limites. Le génome est connu, mais des questions demeurent sur l'utilité de tel ou tel gène. Pour le cerveau, la réflexion est inverse : l'imagerie nous permet de découvrir à quoi servent les régions cérébrales, mais on n'a aucune idée du code utilisé par les neurones. La limite n'est pas l'imagerie en elle-même, mais le concept. Il y a un vide conceptuel dans notre raisonnement scientifique, entre la physique de base à un niveau très fin, et l'approche cognitive sur le cerveau avec l'imagerie. La technique pourra toujours suivre le concept, la théorie.* »

Le chat a-t-il les oreilles pointues ou est-il tigré ?

Pour D. Le Bihan, l'important est de relier l'imagerie aux opérations men-

tales. Avec Stanislas Dehaene, spécialisé dans le calcul, il s'intéresse à la façon dont le cerveau manipule les nombres, selon qu'il s'agit de mesures précises (combien font 53 + 27 ?) ou d'estimations (quelle est la hauteur du bâtiment ?).

Un autre questionnement concerne la conscience : « *Peut-on mettre en évidence par l'imagerie cérébrale des phénomènes inconscients ?* » Les mécanismes du langage ne sont pas oubliés, notamment la reconnaissance des mots écrits et le bilinguisme : « *Le fait de parler des langues différentes implique-t-il des réseaux de neurones identiques ou distincts ?* »

Autre axe de recherche, les zones cérébrales impliquées dans l'imagerie mentale : « *Si je ferme les yeux et que j'imagine un objet, formant ainsi une image mentale visuelle, les aires visuelles seront-elles activées ?* » Les expériences menées valident cette hypothèse, mais ont apporté d'autres résultats inattendus. Quand une personne imagine un chat, et qu'on lui demande s'il a des oreilles pointues ou un pelage tigré, elle doit fouiller l'image mentale, et les aires du cerveau en jeu sont les mêmes que celles activées par la vision d'un chat. Mais quand les questions posées ne nécessitent pas de chercher l'information dans l'image mentale (le chat est-il affectueux ?), les mêmes zones visuelles sont activées. L'activation est même plus forte pour l'image mentale du chat, que ce soit pour la forme de ses oreilles ou son caractère, que pour la vision effective de l'animal. « *On a trouvé des résultats qu'on ne sait pas expliquer, d'où d'autres expériences à venir. La science est comme cela, il n'y a jamais de fin : j'ai une hypothèse que je cherche à tester, l'expérience confirme ou non l'hypothèse, mais on a trouvé autre chose qu'il va falloir chercher à comprendre. On ne s'arrête jamais.* » Et, adaptant les propos du général de Gaulle, il conclut dans un grand sourire « *d'ailleurs, on dit chercheur, pas trouveur* ».

Quand le cerveau nous sera-t-il conté ?

Les approches disciplinaires sont donc variées, les domaines de recherche larges et diversifiés. Les conceptions des neuroscientifiques s'en ressentent-elles ? Quels sont les sujets d'accord et de divergence ? Les années 90 ont souvent été présentées comme la « décennie du cerveau ». Le développement des techniques d'imagerie a profondément marqué le développement des recherches en neurosciences. Pour M. Imbert, « *l'imagerie est un instrument extrêmement puissant, puisqu'on peut faire de la psychologie expérimentale tout en faisant de l'exploration neurobiologique* ». Mais la révolution cognitive, avec les changements d'approche théorique des opérations mentales, a joué un rôle important. De plus, « *il faut rester prudent : est-ce que voir le cerveau s'allumer quand on réalise une tâche cognitive signifie que l'on peut expliquer les mécanismes par lesquels le cerveau réalise ces actions ? Cette question n'est pas encore résolue.* »

L'opinion de X. Seron est, elle aussi, nuancée : « *Avant, j'étais convaincu qu'on ne ferait des choses intéressantes en imagerie qu'en ayant à sa disposi-*

tion des cadres théoriques forts. Or, on assiste aujourd'hui à une profusion de recherches avec l'imagerie. Parce qu'elle montre des dissociations ou des connexions d'activation d'aires cérébrales dans des tâches pour lesquelles on ne les prévoyait pas, elle pourrait amener les psychologues à modifier certains aspects essentiels de leurs cadres conceptuels actuels. »

Selon D. Le Bihan, la décade du cerveau correspond à un moment où les connaissances biologiques et physiques ont fait des progrès considérables : « *La science était mûre pour que toutes ces techniques soient appliquées à la compréhension du cerveau : les opérations mentales, les émotions, la communication, les relations entre les individus, les affections psychiatriques…* »

Connaîtrons-nous un jour le fonctionnement du cerveau sous toutes ses coutures ? Si M. Imbert hésite à se prêter au jeu de la futurologie, X. Seron lance quelques hypothèses sur l'avenir : « *On sera de plus en plus en mesure de relier telle malformation génétique à telle anormalité cognitive développementale, et d'engager des processus de réparation de ces troubles. Les développements techniques joueront encore un rôle considérable. Mais que restera-t-il de l'approche cognitive ? Elle reste intéressante, continue à être nécessaire, pose des questions pertinentes mais ce champ doit évoluer* ». D. Le Bihan s'avance un peu plus : « *Ma vision est que le cerveau humain ne peut se comprendre lui-même. Une machine ne peut pas se comprendre elle-même jusqu'au bout. Mais il n'y a peut-être pas autant de limites qu'on veut le croire à sa compréhension.* »

Une discipline, la neuropsychologie clinique

Une atteinte du cerveau provoque des modifications de notre comportement. Plus ou moins graves, les altérations cognitives peuvent être étudiées avec précision. Et des stratégies rééducatives être proposées.

Se promener dans une rue, se rappeler du prénom de sa nièce, discuter avec un ami, conduire une voiture ou compter sa monnaie... Les activités cognitives sont très diverses, et ce qui nous semble naturel nécessite en fait la collaboration complexe de nombreuses aires du cerveau. Quand une ou plusieurs zones cérébrales subissent des lésions, certaines opérations mentales peuvent être touchées. C'est là qu'intervient le neuropsychologue. De formation non-médicale, il a reçu un enseignement universitaire spécifique. Mais quelle est cette profession encore peu connue ? Quel est son rôle ? Son but est d'abord d'aider au diagnostic. Par exemple, les troubles de la mémoire chez une personne âgée peuvent traduire une entrée dans la maladie d'Alzheimer ou une dépression. Lorsque le diagnostic est affiné, l'évaluation poussée des fonctions mentales (le langage, la mémoire, la perception visuo-spatiale...) permet de voir les aptitudes préservées et celles qui sont altérées. Comment s'y prend-il ? Il dispose de tests standardisés (les résultats des patients peuvent être comparés à ceux de sujets sains) souvent sous une présentation simple : dessins d'objets, dénomination d'images, séries de mots à mémoriser... Grâce aux recherches en neuropsychologie cognitive, les tests sont de plus en plus précis et discriminants. Un jeune homme, suite à un traumatisme crânien, a des difficultés à reconnaître des objets.

Alors, comment les neurosciences vont-elles évoluer ? Si X. Seron évoque la place grandissante de l'affectif et de la psychopathologie (l'anxiété, la schizophrénie, ou en citant les recherches sur l'autisme), et M. Imbert celle de la conscience et du caractère subjectif de nos expériences perceptives et motrices, tous les trois s'accordent sur un point : l'importance des collaborations des différentes disciplines. Pour M. Imbert, *« le monde de la recherche fondamentale et celui de la clinique se par-lent avec difficultés, mais ces difficultés sont en train d'être surmontées ».* *« Des interactions multiples se produisent et vont se produire entre les neurophysiologistes, les linguistes, les psychologues, les neurologues »,* selon X. Seron, qui souligne cependant l'importance de *« garder une formation propre et forte ».* Et D. Le Bihan d'enfoncer le clou : *« A différentes échelles, on aura besoin de la collaboration de toutes les disciplines pour comprendre le cerveau. »* Laissons-lui

Avec les connaissances sur la perception visuelle, des tests ont été élaborés pour voir s'il peut reconnaître les visages, si une forme simple comme un carré est mieux reconnue qu'une forme complexe, si pour lui deux montres sont reconnues comme étant deux exemplaires d'un même objet. Un autre patient ne se rappelle plus du jour ou de la saison, mais peut évoquer des souvenirs précis de sa jeunesse. Tous ces éléments permettent de voir ce qui pose réellement problème pour le patient, et orientent la prise en charge.

Une des questions importantes pour le neuropsychologue concerne la rééducation des fonctions mentales altérées. Il est parfois possible, par la stimulation, de restaurer partiellement ou complètement certaines fonctions. Dans la plupart des cas, le travail va surtout consister à trouver des stratégies permettant de compenser le déficit, en valorisant les fonctions cognitives préservées. Lors de troubles importants de la mémoire, il peut s'agir d'apprendre à la personne à se servir d'un « carnet-mémoire », adapté à ses besoins, et en premier lieu à ne pas oublier de l'utiliser… Dernier aspect important du travail : prendre en compte le vécu affectif du patient face à ses troubles, expliquer à l'entourage les changements de comportements de la personne et donner des conseils pour faciliter la vie quotidienne. Très souvent l'incompréhension est grande face au patient, à son attitude, et peut provoquer des tensions familiales et sociales. Le neuropsychologue est donc en première ligne : face à la demande de la personne, aux attentes de sa famille, mais aussi de l'équipe médicale, souvent dépassée par le comportement du patient.

G.M.

le (trop ?) optimiste mot de la fin : « *Le XIXe siècle a concerné la chimie et la révolution industrielle ; le XXe siècle a vu l'avènement de la physique, de la biologie moléculaire et de la génétique ; maintenant, les grandes découvertes vont concerner le cerveau : comment fait-il un individu ? Et les cerveaux : comment font-ils une société ?* ». Rendez-vous en 2101.

CHAPITRE III

L'intelligence artificielle : les défis de l'ordinateur

Jean-François Dortier[*]

ESPOIRS ET RÉALITÉS DE L'INTELLIGENCE ARTIFICIELLE[**]

L'Intelligence Artificielle, créée il y a quarante ans, s'est donné pour but de réaliser un vieux rêve : comprendre le raisonnement humain et réussir à le simuler par une machine. Où en est ce projet aujourd'hui ?

AOÛT 1956, Etat du New Hampshire (Etats-Unis), petite ville de Hanover, campus du Dartmouth College. Un séminaire d'été réunit une équipe de jeunes chercheurs animés d'un projet exaltant : celui de fonder une nouvelle discipline scientifique : l'Intelligence Artificielle.

Parmi les participants de cette réunion fondatrice, il y a le mathématicien John McCarthy, l'organisateur du séminaire et inventeur du terme « Intelligence Artificielle » (IA).

Sont également présents Herbert A. Simon, théoricien des organisations et futur prix Nobel d'économie, accompagné de son ami le mathématicien Allen Newell. Le mathématicien Marvin Minsky et Claude Shannon, le père de la théorie de l'information, sont également présents à ce séminaire fondateur. L'ambition de ces pionniers est de renouer avec un vieux rêve : construire des machines qui copient et même surpassent les capacités humaines grâce aux nouveaux moyens de l'informatique naissante.

Un projet grandiose

A l'époque, les premiers ordinateurs sont encore de grosses machines à calculer. Ils exécutent des calculs numériques sophistiqués et gèrent d'énormes fichiers, mais leur travail repose sur des

* Rédacteur en chef du magazine *Sciences Humaines*. Il est l'auteur de *Les Sciences Humaines. Panorama des connaissances*, Sciences Humaines Editions, janvier 1998.
** Cet article reprend et développe deux articles parus dans *Sciences Humaines*, n° 56, décembre 1995 et n° 62, juin 1996.

tâches élémentaires et répétitives qu'ils réalisent grâce à leur «force brute» : une mémoire prodigieuse et une vitesse foudroyante. Avec l'IA, il s'agit de tout autre chose. Copier l'intelligence humaine nécessite d'être capable de raisonner, de percevoir, de comprendre et d'utiliser le langage humain, d'apprendre, de découvrir, de créer…

A l'origine, l'IA n'est encore qu'un «projet» assez flou, qui se définit plus par ses ambitions que par des frontières précises. Selon une définition du facétieux M. Minsky, l'un des pionniers du domaine, «*l'Intelligence Artificielle, c'est la science qui consiste à faire réaliser aux machines ce que l'homme ferait moyennant une certaine intelligence.*»

Mais comment va-t-on s'y prendre pour copier l'intelligence humaine ? Cette ambition repose sur l'hypothèse suivante : la pensée des humains fonctionne comme une «machine logique» qui résout des problèmes à la manière d'un automate programmable. Penser n'est rien d'autre qu'exécuter une suite de raisonnements et de calculs successifs dans un ordre déterminé afin de parvenir à une solution donnée. Un tel programme de recherche est suggéré par les travaux de l'Anglais Alan Turing, l'un des pères de l'informatique. A partir de ce postulat, il a conçu, dès 1936, l'idée d'une «machine universelle», qui sera, quelques années plus tard, le prototype des ordinateurs. Si on peut faire exécuter par un ordinateur des choses aussi différentes que calculer, décrypter des messages codés, piloter des machines, etc., alors la pensée humaine ne peut-elle pas aussi s'exprimer sous forme d'un petit nombre d'opérations logiques ?

Cette vision globale de l'intelligence et de la pensée humaine, qualifiée de «computationnelle» (1) (de *computatio*, synonyme de calcul), se résume à l'idée simple de H.A. Simon : «*Penser, c'est calculer.*»

Un modèle informatique pour la pensée

De fait, les pionniers de l'IA n'arrivent pas les mains vides au séminaire fondateur de Dartmouth. H.A. Simon et A. Newell ont passé l'hiver 1955 à concevoir le premier programme d'intelligence artificielle, le *Logic Theorist*. Fonctionnant sur le principe de la déduction, ce programme est capable d'enchaîner et d'articuler une foule de propositions entre elles à partir de quelques prémices. Le modèle appliqué est celui du syllogisme «si A implique B» et «B implique C» alors «A implique C». Sur cette base, A. Newell et H.A. Simon sont parvenus à faire redécouvrir par le *Logic Theorist* trente-huit des cinquante-deux premiers théorèmes des *Principia Mathematica*, de Bertrand Russell et Alfred North Whitehead, livre alors considéré comme l'un des plus prestigieux ouvrages de logique du XXᵉ siècle. Une machine qui démontre des théorèmes ! Tel est donc le premier exploit à mettre au crédit des deux pionniers de l'IA. Ce n'est qu'un début : bientôt, espèrent nos pionniers, les programmes pourront découvrir de nouveaux théorèmes, comprendre et traduire des textes, dialoguer d'égal à égal avec l'homme et même le dépasser en intelligence. Le séminaire de Dartmouth se clôt sur un

---

1. Voir mots clés en fin d'ouvrage.

fol espoir : l'IA est née et plus rien ne doit l'arrêter.

Dès l'année suivante, H.A. Simon et A. Newell imaginent de construire un programme encore plus ambitieux. Il ne s'agit plus simplement de faire une machine à déduire mais de proposer un modèle universel apte à résoudre toute une classe de problèmes. C'est ainsi que naît en 1957 le *General Problem Solver* (GPS).

L'idée de départ est que tout problème stratégique (jouer aux échecs, résoudre un problème de mathématiques, sortir d'un labyrinthe, organiser un emploi du temps, etc.) peut être résolu en le décomposant en une série d'étapes élémentaires, en explorant une série de voies possibles, puis en les comparant entre elles, jusqu'à ce que l'unique ou la meilleure solution soit trouvée. Par exemple, face à une panne mécanique, le garagiste peut vérifier une à une toutes les pièces du moteur, les faire fonctionner isolément jusqu'à ce qu'il découvre la pièce défectueuse. Cette stratégie de résolution de problèmes est une des solutions possibles. Or, une telle démarche de résolution de problèmes est aisément traduisible en langage informatique sous forme d'«arbres de décision» où chacune des branches correspond à une option possible (si l'allumage ne se fait pas, voir : état de la batterie ; si la batterie est en bon état de marche, vérifier les contacts de la batterie, etc.) *(voir encadré page suivante)*. Armés de tels programmes «résolveurs de problème», H.A. Simon et A. Newell pensent alors pouvoir rapidement l'appliquer à une masse de domaines différents. Pour trouver des heuristiques

(stratégies de résolution de problèmes) propres à chaque domaine, il suffirait d'interroger des experts (joueurs d'échecs, garagistes, gestionnaires, médecins, mathématiciens), repérer les stratégies mentales qu'ils utilisent, puis les formaliser et les traduire ensuite en programmes informatiques, c'est-à-dire en une série d'instructions codées en langage symbolique (en maniant des symboles abstraits) compréhensible par l'ordinateur.

Pour H.A. Simon, il est clair que le GPS jette les bases d'une IA qui sera bientôt capable de rivaliser avec l'humain dans les tâches les plus diverses, les plus abstraites, les plus complexes. *«D'ici dix ans, un ordinateur numérique sera champion du monde d'échecs, à moins que le règlement ne lui interdise la compétition. D'ici dix ans, un ordinateur numérique découvrira et démontrera un nouveau et important théorème mathématique (...) D'ici dix ans, en psychologie, la plupart des théories prendront la forme de programmes informatiques»*, affirment péremptoirement H.A. Simon et A. Newell en 1957 (2). Sur cette lancée, les recherches s'engagent rapidement et, dans les années qui suivent, de nouvelles réalisations voient le jour. En 1958, J. McCarthy crée le LISP (pour *LISt Processing* = traitement de ligne), un langage de programmation en IA qui est encore aujourd'hui l'un des plus utilisés. En 1959, Arthur Samuel invente un programme de jeu de dames. A partir des années 60, les premiers systèmes experts sont mis au

---

2. H.A. Simon et A. Newell, « Heuristic Problems Solving : The Next Advance in Operations Research », *Operations Research*, 6, janvier/février 1958.

Les heuristiques : comment bien jouer aux chiffres et aux lettres

Selon H.A. Simon, le père de l'Intelligence Artificielle, on peut résoudre toutes sortes de problèmes en les traduisant sous forme d'une suite d'opérations logiques plus simples. Mais attention ! Cela ne veut pas dire que les humains sont des supercalculateurs qui passent leur journée à déduire, à compter, à raisonner. Au contraire, pour H.A. Simon les individus ne possèdent qu'une « rationalité limitée ». Face à des problèmes de décision complexes, l'individu opère donc en utilisant des « heuristiques », c'est-à-dire des solutions intermédiaires, moins coûteuses, plus faciles à manier et moins fiables que les solutions mathématiquement optimales.

Un exemple simple suffit à le démontrer. Confronté à ce jeu des chiffres et des lettres où il s'agit de trouver « le mot le plus long » avec neuf lettres (par exemple : a v r t u n g s e), la stratégie adoptée ne peut être de comparer toutes les combinaisons possibles (il y a 363 880 combinaisons). Cette stratégie optimale dite « algorithmique » serait certes infaillible, mais impossible à réaliser en quarante-cinq secondes. Les joueurs opèrent le plus souvent en cherchant d'abord les associations de lettres les plus courantes (on rapproche les voyelles et les consonnes deux à deux pour former des syllabes fréquentes « tra », « ver » « gar ») ou trouver des terminaisons de mots courants (par exemple « te », « ent »). On associe alors ces éléments entre eux pour découvrir des mots courants (par exemple, « argent », » travers »). Cette méthode « heuristique » est moins fiable que l'algorithme complet, mais plus efficace que la recherche au hasard.

point. En 1965, Edward Feigenbaum crée DENTRAL, un système expert capable de déterminer la formule chimique d'une molécule. En 1966, naît ELIZA, un programme de dialogue homme/machine conçu par Joseph Weizenbaum. En 1970, Terry Winograd, crée SHRDLU, qui comprend et « répond » à des instructions (déplacer des objets sur un support) données en langage humain.

Enfin, la recherche passe de la phase bouillonnante à l'organisation. En 1970, paraît le premier numéro de la revue *Artificial Intelligence*. La nouvelle science est sur orbite.

Les blocages inattendus

Mais face à ces innovations prometteuses, des difficultés inattendues apparaissent. L'une des premières concerne le grand programme de traitement des langues – et notamment de traduction automatique. L'affaire se révèle en effet

plus complexe qu'on ne l'avait imaginé. Les premiers traducteurs automatiques, apparus dès le début des années 50, fonctionnaient sur un principe assez grossier : la traduction au mot à mot. Selon ce principe, la phrase *«Le chat est sur la table»* est correctement traduite par *« The cat is on the table »*. Cependant une telle démarche ne permet pas de transformer du français à l'anglais la phrase : *«Le temps est beau»*. En anglais, il existe deux mots pour dire «temps» : *time* et *weather* (= climat). Pour l'être humain, la réponse est évidente. Mais pour la machine, elle ne l'est pas, car la machine ne possède *a priori* pas de connaissances et ne peut donc savoir que le temps de l'horloge ne saurait être beau... Pour traduire correctement, il faut que la machine comprenne le sens des mots, qu'elle ait accès à la signification interne du message. Or, l'ordinateur semble incapable de résoudre ce problème. De même, les tentatives pour créer une grammaire générative (issues des travaux de Noam Chomsky), capable d'interpréter et de recomposer l'ordre des mots dans les phrases complexes, se heurtent aussi à de nombreux obstacles. Le projet de traduction automatique s'enlise donc, à tel point que les investisseurs s'impatientent. En 1966, l'ALPAC, le Conseil national de la recherche américaine, qui avait depuis vingt ans copieusement financé l'essentiel des études sur la traduction automatique, coupe brutalement les crédits...
Parallèlement, l'IA découvre d'autres limites. C'est le cas des essais menés dans le domaine de la perception. Les tâches de perception visuelle (reconnaissance des formes) ou auditive (re-connaissance vocale) semblaient apparemment moins élaborées que des actes plus «intelligents» comme résoudre un problème de mathématiques. Or, para-doxalement, le problème était plus ardu que prévu. Certes, un programme comme le SHRDLU, de Terry Wino-grad, était aisément capable de recon-naître des formes géométriques (carré, rectangle, triangle, rond...), mais exé-cuter une tâche comme celle qui consiste à reconnaître un même visage sous des angles différents – ce qui est à la portée du premier nourrisson venu – s'avérera une tâche impossible à réaliser par la machine.
Autre obstacle : les capacités d'appren-tissage. Les ordinateurs, bien que dotés de mémoires de plus en plus étendues, ont des capacités à apprendre, c'est-à-dire à tirer des leçons de l'expérience et à généraliser à partir de cas particuliers, très peu développées malgré de nom-breuses tentatives. Pour toutes ces rai-sons, certains commencent à douter des capacités de l'IA à réaliser ses grandes promesses.

Les critiques philosophiques : à la recherche du sens

Les impasses et les blocages de l'IA ne faisaient que confirmer les intuitions de certains philosophes. Ainsi, Hubert Dreyfus, professeur de philosophie à Berkeley, se lance dans une croisade dans les années 70 et 80 contre les pré-tentions de l'IA. Dans son livre *What computers still can't do ? A critique of Artificial Reason*, publié dès 1972 (3), il

---

3. H. Dreyfus, *L'Intelligence artificielle : mythes et limites*, Flammarion, 1984.

s'oppose aux prétentions de l'IA, soutenant l'idée que l'intelligence humaine ne fonctionne pas selon des seules règles formelles, qu'elle est à la fois plus souple et plus nuancée.

Le philosophe John R. Searle va prendre le relais en s'attaquant au problème avec des arguments voisins. Selon lui, l'IA butte sur un point essentiel : l'intentionnalité. L'ordinateur ne pense pas car il n'accède pas au sens, au contenu, il ne fonctionne que sur des symboles abstraits, sans signification. « *Le fonctionnement de l'esprit humain ne se résume pas à des processus formels ou syntaxiques. Par définition, nos états mentaux internes ont un contenu d'un certain type. Lorsque je pense à Kansas City, lorsque je me dis que j'aimerais bien une bière fraîche, lorsque je me demande si les taux d'intérêt vont baisser, mon état mental présente un contenu, et ce contenu s'ajoute à ses caractéristiques formelles, quelles qu'elles soient. (…) L'esprit est sémantique au sens où, en plus de sa structure formelle, il a un contenu.* » (4)

Comment donner du sens aux symboles ?

Pour tenter de relever les nouveaux défis qui leur sont posés, les spécialistes de l'IA doivent donc s'employer à résoudre plusieurs problèmes essentiels :
– créer des modes de raisonnement plus souples, plus intuitifs, moins raisonneurs et moins « logiques » qu'un froid logicien, mais plus flexibles et généralistes, bref plus « humains » ;
– créer des architectures nouvelles adaptées à des tâches, comme la reconnaissance des formes, la perception, l'ap-

prentissage… qui ne semblent pas pouvoir être traitées en termes de suite de calculs ;
– enfin, intégrer dans la machine des connaissances sur le monde qui lui permettent d'interpréter et de comprendre le sens des symboles et des concepts qu'il manipule.

Afin d'affronter les problèmes de raisonnements « intuitifs », certains chercheurs se lancent alors dans la création et l'utilisation de « logiques floue (5) et modale » puis, dans les années 80, des modèles connexionnistes apparaissent avec le but explicite de remplacer et de vaincre les architectures classiques.

Enfin, des réseaux sémantiques se développent. Leur but ? Apprendre à la machine à se comporter de façon pertinente face aux situations auxquelles elle est confrontée, la doter d'authentiques connaissances sur le monde.

On reproche à l'ordinateur d'être une machine logique « aveugle » qui se contente de manipuler des symboles abstraits sans en comprendre la signification ? Alors il faut en faire une machine « cultivée » et « informée ».

L'une des voies adoptées à partir des années 70 sera de construire des programmes à « bases de connaissances ». Ces programmes doivent permettre à l'ordinateur de raisonner non plus dans un monde abstrait de symboles, mais dans un monde plus concret où les choses ont un sens, et les mots un contenu.

4. J.R. Searle, *Du cerveau au savoir*, Hermann, 1985. Voir aussi l'entretien avec J.R. Searle dans cet ouvrage.
5. Voir mots clés en fin d'ouvrage.

Qu'est-ce qu'un réseau sémantique ?

La méthode des « réseaux sémantiques » (6) est alors apparue comme un instrument privilégié pour constituer des bases de connaissances utiles. Les « réseaux sémantiques » sont des groupes d'informations associés à un symbole (ou concept) donné. Pratiquement, un réseau sémantique est un graphique composé d'étiquettes (ou nœuds) qui représentent des concepts (chaise, meuble, oiseau, Marie…) et de liens logiques (*links*) qui les relient (« donne à », « appartient à », « est un »). Le réseau sémantique est un peu à l'image d'une grappe de raisins, où chacun des grains représenterait une information relative à un objet donné. A la grappe « chat » sont accrochés des grains où sont écrits « possède quatre pattes » sur l'un, « il miaule » sur un autre, « il a deux oreilles », « il mange des souris », etc. Dès lors, une machine serait capable de classer les animaux en espèces et sous-espèces à partir d'indices représentatifs.

Grâce à de telles connaissances que l'on implante dans la machine, l'ordinateur est capable de reconnaître, de juger, d'évaluer son environnement. Les réseaux sémantiques vont ainsi permettre de lever provisoirement certains blocages. Dans le domaine de la recherche documentaire, par exemple, un logiciel « intelligent » pourra, lorsqu'on lui demande de rechercher des textes se rapportant aux « félins d'Asie », sélectionner des documents sur les « tigres du Bengale ». Tout simplement parce qu'il aura appris que « un tigre est un félin » et que « le Bengale » se trouve en Asie. En théorie, l'organisation des connais-

sances en réseaux permet une infinité de relations possibles. Et on pourrait, avec le temps et un programme suffisamment puissant, décrire un nombre immense de concepts et toutes leurs relations associées.

En fait, des limites sont vite apparues dans la réalisation pratique. Beaucoup de concepts utilisés dans la vie quotidienne comportent une multiplicité de sens. Ainsi le mot « table » n'est pas simplement un meuble (relation 1), avec quatre pieds (relation 2), qui sert à manger (relation 3) ou à écrire (relation 4). Le mot table peut renvoyer à « table de multiplication », aux « tables d'écoute ». Et les informations associées ne sont plus les mêmes que dans le sens courant. Pour chaque mot du vocabulaire, il y a donc là aussi une « explosion des sens » possibles. Les réseaux sémantiques créés au sein des programmes d'IA sont incapables de saisir toutes ces subtilités. En fait, on s'est aperçu que les logiciels informatiques pouvaient être doués de capacités de mémoire exceptionnelles, de force de calcul vertigineuse, de logique irréprochable. Mais par rapport à l'intelligence humaine, ils manquaient tout simplement de bon sens. M. Minsky a donné une expression simple de ce qu'il entend par « bon sens ». En 1982, lors d'une allocution prononcée à l'AAAI (American Association of Artificial Intelligence), dont il était le président, il énonce le « défi du canard » qui constitue un butoir pour les programmes d'IA existant.

Soit les deux propositions : « *Tous les canards volent* » et « *Charly est un*

---

6. Voir mots clés en fin d'ouvrage.

canard». Le logiciel peut facilement en déduire *«Donc Charly vole»*. Mais si on lui apprend que le pauvre Charly est mort… quand le programme pourra-t-il répondre *« oh, excusez-moi, alors Charly ne vole pas… »* ?

En fait, les systèmes à bases de connaissances restent confinés dans des domaines de connaissances étroits et très spécialisés. Bien d'autres voies seront explorées pour tenter de fournir aux ordinateurs des connaissances sur le monde courant (méthode des scripts, des *frames*). Mais, si l'IA progresse à travers toutes ces recherches, les réalisations opérationnelles restent assez limitées et spécialisées dans quelques domaines (les jeux logiques, les systèmes experts, la robotisation). On est en tout cas très loin des ambitions initiales.

La fin des années 80 marque une nouvelle crise dans l'histoire de l'IA. C'est « l'hiver de l'IA ». Malgré le développement de grands programmes internationaux, et malgré les progrès considérables réalisés dans la vitesse et les capacités de traitement de l'ordinateur, l'IA piétine. Beaucoup de constructeurs sont désabusés. Certains des initiateurs de l'IA comme T. Winograd se lancent même dans une sévère autocritique des prétentions de l'IA, au nom de la radicale spécificité de la pensée humaine, qu'une machine physique sera toujours inapte à modéliser (7).

De l'IA forte à l'IA modeste ?

A partir de la fin des années 80, l'IA entre dans une nouvelle phase. L'heure n'est plus aux déclarations tonitruantes et arrogantes, aux espoirs de construire une machine universelle propre à résoudre toutes sortes de problèmes. L'objectif est désormais de proposer des réalisations plus spécialisées, plus opérationnelles et… plus modestes.

De fait, l'IA s'est déployée autour de plusieurs domaines spécialisés :

– les jeux stratégiques (jeu d'échecs, jeu de go, de dames, etc.) : la tentative pour égaler, puis battre un humain dans un jeu d'esprit comme les échecs fut toujours une des ambitions de l'IA. Après de multiples échecs cuisants, la « victoire » de l'ordinateur a enfin été obtenue puisque, au printemps 1997, une machine baptisée *Deep Blue* a réussi pour la première fois à vaincre le champion du monde d'échecs Boris Kasparov. Chacun admet que c'est dans le domaine de la « force brute du calcul » que la machine a dépassé l'humain et non dans la finesse de la stratégie ;

– le traitement des langues a fait des progrès : décryptage de l'écriture manuscrite, de la voix ; acquisition d'éléments de syntaxe et de sémantique dans des domaines spécialisés (langue commerciale ou technique). Mais la compréhension et la traduction du langage ordinaire recèlent toujours de formidables difficultés (*voir le chapitre « Le langage décrypté » dans cet ouvrage*) ;

– la reconnaissance visuelle a aussi progressé : les ordinateurs dotés de caméra sont capables de discerner des objets sous différents angles ou en mouvement. Mais là encore, est-il vraiment possible de parler de « vision » alors que l'ordinateur ne peut reconnaître que quelques formes typiques dans un

---

7. T. Winograd et F. Flores, *L'Intelligence artificielle en question*, Puf, 1989.

domaine spécialisé : les lettres manus-
crites, les objets physiques ? ;
– la robotique est passée à l'ère industrielle. L'ordinateur est capable de remplacer l'humain pour des tâches très
spécialisées (chaînes d'assemblage), mais
aucun robot dressé pour sélectionner,
trier, assembler des pièces dans un environnement de figures géométrique ne
pourra reconnaître les flammes si l'ate-
lier se met à brûler ;
– les systèmes experts sont entrés dans
une phase opérationnelle et se répan-
dent dans l'industrie (aide à la décision
financière, à la régulation de trafic, de
transport, au diagnostic médical, etc.),
mais les applications restent limitées à
des «micro mondes» (*voir encadré page
suivante*).
Quarante ans après sa création, le bilan
de l'IA est pour le moins mitigé. De plus
en plus de spécialistes se réfèrent au projet d'une «IA faible» opposée à l'«IA
forte» des origines. Le projet de l'IA
forte était de retrouver et de reconstruire
la façon dont l'homme pensait, puis de
le dépasser. Le projet de l'«IA faible»
est plus modeste. Il s'agit de simuler des
comportements humains «réputés intelligents» par des méthodes d'ingénieurs,
sans se soucier de savoir si l'homme procède de la même façon. On préfère parler aujourd'hui de logiciel «d'aide» à la
création ou à la décision plutôt que de
machine qui remplacerait l'humain.
Certes, de nombreuses découvertes restent encore à venir. Jusqu'où peuvent
aller ces réalisations ? L'histoire seule
nous le dira. Les avancées et les blocages de l'IA ont en tout cas le mérite
de poser de façon expérimentale des
questions sur la nature de l'intelligence
humaine traitée jusque-là sur un mode
purement spéculatif.

Qu'est-ce qu'un système expert ?

On appelle « systèmes experts » ou « systèmes à bases de connaissances » des programmes informatiques qui simulent le raisonnement d'experts humains. Ils effectuent des diagnostics et donnent des conseils dans des domaines précis : médical, financier.

Ainsi, DENTRAL, le premier système expert créé en 1965, sert à identifier la structure moléculaire des corps chimiques ; il a été réalisé par Edward Feigenbaum. Pour réaliser son programme, ce chercheur américain a eu l'idée d'interroger un spécialiste de renom : Joshua Lederberg (prix Nobel de médecine en 1958), afin de comprendre le mode de raisonnement du savant en train de réaliser une expertise chimique.

Comment fonctionne un système expert ?

Un système expert (SE) possède deux éléments : un moteur d'inférence et une base de connaissances.

• Le moteur d'inférence : c'est la « logique » de la machine. Il s'agit d'un programme qui commande les étapes successives de résolution du problème (algorithmes ou heuristiques) pour atteindre un but donné.

Par exemple, un système expert en botanique chargé d'identifier la nature d'une plante procède par déduction en éliminant des hypothèses :

– a-t-il des feuilles caduques ? ;
– si oui, sont-elles dentelées ? ;
– et ainsi de suite…

• La base de connaissances : c'est l'ensemble des données fournies à la machine.

Par exemple :

– « un arbre est une plante » ;
– « un platane est un arbre ».

On distingue parfois les « connaissances procédurales » et les « connaissances déclaratives ». Les connaissances procédurales sont des savoir-faire permettant d'effectuer des déductions à partir d'une proposition. Elles sont du type : si « arbre », alors demander quelles sont la forme des feuilles, la couleur du tronc. Les connaissances déclaratives forment le stock des données factuelles mises en mémoire. Les connaissances peuvent être formulées de plusieurs manières : sous forme de réseaux sémantiques, de règles logiques symboliques, de scripts, de scénarios. Le système expert est capable de prendre des décisions dans un environnement incertain.

A quoi servent les systèmes experts ?

Les années 80 ont vu l'essor des applications industrielles et commerciales. Parmi les plus connus des programmes en circulation, citons : MACSYMA, programme de résolution de problèmes mathématiques (intégrales, systèmes d'équations) ; PROSPECTOR, utilisé en géologie pour aider au dépistage des gisements de minerais ; FOLIO, système expert d'aide à la gestion des portefeuilles d'actions ; GATES, qui aide à planifier les départs et les arrivées dans les aéroports ; MYCIN, un système expert d'aide à la décision médicale (spécialisé dans la recherche des germes responsables de maladies infectieuses), etc.

Jacques Pitrat[*]

VERS UNE NOUVELLE PENSÉE ?[**]

L'intelligence artificielle s'est longtemps contentée d'essayer d'imiter le raisonnement humain. Elle se dirige aujourd'hui vers la création de nouvelles formes de pensée.

En 1965, Dan Bobrow, chercheur en intelligence artificielle (IA), réalise le système Student pour résoudre des problèmes d'algèbre comme : « *Si le nombre de clients de Tom est deux fois le carré des deux-dixièmes du nombre d'annonces qu'il fait passer, et si le nombre d'annonces qu'il fait passer est 45, quel est le nombre de clients de Tom ?* » Student traduit directement les énoncés en équations, remplaçant « deux fois » par « 2 x », « est » par « = », un groupe nominal comme « le nombre d'annonces qu'il fait passer » par une variable. Une fois ces équations posées, Student les résout sans difficulté.

Herbert A. Simon, un des pères de l'IA, intéressé par les performances de ce système, constate qu'il n'existe pas d'étude psychologique sur la façon dont des élèves trouvent la solution à ce type de questions. Cela l'incite à entreprendre une expérience lors de laquelle il demande à des sujets de résoudre des problèmes d'algèbre tout en pensant à voix haute, de sorte que l'expérimentateur se fasse une idée des méthodes qu'ils utilisent. Il réalise alors qu'il y a deux catégories de sujets : certains opèrent comme Student, d'autres commencent par dessiner un modèle du problème et posent ensuite les équations à partir de ce schéma.

À titre d'illustration, considérons le

* Chercheur au LIP6, Laboratoire d'informatique de Paris-VI. A publié notamment : *De la machine à l'intelligence*, Hermès, 1995.
** *Sciences Humaines*, hors série n° 35, décembre 2001-février 2002.

problème suivant : « Une planche a été sciée en deux morceaux. L'un a une longueur égale aux deux tiers de la planche de départ et la différence de longueur entre les deux morceaux est de 4 pieds. Quelle était la longueur de la planche au départ ? » Certains sujets modélisent le problème en traçant la figure suivante : ▭ et trouvent facilement la solution en posant l'équation $2/3\ L = 1/3\ L + 4$. En revanche, les sujets qui travaillent comme Student, en traduisant directement les énoncés en équations, font souvent des erreurs, posant par exemple $L = 2/3\ L + 2/3\ L + 4$ ou encore $2/3\ L = 2/3\ L + 4$! Pour tous les problèmes étudiés dans cette expérience, les sujets passant par l'intermédiaire d'un modèle obtiennent de meilleurs résultats que ceux qui traduisent directement le texte en équation.

Gérard Tisseau, chercheur au LIP6 (Laboratoire d'informatique de Paris-VI), voyant l'intérêt de l'approche modélisatrice, réalise un système, Modélis, pour résoudre des problèmes de thermodynamique énoncés en langage courant. Modélis travaille comme les sujets performants de H.A. Simon : quand il reçoit un énoncé, il commence par construire un modèle du problème et il pose ensuite les équations. Prenons un exemple : « *Une bouteille de gaz comprimé, d'une capacité de 14 l, renferme de l'oxygène sous une pression de 150 bars à la température de 17 °C. Quelle masse de gaz a-t-on tirée de cette bouteille quand la pression y est tombée à 100 bars et la température à 12 °C ?* »

Modélis commence par choisir le système qu'il va considérer : le gaz contenu dans la bouteille, le gaz expulsé de la bouteille ou la totalité du gaz. Pour le problème précédent, il choisit la première possibilité et il estime alors que la transformation est à volume constant, ce qui n'est pas tout à fait exact car le volume de la bouteille diminue si la pression baisse ! Mais il juge, avec raison, que ce changement de volume est négligeable. Modélis considère aussi qu'il se produit une transformation du gaz ; il introduit donc un instant initial et un instant final. Il suppose aussi qu'il a le droit d'appliquer la loi des gaz parfaits, ce qui n'est pas dit dans l'énoncé. Avec toutes ces additions à l'énoncé, il construit un modèle à partir duquel il pose les équations et trouve alors aisément la solution.

Au final, la coopération entre la psychologie et l'IA aura été excellente : un système d'IA, Student, donne à H.A. Simon l'idée de procéder à une étude psychologique, et les résultats de cette étude conduisent G. Tisseau à concevoir un système d'IA plus performant. On voit bien, par cet exemple fondateur, comment les liens entre l'IA et les autres disciplines des sciences cognitives sont à double sens. Essentielles au développement de l'IA, les secondes fécondent la première, l'amenant à construire des systèmes imitant le comportement humain. D'autre part, l'IA est utile à ces autres disciplines : elle leur propose des modèles pour décrire et expliquer les comportements qu'ils étudient, leur permet de vérifier leurs théories.

Nous allons maintenant examiner successivement les apports des sciences cognitives à l'IA, puis ceux de l'IA aux sciences cognitives, et enfin ce que pourrait être une cognition artificielle.

Des êtres artificiels aux capacités inédites

L'intelligence artificielle, et c'est là un apport fascinant, peut concevoir d'autres systèmes cognitifs que ceux des humains ou des animaux – seuls sujets d'étude actuels des sciences cognitives –, créer des êtres artificiels aux capacités inédites. L'apparition de tels systèmes intelligents entraîne la naissance d'une nouvelle discipline, la cognition artificielle, qui visera à comprendre les limites et les forces de systèmes intelligents dotés de propriétés fondamentalement différentes de celles des êtres vivants.

Les autres disciplines des sciences cognitives sont utiles à l'IA pour deux raisons : source d'idées pour réaliser ses systèmes, elles sont également indispensables pour que ces systèmes acquièrent une interface plus « humaine » avec leurs utilisateurs.

Prenons pour exemple les émotions. Les êtres vivants manifestent souvent des émotions, alors que les systèmes d'IA actuels en sont dépourvus. Ne faudrait-il pas que les systèmes « ressentent », comme les humains, certaines émotions pour améliorer leurs performances ? Nous percevons souvent les émotions comme négatives, parce qu'un excès d'émotions diminue nos performances. Pourtant, elles permettent souvent de les améliorer. L'anxiété nous incite à appliquer davantage de moyens à une tâche parce que nous attachons beaucoup d'importance à sa réussite. Il serait souhaitable que les systèmes informatiques soient anxieux de ne pas détruire nos précieux fichiers, même si nous faisons de fausses manœuvres. Ils essaieraient autant que possible de nous faciliter la tâche, feraient tout pour éviter de reproduire une erreur déjà commise.

Une autre émotion particulièrement utile pour un système d'IA serait l'ennui, qui nous incite à ne pas gaspiller nos ressources dans des situations répétitives et sans grande utilité. Quand nous nous ennuyons, nous prenons la résolution de ne pas nous remettre dans la même situation, essayons de changer d'occupation ou, à défaut, pensons à des sujets plus captivants. Hélas, les systèmes actuels font aveuglément ce que nous leur demandons de faire, même si cela les conduit à des milliards de calculs inutiles. Les systèmes actuels nous sont beaucoup trop soumis. Ils devraient avoir un comportement analogue à celui d'un homme qui s'ennuie et ainsi cesser de gaspiller leur temps sans protester.

Naturellement, il est hors de question de permettre à un système d'IA de copier nos émotions aveuglément. Il vaudrait mieux éviter qu'un ordinateur désespéré, s'estimant délaissé par son utilisateur, se suicide ! Mais les ordinateurs seraient plus agréables à utiliser si, tels des « amoureux », ils se préoccupaient des besoins de leurs utilisateurs.

Par ailleurs, nous nous plaignons avec raison des contacts que nous avons avec les ordinateurs : ils ne nous comprennent pas et il est souvent ennuyeux de dialoguer avec eux. Pour y remédier, les systèmes devraient être capables d'appréhender la psychologie humaine.

Nous avons en particulier besoin d'un interlocuteur qui nous comprenne. Un système d'enseignement doit se rendre compte que son élève est fatigué ou démoralisé. Il pourrait alors lui donner des problèmes plus faciles et l'encourager chaudement quand il les résout. Si un élève vient de répondre faux à dix exercices consécutifs, il faut savoir si c'est parce qu'il a mal compris quelque chose, qu'il y met de la mauvaise volonté ou que les exercices proposés ne sont pas de son niveau. Si le sujet se trompe dans ses soustractions parce qu'il n'a pas compris les retenues, il faut les lui expliquer et lui proposer des exercices de plus en plus difficiles nécessitant des retenues. S'il se trompe faute de maîtriser la table de soustractions, la marche à suivre sera complètement différente. Ainsi un système devrait construire un modèle de chacun de ses utilisateurs, qui contiendrait des informations sur son caractère (colérique, obstiné), sur son état présent (en colère, démoralisé), sur ses connaissances (a appris la règle d'accord des participes), sur ses aptitudes (maîtrise la solution d'équations du second degré), sur ses buts (veut devenir musicien). A partir de ce modèle, un système pourrait trouver les raisons des erreurs et la manière de motiver son élève, de le faire progresser.

Nous reprochons également souvent aux ordinateurs de ne pas avoir une communication très agréable : leurs phrases stéréotypées sont lassantes. Il faudrait que les systèmes s'expriment comme les humains, avec émotion et variété. Si l'ordinateur qui vient d'effacer un fichier précieux montrait de façon crédible qu'il en est désolé, cela passerait mieux ! Cela est délicat à réaliser, car le système doit avoir un profil psychologique cohérent, indispensable pour que l'utilisateur puisse prédire son comportement et se sentir en sécurité. Pour certains élèves un peu paresseux, il peut être bon de faire semblant de se mettre en colère pour les secouer un peu. Le système prend alors l'allure du professeur sévère et juste. Mais il faudra s'y tenir avec ces élèves, ne pas osciller entre ce profil et celui du professeur copain.

L'IA apporte aux autres disciplines des sciences cognitives une méthode de modélisation et un moyen de vérifier une hypothèse. Un système informatique pouvant modéliser un être vivant, cela permet de prédire le comportement du sujet modélisé : il suffit de fournir au système comme données les *stimuli* que reçoit le sujet. Cela permet aussi de vérifier l'hypothèse faite : si le comportement du système est différent de celui du sujet, l'hypothèse est certainement fausse. S'il est identique, cela ne signifie pas que l'hypothèse est certainement vraie, mais cela la rend bien plus vraisemblable. Notons qu'il est ainsi possible de modéliser le comportement d'un homme, d'un animal ou d'une collection d'êtres vivants – foule humaine ou fourmilière. De plus en plus souvent, des études d'autres disciplines proposent de telles modélisations. Ce sont aussi des travaux d'IA, car ces systèmes informatiques font ainsi des tâches réservées jusqu'ici aux êtres vivants.

Vers une cognition artificielle

L'intelligence de l'homme repose sur la technologie du neurone, qui se révèle un handicap insurmontable dans certaines situations. Les ordinateurs, basés sur une technologie différente, ne subissent pas ces restrictions. Il est facile de donner un nouveau programme à un ordinateur qui l'exécutera instantanément, de le dupliquer et de le transférer à des milliers d'autres ordinateurs. En revanche, un être vivant est incapable d'exécuter immédiatement une suite d'instructions complexes, et un expert ne peut communiquer qu'une faible partie de sa science aux autres humains. Aussi est-il intéressant d'étudier toutes les conséquences des possibilités spécifiques aux ordinateurs. Dans certains cas, les systèmes artificiels auront des possibilités de même nature que les nôtres, mais avec de meilleurs résultats. Dans d'autres, ils pourront travailler dans des domaines qui nous seront toujours interdits.

Certaines supériorités potentielles des ordinateurs pourraient être réalisées avec des neurones : notre mémoire de travail ne peut garder qu'une demi-douzaine d'éléments, mais il serait possible de concevoir qu'elle soit bien plus grande. Un ordinateur ne pourrait pas exécuter beaucoup de programmes s'il était réduit à une mémoire de si faible capacité pour stocker ses résultats provisoires ! Nous comprenons sans difficulté une phrase comme : *« La poule que le renard guette picore »* ; ou son équivalent : *« Le renard guette la poule qui picore »*. Nous ne prononcerons jamais une phrase comme : *« La poule que le renard que le chasseur que la jeune fille que le peintre que l'infirmière que le chat que le petit garçon caresse regarde aime peint admire poursuit guette picore »*. En revanche, nous comprenons la phrase équivalente : *« Le petit garçon caresse le chat qui regarde l'infirmière qui aime le peintre qui peint la jeune fille qui admire le chasseur qui poursuit le renard qui guette la poule qui picore »*, ceci parce que les verbes suivent immédiatement leur sujet.

Nous n'avons pas besoin de tout retenir pour comprendre une phrase, il nous suffit de la segmenter en unités de sens. Nous ne nous rendons pas compte de la sévérité de la limitation due à la taille de notre mémoire de travail parce que nous la subissons tous, mais beaucoup d'activités intellectuelles nous sont ainsi pratiquement interdites. Nous essayons de compenser en nous aidant de supports auxiliaires comme le papier, mais cela nous ralentit de façon considérable. Il existe un grand nombre de possibilités de fonctionnement que nous n'étudions jamais. La raison ? Aucun être humain n'est capable d'y accéder, la mémoire de travail de chacun étant trop limitée. Voici un champ d'étude possible pour une cognition artificielle.

Un autre cas où les systèmes d'IA sont privilégiés par rapport à nous est celui de la conscience réflexive, qui nous informe de ce qui se passe pendant que nous pensons. Ce processus est très utile, par exemple pour apprendre : si nous avons fait une erreur et si nous savons pourquoi nous l'avons faite, nous pourrons nous corriger. Mal-

La fourmi et le VRP

Comment optimiser la prospection d'un VRP... ? Il suffit d'imiter les fourmis.

Les fourmis déposent sur les pistes qu'elles empruntent des phéromones. Plus le nombre d'insectes passant sur un même itinéraire est important, plus le chemin est marqué. Placez trois tas identiques de nourriture autour d'une fourmilière, à des distances inégales. Au début, nos myrmidons, explorant les alentours au hasard, vont individuellement découvrir les aubaines et commencer à en ramener des fragments. Leurs congénères vont suivre les pistes fraîches, accordant leur préférence à celle qui sera la plus marquée de phéromones. Comprendre : celle qui mènera au tas de nourriture le plus proche, car les fourmis ayant initialement sélectionné, par chance, le trajet le plus court, le marqueront davantage en effectuant plus d'allers-retours dans un temps donné. C'est ainsi qu'une colonie d'insectes, individuellement pourvus d'une intelligence plus que limitée, se révèle capable de résoudre collectivement un problème complexe : trouver le chemin le plus court vers la nourriture.

Imaginons que vous ayez à planifier l'activité d'un VRP devant prospecter quinze villes, et que vous souhaitiez limiter la consommation d'essence. Examinerez-vous tous les itinéraires possibles ? Certes non, il existe environ 90 milliards de combinaisons. Marco Dorigo et ses collègues de l'université libre de Bruxelles ont résolu ce « problème du voyageur de commerce » à l'aide de fourmis numériques, lâchant sur les itinéraires empruntés des équivalents numériques et volatiles des phéromones, c'est-à-dire des signaux s'atténuant avec le temps. Les phéromones s'évaporant, les liaisons longues sont moins marquées. En superposant les images des trajets, les chemins optimaux sont visibles au premier coup d'œil.

L'intelligence en essaim, sans doute à l'origine du succès écologique des fourmis, est susceptible de doter les logiciels de capacités innovantes de résolution de problèmes.

LAURENT TESTOT

A lire
Éric Bonabeau, Guy Théraulaz, « L'intelligence en essaim », *Pour la science*, n° 271, mai 2000.

heureusement, elle est très limitée : beaucoup d'événements dans notre cerveau resteront toujours inconscients ; par exemple, quels critères nous employons pour reconnaître quelqu'un. Un système d'IA n'est pas soumis à cette limitation, il est parfaitement possible de lui donner une « conscience orientable ». Cette dernière lui permet d'observer tout aspect de son propre comportement qu'il souhaite examiner pendant qu'il exécute une activité. Vu l'importance de la conscience pour l'apprentissage, il y aura un jour des systèmes qui apprendront mieux que nous, simplement parce qu'ils sauront mieux que nous pourquoi ils ont mal fait certaines tâches.

Autre exemple, le concept d'individu. Chez les êtres vivants, il est extrêmement limité : un individu naît, il a une expérience qu'il peut difficilement faire partager à d'autres, un certain caractère, une existence physique… Il meurt. Il se reproduit, mais il n'a guère de contrôle sur les propriétés du nouvel individu créé. Un système d'IA peut être considéré comme un individu informatique, disposant de possibilités aux conséquences très positives. Par exemple, dupliquer un système est très peu coûteux. Le nouveau système, qui a les mêmes connaissances que le précédent, en est un clone. Il est ainsi possible de multiplier les individus, ce qui est très utile quand un individu performant se manifeste, et de procéder à de petites modifications en créant le nouvel individu. Les systèmes ne sont pas identiques, mais très proches, et leur comparaison permet de supprimer quelques déficiences de l'original.

La comparaison de leurs performances indique aussi pourquoi l'un d'eux est éventuellement supérieur à l'autre, ce qui conduit à un apprentissage en gardant le meilleur. Ainsi, pour apprendre à jouer à un jeu, des variantes d'un individu sont créées et s'affrontent, puis les éléments les plus performants sont gardés et on recommence.

Ce processus évolutif est bien plus efficace que celui auquel on assiste dans la nature, où les mutations se produisent de façon souvent désordonnée et où personne n'essaye de comprendre pourquoi telle modification amène une amélioration importante des résultats obtenus : la nature produit sans cesse les mêmes mutations erronées. Des systèmes artificiels, surveillant ce processus et tirant parti de leurs observations, bénéficient d'une progression bien plus rapide. L'individu artificiel peut devenir immortel si ses performances le rendent indispensable, car il faudrait que tous ses clones disparaissent pour qu'il meure. Cette quasi-immortalité des systèmes pourrait avoir des conséquences très bénéfiques, alors que la mort d'un humain a pour conséquence la perte de la presque totalité du savoir qu'il a accumulé.

L'IA apporte un outil nouveau aux autres disciplines des sciences cognitives en leur donnant un langage précis pour exprimer leurs théories et en leur ouvrant la possibilité de les vérifier. Mais son apport le plus important sera de créer une nouvelle discipline : la cognition artificielle. Cette dernière étudiera les propriétés de systèmes artificiels jouissant de capacités inédites, qu'aucun être vivant ne pourra jamais acquérir. La question fondamentale est de savoir si, avec toutes les restrictions qui pèsent sur nos possibilités cognitives, nous avons une intelligence suffisante pour créer des systèmes plus intelligents que nous.

Quelles formes prend l'intelligence artificielle

LAURENT TESTOT

Encore balbutiante, l'intelligence artificielle oriente nos recherches sur Internet, permet aux robots de muter, bat le champion du monde d'échecs…

• **Agents intelligents**
Certains robots peuvent mener à bien une tâche tout en évitant les obstacles, grâce à des informations collectées *via* des capteurs sensoriels (caméras, récepteurs de toute nature…) puis traitées par une unité centrale, sans qu'un opérateur humain intervienne. Des unités peuvent ainsi résoudre des problèmes en faisant travailler de concert les agents autonomes dont elles sont constituées. Un agent informatique, correctement programmé, peut fouiller les sites des voyagistes sur le réseau Internet, à la recherche du billet d'avion le moins cher pour se rendre de Paris à Rome, avec départ le 17 décembre en soirée, réservant la place sans même que le disque dur de son utilisateur soit allumé… Des programmes similaires peuvent être spécialisés dans la veille technologique ou le suivi des modes vestimentaires.

• **Joueur d'échecs**
Le 11 mai 1997, l'ordinateur Deeper Blue battait le sextuple champion du monde d'échecs Gary Kasparov sur le score de 3,5 à 2,5. Même si les observateurs estiment que le grand maître humain, perturbé par l'émotion, a très mal joué, le mal était fait. La machine se révélait capable de faire au moins jeu égal contre l'humain, dans un domaine où l'intelligence et l'inventivité semblaient garantir à notre cerveau protéique un règne incontesté. Comment en est-on arrivé là ? 1) En dopant le silicium : Deeper Blue reposait sur une architecture de 256 processeurs, capables de calculer environ 3 millions de coups à la seconde. 2) En conférant à la machine, outre de colossales bibliothèques d'ouvertures, de milieux et de fins de parties, la capacité de tirer les leçons de ses échecs, et surtout d'innover, ce qu'elle ne se priva pas de faire lors d'un coup décisif.

• **Réseaux neuronaux**
Le cerveau humain a une architecture parallèle : quelque 100 milliards de neurones, interconnectés au fil de 1 million de milliards de synapses, l'autorisent à traiter simultanément quantité de

signaux. En concevant des réseaux informatiques sur ce modèle, certains chercheurs espèrent simuler au long terme son activité, même si le processus analogique sur lequel il repose est encore mal connu. Capables de s'auto-organiser et de survivre à une destruction partielle, ces réseaux font preuve d'aptitudes à l'apprentissage et à la reconnaissance de formes. Mais leur capacité de traitement reste bien inférieure à celles de micro-ordinateurs, leurs compétences très éloignées de celles de leur modèle humain et ils ne sauraient accéder à des émotions.

• Reconnaissance des formes

Un logiciel de reconnaissance de caractères, souvent fourni avec un scanner, permet à un ordinateur de déchiffrer un texte, passant de l'image du texte à sa transcription en caractères. Lorsque le programme butte sur une difficulté, par exemple l'identification d'une lettre mal écrite, il va chercher dans un dictionnaire quelle lettre est susceptible d'être utilisée et compléter ainsi le mot amputé. Ce processus d'analyse des formes et de référencement par comparaison au contenu de banques de données peut être utilisé pour déchiffrer des textes, identifier des visages ou des voix, transcrire des discours ou analyser la composition d'unités militaires...

• Robotique évolutionniste

Un étudiant danois a créé des systèmes de commande de robots footballeurs capables de se reproduire et de se corriger au fil des générations. Le produit de cette sélection, participant aux championnats danois de 1999, est parvenu en finale en éliminant des robots programmés par des opérateurs humains, finale qu'il a perdue par suite d'une panne. Lors d'une revanche non officielle, il a écrasé son vainqueur par 3 à 0. Cet exemple démontre la possible supériorité de robots issus de processus de sélection similaires à ceux que l'on trouve dans la nature : comme il est inconcevable de modéliser toutes les difficultés que le robot aura à affronter dans son existence, mieux vaut construire une unité simple, capable de se reproduire et de faire évoluer – le cas échéant en inventant – certains aspects de sa descendance (par exemple, le mode de locomotion) en fonction du milieu. Ce principe peut également s'appliquer à un logiciel.

• Vie artificielle

Nombre de projets informatiques visent à étudier les processus d'évolution dans un monde artificiel, prenant modèle sur le monde réel, dans le but de créer des organismes ar-

tificiels de mieux en mieux adaptés à leur environnement. A vitesse accélérée, se développe l'équivalent numérique d'organismes d'abord monocellulaires, puis évolués. A la fois ludiques et intéressées, ces recherches peuvent aboutir à créer des algorithmes auxquels n'auraient pas pensé des opérateurs humains. Procédant par sélection, prédation et consommation de ressources, cette vie virtuelle peut être découverte sur de nombreux sites Internet :
http://www.vie-artificielle.com.

Le langage décrypté

Jean-François Dortier*

PENSÉE ET LANGAGE

LES LIMITES DE LA TRADUCTION AUTOMATIQUE**

Les recherches sur le traitement automatique du langage buttent sur deux obstacles : le premier est la création d'une grammaire universelle capable de reconstruire l'organisation de la phrase. Le second est l'accès au sens des mots. Paradoxalement, ces résistances nous permettent de mieux percevoir les dimensions de l'extraordinaire complexité du langage et sa dépendance à l'égard de la pensée.

L A TRADUCTION automatique et, plus généralement, le traitement automatique du langage naturel (1) est un grand programme de recherche qui mobilise depuis maintenant plus de cinq décennies les spécialistes des sciences cognitives – linguistes, informaticiens, psychologues – dans le monde entier.

Les enjeux économiques, stratégiques et scientifiques se sont accrus avec la multiplication des échanges culturels, économiques, technologiques entre pays. La traduction automatique, c'est la possibilité de diminuer les coûts liés aux échanges commerciaux, de multiplier la diffusion de certaines informations (dépêches d'agences, textes scientifiques, revues, journaux), d'intégrer des modules de traduction dans les traitements de texte. Avec Internet, d'où sont accessibles en tout point du globe des informations dans presque toutes les langues, l'enjeu devient central.

D'ores et déjà, on dispose de logiciels de traduction sur le marché. Des firmes les utilisent pour traduire leur documentation technique, des bulletins météo, des dépêches d'agence ou encore à des fins de veille technologique. Est-ce à dire que, d'ici peu, le problème sera globalement résolu ?

Non !, affirment les spécialistes. Cinquante ans après le début des recherches en traduction automatique, on est

---

* Rédacteur en chef du magazine *Sciences Humaines*. Auteur de *Les Sciences humaines. Panorama des connaissances*, Sciences Humaines Editions, 1998.
** *Sciences Humaines*, n° 90, janvier 1999.
1. Voir mots clés en fin d'ouvrage.

encore loin du but. Une petite expérience de traduction automatique que l'on peut faire soi-même sur Internet est révélatrice *(voir encadré ci-contre)*. Le traitement automatique du langage a conduit à des impasses inattendues. Derrière la difficulté apparemment technique de mécanisation du langage s'est posée une foule de problèmes théoriques, qui touchent à la nature même du langage humain et à ses liens avec la pensée.

Les premières tentatives de traduction automatique

Les premières recherches sur la traduction automatique remontent à plus d'un demi-siècle. Après les études pionnières entreprises par le Russe Smirnov-Trojanskkij dès les années 30, il faut attendre les lendemains de la Seconde Guerre mondiale aux Etats-Unis pour qu'on envisage d'utiliser l'informatique naissante à des fins de traduction.

L'objectif était prosaïque : à l'époque, les services secrets américains rêvaient d'un système capable de traduire rapidement et au moindre coût les communications interceptées chez les Soviétiques. Dans cette optique d'espionnage, on pensait alors que la traduction relevait de la même logique que celle du décryptage des codes secrets. L'idée des ingénieurs, non formés à la linguistique, reposait sur un principe simple : en dotant l'ordinateur d'un bon dictionnaire bilingue et des deux grammaires, celle de la langue source (langue à traduire) et celle de la langue cible (langue destinataire), on parviendrait facilement à réaliser une traduction de bonne qualité. Traduire une phrase telle que «*Le*

Président est occupé, il reçoit une stagiaire.» ne présente aucune difficulté majeure pour une machine. Il suffisait de remplacer mot pour mot puis de rétablir éventuellement l'ordre des mots dans la phrase.

Cette démarche, certes adaptée à des structures de phrases très élémentaires, révéla pourtant vite ses insuffisances pour… 98 % des phrases courantes : celles lues dans les journaux ou le courrier, entendues à la radio ou au téléphone. En fait, deux redoutables difficultés allaient rapidement surgir. L'une était d'ordre grammatical, l'autre relevait de la sémantique (2).

L'exemple suivant suffit à montrer la nature des difficultés rencontrées lors de la traduction d'une phrase simple du français à l'anglais : «*C'est une histoire d'amour.*» = «*That's a love story.*»

Un traducteur automatique va buter sur le mot «histoire», qui possède deux équivalents en anglais : «*story*» ou «*history*». Ici, c'est le terme *story* qui convient. Mais pour faire le bon choix, il faut accéder au sens de la phrase. C'est le premier défi posé aux spécialistes du langage : comment apprendre à la machine à reconnaître le sens des mots et à opter pour le bon terme dans les cas litigieux ? A cela s'ajoutait une seconde grande difficulté concernant l'ordre grammatical correct d'une phrase telle que : «*Pour qui tu voteras ?*» (en anglais : «*Who will you vote for ?*»). Elle suppose un complet renversement de l'ordre des mots. Or, une telle opération n'est possible qu'après une analyse des différents constituants de la

---

2. Voir mots clés en fin d'ouvrage.

Traduction automatique : une expérience édifiante

On peut se livrer sur Internet à des essais édifiants de traduction automatique. Ainsi, le moteur de recherche Alta Vista propose un service de traduction automatique qui fonctionne avec le logiciel Systran.

Systran est un des premiers et des plus connus des logiciels de traduction. Il fut mis au point en 1968 par Peter Toma, un linguiste du California Institute of Technology. Le système fut testé par la Nasa, utilisé par des grandes firmes comme Xerox, ainsi que par la Commission des communautés européenne qui l'utilise pour la traduction de ses documents internes.

Voici de quoi Systran est capable
Essayons de traduire en anglais la première phrase de notre article :
« La traduction automatique (…) est un grand programme de recherche qui mobilise depuis maintenant plus de cinq décennies les spécialistes des sciences cognitives (linguistes, informaticiens, psychologues) dans le monde entier. »

Le traducteur propose au bout de quelques secondes :
« Machine translation is a great research program which mobilizes since now more than five decades the specialists in cognitive sciences (linguists, data processing specialists, psychologists) in the whole world. »
La traduction est tout à fait correcte.
Est-ce la preuve que la traduction automatique est désormais bien maîtrisée ?

Un petit piège sémantique
En réalité cette phrase, même longue, ne comporte aucune difficulté grammaticale ni sémantique. La structure est simple, les mots n'ont qu'un sens possible.

Essayons maintenant avec une phrase beaucoup plus courte mais possédant un mot piège :
« Il prend le verre et le casse. »

La traduction proposée est…
« It takes the glass and the break-in. »

Systran est tombé dans le premier piège sémantique tendu…
« il » est traduit par « *it* » au lieu de « *he* », et « le casse » devient « *the break-in* », soit… le cambriolage (un casse en argot !).

135

Essayons enfin avec une phrase courte, mais grammaticalement complexe : « *Qu'est-ce que tu en dis ?* »
Là encore, le programme se fourvoie lourdement. Il propose :
« *What do you say some ?* »
Alors qu'une traduction appropriée serait :
« *What do you think about it ?* »

On le voit, la traduction automatique ne semble utile que dans les cas de phrases simples et non ambiguës.

phrase et de leur fonction. Ce second obstacle relève de la syntaxe (3).

On s'est donc tourné vers les linguistes, pensant qu'ils allaient pouvoir lever aisément ce genre de difficultés. Ne suffisait-il pas de dévoiler les principes qui gouvernent la syntaxe et la sémantique de la phrase pour résoudre le problème ?

A l'époque, la linguistique entrait justement dans une période nouvelle : celle des grammaires formelles, qui allaient révolutionner la discipline.

Au milieu des années 50, des linguistes comme l'Israélien Yehoshua Bar-Hillel, l'Américain Zellig Harris et l'un de ses plus brillants élèves, le jeune Noam Chomsky, s'étaient attelés à créer des grammaires dont le but était de proposer une véritable analyse logique de la phrase.

Cette nouvelle linguistique repose sur l'idée qu'il existe une structure profonde qui gouverne la construction des phrases et permet d'en comprendre l'organisation. Cette structure profonde ne correspond pas à celle que décrivent les grammaires courantes, appelées « grammaires de surface ». Selon ces grammaires transformationnelles, les

phrases sont bâties sur quelques constituants fondamentaux (syntagme (4) verbal, syntagme nominal…) qui s'enchaînent, se combinent et se modifient selon un ordre hiérarchique pour former toutes les phrases possibles. Le but des nouvelles grammaires est donc comparable à celui de l'analyse chimique : on analyse une phrase tout comme on décompose un corps chimique en molécules et atomes liés par quelques lois physiques.

Une telle hypothèse reposait sur plusieurs constats. Premièrement, de nombreuses phrases sont bâties sur des architectures communes. Ainsi les phrases *« Pierre lit un livre d'histoire. »*, et *« Le frère de Pierre lit attentivement un livre d'histoire que lui a prêté son ami Jean. »* sont organisées sur une même architecture logique. Un second constat est que l'on peut obtenir par permutation (ou « transformation ») des constituants d'une phrase telle que *« Paul chante une chanson. »*, une autre proposition, *« Une chanson est chantée par Paul. »*, qui n'est qu'une variante de la première.

3. Voir mots clés en fin d'ouvrage.
4. *Idem.*

A cette théorie grammaticale, N. Chomsky rajoutait d'autres hypothèses. Dans son premier livre *Syntactic Structure* (1957), il affirmait tout d'abord l'indépendance de la grammaire par rapport à la sémantique, autrement dit, que la construction des phrases n'est pas liée au contenu des mots ; en témoigne le fait que l'on reconnaît qu'une phrase comme *« La terre cuit agréablement sur ton sac.»* est grammaticalement correcte même si elle n'a aucun sens. Inversement, il est des phrases grammaticalement incorrectes, *« Méchant le chien qui aboyé.»* mais dont on comprend pourtant le sens.

N. Chomsky postulait également qu'il devait exister à la source une grammaire universelle reposant sur un petit nombre de règles de base et apte à générer tous les énoncés dans toutes les langues du monde. Cette grammaire universelle résulterait d'une capacité innée propre au cerveau humain, une «compétence». On comprend l'intérêt qu'une telle théorie pouvait avoir pour la traduction automatique. Car une fois découverte cette «structure profonde», il serait aisé de créer des programmes informatiques capables de décoder, de retranscrire et de traduire toutes les phrases du langage «naturel».

A partir des années 60, de nombreux chercheurs s'engagent dans cette voie et on assiste à la floraison d'un nombre important de grammaires nouvelles.

Des résistances inattendues

En fait, le problème allait s'avérer plus complexe que prévu. Les modèles issus des grammaires génératives (5) et transformationnelles étaient certes capables de rendre compte de certains aspects de la « structure profonde » des phrases, mais il y avait toujours des phrases rebelles, des contre-exemples qui n'entraient pas dans le cadre du modèle proposé (6). N. Chomsky fut conduit à remanier plusieurs fois sa théorie : après avoir formulé sa théorie standard dans les années 60, il propose une théorie standard étendue une dizaine d'années plus tard, puis la théorie des principes et des paramètres (7), et récemment, il définit un nouveau programme minimaliste qui réduit les ambitions et simplifie son modèle initial (8).

Parallèlement au programme chomskien, d'autres chercheurs s'engageaient dans des modèles alternatifs comme les grammaires d'unification (9). Mais elles aussi buttent sur des problèmes similaires : la difficulté à trouver une grammaire unifiée pour les différentes langues.

Aujourd'hui, après quarante ans de recherches acharnées, le problème n'a d'ailleurs toujours pas été résolu. Il

---

5. Voir mots clés en fin d'ouvrage.
6. Ainsi, particulièrement tenaces sont des phrases comme les phrases sans verbes – « Attention petit ! » – ou avec deux verbes – « L'informaticien mange et part de chez lui » –, dans lesquelles la juxtaposition de deux verbes ne permet pas de reconstruire un ordre hiérarchique à la base des grammaires transformationnelles.
7. Après une furieuse bataille avec les tenants de la « sémantique générative » comme G. Lakoff, qui contestent que l'on puisse faire une grammaire disjointe de la sémantique. La « guerre » entre N. Chomsky et les « sémanticiens » est célèbre chez les linguistes pour sa virulence bien peu académique... La bataille fut rude, comme en témoignent les propos de H. Gardner. *« On se jetait à la tête des noms et des épithètes qui choquaient même les plus expérimentés des polémistes. »*, dans *Histoire de la révolution cognitive*, Payot, 1993.
8. Pour une présentation du programme minimaliste, voir *Langage et cognition, introduction au programme minimaliste de la grammaire générative*, J.-Y. Pollock, Puf, 1997 (avec une préface de N. Chomsky).
9. Voir mots clés en fin d'ouvrage.

n'existe pas « une » grammaire universelle (valable pour tout type de langues ou d'énoncés). Est-ce à dire que ce programme de recherche est une impasse ? Pas vraiment. Simplement, tous les modèles existants sont partiels : ils ne résolvent qu'une part limitée des problèmes posés. *« Bien des progrès ont été effectués ces dernières années, mais il n'existe pas encore d'analyseur général de la langue, c'est-à-dire dont la couverture soit suffisamment large pour que l'on puisse être sûr que toutes les tournures de la langue soient traitables avec les moyens proposés »*, écrit Catherine Fuchs, spécialiste de la question. Résultat : on dispose de tout un arsenal de modèles et de règles à valeurs non universelles.

A la recherche du sens des mots

L'une des hypothèses lourdes formulées par N. Chomsky, et qui constituait l'un des butoirs des grammaires formelles, était qu'elles devaient être indépendantes de la sémantique. Or, dès les années 60, de fortes contestations s'étaient fait jour chez les élèves de N. Chomsky.

Pour les spécialistes de la traduction automatique, la recherche sémantique formait de toute façon un problème spécifique à résoudre. Que l'on parvienne ou non à retrouver des lois de composition grammaticale de la phrase indépendante du sens, il fallait de toute façon aussi traduire correctement les mots. Et cela supposait d'accéder à leur signification. Comment, par exemple, traduire le mot anglais *language* là où le français possède deux équivalents

– langue et langage – sans comprendre leur sens exact ? La réponse était qu'il fallait doter la machine d'un analyseur de sens, capable de faire comprendre à la machine la signification des mots.

Ainsi, à partir des années 70, les recherches s'orientent dans cette direction. Le premier à proposer une solution à ce défi est Ross Quillian, un jeune chercheur de l'université Carnegie-Mellon. Cet étudiant en… sociologie est en fait un passionné d'ordinateurs. Son rêve ? Utiliser la machine pour programmer, sous forme d'un immense réseau, les millions d'associations qui connectent entre elles les concepts dans notre mémoire. C'est dans sa thèse, dirigée par Herbert A. Simon et consacrée justement à la traduction automatique, qu'apparaît pour la première fois la solution : celle du réseau sémantique.

Le but d'un réseau sémantique est d'importer dans un ordinateur des connaissances relatives aux textes qu'il a à traiter. La technique consiste à associer à un concept (homme, arbre, clé, etc.) un certain nombre d'attributs qui lui sont liés (clé est un outil qui se rapporte à porte, elle est en métal…) et qui lui donne un sens précis. On parvient ainsi à tisser autour de chaque concept clé une constellation d'étiquettes représentant un de ses attributs. Ces étiquettes (exemple : oiseau est une étiquette associée à perroquet) sont à leur tour reliées à un groupe d'informations. L'ensemble du réseau d'information ainsi créé reflète une certaine représentation du monde. En langage technique, on parle de représentation des connaissances. De tels réseaux permettent de lever certaines ambiguïtés face à la traduction, et à l'ordinateur d'accéder au sens. Ainsi, la technique du réseau sémantique permet de résoudre un problème d'ambiguïté face à une phrase comme : «*Je mange une salade d'avocats.*», dans laquelle avocat se traduit ici en anglais *avocado* et non par *lawyer*. Il suffit pour cela que l'ordinateur soit informé qu'un *avocado* est un fruit qui se mange, mais pas un *lawyer* (homme de loi).

A partir du milieu des années 70, les réseaux sémantiques ont été vus comme une solution possible au traitement des questions de sens. Mais là encore, des difficultés apparurent rapidement.

Qu'est-ce qu'un oiseau ?

Très vite, on s'est aperçu que les réseaux ne parvenaient pas à formuler toutes les traductions possibles, car il fallait créer un nombre de relations infini entre tous les mots de la langue.

En fait, l'hypothèse sous-jacente des réseaux sémantiques est que l'on peut découper le monde en catégories étanches où chaque concept-objet possède un ensemble de caractéristiques bien définies, que l'on peut caractériser par quelques attributs. Mais ce n'est pas toujours le cas.

Apprendre à la machine que «oiseau» est un animal, qu'il a des plumes, qu'il vole, qu'il a un bec, qu'il pond des œufs… est aisé. Mais cela ne correspond plus à la définition du poussin qui n'a pas encore de plumes et ne vole pas. De même, le kiwi est un oiseau qui n'a pas d'aile, l'autruche ne vole pas…

Pour traduire une phrase apparemment simple telle que : «*Il prend la balle et la lance.*», on se trouve confronté à de redoutables problèmes d'ambiguïté sémantique que la méthode des réseaux sémantiques ne peut résoudre. En effet, la traduction anglaise évidente – «*He takes the ball and throws it.*» –, suppose de traduire «la lance» par «*throws it*» et non par «*the spear*» (la lance du guerrier), autre version possible. Or, la bonne compréhension de cette phrase suppose une référence à un contexte donné : nous sommes dans une société occidentale, où les lances (javelots) ne sont pas des objets courants. Dans un contexte différent (un roman d'aventures, par exemple), le mot peut prendre un autre sens. C'est justement tout ce contexte social et culturel qui donne un sens précis à certains mots qu'il est difficile de formaliser en termes de réseau sémantique.

Pour faire face à ce genre de situation liée à la vie courante, d'autres techniques furent alors conçues : celle des *frames* (10), prototypes, scripts, graphes conceptuels (11). Les prototypes inventés par Eleanor Rosch au milieu des années 70 sont des modes de représentation des connaissances reliant un mot (comme oiseau) à un modèle typique (le passereau ou l'aigle) ayant des caractéristiques courantes. Les scripts, créés à la même époque par le linguiste Roger Shank, sont des groupes d'informations qui résument les caractéristiques liées à une situation courante : ainsi les garçons que l'on trouve dans les cafés sont des *waiters* (serveurs), et ils ne sont pas les mêmes que les *boys* que l'on trouve dans une école maternelle ; les cadres

---

10. Voir mots clés en fin d'ouvrage.
11. *Idem.*

sont, dans les entreprises, des responsables de service et non des encadrements de tableaux, etc. Cette théorie des scripts suppose donc une dépendance conceptuelle du sens d'un mot par rapport au contexte, et de la grammaire par rapport à la sémantique. Récemment, d'autres modèles sont apparus, comme celui des graphes conceptuels de Joseph Sowa, ainsi que de nombreuses autres variations des systèmes de représentation des connaissances.

Malgré tous ces nouveaux modèles, rien n'y fit vraiment, l'apprentissage du sens des mots ne pouvait se faire que dans le cadre limité d'un « micro-univers », c'est-à-dire d'un domaine spécialisé. Il devenait possible de traduire correctement un texte, mais à condition de rester dans un univers sémantique assez pauvre comme un bulletin météo, une documentation technique ou encore un formulaire juridique rédigé en langage administratif.

Au final, la recherche sémantique a donc connu une évolution parallèle à celle de la grammaire : une prolifération de modèles, dont chacun résolvait des problèmes nouveaux, mais qui étaient tous limités. Peu à peu, les spécialistes sont devenus sceptiques sur la capacité à trouver un analyseur général du sens. D'autant que le langage est truffé d'expressions métaphoriques, de mots détournés de leur sens, ou dont la signification évolue, change selon le contexte…

Le langage est-il soluble dans une machine ?

Cinquante ans après ses débuts, la traduction automatique a-t-elle tenu ses promesses ? Le bilan est mitigé. Le traitement grammatical fait l'objet de nombreuses modélisations dont chacune ne résout qu'une petite partie des problèmes d'organisation syntaxique. En matière de sémantique, on a découvert, grâce aux systèmes de représentation des connaissances (réseaux sémantiques, scripts, prototypes et graphes conceptuels), une façon d'accéder à une certaine profondeur du sens. Mais la traduction ne fonctionne bien que dans des domaines d'application très spécialisés (textes commerciaux, juridiques, techniques) et à partir de formulations grammaticales très élémentaires. Les nuances et la flexibilité de sens que l'on trouve dans le langage courant, et *a fortiori* dans les textes littéraires, prennent très rapidement les machines en défaut. On peut se demander si la combinaison entre les différents modèles de grammaire et de sémantique, dont le champ d'action est limité, n'est pas la voie à suivre pour faire progresser désormais la traduction. En d'autres termes, ne faut-il pas chercher à articuler entre elles les diverses méthodes (techniques de représentations de connaissances et modules de grammaires) plutôt que de vouloir créer un hypothétique analyseur général de sens ou une grammaire universelle ? C'est une hypothèse plausible, mais cela suppose que l'on sache faire appel à tel ou tel module à bon escient : ce qu'on ne sait pas faire.

Les résistances de la traduction automatique posent des questions fondamentales sur la nature même du langage. La mécanisation du discours est-elle possible ? La réponse n'est pas tranchée. Comme l'écrit Maurice Gross, un des meilleurs spécialistes français de la traduction automatique, «*certaines activités intellectuelles supérieures comportent bien des aspects mécaniques*», et ce sont justement celles que l'on parvient facilement à faire exécuter par une machine. Mais parviendra-t-on à mécaniser toutes les activités langagières ? Après un demi-siècle de recherches, «*aucune raison théorique ne permet aujourd'hui de le penser*», conclut le même auteur.

Si la traduction automatique n'a pas atteint ses buts, son premier mérite est en tout cas d'avoir soumis les théories linguistiques à de redoutables épreuves expérimentales. Cinquante ans de traduction automatique nous auront beaucoup appris sur la complexité de l'organisation du langage, ses liens indissolubles avec la pensée et ses contextes d'utilisation, et surtout… sur les nombreuses zones d'ombre qui restent à dévoiler.

A lire sur le sujet

• Maurice Gross, «La traduction automatique», *Pour la Science*, hors série, 1997.
• S. Auroux, *La Philosophie du langage*, Puf, 1996.
• C. Fuchs (dir.). *Linguistique et traitements automatiques des langues*, Hachette, 1993.
• M.-F. Blanquet, *Intelligence artificielle et système d'information : le langage naturel*, ESF, 1994.
• R. Carré, J.-F. Dégremont, M. Gross, J.-M. Pierrel et G. Sabah, *Langage humain et machine*, Presses du CNRS, 1991.
• F. Rastier, *Sémantique et recherches cognitives*, Puf, 1991.
• A. Abeillé, *Les Nouvelles Syntaxes, grammaire d'unification et analyse du français*, Armand Colin, 1993.
• J.-F. Le Ny, *Intelligence naturelle et intelligence artificielle* (voir la 3ᵉ partie, «Compréhension du langage naturel et traitement sur machine»), Puf, 1993.
• G. Sabah, *L'Intelligence artificielle et le langage*, 2 vol., Hermès, 1988 et 1989.

CATHERINE FUCHS*

LES LANGUES ENTRE UNIVERSALISME ET RELATIVISME**

La recherche des différences et des ressemblances entre les langues est l'une des questions fondatrices de la linguistique. Où en est cette discipline aujourd'hui ?

LA DIVERSITÉ des langues constitue une donnée de fait : à la surface du globe, plus de cinq mille langues sont parlées, qui diffèrent – plus ou moins, selon les cas – au plan des formes sonores (phonèmes, tons, intonations) et graphiques (systèmes d'écriture), de la morphologie, de la syntaxe et du lexique.

Nul ne saurait contester ces différences. Il n'en reste pas moins qu'il est possible de passer d'une langue à une autre, ainsi qu'en témoignent l'exercice de la traduction et l'apprentissage des langues étrangères. Or, si les langues sont ainsi convertibles les unes dans les autres, au moins jusqu'à un certain point, c'est qu'il doit bien exister entre elles certaines homologies. Rendre compte des différences et des ressemblances entre les langues, telle est donc, en définitive, la problématique fondatrice de toute démarche de linguistique générale. Mais d'une théorie à l'autre, les réponses divergent sur les enjeux mêmes de cette problématique : quelle importance relative accorder aux différences et aux ressemblances ?, quel statut leur donner ?, enfin, quel impact cognitif leur reconnaître ?

Débat autour des universaux

Concernant la question des universaux du langage, deux positions antagonistes

* Directeur de recherche au CNRS, laboratoire LaTTiCe, ENS-Ulm, et directeur du programme Cognitique au ministère de la Recherche.
** *Sciences Humaines*, hors série n° 35, décembre 2001-février 2002.

se sont affrontées. Une première attitude, ancrée dans une certaine tradition structuraliste, a consisté à aborder chaque langue comme un système spécifique, en évitant, par prudence méthodologique, de postuler l'existence de quelconques catégories, structures ou contenus universels. André Martinet affirmait ainsi : *« Rien n'est proprement linguistique qui ne puisse différer d'une langue à l'autre. »* Cette position est assez largement représentée dans ce que l'on a appelé la linguistique de terrain, dont l'objectif est d'étudier, avec l'aide d'informateurs natifs, des langues non encore décrites. A l'inverse, la grammaire de Noam Chomsky proclame qu'il n'existe dans les langues qu'*« un seul système (computationnel) et un seul lexique »*. Dans ses développements les plus récents (dits du programme minimaliste), la théorie de N. Chomsky postule l'existence d'un ensemble de « principes formels » d'une « grammaire universelle » (1). Dans cette perspective, les points communs entre les langues relèvent donc de principes généraux de fonctionnement. La problématique est circonscrite au plan de la syntaxe ; il s'agit d'une syntaxe formelle très abstraite, modélisable en termes d'un calcul logico-algébrique sur des symboles (d'où sa dénomination de linguistique computationnelle, c'est-à-dire calculatoire à la manière d'un ordinateur), et autonome (c'est-à-dire représentable en dehors de toute considération de sens et d'emploi en contexte).

A l'heure actuelle, nombre de linguistes partagent l'idée qu'il faut rechercher des points communs entre les langues au niveau de leur fonctionnement formel, plutôt que dans les contenus substantiels. Il semble en effet que l'on n'ait jamais réussi à trouver de véritables universaux de substance (lexicale ou grammaticale).

D'une langue à l'autre, les contenus lexicaux sont soumis à des variations qui reflètent des différences socioculturelles : le français est la seule langue à faire la distinction entre un « fleuve » (qui se jette dans la mer) et une « rivière » (qui se jette dans un autre cours d'eau) ; le français parle de « mouton », là où l'anglais distingue *sheep* (l'animal sur pied) et *mutton* (en tant que viande comestible) ; le swahili ne possède pas de terme générique pour désigner le « riz », et traite comme trois objets distincts *mpunga* (le riz sur pied), *mchele* (le riz récolté et décortiqué) et *wali* (le riz cuit) ; face au français « bois », le danois connaît *trae* (l'arbre, et la matière), *tömmer* (le bois de charpente), *skov* (le lieu planté d'arbres) et *braende* (le bois de chauffage) ; etc.

Quant aux contenus grammaticaux, l'observation montre que les catégories morphologiques et syntaxiques ne sont pas universelles et que leurs significations varient d'une langue à une autre : certaines langues n'ont pas d'adjectifs, d'autres n'ont pas de relatives ; l'idée que toutes les langues auraient des noms et des verbes est fortement controversée, et l'opposition entre noms et verbes ne renvoie pas tout uniment à la distinction sémantique entre

1. N. Chomsky, *The Minimalist Program*, MIT Press, 1995 ; J.-Y. Pollock, *Langage et cognition. Introduction au programme minimaliste de la grammaire générative*, Puf, 1997.

entités et actions ; les désinences casuelles (2) ont des signifiés très différents d'une langue à une autre ; etc.

Des universaux aux invariants
La quête d'universaux de fonctionnement est une entreprise partagée, depuis longtemps, par nombre de courants de linguistique générale. Parmi ceux-ci, citons en particulier celui que l'on appelle la typologie linguistique. Contrairement à la démarche hypothético-déductive de la grammaire chomskienne, les tenants de ce courant adoptent une démarche inductive : ils partent de la description des différences entre les langues pour inférer certaines propriétés communes sous-tendant ces différences.
La typologie linguistique est un courant qui s'est développé depuis plusieurs décennies, avec des travaux sur l'ordre des mots (Joseph Greenberg), les systèmes de sons, ou encore des catégories sémantiques comme le temps et l'aspect (Bernard Comrie), le genre, la possession (Hans Jakob Seiler), l'« actance » (Gilbert Lazard), etc., et qui connaît actuellement un renouveau au plan international.
La démarche typologique consiste à classer les langues en types, différents par définition. Chaque type est caractérisé par un faisceau de traits communs qui fonde le regroupement des langues au sein du type, et qui marque donc leur relative ressemblance structurelle, en dehors de toute considération d'apparentement historique entre les langues en question. L'observation conduit en particulier à relever certaines implications récurrentes entre

les traits caractéristiques des langues, ce que l'on peut énoncer comme suit : si une langue possède un trait A, elle a toutes chances d'avoir aussi le trait B. Ainsi, par exemple, J. Greenberg avait remarqué que les langues à ordre verbe-sujet-objet (hébreu, thaï, gallois) tendent à placer le nom déterminé avant ses déterminants, contrairement aux langues sujet-objet-verbe (turc, japonais, hindi) ; ou encore que les relatives des langues à ordre sujet-verbe-objet (comme le français) tendent à suivre leur antécédent, alors qu'elles tendent à le précéder dans les langues à ordre sujet-objet-verbe ; etc. (3)
Les typologues partent du constat de la variabilité de ces catégories ; puis ils cherchent à repérer certains invariants au niveau, plus abstrait, des processus mêmes de construction de ces catégories, c'est-à-dire des relations instaurées, dans les langues, entre les formes et les sens. L'objectif consiste à rechercher « *non des lois universelles, mais des tendances dominantes* » (4). Plus précisément, « *il existerait non pas, à proprement parler, des "catégories" interlangagières, mais des notions invariantes autour desquelles les langues particulières, en quelque sorte, se cristalliseraient préférentiellement* » (5). Mais quelle que soit la difficulté que

2. Terminaisons d'un nom, d'un pronom ou d'un adjectif.
3. J. Greenberg, « Some universals of grammar with particular reference to the order of meaningful elements », dans J. Greenberg (ed.), *Universals of Language*, MIT Press, 1963.
4. C. Hagège, *La Structure des langues*, Puf, « Que sais-je ? », 1982.
5. G. Lazard, « Y a-t-il des catégories interlangagières ? », dans S. Anschütz (ed.), *Texte, Sätze, Wörter and Moneme*, Heidelberger Orientverlag, 1992 ; voir aussi l'entretien avec G. Lazard suivant cet article.

rencontrent les linguistes à caractériser des invariants interlangues – sinon des universaux –, la diversité même des langues est de nature à susciter des interrogations d'ordre cognitif : quels rapports les langues, dans leur diversité, entretiennent-elles avec la pensée ? Les différences entre les langues jouent-elles un rôle à cet égard ?

La problématique cognitive

La grammaire universelle chomskienne a, nous l'avons vu, adopté une approche computationnelle, qui s'inscrit dans le cadre du paradigme classique des sciences cognitives appelé le cognitivisme. Ce paradigme peut être schématiquement caractérisé comme suit : l'esprit/cerveau fonctionnerait comme un outil de traitement d'informations, au sein duquel le langage constituerait un « module » autonome et spécifique de calcul de structures syntaxiques, qui elles-mêmes seraient en correspondance avec des représentations conceptuelles indépendantes des langues, c'est-à-dire avec un « langage de la pensée » universel (ou « *mentalais* », selon le terme de Steven Pinker (6)).

Cette approche ne fait toutefois pas l'unanimité (voir par exemple les critiques de John Searle en philosophie, ou de Gerald Edelman en neurosciences). Au sein même de la linguistique, un autre courant se réclamant également des sciences cognitives aborde différemment la question des liens entre langues, langage et cognition : il s'agit des grammaires cognitives (Ronald Langacker, George Lakoff, Leo-

nard Talmy). Celles-ci se démarquent du paradigme cognitiviste au profit d'une démarche parfois qualifiée de constructiviste (7).

Pour les grammaires cognitives, le langage constitue, non pas un module autonome et spécifique, mais une propriété émergente procédant des mécanismes généraux de la cognition et entretenant de nombreuses homologies avec d'autres activités cognitives (notamment la perception) : à l'idée d'une activité de calcul algébrique se substitue celle d'un processus de construction de formes géométriques signifiantes, plus ou moins saillantes, ou prototypiques. Dans cette perspective, la signification résulte d'une activité de catégorisation du monde, à partir de variables biologiques, culturelles et environnementales. Les configurations signifiantes ainsi construites obéiraient à un certain nombre de principes communs (invariants), tout en se différenciant d'une langue à une autre (variations).

Alors que l'universalisme de la grammaire chomskienne revient à minimiser les différences entre les langues et à leur dénier un réel impact cognitif, l'approche des grammaires cognitives, tout comme celle des typologues, conduit au contraire à reconnaître l'influence possible des différences interlangues sur la pensée elle-même.

---

6. S. Pinker, *L'Instinct du langage*, Odile Jacob, 1999.
7. C. Fuchs, « Diversité des représentations linguistiques : quels enjeux pour la cognition ? », dans C. Fuchs, S. Robert (éds), *Diversité des langues et représentations cognitives*, Ophrys, 1997.

Des langues à la pensée

Pour les cognitivistes classiques, l'approche «modulaire» du langage consiste en effet à considérer la pensée comme une fonction mentale distincte du langage, qui pourrait opérer en l'absence de celui-ci. Les langues ne seraient donc qu'un moyen, parmi d'autres, d'expression de la pensée, mais elles n'influeraient pas sur cette pensée – du moins pas sur le «noyau dur» de la pensée, à savoir le contenu informatif objectif. «*L'activité de pensée est largement indépendante de la langue dans laquelle on se trouve penser. Un francophone et un turcophone peuvent avoir, pour l'essentiel, les mêmes pensées qu'un anglophone – simplement ces pensées sont en français ou en turc. Si des langues différentes peuvent exprimer la même pensée, alors les pensées peuvent être coulées dans les formes de n'importe quelle langue : elles doivent être neutres quant à la langue dans laquelle elles sont exprimées*», affirme ainsi Ray S. Jackendoff, qui concède néanmoins l'existence de certaines «*différences expressives*» entre les langues, mais les considère comme des variantes connotatives ou stylistiques secondaires (8).

Cette conception de l'indépendance de la pensée à l'égard des langues se situe, on le voit, aux antipodes de la célèbre thèse du relativisme linguistique, dite «hypothèse de Sapir-Whorf», du nom de ces deux spécialistes des langues amérindiennes qui, dans les années 30, avaient avancé l'idée que les langues, en lien avec les cultures, organisent l'expérience de façon différente et influent sur la manière dont les locuteurs perçoivent le monde et le pensent (9). Cette thèse a donné lieu à des interprétations, sans doute abusives, en termes de lien causal : «*L'usage d'une langue détermine la façon de penser.*» Interprétations qui ont déclenché nombre de sarcasmes dans les milieux universitaires américains, notamment lors de l'avènement de la grammaire générative dans les années 60 : cette version forte de la thèse a été décriée, taxée de «pychologisme», voire de racisme (bien que Benjamin L. Whorf ait explicitement pris ses distances à l'encontre de la notion de «mentalité primitive» avancée par Lucien Lévy-Bruhl). Les nombreuses relectures qui ont été données depuis quelques années tendent à réhabiliter la pensée de B.L. Whorf en interprétant la thèse du relativisme selon une version faible, qui pourrait s'énoncer ainsi : «*L'usage d'une langue affecte la façon de penser.*»

Mais comment, et jusqu'où une langue peut-elle affecter la façon de penser des locuteurs de cette langue ? Dans la perspective de B.L. Whorf, les processus linguistiques sont des élaborations secondes venant travailler des données déjà structurées. Il existerait donc des configurations d'expérience universelles, sur lesquelles opéreraient de façon variable des schémas linguistiques de classification et de catégorisation. Construire du sens reviendrait alors à abstraire sélectivement

8. R. Jackendoff, «How language helps us think», *Pragmatics and Cognition*, n° 4/I, 1996.
9. N. Journet, «L'hypothèse Sapir-Whorf», *Sciences Humaines*, n° 95, juin 1999.

Une aphasie singulière : l'agrammatisme

« Demain, grande journée, prendre l'avion », *« chien monter sur canapé, quand maître pas dans l'appartement.* » Jacques M. souffre d'une forme très particulière d'aphasie que l'on nomme l'agrammatisme. Suite à un accident cérébral, il ne parvient plus à construire des phrases grammaticalement correctes.

Les neuropsycholinguistes s'intéressent à de tels cas pathologiques, parce qu'ils sont en mesure d'apporter un éclairage intéressant sur un problème théorique fondamental : distinguer ce qui, dans la construction grammaticale d'un message, relève de processus cérébraux (universels) et de contraintes proprement linguistiques (donc variables). En effet, si des aphasiques de différentes langues présentent les mêmes types de troubles, c'est que les éléments fonctionnels perturbés relèvent de contraintes cérébrales. Si les formes d'aphasie varient d'une langue à l'autre, les variations en question relèvent justement de propriétés spécifiques à chacune des langues.

A partir des années 80, un grand programme international (Clas : Cross-Linguistic Aphasia Study) a permis de comparer les troubles aphasiques dans 14 langues, dont l'anglais, l'allemand, l'hébreu, le japonais, l'hindi, le serbo-croate et le finnois. Cette grande enquête translinguistique a permis de dégager quelques enseignements. Dans toutes les langues est relevée, chez certains patients, une atteinte spécifique affectant la gestion des morphèmes grammaticaux, lesquels permettent – mais d'une façon variable d'une langue à l'autre – de marquer soit la fonction d'autres mots (par exemple les

à partir de l'expérience certains schémas saillants ou cohérents. Autrement dit, ce qu'il s'agit d'exprimer linguistiquement serait une réalité déjà structurée, constituée selon les mêmes principes psycho-physiologiques pour tous les humains ; mais les langues conceptualiseraient de manière différente ces données d'expérience, en lien avec la diversité des cultures. En définitive, s'il est possible de dire que chaque langue construit une « vision du monde » différente, c'est parce que chaque communauté linguistique sélectionnerait de manière distinctive des isolats d'expérience et leur donnerait du sens partagé.

Le relativisme linguistique serait donc à relier, non pas à un scepticisme philosophique qui enfermerait chaque communauté linguistique dans une vision du monde irréductiblement spécifique, mais au principe de relativité en physique, où la position de l'observateur dans l'espace modifie sa vision de l'objet observé.

prépositions), soit de véhiculer des informations de genre, de nombre, de temps...

Selon Jean-Luc Nespoulous, directeur du laboratoire Jacques-Lordat (Toulouse), le fait qu'une telle perturbation sélective se retrouve dans toutes les langues (y compris la langue des signes) montre clairement qu'il existe, dans l'architecture fonctionnelle du langage, des mécanismes dédiés à la gestion de tels morphèmes grammaticaux, et ce même si la forme que prennent les symptômes aphasiques varie en fonction des caractéristiques de chacune des langues (1).

Il semblerait de plus qu'un tel déficit soit lié à l'existence d'un problème d'accès à ces éléments grammaticaux plutôt qu'à une représentation sémantique profonde déficiente de ces derniers. Ainsi, les patients qui souffrent d'agrammatisme auront-ils tendance à remplacer les marques de temps sur le verbe (par exemple, en français, les désinences verbales (2)) par d'autres marqueurs temporels tels que les adverbes. Ne pouvant produire un message du type *« je partirai »*, ils le remplaceront par *« demain... partir »*, parvenant ainsi à engendrer un message en style télégraphique relativement efficace du point de vue communicationnel.

JEAN-FRANÇOIS DORTIER

1. J.-L. Nespoulous, « Invariance et variabilité dans la symptomatologie linguistique des aphasiques agrammatiques : le retour du comparatisme ? », dans C. Fuchs, S. Robert (éds), *Diversité des langues et représentations cognitives*, Ophrys, 1997.
2. Terminaison d'un verbe.

Il est patent que cette approche théorique des différences interlangues et de leur impact cognitif se retrouve actuellement aussi bien dans la démarche des grammaires cognitives que dans celle de la typologie linguistique : les convergences sont nombreuses, et leur commune conception relationnelle, holistique et dynamique des configurations à travers lesquelles les langues construisent du sens, évoque tout à la fois la démarche de la théorie de la Gestalt en psychologie, et la perspective connexionniste des réseaux neuronaux en informatique.

Le relativisme linguistique revisité

Ainsi, depuis le milieu des années 90, la problématique du relativisme linguistique, qui avait connu un déclin certain pendant près de vingt-cinq ans de domination universaliste, se trouve convoquée sur la scène des sciences cognitives, sous l'effet d'un renouveau d'intérêt pour la diversité des structures langagières.

Mais, pour être en mesure de caractériser plus précisément la nature des rapports entre les langues et la pensée, il est apparu nécessaire de chercher à valider expérimentalement la thèse du relativisme : c'est-à-dire d'essayer de montrer en quoi des langues différentes sont susceptibles de conduire les locuteurs de ces langues à des comportements différents face à une même situation.

Les résultats expérimentaux en psycholinguistique tendent à prouver que les différences entre les langues ne sont pas sans conséquences cognitives en matière d'acquisition du langage et d'apprentissage des langues étrangères. C'est ainsi que, dans une enquête de grande ampleur menée entre 1985 et 1997 sur plus de quarante langues, Dan Slobin a pu tout à la fois confirmer l'existence d'universaux dans le traitement du langage par l'enfant, et celle de variations importantes selon la langue maternelle.

Progressivement, les recherches psycholinguistiques en sont ainsi venues à prendre en compte les contraintes induites par les structures propres aux langues et à reconnaître que chaque langue influe de façon spécifique sur la conceptualisation et la catégorisation du monde. Les langues conduisent les locuteurs à « filtrer » certaines propriétés des objets et des situations, que leur matériel grammatical traite comme saillantes. C'est ce que montre l'expérience suivante menée par D. Slobin (10), qui compare la façon dont des jeunes enfants d'âge préscolaire et de langues maternelles différentes (anglais, espagnol, allemand,

hébreu, turc) restituent une même histoire qui leur a été présentée en images. Les résultats montrent que s'ils sont tous capables de comprendre l'histoire, en revanche ils recourent à des descriptions différentes en fonction des traits que privilégient les catégories de leur langue : par exemple, les anglophones décrivent les trajectoires de façon plus précise que les hispanophones qui, inversement, sont beaucoup plus prolixes en descriptions de localisations statiques. De même, pour verbaliser une scène où deux événements simultanés se produisent (un garçon tombe d'un arbre, et des guêpes poursuivent un chien), les anglophones et les hispanophones utilisent des temps différents, alors que les germanophones ignorent cette différence et emploient un seul et même temps pour les deux ; etc. Or, il s'agit là de catégories dont on ne peut pas faire l'expérience directement à travers les interactions perceptuelles, sensorimotrices et pratiques avec le monde : elles ne peuvent être apprises qu'à travers une langue, et ne servent à rien d'autre qu'à l'expression linguistique. Selon D. Slobin, ce ne seraient pas des catégories de la pensée en général (*categories of thought*), mais des catégories d'un mode spécifique de pensée convoqué par l'activité de parole (*categories of thinking for speaking*) : « *La (ou les) langue(s) que nous apprenons dans l'enfance ne sont pas des systèmes neutres d'encodage d'une réalité objective. Cha-*

---

10. D. Slobin, « From "Thought and Language" to "Thinking for speaking" », dans J. Gumperz, S. Levinson (eds), *Rethinking Linguistic Relativity*, Cambridge University Press, 1996.

cune nous donne une orientation subjective par rapport au monde de l'expérience humaine, et cette orientation affecte nos façons de penser quand nous parlons. »
Les psycholinguistes ont franchi un pas supplémentaire, en révélant que les langues contribuent chez l'enfant à l'émergence non seulement de la catégorisation, mais aussi de la discrimination perceptive. Et cela très précocement : il a été montré récemment, en comparant des enfants coréens et des enfants anglais de moins de dix mois, que selon leur langue maternelle, certaines distinctions (nécessaires

pour appréhender le mouvement ou la localisation d'un objet dans l'espace) leur étaient plus ou moins disponibles ou accessibles – et cela avant même qu'ils ne soient capables de verbaliser ces distinctions (11).
Il semblerait donc que l'on s'achemine vers une confirmation expérimentale du propos d'Emile Benveniste (1902-1976) : *« La langue fournit la configuration fondamentale des propriétés reconnues par l'esprit aux choses. »*

---

11. M. Kail, « L'apprentissage de la langue maternelle », *La Recherche*, n° 342, 2001.

À LA RECHERCHE DES INVARIANTS LINGUISTIQUES

ENTRETIEN AVEC GILBERT LAZARD[*]

Toutes les langues se ressemblent et toutes sont différentes. La tâche du linguiste est d'arriver à saisir les traits communs sans sacrifier les spécificités.

Sciences Humaines : Existe-t-il, selon vous, des invariants du langage ?

Gilbert Lazard : Le premier constat qui s'impose lorsqu'on observe les langues est que toutes les langues sont différentes, mais aussi que toutes se ressemblent. Par exemple, il y a dans toutes les langues du monde, des mots pour exprimer des idées comme « manger », « chien », « enfant », « soleil », « marcher ». Les langues reflètent ainsi l'expérience commune de l'humanité : tous les hommes ont un corps, mangent, marchent, dorment, travaillent, ont une famille, une vie sociale, disposent de mots pour désigner la nature, le soleil, la lune, la pluie, les catégories d'animaux, etc. C'est ce qui rend possibles les traductions, d'une langue à l'autre. Mais en même temps, et les traducteurs le savent bien aussi, les significations ne coïncident jamais exactement d'une langue à l'autre. Par exemple en persan, c'est le même mot qui signifie « manger » et « boire ». Les significations des mots ne semblent jamais s'épouser complètement lorsque l'on passe du français à l'anglais, de l'anglais au russe, du russe au persan… La tâche du linguiste est d'arriver à saisir les traits communs sans sacrifier les spécificités.

> ** Membre de l'Institut, Gilbert Lazard mène des recherches sur la typologie des langues. A publié notamment : Etudes de linguistique générale. Typologie grammaticale, Peeters, 2001.*

SH : Comment trouver ces invariants, s'ils existent ?

G.L. : La recherche de propriétés communes entre les langues a été entreprise dans les années 60. Mon maître Emile Benveniste a été pionnier dans ce domaine comme dans d'autres. Mais ce sont surtout les travaux de l'Américain Joseph Greenberg qui ont lancé le mouvement. Greenberg a établi une typologie des langues selon l'ordre des termes, sujet (S), verbe (V), objet (O), dans la phrase. On distingue les langues de type SOV (persan, turc), les langues VSO (arabe, langues celtiques), les langues SVO (français, anglais). Sur cette base, Greenberg a proposé une liste de

45 invariants (ou universaux). Exemple : « les langues VSO placent l'adjectif après le nom, les langues SOV le placent avant. » Un tel invariant consiste en une solidarité entre deux propriétés. Le grand mérite de Greenberg est d'avoir ouvert une voie. Mais ses résultats ont été critiqués. D'abord, ses comparaisons ne portent que sur une trentaine de langues. Lorsqu'on élargit le corpus, on aperçoit de nombreux contre-exemples qui limitent la portée des invariants proposés ou parfois les invalident. Mais la principale critique qu'on peut faire à Greenberg est qu'il emploie, sans s'en démarquer, les catégories traditionnelles des grammaires occidentales, comme celles d'objet et de sujet. Or ces catégories, en perspective interlinguistique, sont mal définies. La notion de sujet, claire dans nos langues, est litigieuse dans d'autres comme le birman ou le chinois. Il y a probablement des langues où elle n'a pas de sens.

SH : **Comment faut-il alors s'y prendre pour découvrir ces hypothétiques invariants ?**

G.L. : Je préconise une démarche qui me semble à la fois rigoureuse et conforme aux exigences d'une méthode scientifique (résultats pouvant être infirmés par l'expérience). Elle consiste à partir de notions définies précisément. Ces définitions sont arbitraires, librement choisies par le chercheur sur la base de son intuition. Il va utiliser ensuite ce cadre conceptuel comme base de comparaison entre des langues différentes. Si cette comparaison lui permet d'apercevoir une certaine relation qui se retrouve dans toutes les langues, malgré leurs différences, il aura découvert un invariant. On pose donc d'abord intuitivement un cadre de référence, et on prospecte ensuite par une observation objective excluant l'intuition. C'est à cette condition, me semble-t-il, que la linguistique peut espérer accéder au statut de science.

SH : **Quels genres d'invariants peut-on alors trouver ?**

G.L. : Les invariants, s'ils existent, ne sont pas des mots ni des sens, ni des catégories grammaticales, mais des relations abstraites que les unités linguistiques entretiennent entre elles. Prenons l'exemple très simple des noms des couleurs. Le découpage du spectre lumineux varie d'une langue à l'autre. Certaines langues, par exemple, n'ont qu'un mot pour le vert et le bleu. Mais il n'y en a pas qui associent le vert et le rouge. Ce petit invariant linguistique reflète la façon dont l'homme perçoit les ondes lumineuses. La comparaison typologique des langues procure ainsi une ouverture sur les processus cognitifs. Les relations grammaticales sont naturellement beaucoup plus complexes que les noms de couleurs. Dans des relations d'actance, que j'ai beaucoup travaillées, je crois qu'on peut admettre comme un invariant l'importance de la notion d'action prototypique, c'est-à-dire d'une action exercée par un humain sur un être qui en est affecté. En effet, dans beaucoup de langues, la construction qui sert à l'exprimer est employée aussi pour toutes sortes de procès qui ne sont pas des actions prototypiques ou même pas des actions du tout. On dit, en français, « l'école jouxte la mairie » avec la même construction que « le chasseur tue le lapin ».

Propos recueillis par
JEAN-FRANÇOIS DORTIER
(*Sciences Humaines*, hors série n° 35, décembre 2001-février 2002)

Anthropologie et structures mentales

JEAN-FRANÇOIS DORTIER*

L'ANTHROPOLOGIE COGNITIVE**
À LA RECHERCHE DES INVARIANTS CULTURELS

Existe-t-il chez tous les peuples, et par-delà les différences culturelles, des mêmes façons de se représenter les couleurs, les objets, les êtres vivants ?

E N 1969, paraît aux Etats-Unis *Cognitive Anthropology*, un ouvrage collectif rédigé par une quinzaine d'auteurs et publié sous la direction de l'anthropologue américain Stephen Tyler. Comme son titre l'indique, cet ouvrage annonce l'émergence d'une nouvelle discipline : l'anthropologie cognitive, dont les premiers travaux remontent au début des années 60.

Dans son introduction, S. Tyler définit le nouveau champ de recherche de la façon suivante : «*Il s'agit d'une tentative de compréhension des principes d'organisation qui sous-tendent le comportement (des hommes). On part de l'hypothèse que chaque peuple a un système particulier de perception et d'organisation des phénomènes matériels : les choses, les*

comportements, les émotions. (...) L'étude ne porte pas sur ces phénomènes eux-mêmes, mais sur leur organisation dans l'esprit des hommes.» (1)

Le projet de cette nouvelle anthropologie est, selon S. Tyler, d'étudier les dispositifs cognitifs qui gouvernent la production des cultures humaines. Il s'agit notamment de comprendre la façon dont les différentes sociétés classent les objets ou les êtres vivants en catégories séparées : animaux, plantes, humains, objets vivants ou non vivants, etc.

Ce nouveau programme de recherche se déploie en fait dans le sillage de la

---

* Rédacteur en chef du magazine *Sciences Humaines*. Auteur de *Les Sciences humaines. Panorama des connaissances*, Sciences Humaines Editions, 1998.
** Texte inédit.
1. Noter l'utilisation curieuse du terme «matériel» qui renvoie aux «choses, comportements, émotions...».

psychologie cognitive (2), des grammaires génératives (3) (fondées sur l'hypothèse d'une grammaire universelle des langues humaines) et de l'Intelligence Artificielle (4) (qui cherchait à formaliser les règles de production de la pensée humaine), nées au début des années 60. Stimulés par l'essor des « sciences cognitives », les anthropologues veulent alors appliquer aux cultures humaines les méthodes de ces nouvelles sciences. L'ambition est claire : découvrir les programmes mentaux qui sont à l'origine des cultures.

La perception des couleurs est-elle universelle ?

La première découverte à mettre au crédit de l'anthropologie cognitive provient d'une étude menée par deux chercheurs, Brent Berlin et Paul Kay, sur la perception des couleurs. Comparant les noms de couleurs de nombreuses cultures différentes (européennes, asiatiques, africaines, américaines) (5), les chercheurs constatent d'abord qu'il y a effectivement une panoplie différente de noms selon les langues et les peuples. Certains disposent d'un répertoire limité de couleurs, d'autres d'une grande richesse. Certains connaissent beaucoup de nuances de blanc, mais sont sémantiquement pauvres dans celles du vert. Cette sensibilité aux couleurs est évidemment reliée aux modes de vie des populations. On comprend que les Esquimaux, qui vivent dans un milieu entouré de neige et de glace, aient une riche panoplie de nuances de blanc dans leur vocabulaire ; on comprend aussi que les Indiens d'Amazonie, eux, vivant au cœur de la forêt, disposent

d'une gamme variée pour décrire les nuances du vert et du marron.

Mais d'autres faits semblent en contradiction avec ce constat de relativisme culturel. D'une part, lorsqu'on demande aux gens de comparer et classer différentes teintes qui leur sont présentées (et non plus de citer leurs noms), les personnes rassemblent ces couleurs autour de quelques teintes de base, et cela quelle que soit leur culture d'origine (même s'ils ne disposent pas de mots pour les désigner). Mais surtout, les regroupements s'organisent autour de grandes catégories de couleurs qui sont toujours identiques. Partout, quelle que soit la culture d'appartenance, le blanc, le noir, le rouge, le jaune sont reconnues comme des « bonnes » couleurs, c'est-à-dire des couleurs « pures », non mélangées. Dans aucune culture, le marron ou le violet ne sont perçus comme des couleurs « pures ».

La conclusion de nos auteurs est donc que la perception des couleurs résulte d'un patrimoine biologique commun et que tous les êtres humains découpent le spectre des couleurs de la même façon, à partir de quelques couleurs de base. A l'époque, cette découverte était choquante dans le petit monde de l'anthropologie. Cette étude remettait en cause un des dogmes de l'anthropologie culturelle : celui de l'irréductible variété des cultures humaines. Cette étude allait notamment à l'encontre de l'hypothèse « Sapir-Whorf » (du nom de

2. Voir mots clés en fin d'ouvrage.
3. *Idem.*
4. *Idem.*
5. *Basic Color Terms, their Universality and Evolution*, University of California Press, 1969.

deux anthropologues et linguistes américains) selon laquelle la variété des langues et des types de vocabulaires contribue à forger des représentations différentes du monde.

L'étude de B. Berlin et P. Kay aura un grand écho chez les anthropologues, habitués au relativisme culturel. Marshall Shalins, l'un des tenants du relativisme, reconnaîtra que désormais *« le relativisme devra faire face aux preuves des régularités transculturelles selon les langues. »* (6)

Comment les cultures « découpent » le monde…

Cette étude va donner une impulsion décisive à la jeune anthropologie cognitive. Les recherches vont s'orienter alors vers un champ de recherche : celui de la catégorisation (7), c'est-à-dire la façon dont les sociétés « découpent » le monde en classes d'objets séparées. Comment classe-t-on les plantes chez les Bambaras, les Peuls, les Bororos ? Y a-t-il entre ces peuples des catégories identiques ? Comment la parenté est-elle décrite par les Iroquois ? Cette classification est-elle la même que celle des peuples voisins, ou des civilisations étrangères ? Et les animaux : sont-ils rangés partout en grandes familles identiques – serpents et lézards dans la catégorie des reptiles, renards et hyènes dans le groupe des mammifères, perroquets et autruches dans la famille des oiseaux ?

De fait, on va découvrir quelques traits communs dans la façon de classer les animaux d'une culture à l'autre. *« Les études ethnologiques ont permis de mettre en évidence des ressemblances fondamentales entre les classifications populaires*

des plantes ; il est en outre remarquable que l'on trouve de grandes similitudes entre plusieurs de celles-ci et les classifications scientifiques courantes. » (8) Ainsi, lorsque des ethnologues présentent à des populations Fore (de Nouvelle-Guinée) des espèces d'animaux inconnues de ces populations, ils les rapprochent spontanément des catégories zoologiques utilisées par les Occidentaux. Selon Gustav Jahoda, *« Ce genre de faits prouve la mise en œuvre de processus cognitifs communs. »*

Qu'est-ce qu'un humain ?

Cependant, la découverte de catégories et de modes de raisonnement « universels », valables pour toutes les cultures du monde, n'est pas si simple. Si les cultures sont différentes en surface, selon quels critères trouver des catégories fondamentales qui les organisent ?

Par exemple, les distinctions entre humain et non-humain existent dans toutes cultures, mais les contours varient d'un peuple à l'autre. Ainsi, pour les Achuars d'Amazonie équatoriale, la plupart des plantes et animaux possèdent comme les humains une âme (*wakan*). Les femmes qui cultivent leur jardin s'adressent aux plantes comme à des enfants. Les hommes traitent le gibier sur le même plan qu'un beau-frère, avec qui les liens sont « instables et difficiles ». Cela ne signifie-t-il pas qu'ils assimilent toutes les plantes et animaux à des humains ?

---

6. Cité dans H. Gardner, *Histoire de la révolution cognitive*, Payot, 1993.
7. Voir mots clés en fin d'ouvrage.
8. G. Jahoda, *Psychologie et Anthropologie*, Armand Colin, 1989.

«*Pas tout à fait,* note Philippe Descola, qui a longuement étudié les Ashuars, *le grand continuum social brassant humains et non-humains n'inclut pas tous les éléments de l'environnement.*» Selon lui, «*la plupart des insectes et des poissons, les herbes, les mousses et les fougères, les galets et les rivières demeurent ainsi extérieurs à la sphère sociale comme au jeu de l'intersubjectivité; dans leur existence minimale et générique, ils correspondent peut-être à ce que nous appelons "nature"*» (9).

P. Descola nous apprend aussi que chez les Makunas, un autre peuple d'Amazonie, on classe les humains, les plantes et les animaux comme des «gens» (*masa*) possédant les mêmes caractéristiques : vivre et mourir, posséder une âme, avoir une vie sociale.

On le voit, la découverte d'«universaux» semblait bien fonctionner pour les couleurs, mais la démonstration était moins évidente pour décrire les êtres vivants, les plantes, les animaux. Appliquer la même méthode pour l'étude des couleurs et des objets plus complexes comme les êtres vivants «*c'était oublier l'aspect particulier de la perception des couleurs, phénomène universel analysable physiquement, et pour lequel l'homme possède un dispositif psychophysiologique spécial*» (10).

Pour découvrir des principes de classification universels, l'anthropologie cognitive fut parfois contrainte de construire des catégories très abstraites. Si les catégories d'humains/non-humains sont variables selon les peuples, n'est-ce pas alors une classification plus générale telle que le découpage de la nature en groupes bipolaires (vivants/non-vivants, plantes/animaux, matière/esprit) qui serait invariante?

Les idées religieuses sont-elles «naturelles»?

Trente ans après les premières recherches, l'anthropologie cognitive semble aujourd'hui moins faire recette. Ses frontières avec le domaine des ethnosciences (11) – qui étudient les savoirs populaires mais sans postuler forcément les sciences cognitives – et la psychologie évolutionniste (12) ne sont plus très nettes.

Cela n'empêche pas certains auteurs de poursuivre avec continuité ce programme de recherche. Tel est le cas d'auteurs comme Pascal Boyer ou Dan Sperber (*voir l'entretien avec D. Sperber*), par exemple. P. Boyer s'est ainsi attaché à rechercher quelques principes universels qui seraient à la base des croyances religieuses et magiques du monde entier. Selon lui, les croyances qui semblent infiniment variées se rapportent au fond à un petit nombre de configurations. «*On peut avoir l'impression que les croyances humaines sont variables à l'infini. (...) En réalité, il est possible de montrer que cette diversité est une illusion, et que les représentations culturelles constituent un répertoire assez limité.*» (13)

Partout, on imagine l'existence d'êtres (dieux, esprits, fantômes) qui ont la

9. P. Descola, «Les cosmologies des Indiens d'Amazonie», *La Recherche*, novembre 1996.
10. C. Barthe-Friedberg, article «Classification», *Dictionnaire de l'anthropologie*, Pug, 1991.
11. Voir mots clés en fin d'ouvrage.
12. *Idem.*
13. «Dieux, esprits et fantômes, un air de famille», *Sciences Humaines*, n° 53, août/septembre 1995.

propriété d'être invisibles, de détenir des pouvoirs «surnaturels». Inversement, on attribue parfois à des éléments naturels (une montagne ou une plante magique) des propriétés proprement humaines. Selon P. Boyer, ce mélange des genres entre les caractéristiques de l'humain et des éléments naturels serait justement un des traits des croyances. *« Toutes les croyances religieuses (...) ont en commun d'attribuer aux êtres et aux choses des propriétés qui n'appartiennent pas spontanément à leur catégorie d'êtres. Par exemple, les arbres-espions des Uduks sont des plantes qui existent dans la nature, mais auxquelles on attribue la capacité de percevoir, et même de comprendre, ce que disent les hommes. Les statuettes gunas sont des objets fabriqués, dont on pense qu'elles peuvent voyager chez les esprits et agir sur eux. La montagne des Aymaras est un objet inanimé, mais auquel on attribue des fonctions organiques. Les esprits des Fangs sont des personnes, mais elles n'ont pas de corps physique, etc. »* (14)

Si le répertoire des croyances est diversifié, il se composerait donc à partir d'un petit nombre de thèmes communs, de quelques combinaisons d'éléments qu'il est possible d'inventorier. Telle est justement la tâche de l'anthropologie cognitive.

---

14. « Dieux, esprits et fantômes, un air de famille », *op. cit.*

DES IDÉES BIEN PARTAGÉES

ENTRETIEN AVEC DAN SPERBER*

*« La culture, c'est ce qui reste quand on a tout oublié. »
Certaines idées restent si bien qu'on les trouve
dans toutes les traditions du monde. C'est en étudiant
la manière dont les idées sont acquises et transmises
que l'anthropologie cognitive élabore peu à peu une nouvelle
théorie de la culture.*

Sciences Humaines : L'épidémiologie est, en principe, l'étude de la diffusion et de la transmission des pathologies dans les populations. Voici plusieurs années que vous développez, en compagnie d'autres chercheurs, une « épidémiologie » des idées. En quoi ce programme constitue-t-il une anthropologie de la culture ?

Dan Sperber : Il est très difficile de parler de la culture comme d'une entité qui existerait en dehors des hommes qui la véhiculent. Prenez une population humaine : vous pouvez dire qu'elle est habitée par une population encore plus nombreuse de représentations mentales, c'est-à-dire des idées, des souvenirs, des images, des plans, etc. Beaucoup ne seront jamais communiquées et resteront des pensées personnelles. D'autres sont rendues publiques au moyen de paroles, de gestes, de textes écrits ou d'images. La plupart des idées qui sont communiquées le sont très localement : vous dites un mot à votre conjoint, à un ami, à un voisin, et cela ne va pas plus loin. Parmi ces représentations, certaines vont être reprises et transmises de personne à personne. Il se crée ainsi des chaînes le long desquelles les représentations circulent plus ou moins vite et plus ou moins longtemps. Les rumeurs sont des chaînes rapides, le long desquelles des idées circulent très vite, puis disparaissent. Les traditions, en revanche, sont des chaînes lentes qui distribuent durablement des représentations dans une population. La culture d'une population humaine ne consiste, après tout, que dans la présence de ces représentations partagées et de leurs supports : vibrations sonores, papier, encre, bandes magnétiques, pellicules, monuments, etc. Ces éléments concrets sont la réalisation d'un savoir, et en même temps causent des représentations chez autrui. Les idées sont « culturelles » dans la mesure où elles sont prises dans ces chaînes causales. Se demander pourquoi certains types de

* Anthropologue, directeur de recherche CNRS, auteur de La Contagion des idées, Odile Jacob, 1997.

représentations et certains contenus circulent mieux et sont plus souvent retenus que d'autres revient au même que se demander «qu'est-ce que la culture?».

SH : **Comment peut-on envisager de répondre à cette question? Et tout d'abord, existe-t-il des représentations qui ont cette propriété de manière universelle?**

D.S. : Il y a une sorte de croyance selon laquelle le cerveau humain serait une page blanche, capable d'accueillir des contenus indéfiniment divers. Mais cette affirmation va à l'encontre de ce que nous apprennent les sciences cognitives. Prenons un exemple. Sur la base de travaux d'ethnologues, on a constaté que les classifications des animaux se ressemblent énormément dans le monde entier : dans tous les cas, on classe les animaux en espèces mutuellement exclusives, caractérisées chacune par une «nature» particulière, espèces qui peuvent être regroupées en genres eux aussi mutuellement exclusifs, etc. En pure logique, il n'y a pas de raison de préférer cela à une classification par traits, taille, couleur, habitat, etc. Pourtant c'est ainsi que, quelle que soit leur culture particulière, les gens procèdent.

A côté de cela, des expériences ont montré que les enfants apprennent vraiment très facilement les noms des espèces animales. Il suffit de leur montrer un exemplaire de chien ou de rhinocéros pour qu'ils retiennent l'idée qu'il existe une espèce nommée «chien» et une autre «rhinocéros» (1). Ensuite, ils identifient très facilement un membre de ces espèces. En revanche, si vous voulez leur faire apprendre une liste de noms de formes colorées (par exemple les triangles bleus seraient des «schmic» et les carrés rouges des «schpountz»), c'est plus difficile : il faut faire des dizaines de répétitions. Pourtant, la catégorie de «chien» n'est *a priori* pas plus simple que celle de «triangle bleu» ou de «carré rouge». Quelque chose fait qu'elle est beaucoup plus facile à apprendre, comme si l'idée d'espèce animale était déjà présente dans le cerveau des enfants. Conclusion : il faut admettre que certaines représentations sont plus faciles à acquérir que d'autres et sont plus spontanément retenues. Or, il se trouve que ce sont aussi celles qui sont le plus partagées par toutes les cultures humaines.

SH : Toute culture serait donc constituée de certaines représentations intuitives communes, non pas parce qu'elles seraient innées, mais parce qu'elles seraient plus faciles à acquérir. Mais comment comprendre alors la diversité des cultures ?

D.S. : Cela ne remet pas du tout en cause la variabilité des cultures : elle est même extraordinaire. La propension du cerveau humain à stabiliser certains savoirs n'empêche pas que d'autres, plus difficiles à acquérir, puissent être partagés. Mais leur acquisition dépendra de conditions historiques et locales particulières, et leurs contenus seront plus divers.

Prenez, par exemple, deux textes de complexité comparable dont l'un est une histoire et l'autre une description de paysage. Essayez de retenir leur contenu : il est beaucoup plus facile de mémoriser le premier que le second. L'esprit humain est apparemment ainsi fait qu'il retient mieux les rapports causaux qui unissent les épisodes d'une histoire que ceux, de simple voisinage, qui relient les éléments d'un paysage. Dans les sociétés de tradition orale, ce sont des narrations (mythes, légendes) qui constituent l'essentiel des traditions textuelles, et non des listes, des topographies ou des argumentaires théoriques. Comme l'a montré Jack Goody (2), la diffusion de l'écriture a changé les cultures qui l'ont adoptée. On a vu apparaître des listes, des tableaux, des cartes, parce que l'écriture libère la culture des contraintes de la mémoire humaine. Il y a donc des conditions dans lesquelles la préférence pour la narration est dépassable : l'usage de l'écriture en est une.

Pour d'autres types de savoirs, c'est l'existence d'institutions vouées à leur diffusion qui est déterminante. Prenons l'exemple des représentations de l'espace. Personne n'a encore découvert de population qui ne soit pas spontanément euclidienne ou proto-euclidienne. Pourtant, d'un point de vue logique, la géométrie euclidienne n'est pas la seule possible : il existe une géométrie riemannienne (3). Mais il est difficile de l'acquérir en dehors d'un enseignement formel.

De la même façon, la vision commune selon laquelle l'être humain est mû par des désirs et des croyances est universellement répandue. Il n'est pas du tout impossible de construire une psychologie sur d'autres bases, comme le fait la psychanalyse, qui attribue nos actes à des mouvements de l'inconscient. Mais elle est beaucoup plus difficile à apprendre et à retenir que la conception naïve. Ces conceptions intuitives de la nature, de l'espace et de la psychologie humaine semblent donc faire partie de notre bagage cognitif. Une culture particulière peut aller contre ces prédispositions, mais toujours au prix d'un certain effort, avec le support d'une institution ou parce qu'une valeur sociale est attachée à ce savoir. C'est cette partie de la culture qui est la plus variable d'une population à l'autre.

SH : **Pourtant, les cultures traditionnelles ne contiennent pas que ces savoirs de base : elles véhiculent, par exemple, des croyances magiques dont la diversité semble extrêmement grande.**

D.S. : Bien sûr, il y a ce qu'on peut appeler des croyances réflexives, qui vont au-delà de ce qui est intuitif, comme les croyances sur des entités surnaturelles. On pourrait penser que, puisqu'elles sont dégagées des contraintes de la nature, elles sont arbitraires et infiniment diverses. Mais ce n'est pas vrai. Par exemple, les êtres surnaturels qui peuplent les traditions se ressemblent énormément. Ce sont des hybrides construits selon certaines règles : des animaux bizarres qui typiquement combinent les traits de deux espèces (dragons, serpents à plumes, etc.), ce qui va à l'encontre de l'idée intuitive que les espèces sont mutuellement exclusives, ou des êtres qui s'affranchissent des contraintes reconnues par la physique intuitive et qui par exemple peuvent être en deux endroits à la fois, ou encore des êtres qui s'affranchissent des contraintes reconnues par la psychologie intuitive, et qui, par exemple, peuvent lire les pensées ou voir des événements distants dans le temps. C'est sans doute Pascal Boyer (4) qui a le mieux développé l'idée que les croyances en les êtres surnaturels sont enracinées dans les connaissances intuitives en s'y conformant pour l'essentiel et en les violant sur des points précis de la façon la plus frappante possible.

Tout dans les religions n'est pas aussi frappant et mémorable que la croyance en ces êtres surnaturels. Par exemple, une notion théologique plus abstraite, comme la Sainte Trinité, exige un enseignement formel pour être acquise, et est sans équivalent dans la plupart des cultures. En revanche, son caractère mystérieux est sans doute ce qui lui permet de se conserver dans le temps. Par comparaison, on peut dire que le théorème de Gödel – qui est un théorème mathématique difficile à comprendre – exige un appareil institutionnel encore plus lourd pour être diffusé, mais ne comporte pas de mystère : le comprendre, c'est y adhérer.

SH : N'est-ce pas contradictoire d'affirmer que certaines représentations figurent dans la culture parce que « normales », d'autres parce que bizarres, d'autres parce que mystérieuses, et d'autres enfin parce qu'elles sont bien comprises ?

D.S. : Non, cela veut dire que nous avons plusieurs types de mécanismes mentaux. On peut faire la comparaison avec les goûts culinaires : beaucoup de civilisations ont une cuisine qui comprend à la fois des plats salés et des plats sucrés. Celles qui comportent des plats amers sont plus rares, mais elles existent. Le goût pour l'amer est un goût appris : en général, les enfants ne l'aiment pas spontanément. Il peut devenir très apprécié, mais il faut pour cela un apprentissage qui favorise l'acquisition de ce goût. On peut transposer cette idée au domaine intellectuel : personne ne ferait spontanément de la logique mathématique, celle-ci ne se développe que parce qu'il existe une valeur associée à cette activité. Le cerveau humain doit avoir une certaine compétence *a priori* pour cela, mais cela ne suffit pas. Il y a donc plusieurs contraintes qui pèsent sur la diffusion des idées : certaines sont des prédispositions universelles, d'autres sont des conditions particulières. Cela traduit assez bien le rapport qu'on peut faire entre la culture et les cultures.

Propos recueillis par
NICOLAS JOURNET
(*Sciences Humaines*, n° 77, novembre 1997)

---

1. Voir S. Atran, *Cognitive Foundations of Natural History*, Cambridge University Press, 1990.
2. J. Goody, *La Raison graphique*, Editions de Minuit, 1977.
3. B. Riemann a proposé en 1868 la première géométrie non euclidienne (ou «géométrie elliptique»), en abandonnant la notion d'infinitude de la droite.
4. P. Boyer, *The Naturalness of Religious Ideas*, University of California Press, 1993.

La nouvelle philosophie de l'esprit

NICOLAS JOURNET*

LES COULISSES DE LA PENSÉE**

En quoi consiste la pensée ? Qu'y a-t-il dans un cerveau ? C'est avec l'essor des sciences cognitives que s'est renouvelée, depuis une vingtaine d'années, la réflexion philosophique sur l'esprit.

« REDÉCOUVRIR L'ESPRIT » c'est, d'abord, dire qu'on l'avait oublié. Science par excellence de l'esprit, la psychologie a en effet connu, durant toute la première moitié de ce siècle, une période durant laquelle ni la connaissance ni la vie mentale en général n'étaient considérées comme des objets de science. Seule leur face visible, c'est-à-dire les comportements observables des êtres vivants, donnait sa matière à la psychologie. Plusieurs changements importants sont venus, dans le cours des années 50, modifier cette vue. C'est d'abord l'apparition d'une nouvelle psychologie, celle de la « cognition », dont le programme est donné par les travaux de deux psychologues américains Jerome Bruner et George Miller. Il s'agit de décrire comment l'esprit humain acquiert, organise et manipule les connaissances qui forment son contenu.

J. Bruner, G. Miller, et d'autres, sont eux-mêmes influencés par un autre courant des sciences physiques et mathématiques : celui qui, depuis la fin de la guerre, voyait se diffuser successivement la théorie des automates, celle de l'information (Claude E. Shannon et Warren Weaver, 1946) et l'idée du « calculateur universel » du mathématicien britannique Alan Turing. L'avènement des premiers ordinateurs et du langage informatique coïncida avec l'apparition chez les psychologues de représentations des processus de connaissance en

* Journaliste scientifique au magazine *Sciences Humaines*.
** *Sciences Humaines*, n° 62, juin 1996.

termes d'information, de codage, de filtres et d'unités localisées de mémoire. La possibilité de décrire les activités de la pensée comme une série d'opérations formelles était d'autant plus stimulante que, cette même année 1956, Herbert A. Simon et Allan Newell pronostiquaient le développement, à l'aide de machines informatiques, d'une «intelligence artificielle». L'idée que l'on peut simuler les processus psychiques devient une source considérable de modèles théoriques pour les psychologues.

De leur côté, les sciences du cerveau et du système nerveux connaissent également de grandes évolutions. Dans les années 60, les neurophysiologues parlent à leur tour du cerveau comme d'un dispositif d'information, où circulent des «messages», affectés de redondance et soumis au «codage». Deux grandes découvertes interviennent : celle des neuromédiateurs, exerçant une action complexe au niveau de la transmission synaptique, puis les techniques d'imagerie cérébrale, qui multiplient les possibilités d'observer les liens entre des performances et les lésions cérébrales. La neurobiologie fine du cerveau peut envisager de rendre compte de fonctions «supérieures» de l'esprit, comme la mémoire ou l'attention, qui sont des mécanismes de la pensée.

C'est sur ces matériaux et ces modèles des sciences cognitives que des philosophes ont entrepris de réfléchir et de s'interroger de manière renouvelée sur des problèmes anciens de la philosophie : qu'est-ce que connaître, penser, être conscient, en un mot, qu'est-ce que l'activité de l'esprit ?

L'essor de la philosophie de l'esprit

Le courant de la «philosophie de l'esprit» est presque exclusivement une spécialité anglo-saxonne, qui a connu son plus grand développement depuis 1975, et surtout pendant les années 80. «Philosophie de l'esprit» est la traduction de l'anglais *philosophy of mind*. Le mot *mind* a un sens plus intellectuel que spirituel : c'est l'activité mentale.

C'est sur les pas d'une tradition – la philosophie analytique du langage – que s'est engagée la philosophie de l'esprit. «Analytique» veut dire que l'on procède par réduction des notions à leurs composantes élémentaires pour en donner la description la plus rigoureuse possible. «Du langage», parce que son objectif premier est de construire la logique sous-jacente au langage ordinaire. Cette filiation reste très présente aujourd'hui chez une partie des philosophes de l'esprit, dont la démarche s'appuie sur des démonstrations logiques et porte sur des vérités *a priori* situées en amont de la science empirique. D'autres considèrent qu'il est nécessaire de procéder dans l'autre sens, c'est-à-dire partir des résultats des sciences, en particulier des neurosciences, pour en tirer des conséquences plus générales sur ce que sont les activités de l'esprit.

• Le corps et l'esprit

La question centrale, sous sa forme classique, est celle du rapport entre le corps et l'esprit, entre le cerveau et la pensée. La solution classique, celle de Descartes, concevait le corps comme une machine et l'âme comme un principe immatériel agissant sur lui. Cette conception «dualiste» est une variante philosophique du spiritualisme religieux qui affirme la présence d'une âme dont l'existence n'est pas liée à celle du corps.

Mais, à moins de se satisfaire du mystère ainsi posé, comment concevoir que des entités si différentes coexistent dans un monde physique et agissent l'une sur l'autre ? Il existe des versions modernes du spiritualisme (*voir l'article de Jean-Noël Missa p. 187*) qui affirment une certaine autonomie du psychisme par rapport au cerveau, et considèrent que l'interaction de ces deux entités appartient à des domaines non classiques de la physique.

Cependant le courant dominant est matérialiste, c'est-à-dire qu'il part du principe qu'il ne peut exister d'esprit sans corps, et que la pensée est dépendante du fonctionnement du cerveau. Ce postulat élémentaire débouche sur de nombreuses questions : qu'est-ce qu'« être dépendant » ? ; les états physiques et chimiques du cerveau peuvent-ils être «identiques» aux pensées ? ; son fonctionnement physique est-il lié terme à terme avec l'enchaînement de nos idées ? ; cet enchaînement est-il forcément conscient ?

• **La question de l'intentionnalité**
Certains philosophes médiévaux appelaient *intentio* la propriété des choses mentales de porter sur des objets extérieurs : penser à la Corse, c'est avoir une représentation de cette île en tête. Cette faculté de l'esprit de porter sur quelque chose d'absent est une des pierres d'achoppement des théories matérialistes. Elle n'entre pas dans le cadre des conceptions normales des sciences de la nature. Le contenu de l'esprit n'est pas lié au monde extérieur par une loi simple, comme le serait l'image d'un miroir. Le philosophe allemand Franz Brentano a attiré l'attention sur le fait que les représentations peuvent être fausses, inexistantes, comme lorsque l'on pense à une licorne. F. Brentano jugea que cette notion n'appartiendrait jamais au domaine des sciences naturelles. Pourtant, c'est l'ambition d'une partie au moins des philosophes de l'esprit que de lui trouver une explication sinon empirique, du moins objective.

L'un des aspects du problème est de comprendre la place de cette propriété dans le monde. Le logicien Willard V.O. Quine a formulé le premier l'idée que la présence des représentations n'était pas plus réelle dans l'esprit que le sens n'était inscrit dans les symboles. Il en résulte que le cerveau de l'homme et le processeur d'un ordinateur ne sont pas, à cet égard, essentiellement différents.

Le philosophe Daniel Dennett a poursuivi cette réflexion en définissant l'intentionnalité comme une manière commode d'interpréter les comportements d'autrui, et non une propriété authentique du psychisme. A l'inverse John Rogers Searle et l'ensemble des philosophes tournés vers les sciences du vivant affirment que la capacité de produire des représentations est authentiquement présente dans le cerveau humain (*voir l'entretien avec J.R. Searle p. 181*). Il en résulte que seules les explications prenant en compte cette spécificité des êtres vivants – entre autres, les mécanismes de l'évolution – s'appliquent au problème de l'intentionnalité.

• **L'unité de la conscience**

Les travaux des neurologues et des psychologues sur la localisation cérébrale des facultés mentales (la parole, la vision, la mémoire, etc.) ont déjà une longue histoire. Au siècle dernier, le fait d'isoler des «organes» et des centres dans le cerveau, la décomposition de la vie mentale en facultés distinctes, a introduit l'idée générale que l'esprit et le cerveau ne représentaient pas une entité homogène et insécable, mais plutôt un ensemble de fonctions coordonnées. Des expériences canoniques ont, dans les années 50, montré que des lésions cérébrales étaient capables de diviser le champ de la perception, ou de séparer l'appréhension consciente et inconsciente des objets. Depuis, la recherche n'a cessé de faire apparaître des possibilités nouvelles de fragmentation des facultés de perception, d'attention et de mémoire de l'esprit-cerveau.

Cela ne signifie-t-il pas que des notions *a priori* aussi indivisibles que la conscience ou la pensée n'ont pas d'existence réelle? L'idée de répartir l'esprit en autant de fonctions mentales que nécessaire ne se heurte-t-elle pas à l'expérience subjective de chacun, qui est de posséder un «moi» unique?

Les stratégies d'approche

Le projet d'une philosophie de l'esprit «naturalisée», c'est-à-dire qui tient compte de l'apport des sciences naturelles ou du moins se préoccupe de leur existence, ne correspond pas, on le voit, à une démarche unique.

Les sciences cognitives empruntent à de nombreuses disciplines, intervenant à différents niveaux du fonctionnement cérébral et mental. La psychologie et la neurobiologie peuvent s'intéresser au même phénomène (par exemple la mémoire), mais en fournissent des descriptions très différentes. De la même façon, les philosophies de l'esprit adoptent une gamme variée de stratégies, dont on admet qu'elle comporte deux extrémités.

• **La démarche *top-down*** (1) consiste à partir d'une description psychologique de la vie mentale, où des notions appartenant à l'expérience ordinaire (croyances, désirs, souvenirs, etc.) sont considérées en elles-mêmes, puis seulement dans un second temps rapportées aux sciences du cerveau. C'est, en particulier, la démarche cognitiviste développée par le philosophe Jerry Fodor, avec pour thèse principale l'idée qu'entre les phénomènes mentaux et les mécanismes cérébraux s'intercale un niveau du «langage de la pensée», fait de symboles et de règles, dont le rôle est analogue à celui du programme pour un ordinateur. D'une certaine façon, sa théorie de l'esprit peut se passer de connaître tout ce qui se passe «physiquement» dans le cerveau.

• **La démarche inverse, *bottom-up*** (2) est celle des penseurs qui considèrent que le langage de la psychologie ordinaire est un obstacle à la compréhension. Sa version la plus radicale, celle de Patricia Churchland, part du principe qu'il est vain de chercher

---

1. Ou « *a priori* », selon J.-N. Missa.
2. Ou *a posteriori* selon le même auteur.

une description scientifique des phénomènes mentaux qui ne reposerait pas sur une connaissance des structures nerveuses qui en sont la cause. L'idée qu'il existe des choses appelées «idées, croyances, représentations, etc.» est, à ses yeux, une théorie fausse, qui doit être abandonnée. En un sens, cela consiste à affirmer que la seule philosophie possible est la science du cerveau elle-même, ce qui a l'avantage de suspendre quelques questions pour l'instant insolubles, celle de la conscience notamment.

Enfin, en marge de cette discussion, certains penseurs comme J.R. Searle et Thomas Nagel, sans cesser d'être matérialistes, souhaitent avant tout souligner les insuffisances de l'approche objective de la vie mentale et le caractère peu vraisemblable des modèles fonctionnels de l'esprit. J.R. Searle propose d'inverser le mouvement, et de repartir de zéro sur les traces d'une philosophie de la conscience.

La philosophie de l'esprit est, on le voit, plus un champ de discussions ouvertes qu'un savoir constitué et stabilisé. Il y a des raisons à cela. La nature des questions qu'elle soulève dépasse largement le domaine des certitudes établies par les sciences naturelles, même si sa réflexion s'est donné pour règle de ne jamais les contrarier ni les tenir pour relatives.

POINTS DE REPÈRE

LES EXPÉRIENCES DE LA PENSÉE

*Pour appuyer leurs argumentations, les philosophes de l'esprit pratiquent un style de démonstration qu'on appelle «expérience de pensée».
La démarche consiste à imaginer une situation concrète, mais fictive, qui met en jeu une notion abstraite et à se demander «que se passe-t-il si...?»
Certaines de ces «expériences» sont devenues canoniques et ont fait l'objet de discussions prolongées.*

Quand Mary découvre les couleurs

Pour mettre en défaut le point de vue purement objectif des sciences cognitives et des neurosciences, le philosophe Franck Jackson (1) a imaginé le cas d'une personne, nommée Mary, qui aurait vécu plongée dans un milieu d'où les couleurs sont entièrement absentes. Dans cet univers en noir et blanc, Mary dispose néanmoins d'un maximum d'informations sur la physique des couleurs et la neurophysiologie de la perception, et elle les apprend par cœur. Que se passera-t-il le jour où elle sortira de cette retraite pour entrer dans un monde en couleurs? Il semble inévitable qu'elle apprendra quelque chose de nouveau sur le monde et sur la perception des couleurs... S'il en va ainsi, c'est qu'elle ignorait quelque chose. Il existe donc une information sur les couleurs qui n'est pas contenue dans leur description physique, aussi complète soit-elle, mais est réservée à ceux qui en font l'expérience. Il s'ensuit qu'il y a quelque chose d'irréductible dans l'expérience subjective et que, affirme F. Jackson, le matérialisme est faux.

1. F. Jackson, «Epiphenomenal qualia», *Philosophical Quarterly*, 32, 1982.

Le test de Turing

Dans un article publié en 1950, Alan Turing (1), concepteur des premières calculatrices «intelligentes», souleva la question de leur aptitude à «penser». Au lieu de s'engager dans un débat sans fin sur la définition des termes «machine» et «penser», A. Turing propose de faire participer une machine au «jeu de l'imitation». Le jeu se joue à trois, un homme A, une femme B et un interrogateur C qui se trouve dans une pièce séparée. Le but du jeu est pour l'interrogateur de déterminer qui est l'homme et qui est la femme, en posant des questions du type «quelle est la longueur de tes cheveux?»; «quelle forme ont tes souliers?». Les dialogues se passent par téléscripteur. La femme doit répondre honnêtement, mais l'homme peut essayer de tromper l'interrogateur. Le test proprement dit consiste à substituer un «calculateur universel» au locuteur A et à le soumettre au même type d'interrogatoire. Tant que l'interrogateur ne parvient pas à distinguer l'humain de la machine, affirme A. Turing, on peut admettre que le calculateur pense. Le test implique d'ailleurs que non seulement il imite un interlocuteur honnête, mais un menteur se faisant passer pour une femme. Tel est le sens de «penser» dans la perspective dite «fonctionnaliste», qui est celle qui domine les sciences cognitives.

1. A. Turing, «Computing Machinery and intelligence», *Mind*, 59, 433-460, 1950.

La chambre chinoise

Trente ans après la publication du «test de Turing», le philosophe californien John R. Searle (1) lui a apporté ce que certains considèrent comme sa réfutation la plus brillante. C'est l'expérience imaginaire dite de la «chambre chinoise». Supposons que je remplace un ordinateur chargé de répondre à des questions sur une histoire écrite en chinois, langue que je ne parle pas. Je suis enfermé dans une chambre close et, par une fente du mur, on me passe des caractères chinois écrits sur des bouts de papier. Ce sont des questions que je ne comprends pas et auxquelles je dois répondre. Pour cela, je dispose de réponses toutes préparées et d'un manuel de règles qui me permet d'associer un caractère de réponse à un caractère de question. Je glisse mes réponses par une autre fente du mur. Le plus probable est que je parviendrai à donner des réponses sensées, sans jamais rien comprendre aux caractères qui me passent sous le nez. Peut-on dire que je comprends le chinois ? Non. J.R. Searle démontre ainsi que l'on peut fort bien répondre de façon pertinente aux questions d'un être humain sans saisir le sens de ce qu'il dit. Peut-on dire que je pense comme un Chinois penserait en donnant les mêmes réponses ? Non plus. Selon J.R. Searle, on ne peut pas appeler cela «penser». Donc, les ordinateurs ne pensent pas.

1. John R. Searle, «Minds, Brains and Programs», *Behavioural Brain Science*, 1980.

Quel effet cela fait-il d'être une chauve-souris ?

Une autre objection au point de vue «froid» de la science a été proposée par le philosophe Thomas Nagel (1). Elle part de l'idée que même si nous connaissons bien le fonctionnement des ultrasons que les chauves-souris utilisent pour se repérer dans l'espace, nous ne pouvons pas pour autant décrire ce que c'est que de vivre dans un «paysage ultrasonore». L'expérience subjective de l'écho-localisation nous échappe, et nous échappera toujours : nous ne savons pas, écrit T. Nagel, *«ce que c'est que d'être une chauve-souris»*, même si nous sommes capables de décrire le fonctionnement de son système de perception jusque dans ses moindres détails. Pour T. Nagel, la connaissance scientifique est foncièrement incapable de rendre compte de ce qu'est la subjectivité, et il est vain de vouloir élaborer une théorie objective de l'esprit. Dire : *«Un état mental est un état du cerveau»* est selon T. Nagel aussi peu pertinent que de dire *«la racine carrée de 2 est... la mer»*.

phénoménale

1. T. Nagel, «Quel effet cela fait-il d'être une chauve-souris ?», *Questions mortelles*, Puf, 1984.

LA CONSCIENCE ET LE VIVANT

ENTRETIEN AVEC JOHN ROGERS SEARLE*

L'activité de l'esprit humain peut-elle être réduite à une suite d'opérations logiques, comme le prétendent les spécialistes de l'intelligence artificielle ? Non, affirme le philosophe John Rogers Searle, car aucun calcul n'est capable de restituer la dimension subjective de la conscience.

Sciences Humaines : La philosophie de l'esprit est née de l'émergence d'un terrain commun à la philosophie du langage (1), aux neurosciences et aux théories de l'information. Comment situez-vous votre propre démarche face à ces trois domaines ?

John Rogers Searle : J'ai d'abord travaillé sur la philosophie du langage, mais je savais déjà que j'aurais à aborder la philosophie de l'esprit, car, dans ma démarche, j'utilisais de nombreuses notions mentales comme l'intention, la croyance, le désir et je savais qu'un jour, j'aurais à m'expliquer sur ces notions. C'est ainsi que je suis passé de la théorie des actes de langage à une réflexion sur l'intentionnalité (2). C'est l'histoire telle que je l'ai vécue. Mais, aujourd'hui, la philosophie de l'esprit a pris une telle importance qu'elle n'est plus un secteur parmi d'autres, mais une discipline à part entière. Je pense qu'aujourd'hui la philosophie du langage n'est plus qu'une des sous-disciplines de la philosophie de l'esprit.

SH : Votre intérêt pour la philosophie de l'esprit s'est focalisé très tôt sur le problème, relativement classique, de la conscience. A ce propos, vous êtes surtout connu pour votre critique des modèles informatiques. Pourquoi ?

J.R.S. : J'ai d'abord écrit un livre sur l'intentionnalité, où je m'efforçais encore d'éviter d'affronter ce problème qui consiste à se demander si la conscience est une propriété exclusive du cerveau, ou si elle peut être simulée dans un circuit électronique. Mais lorsque j'ai réfléchi plus précisément sur le contenu de la théorie computationnelle (3), alors j'ai compris qu'il y avait une erreur grave dans cette théorie : la théorie computationnelle s'appuie sur la manipulation de symboles, des 0 et des 1. Mais l'esprit comporte quelque chose de plus que des symboles : les symboles ont un sens, et l'esprit possède autre chose qu'une syntaxe, quelque chose qu'on appelle «sémantique». J'ai donné à cette réflexion la forme d'une fable,

* Philosophe à l'Université de Californie, Berkeley. Il a publié La construction de la réalité sociale, Gallimard, 1998.

Un philosophe à la recherche de l'esprit

John Rogers Searle est né à Denver en 1932. Il fait ses études à l'université du Wisconsin, puis à Oxford (Grande-Bretagne) où il entre en 1952 et où il enseigne à partir de 1956. A Oxford, il suit les cours de P.F. Strawson et de J.L. Austin, deux philosophes fondateurs de l'approche pragmatique des faits de langage. Nommé professeur à l'université de Berkeley en 1959, J.R. Searle mène ses réflexions sur le langage. Dans son premier ouvrage (*Speech Acts*, 1969), il développe la notion d'«acte de langage». Deux autres ouvrages (*Expression and Meaning*, 1979, et *Foundations of Illocutionnary Logic*, 1985) viendront compléter cette période de sa réflexion. A partir de 1980, J.R. Searle s'intéresse aux problèmes de la théorie moderne de l'esprit (*Intentionality, an Essay in the Philosophy of Mind*, 1983) et développe, dans un premier temps, une critique de l'ensemble des approches computationnelles et nominalistes de la conscience (*Minds, Brains and Science*, 1984, et *The Rediscovery of Mind*, 1992). Depuis, il a publié deux ouvrages : *The Construction of Social Reality*, 1995 et *The Mystery of Consciousness*, 1997. J.R. Searle, qui, en 1968, faisait partie du bureau d'administration de son université, a publié également un récit de la révolte étudiante à Berkeley (*The Campus War*, 1971). Il travaille actuellement sur le problème de la rationalité comme propriété première de la conscience.

Ouvrages traduits en français
- *La Construction de la réalité sociale*, Gallimard, 1998.
- *La Redécouverte de l'esprit*, Gallimard, 1995.
- *L'Intentionnalité*, Editions de Minuit, 1986.
- *Du cerveau au savoir*, Hermann, 1985.
- *Sens et Expression*, Editions de Minuit, 1983.
- *Les Actes de langage*, Hermann, 1972.

aujourd'hui bien connue, celle de la «chambre chinoise» : imaginez que vous mettiez au point un programme d'ordinateur tel qu'il me permette de donner des réponses justes à des questions formulées en chinois, alors que je ne parle pas un mot de chinois. Même si je donne les réponses justes, je ne peux pas dire que je connais la langue chinoise, pas plus d'ailleurs que l'ordinateur qui me donne les réponses justes, il ne fait qu'appliquer un programme sans comprendre le sens des mots qu'il emploie. Ainsi, il est très facile de démontrer que l'esprit humain ne fonctionne pas comme un programme informatique (*voir dans Points de repère, «La chambre chinoise» p. 179*).

SH : **Quelle différence faites-vous entre votre démonstration et la notion de subjectivité en philosophie ?**

J.R.S. : D'abord, il s'agissait de réagir à la popularité de l'hypothèse computationnelle. Ensuite, ma proposition représente une théorie plus élaborée de l'esprit que celle du dualisme classique entre le corps et l'esprit. Les états mentaux sont causés par des processus cérébraux et se produisent dans le cerveau : il n'y a donc pas de problème à dire que le corps et l'esprit ne font qu'un. Ce problème classique a une solution très simple. Mais que faire de la subjectivité ? En fait, ce mot recouvre deux sens bien différents. Il y a d'abord le problème épistémologique de la connaissance objective, que l'on oppose à l'opinion subjective. Mais il y a aussi un autre sens, ontologique, où la subjectivité désigne une forme d'existence au monde : la douleur que je ressens est ontologiquement subjective, tandis que les montagnes qui sont devant ma fenêtre existent objectivement, parce que leur présence ne dépend pas de l'existence d'un sujet qui les contemple. Il ne faut pas confondre ces deux sens : la science est objective épistémologiquement parlé, en ce sens qu'elle poursuit un savoir indépendant de l'opinion individuelle, mais elle porte sur des réalités qui peuvent parfaitement être subjectives. Pour vous donner un exemple, je dirai que si j'ai mal quelque part, ma douleur est ontologiquement subjective, mais rien n'empêche la science d'avoir une connaissance objective de ce qu'est ma douleur : c'est ce que fait la neurologie. La science peut donc porter sur des phénomènes que je ressens comme subjectifs, mais elle n'accède pas pour autant à la subjectivité ontologique de ma douleur.

SH : **En quoi cela nous interdit-il de penser qu'une véritable intelligence artificielle puisse exister ?**

J.R.S. : Le computationnisme néglige le fait que nos états mentaux ont un contenu subjectif réel et spécifique. Un ordinateur, lui, n'a pas d'états mentaux : il ne fait que simuler des états mentaux. Si l'on veut, on dira que simuler n'est pas reproduire : vous pouvez peut-être simuler le comportement d'un cerveau, vous ne pouvez pas le reproduire. Vous pouvez simuler la digestion ou la photosynthèse. Ce ne sont que des simulations, pas des reproductions. Chez les philosophes et chez les informaticiens, il y a actuellement beaucoup de gens qui pensent que simuler est la même chose que reproduire :

dépendance de l'observateur ↳

c'est l'erreur que je dénonce.

Je ferai encore une objection, plus radicale, du point de vue computationniste en disant ceci : il est fondamental, dans notre conception du réel, de distinguer entre les choses qui existent indépendamment d'un observateur (comme une force, une masse, un poids) et celles qui existent seulement aux yeux d'un observateur (comme le langage, la propriété privée, le pouvoir et l'argent). Si vous vous demandez de quel côté placer les programmes informatiques, le fonctionnement d'une calculatrice, ce n'est pas si simple. Une calculatrice fonctionne par une série de variations de voltage et d'énergie, mais les données mathématiques, elles, ont été mises dans l'appareil par un homme. En ce sens, la théorie computationnelle ne désigne pas un phénomène de la nature, mais un phénomène qui dépend de l'existence d'un observateur humain. L'informatique n'est pas une science de la nature, mais de la conscience. Ceci est crucial, parce que cela empêche définitivement de confondre l'esprit humain avec un ordinateur : le calcul n'est pas un processus naturel, il n'est pas dans l'ordinateur. Tout ce que vous pouvez faire, c'est assigner une interprétation computationnelle au fonctionnement du cerveau, tout comme vous pourriez le faire de n'importe quel phénomène naturel. Mais le calcul n'existe pas dans la nature, parce que c'est une propriété du cerveau humain, ce n'est pas une propriété des systèmes électroniques. C'est l'argument le plus décisif que l'on puisse trouver contre la théorie computationnelle de l'esprit. Mais je ne crois pas que les gens qui la tiennent pour vraie comprennent cet argument. Ils ne croient pas que le phénomène de la conscience existe vraiment, et ils croient que le calcul existe dans la nature. En réalité, la conscience est un véritable fait biologique, tandis que le calcul est une propriété attribuée à un système électrique.

Ce sont les hommes qui conçoivent les systèmes électroniques et les chargent de faire des calculs. Mais le calcul, intrinsèquement, n'est pas un mécanisme électronique.

SH : Diriez-vous que la science n'a rien à dire sur la conscience, et que seule la philosophie doit s'en préoccuper ?

J.R.S. : Non, la répartition ne se fait pas ainsi. Certaines sciences, comme la chimie ou la physique, s'occupent d'étudier des phénomènes objectifs. Mais d'autres sciences, comme l'économie ou la psychologie, s'intéressent de près à des phénomènes qui dépendent de l'observateur. La philosophie, elle, s'intéresse aux deux : la philosophie s'occupe de trouver des réponses aux phénomènes pour lesquels la science n'a pas encore de réponse.

SH : **Mais peut-on dire que la conscience désigne un phénomène qui existe réellement ? Peut-être pourrait-on le ramener à quelque chose qui est dépendant de l'observateur ?**

J.R.S. : Non. A mes yeux, la conscience est une propriété de mon esprit, comme du vôtre. Mais il est vrai que le contenu de cette conscience, lui, est influencé par la société. Vous avez une conscience de Français, j'ai une conscience d'Américain : c'est certain. Mais en tant que propriété de l'esprit, la conscience est essentiellement un phénomène biologique, une propriété exclusive du vivant. La conscience est un phénomène qui est soumis à la sélection naturelle : c'est un produit de l'évolution du vivant. Cela dit, en tant que philosophe, je ne m'intéresse pas particulièrement à cet aspect. Je m'intéresse plutôt aux rapports de la conscience avec le monde, le rapport qui existe entre l'esprit et le corps, celui de la représentation. Des problèmes de philosophe !

SH : **Pourriez-vous préciser votre position sur le problème de l'unité du corps et de l'esprit ?**

J.R.S. : Je veux dire que nous vivons dans un monde unique. Dans ce monde, il y a des êtres vivants, dont certains possèdent des systèmes nerveux centraux capables de produire la conscience. Tout cela relève de la biologie, même si la conscience reste un phénomène unique dans le monde du vivant : elle n'existe qu'à titre d'expérience personnelle. Mais elle n'est pas pour autant un monde séparé du reste : je récuse totalement la conception dualiste cartésienne qui sépare le monde en deux réalités distinctes, celles des choses « étendues » et celle des choses « de la pensée ». Nous vivons dans un monde continu.

SH : **Votre insistance sur la nature biologique du phénomène de la conscience fait penser que, malgré tout, la biologie n'est pas à même d'expliquer vraiment ce qu'est une expérience subjective. Quelle sorte de rapport envisagez-vous entre les mots de la philosophie et ceux de la biologie ?**

J.R.S. : Souvent, nous pensons que résoudre un problème consiste à le réduire à des termes plus simples que ceux dans lesquels il est formulé. Mais je pense qu'en l'occurrence, cela ne marche pas : vous ne pouvez pas réduire la conscience ou l'intentionnalité à autre chose qu'elles-mêmes. Ce que vous pouvez faire, c'est chercher une explication causale à ces phénomènes : comment est-il possible que la mémoire parvienne à stocker des souvenirs ? Après cette entrevue, mon cerveau sera certainement dans un autre état que celui dans lequel il était avant, parce que certains souvenirs y seront déposés : il est inévitable que ces changements soient inscrits quelque part dans mon cerveau. Mais cela ne veut pas dire que nous devons chercher à décrire ce phénomène en termes d'électrons ou de particules physiques. Toute réflexion doit se positionner à un certain niveau de description de la réalité, et ce niveau doit correspondre au type de phénomènes que l'on veut expliquer. Mon opinion est que l'on a un peu négligé le niveau biologique du fonctionnement du cerveau, celui de la cellule vivante. Sans doute est-on en train de rattraper ce retard. A mon avis, l'explication du phénomène de la conscience, si elle est donnée un jour, sera biologique.

SH : **Votre espoir de voir un jour la biologie expliquer la conscience est souvent découragé par les philosophes qui, comme Thomas Nagel, expliquent que la subjectivité de la perception est un phénomène irréductible. Que pensez-vous de cet argument ?**

J.R.S. : Je pense que mes grands-parents jugeaient tout à fait impossible qu'on puisse un jour trouver une cause au phénomène de la vie : ils préféraient dire qu'il devait exister un «élan vital». Mais nous sommes tout de même parvenus depuis à une connaissance assez vaste des mécanismes de la vie. Et je pense que c'est ce qui va se produire avec le problème de la conscience.

Propos recueillis par
Nicolas Journet
(*Sciences Humaines*, n° 86, août/septembre 1998)

---

1. Voir mots clés en fin d'ouvrage.
2. *Idem.*
3. *Idem.*

JEAN-NOËL MISSA*

DE L'ESPRIT AU CERVEAU**

Quels sont les liens entre le corps et l'esprit ? La recherche d'une théorie rigoureuse a amené les philosophes à tenir compte de deux grands apports : celui de la psychologie cognitive, et celui des neurosciences. Mais comment faire pour expliquer tout ce que la vie de l'esprit a de subjectif ?

L A PHILOSOPHIE qu'on appelle aujourd'hui « de l'esprit » est née, peut-on dire, d'un double mouvement. D'un côté, la philosophie s'est orientée vers les sciences. Le travail de l'école du positivisme logique (1) (ou Cercle de Vienne) pour imposer une plus grande rigueur aux raisonnements des philosophes a déterminé un nouveau style de pensée et d'expression, et notamment l'usage du langage le moins ambigu possible.

D'un autre côté, le mouvement même des sciences a offert de nouvelles matières à réflexion : la neurologie s'est engagée dès le XIXᵉ siècle dans la recherche des localisations cérébrales ; la cybernétique et l'intelligence artificielle ont, à partir de 1940, fourni des moyens de simulation inédits de la pensée humaine ; la neurophysiologie, enfin, en découvrant les mécanismes fins du système nerveux a donné de nouvelles descriptions des activités cérébrales.

L'influence du positivisme, de la philosophie du langage et des sciences du cerveau a donc marqué le développement dans les pays anglo-saxons de ce style de réflexion qu'on appelle « philosophie de l'esprit ». Dans cette expression, le mot « esprit » traduit le mot anglais *mind*, qui n'a pas les significations religieuses et surnaturelles que le terme a en français.

* Chercheur au Fonds national belge de la recherche scientifique, Université libre de Bruxelles, auteur de *L'Esprit-cerveau, la philosophie de l'esprit à la lumière des neurosciences*, Vrin, 1993.
** *Sciences Humaines*, n° 62, juin 1996.
1. Voir mots clés en fin d'ouvrage.

Trois grandes questions au moins occupent cette philosophie : celle du rapport entre le corps et l'activité mentale, celle de la conscience, et enfin celle de la meilleure méthode pour décrire «l'esprit». Aucune d'entre elles n'a reçu de réponse suffisante pour qu'on la considère comme tranchée. La philosophie de l'esprit est un champ de discussion parcouru par plusieurs lignes de partage. L'une d'entre elles, la plus classique, oppose un courant minoritaire spiritualiste à un courant majoritaire, matérialiste. La définition la plus large du matérialisme – celle que nous utilisons – consiste à nier l'existence d'une substance spirituelle indépendante du cerveau.

Spiritualisme contre matérialisme

Le dualisme spiritualiste (*voir encadré ci-contre*) considère que l'esprit est une entité immatérielle, d'une nature autre que celle du corps. C'était, au XVII\ᵉ siècle, la position de Descartes, pour qui la pensée ne pouvait se concevoir sans l'action d'un esprit immatériel, c'est-à-dire indivisible et sans étendue. Un tel point de vue comporte des objections évidentes : comment admettre que ces entités de natures si différentes puissent agir l'une sur l'autre ? Une version plus moderne de cette même idée a été néanmoins défendue récemment par un grand neurophysiologiste, John C. Eccles, et par le philosophe Karl R. Popper (2). J. Eccles considère que le cerveau et les expériences subjectives ou mentales appartiennent à des «mondes» séparés. Il émet l'hypothèse que leur interaction fait appel à des *«champs quantiques, qui ne mobilisent ni énergie*

ni matière». Ainsi, les phénomènes mentaux, le « moi », la «conscience» seraient des réalités psychiques ayant une certaine indétermination – une liberté – par rapport au fonctionnement physiologique du cerveau.

Le matérialisme est la position dominante actuellement. Dans les années 50 et 60, trois philosophes anglo-saxons (V.T. Place, John C. Smart et Herbert Feigl) ont formulé la théorie suivant laquelle le rapport de l'esprit au cerveau est un rapport d'identité : l'esprit est le cerveau, le cerveau est l'esprit. C'est la thèse du «matérialisme dur». Exemple : la neurologie moderne a montré que la sensation de «douleur» est liée à la stimulation de certaines fibres nerveuses «C»; donc, on peut dire que la douleur est identique à la stimulation de ces fibres. D'une autre manière, on dit aussi qu'à chaque «état mental» (3) correspond un «état cérébral» : avoir l'idée «voiture» est identique à un certain état physique, chimique et organisationnel du cerveau.

Cependant, il existe au moins deux façons de concevoir l'application de ce principe. La première est très déterministe : elle suppose que chaque fois qu'un homme pense «voiture», un état déterminé, toujours identique, est présent dans son système nerveux. C'est le matérialisme des «types».

La seconde version du matérialisme est plus souple : elle admet que lorsqu'un chef de gare prononce le mot «voiture» ou a mal aux pieds, ce qu'il dit ou ce

2. J.C. Eccles, *Evolution du cerveau et création de la conscience*, Fayard, 1992 ; J.C. Eccles et K.R. Popper, *The Self and its Brain*, Springer International, 1997.
3. Voir mots clés en fin d'ouvrage.

L'esprit et le cerveau : les grandes théories

Dualisme spiritualiste

L'esprit et le cerveau sont de natures différentes.
Les mécanismes du cerveau ne déterminent pas la pensée.

Matérialisme identité

Le cerveau et l'esprit sont une seule et même réalité : les productions de l'esprit correspondent à des états physico-chimiques du cerveau.

- Version stricte : un état cérébral détermine rigoureusement un type d'état mental (matérialisme des types).

- Version souple : les états mentaux varient avec les états cérébraux, mais plusieurs états cérébraux peuvent réaliser le même type d'état mental (matérialisme des exemplaires).

Matérialisme du double aspect

L'esprit constitue la face subjective, le cerveau la face objective d'une même entité, l'esprit-cerveau.

qu'il ressent correspond bien à un état de son cerveau. Mais cet état n'est pas nécessairement identique d'un jour à l'autre ou d'un individu à l'autre. C'est la thèse de l'identité des « exemplaires » (*token-token*) : chaque fois qu'il se produit un état mental, il existe un rapport d'identité entre cet événement précis et l'état cérébral correspondant, mais il n'y a pas de rapport obligé entre le type de représentation et l'état cérébral. Ces deux versions de la théorie de l'identité sont impliquées dans le développement de méthodes différentes dans l'approche des phénomènes de l'esprit. Le matérialisme des « types » pose en effet une question à peu près insoluble à la science : que va-t-on appeler un « type d'état mental » ? Un mot, une croyance, une idée, une image, un concept ? Confrontés à cette exigence, certains philosophes ont considéré que si nous avions tant de difficultés à définir les limites et les caractéristiques d'un état mental, c'est sans doute que le vocabulaire tout entier que nous utilisons pour en parler est un obstacle à la compréhension. Selon eux, tout le langage de la psychologie ordinaire, qui nous attribue des « idées », des « croyances » et des « désirs », est un frein à la connaissance scientifique. Il devra s'effacer à terme devant le seul vocabulaire qui convienne pour décrire des états cérébraux : celui de la neurobiologie et des sciences cognitives. Cette position (appelée « matérialisme éliminativiste »), inaugurée par des philosophes comme Paul Feyerabend et Richard Rorty, a des défenseurs actifs

(Stephen Stich, Patricia et Paul Churchland) pour lesquels même la notion d'état mental n'a pas vraiment de sens : seule l'étude des mécanismes du cerveau peut, à leurs yeux, apporter un savoir solide sur l'esprit.

Le matérialisme des «exemplaires» est une hypothèse tout aussi spéculative. Elle a cependant l'avantage de s'accommoder de plusieurs solutions. L'une d'entre elles, dominante dans les sciences cognitives, est le fonctionnalisme. Qu'est-ce à dire ? Si l'on admet que l'idée de «voiture» peut être produite par différents états du cerveau (successivement dans le même cerveau ou simultanément dans des cerveaux différents), alors on peut admettre que les états mentaux se caractérisent non par leur support biologique, mais par leur aptitude à être la cause et l'effet d'autres états mentaux. Le champ des sciences cognitives a été pendant longtemps dominé par cette hypothèse. La version dite «computationnelle» (4) du fonctionnalisme a largement tiré parti de la comparaison entre les productions du cerveau et celles des ordinateurs.

Parallèlement à la réflexion des philosophes, le développement de l'intelligence artificielle a permis de mettre concrètement en œuvre l'idée que des structures matérielles foncièrement différentes (un processeur électronique ou un cerveau) pouvaient accomplir des tâches équivalentes, selon des procédures analogues ou différentes, et produire ainsi des états ayant des fonctions identiques. L'esprit sera donc étudié pour ce qu'il comprend, pour les raisonnements qu'il tient, pour les représentations qu'il produit, et non du point de vue de ses mécanismes concrets. Le fonctionnalisme est-il vraiment «matérialiste» ? A vrai dire, rien ne l'y oblige, puisque l'essentiel de son effort est de décrire les productions de l'esprit comme une suite d'opérations à base de règles et de symboles, donc de choses abstraites. Il se désintéresse, en quelque sorte, de la question du support physique ou biologique de la pensée, mais n'affirme pas pour autant l'indépendance de l'esprit par rapport à la matière.

L'expérience subjective nous échappe

La théorie de l'identité esprit-cerveau est cependant insatisfaisante. Elle est incapable de rendre compte de la spécificité de la vie subjective de l'esprit. Ainsi, il semble difficile de décrire ce phénomène intérieur qu'est la conscience en termes objectifs.

Imaginons, par exemple, un homme en train de savourer un chocolat chaud. Ses récepteurs gustatifs, stimulés, donnent naissance à des influx nerveux qui se propagent dans son cerveau, et lui font reconnaître le goût du chocolat. Si un scientifique enlevait la calotte crânienne de cet homme en train de déguster, il n'y verrait que de la matière grise. Grâce à de nouvelles techniques d'imagerie, il pourrait voir que certaines régions sont activées et d'autres pas. Mais percevrait-il le goût du chocolat ? Non ! La perception du goût n'existe qu'à l'intérieur de l'esprit de l'homme buvant le chocolat, et demeure inaccessible à tout regard extérieur.

Au nom de cette impossibilité, le phi-

---

4. Voir mots clés en fin d'ouvrage.

losophe américain Thomas Nagel a critiqué la prétention des praticiens des neurosciences à rendre compte de l'expérience subjective à l'aide d'un savoir objectif. Dans un article de 1974 devenu classique et intitulé «Quel effet cela fait-il d'être une chauve-souris?», T. Nagel faisait valoir qu'aucune description scientifique de la physiologie de cet animal ne pouvait rendre compte de son expérience subjective du monde, et notamment de ce que représente le fait de se repérer aux ultrasons et de passer des journées entières la tête en bas (*voir Points de repère, «Quel effet cela fait-il d'être une chauve-souris?» p. 179*). Selon T. Nagel, il convient donc d'adopter une théorie matérialiste autre que celle de l'«identité», celle du «double aspect», qui proclame en substance que l'esprit constitue la face subjective, le cerveau la face objective d'une même entité: l'esprit-cerveau.

John R. Searle, philosophe à Berkeley, admet parfaitement l'unité physiologique du cerveau. Dans un livre récent, *La Redécouverte de l'esprit*, il défend une conception appelée «naturalisme biologique»: selon lui, les phénomènes mentaux étant bien des propriétés ordinaires du cerveau, la conscience l'est également. Mais, ajoute-t-il, *«au sens où la liquidité de l'eau est une propriété des molécules de H$_2$O»* (5). Pour une seule molécule, parler de «liquidité» n'a pas vraiment de sens: la «liquidité» est une propriété qui ne s'exprime et n'a de sens que pour des systèmes de molécules. Ainsi en va-t-il, selon J.R. Searle, des phénomènes mentaux, dont les propriétés n'existent qu'à un certain niveau de complexité. La conscience et

la subjectivité sont, pour J.R. Searle, des propriétés «émergentes» du cerveau. J.R. Searle reproche globalement aux spécialistes des sciences cognitives et des neurosciences de s'obstiner à vouloir décrire l'esprit par une approche «à la troisième personne». Il l'explique par la peur de retomber dans le dualisme cartésien qui sépare le corps et l'esprit, le cerveau et le mental, comme l'objectif et le subjectif, etc. Selon J.R. Searle, la conscience est tout à la fois mentale (la conscience est la vie mentale subjective) et physique (la conscience est une propriété du cerveau). *«La forme à la troisième personne de l'épistémologie, écrit-il, ne devrait pas nous rendre aveugle au fait que l'ontologie réelle des états mentaux est une ontologie à la première personne.»* Les pensées, les désirs, les sensations sont toujours les pensées, les désirs et les sensations de quelqu'un; nul observateur extérieur ne peut en avoir une connaissance directe. Sur ce point, il est très proche de T. Nagel (*voir aussi l'entretien avec J.R. Searle p. 181*).

L'abandon du théâtre unique
Pour défendre sa conception immatérielle, Descartes s'appuyait avant tout sur la distinction entre la divisibilité de la matière et l'indivisibilité de l'esprit. Cette conception indivisible de la conscience, donc du «moi», a été très sérieusement remise en question par la science moderne, en particulier par les observations que Roger Sperry et Michael Gazzaniga ont réalisées dans les années 50 sur des hommes au cerveau

5. J.R. Searle, *La Redécouverte de l'esprit*, Paris, Gallimard, 1995.

Cerveau divisé, conscience séparée?

Des expériences sur des sujets au cerveau divisé montrent qu'ils peuvent se comporter comme si leur esprit était séparé en deux flux de conscience.

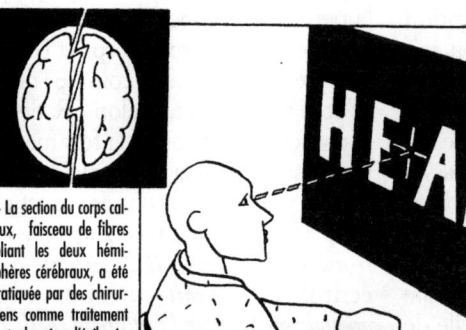

1- La section du corps calleux, faisceau de fibres reliant les deux hémisphères cérébraux, a été pratiquée par des chirurgiens comme traitement contre les crises d'épilepsie. Cette opération a pour conséquence d'empêcher partiellement des échanges d'informations entre les hémisphères.

3- On demande au sujet de dire ce qu'il a vu. Il répond : « art ». Seule l'information reçue par l'hémisphère gauche (où est localisée la production de la parole) est prise en compte.

2- Un sujet au cerveau ainsi « divisé » est invité à fixer le centre d'un tableau portant le mot *heart* (« cœur »). En raison du croisement normal du nerf optique, l'hémisphère droit du cerveau reçoit préférentiellement l'information transmise par l'œil gauche, et l'hémisphère gauche celle transmise par l'œil droit.

4- Si on lui demande ensuite de désigner sur un tableau avec sa main gauche (commandée par l'hémisphère droit) ce qu'il a vu, il désigne la syllabe « he », perçue par l'œil gauche et projetée dans l'hémisphère droit.

Illustration : Marc Guerra

« divisé ». La section du corps calleux, principale commissure nerveuse qui relie l'hémisphère droit à l'hémisphère gauche du cerveau, se pratiquait en effet à l'époque comme ultime recours contre l'épilepsie. Les tests appliqués par ces deux neurologues montrèrent que, dans certaines situations expérimentales, ces hommes agissaient comme si chacun de leurs hémisphères cérébraux ignorait l'existence de l'autre (*voir dessin ci-dessus*). Dans des situations plus ordinaires, il s'avéra que certains sujets au « cerveau divisé » ne parvenaient pas à coordonner les mouvements de leurs mains : tandis que l'une fouillait dans un tiroir, l'autre pouvait le refermer inopinément. Il semblait y avoir deux courants de conscience distincts évoluant en parallèle, suggérant la présence de «*deux esprits dans un même corps*» (6). D'autres observations, s'ajoutant aux célèbres cas des aphasies de Paul Broca et Carl Wernicke, montrèrent qu'un nombre impressionnant de dissociations neuropsychologiques pouvait être entraîné par des lésions cérébrales. Ainsi, il apparaissait que l'esprit pouvait être «divisé» en plusieurs aspects lorsque le support cérébral était lui aussi divisé. A l'ancienne idée de l'esprit unique s'est substituée celle d'un esprit-cerveau résultant de la coordination d'un grand nombre de fonctions mentales.

Depuis Descartes, en effet, la conception classique voulait que l'esprit perçoive le monde sous divers aspects sensoriels, mais que ceux-ci fassent l'objet d'un traitement final au sein d'une seule et unique structure cérébrale. Pour décrire ce phénomène, on recourait généralement à une métaphore : l'esprit serait un écran sur lequel se projetteraient les images sensorielles. Dans un livre intitulé *La Conscience expliquée*, le philosophe Daniel Dennett s'est appliqué à montrer que ce «théâtre cartésien» n'existait tout simplement pas (7). Le neuropsychologue Antonio Damasio a abondé dans ce sens : selon lui, il n'existe pas de centre unique d'intégration de fonctions dans l'esprit humain, car il n'existe pas de région du cerveau qui soit équipée pour traiter simultanément les informations fournies par toutes les modalités sensorielles. L'idée s'est graduellement développée que le cerveau est avant tout un réseau, ou un ensemble de réseaux nerveux interconnectés, mais non hiérarchisés. L'intégration mentale, le «moi» dont chacun

de nous ressent subjectivement l'existence, proviendrait, selon A. Damasio, de la «*coopération entre systèmes neuronaux de haut niveau, assurée par la synchronisation d'activités neuronales prenant place dans des régions cérébrales anatomiquement séparées*» (8).

Les diverses écoles de la neuropsychologie

Les positions éliminativistes et fonctionnalistes représentent les deux pôles entre lesquels se positionne la majorité des spécialistes des sciences cognitives et des philosophes. Chez les neuropsychologues (discipline frontière entre le mental et le cérébral), on retrouve l'écho affaibli de ces deux courants de méthode, l'un tourné vers les neurosciences, l'autre vers la psychologie cognitive.

Le premier courant est celui des héritiers des neurologues du XIXᵉ siècle, dont le souci majeur est de s'efforcer d'établir des liaisons entre une fonction mentale spécifique et son support nerveux le plus précis possible. La méthode consiste à observer des cas de lésions cérébrales et à établir des corrélations avec des déficits fonctionnels (9). Une des plus belles réussites dans ce domaine a consisté à établir le lien entre la lésion du cortex occipito-temporal et les troubles prosopagnosiques (incapacité de reconnaître les visages).

Le second courant, plus proche des

6. J.-N. Missa, chap. III de *L'Esprit-cerveau*, Vrin, 1993.
7. D.C. Dennett, *La Conscience expliquée* (traduction de P. Engel), Odile Jacob, 1993.
8. A. Damasio, *L'Erreur de Descartes*, Odile Jacob, 1995.
9. M. Jeannerod, *De la physiologie mentale*, Odile Jacob, 1996.

«cognitivistes», a tendance à découper les fonctions mentales sans asseoir ses catégories sur une base neurologique. Les partisans de cette école estiment que les localisations cérébrales des troubles psychologiques sont beaucoup trop grossières pour être probantes. Les cognitivistes ne s'intéressent donc qu'à la face psychologique des fonctions, et envisagent les activités mentales comme celles de systèmes de traitement de l'information. Leur objectif est de décrire l'architecture cognitive. Cette description peut ensuite servir de cadre théorique à l'analyse des troubles cliniques : le neuropsychologue cognitiviste essaie de repérer les éléments de l'architecture cognitive abstraite impliqués dans le trouble clinique spécifique. La neuropsychologie cognitive se détourne de l'étude du cerveau, abandonnant – au moins partiellement – l'objectif traditionnel de la neuropsychologie, à savoir l'établissement d'un rapport entre les structures cérébrales et le fonctionnement mental (10).

Les neurosciences représentent une discipline clé dans l'explication des phénomènes mentaux (*voir l'article de G. Chapelle : «Neurosciences : l'exploration d'un continent, le cerveau»*). Elles nous ont permis d'affiner nos connaissances de la structure et de l'organisation qui sous-tendent les processus de l'esprit. Mais elles ne constituent qu'une des nombreuses perspectives possibles de l'étude des phénomènes mentaux chez l'homme. Comme l'a souligné le psychiatre Edouard Zarifian, l'homme est un être «bio-psychosocial» (11). La complémentarité des perspectives est indispensable à l'étude de cette entité à double face que représente l'esprit-cerveau. Il est important de confronter les connaissances neuro-scientifiques avec celles de la psychologie et des autres sciences humaines.

10. T. Shallice, *Symptômes et modèles en neuropsychologie : des schémas aux réseaux* (traduction : M. Siksou), Puf, 1995.
11. E. Zarifian, *Les Jardiniers de la folie*, Odile Jacob, 1988.

JEAN-FRANÇOIS DORTIER*

PEUT-ON NATURALISER LA PENSÉE ?**

Naturaliser la pensée : tel serait l'objectif des sciences cognitives selon certains philosophes et chercheurs qui voudraient réintégrer l'étude de l'esprit humain dans le cadre des sciences de la nature.

LA TRADITION philosophique occidentale pose l'esprit humain comme faisant partie d'un monde à part, situé hors de la nature et échappant à ses lois. Ainsi, pour Platon, les idées appartiennent à un monde supérieur, qui est au fond la seule réalité tangible ; le monde que l'on croit être réel – celui des poules, des maisons, des nuages et des êtres humains – n'étant qu'un reflet déformé du monde des idées. René Descartes adopte quant à lui une position « dualiste », fondée sur un découpage entre d'un côté le monde de la matière, de l'autre celui des idées.

Les sciences humaines sont largement héritières de cette vieille tradition de pensée qui consiste à séparer le monde humain en deux : la matière et l'esprit, la nature et la culture, le mental et le corporel, le biologique et le psychologique. Aujourd'hui, tout un courant de pensée cherche à rompre avec cette vision et veut réintégrer l'esprit dans le monde matériel. Tel est le programme de « naturalisation de l'esprit » défendu par des philosophes et chercheurs en sciences cognitives. Mais qu'entend-on au juste par naturalisation de l'esprit ? S'agit-il d'en finir avec les sciences humaines – de l'anthropologie à la psychologie – et de les dissoudre dans les sciences de la nature ? En fait, derrière une position de principe générale assez vague – réintégrer l'étude de l'esprit dans une optique

* Rédacteur en chef du magazine *Sciences Humaines*.
** *Sciences Humaines*, hors série n° 38, septembre-novembre 2002.

naturaliste – se précise toute une gamme de positions différentes.

Le mot d'ordre a été lancé au milieu des années 90 par une pléiade de philosophes américains – Fred Drestke, Jerry Fodor, Ruth Millikan –, puis repris par des collègues et émules français : Jean Petitot, Pascal Engel, Joëlle Proust, Elisabeth Pacherie, Pierre Jacob, Dan Sperber.

Par exemple, pour Marc Jeannerod, directeur de l'Institut des sciences cognitives de Lyon, naturaliser la cognition revient à «*introduire les contraintes biologiques dans le fonctionnement cognitif*» (1). Le cerveau étant un organe comme les autres, on ne voit pas pourquoi les conduites et représentations qu'il génère ne seraient pas soumises à ses contraintes physiologiques. Les lésions spécifiques qui perturbent le fonctionnement intellectuel (aphasie, maladie de Parkinson), de même que les caractères stéréotypés des troubles psychiatriques (autisme, maniaco-dépression) en témoignent.

L'anthropologue D. Sperber plaide lui aussi pour une naturalisation de l'esprit. Mais dans une optique un peu différente. Pour lui, naturaliser l'esprit consiste à découvrir les «mécanismes de la pensée». De même que l'estomac, l'ordinateur ou le moteur de voiture sont des mécanismes chargés d'exécuter des fonctions selon des procédures constantes, le cerveau fonctionne lui aussi en mettant en branle toute une série de micromécanismes : des petits modules spécialisés qui lui servent non seulement à reconnaître les couleurs ou marcher, mais aussi à classer son environnement en classes

d'objets, à maîtriser les règles de grammaire, reconnaître les visages, etc. Ces modules, hérités de l'évolution, forment en quelque sorte la boîte à outils de notre système mental (2).

Pour le philosophe F. Drestke, la naturalisation de l'esprit renvoie encore à une autre perspective. A la causalité physique qui régit la matière, doit correspondre – en un strict parallélisme – une causalité des représentations mentales. De même que dans un ordinateur il existe un parallélisme strict entre la logique symbolique du programme informatique et un état de la matière (excitation électrique), il s'agit d'établir un parallélisme entre le contenu sémantique d'une représentation mentale (« *Je vais à Saint-Tropez*», «*j'aime la mer*») et l'état physique qui lui correspond (3).

Bien d'autres formules existent sous le chapeau général de naturalisation de l'esprit. Pour le philosophe Paul Churchland, par exemple, il ne s'agit ni plus ni moins que de rapporter toute activité mentale à son support neuronal, et donc à terme de supprimer la psychologie au profit de la neurologie.

Le programme de naturalisation renvoie, en fait, à des projets assez différents selon l'idée que l'on se fait de la « nature » de référence : le grain de sable, la méduse ou le cerveau font tous trois partie de la nature. Mais obéissent-ils aux mêmes règles d'organisation ? L'étude du grain de sable relève de la physique et de la géolo-

---

1. *La Nature de l'esprit*, Odile Jacob, 2002.
2. *La Contagion des idées*, Odile Jacob, 1996.
3. *Naturalising the Mind*, MIT Press, 1995.

gie, celle de la méduse, de la physiologie et de la biologie. Qu'en est-il du cerveau ? S'il appartient indiscutablement au monde naturel, quelle est la science qui est la mieux à même d'étudier son fonctionnement : la physique, la chimie, la biologie, la physiologie, la génétique, la théorie de l'évolution, l'intelligence artificielle ? Et pourquoi pas, aussi, la psychologie ? Faute de répondre précisément à ces questions, le programme de naturalisation de l'esprit reste assez vague et tombe peut-être dans le piège du dualisme cartésien qui oppose de façon artificielle deux réalités abstraites : celle de la nature d'un côté, celle de l'esprit de l'autre.

CHAPITRE VII

La pensée animale

CE QUE NOUS APPRENNENT LES CHIMPANZÉS

ENTRETIEN AVEC DAVID PREMACK*

Enseigner un langage à des chimpanzés explique beaucoup de choses sur la fonction symbolique et l'apprentissage. David Premack étudie, dans la même logique, l'émergence de la pensée chez les enfants.

Sciences Humaines : **David Premack, vous êtes surtout connu en France comme l'un des psychologues qui ont tenté d'apprendre à parler à des chimpanzés. Pourquoi vous êtes-vous lancé dans cette entreprise ?**

David Premack : A l'époque, c'était à la fin des années 50, je m'intéressais au langage. Personne n'en comprenait la nature. Pour tenter de voir ce qu'est une compétence donnée, ma technique est de l'enseigner à quelqu'un qui ne la possède pas. Si vous y réussissez, c'est que cette personne possède déjà les aptitudes de base requises pour acquérir cette compétence, aptitudes que vous pourrez identifier. Cela veut aussi dire que vous êtes parvenu à proposer à cette personne les expériences pour amener ses aptitudes latentes à s'exprimer pleinement. Le chimpanzé, qui est la créature non humaine la plus proche de l'homme, était le meilleur cobaye que je pouvais trouver.

SH : **Vous n'avez jamais eu pour objectif, comme certains de vos collègues, d'engager un dialogue avec une autre espèce ?**

D.P. : Certainement pas ! Je sais, il y a beaucoup de gens – y compris des collègues – qui professent que seule l'arrogance des humains les convainc de leur supériorité sur les chimpanzés, qu'il n'y a guère de différence entre eux et nous. C'est ridicule ! La différence crève les yeux ! Je ne me suis jamais posé cette question, cela va de soi. Mais quelle est exactement la nature de cette différence ? Et ça, c'est une question difficile, voilà quarante ans que j'essaie d'y répondre.

Cela dit, j'aime bien les chimpanzés. J'apprécie les êtres qui ont une riche vie affective, qui expriment leurs sentiments – et c'est leur cas. J'aime leur bonheur de vivre. Un chimpanzé qui mange une pomme me fait toujours penser à Charlot qui, dans *La Ruée vers l'or*, se fait cuire une chaussure, et suce les lacets : même anticipation du plaisir de manger, même air de

* Professeur émérite de psychologie à l'Université de Pennsylvanie, spécialiste de l'intelligence des animaux et des enfants. Ouvrage traduit en français : L'Esprit de Sarah (avec Ann James Premack), Fayard, 1994.

gourmandise… Ils sont également sociables et affectueux. Laissez-moi vous raconter l'histoire de Sarah, ma première acquisition. Au début, c'est moi qui l'ai prise en charge, qui l'ai nourrie, changée, etc. Puis, je l'ai confiée à quelqu'un d'autre et je suis parti. Quand je suis revenu, assez longtemps après, et que je suis entré dans la pièce où elle était assise sur une table, elle est devenue rigide et elle est tombée de la table ! Elle a été longue à me pardonner, et notre relation n'est jamais redevenue ce qu'elle avait été : en termes de mélodrame, je l'avais trahie et abandonnée.

SH : **Pour apprendre à parler à des singes, vous avez été le premier à substituer au langage des signes – celui qu'on emploie avec les sourds – un langage artificiel. Pourquoi ?**

D.P. : Le langage des signes repose sur la mémoire, et il laisse trop de marge à l'interprétation. Pour remplir mon objectif, j'avais besoin d'un modèle simplifié du langage humain, qui puisse être enseigné selon une procédure rigoureuse et parfaitement contrôlée. Le langage que j'ai inventé est constitué de formes découpées dans du plastique et doublées de métal. Chacune représente un mot. Pour composer une phrase, le singe doit choisir les mots appropriés parmi ceux qu'il a devant lui et les placer, l'un sous l'autre, sur un panneau aimanté. Les mots sont bien visibles, ainsi que leur disposition ; et la nature du matériel permet de simplifier ou de compliquer la tâche à volonté, donc de maîtriser l'apprentissage.

SH : **Comment se déroulait cet apprentissage ?**

D.P. : L'instructeur commence par établir un rapport social avec l'animal – essentiellement en lui offrant des aliments qu'il aime, dans une ambiance amicale. Puis il associe le symbole choisi pour un fruit avec ce fruit, et persuade l'animal de placer ce symbole sur le panneau avant de lui donner ce fruit. Ensuite, Sarah doit d'abord afficher le nom de l'instructeur présent (que celui-ci porte autour du cou) avant celui du fruit : « Mary pomme ». Mais pas « pomme Mary » : cet ordre des mots est refusé, car la phrase visée est « Mary donne pomme Sarah », et il ne faut pas que l'animal ait à désapprendre quelque chose.

Le succès, même s'il n'a pas été facile ni rapide, nous a montré que le chimpanzé était prêt à s'engager dans un dialogue sur sollicitation de son instructeur ; et cela nous a encouragés à employer cette procédure pour enseigner différents concepts – et ensuite, pour vérifier qu'ils avaient été compris. Par exemple, pour enseigner le mot « semblable » à Sarah, nous avons placé devant elle des objets identiques, avec le seul symbole « semblable » à placer entre eux ; de même, ensuite, pour « différent » ; et c'est seulement quand nous avons pensé que les concepts étaient acquis que nous l'avons testée en posant devant elle des objets tantôt semblables, tantôt différents, et en laissant à sa disposition les deux symboles, à charge pour elle de choisir le bon.

SH : Sarah et ses compagnons ont-ils acquis le langage ?

D.P. : Si vous entendez par là : ont-ils appris à parler comme nous, non ! Ils ont acquis des compétences langagières, en particulier Sarah, qui a été ma meilleure élève. Ils ont acquis du vocabulaire, ils ont appris à comprendre et à produire un certain nombre de phrases, à reconnaître l'ordre des mots (c'est-à-dire à saisir la différence entre « Mary donne pomme Sarah » et « Sarah donne pomme Mary »). Mais leur utilisation spontanée de leurs connaissances linguistiques était très limitée. Elizabeth utilisait parfois ses symboles en plastique pour décrire ce qu'elle était en train de faire ; Sarah les chipait à son instructeur, pour reproduire dans un coin les questions qu'on lui avait posées au cours de ses leçons, et pour y répondre. Mais ni l'une ni l'autre ne les a jamais utilisés pour poser spontanément une question, fût-elle aussi simple que « qu'y a-t-il sur cette table ? » – alors que Sarah avait appris le symbole pour interroger.

La raison en est, je crois, que le chimpanzé ne sait pas qu'il y a des lacunes dans son savoir ; donc il n'éprouve pas le besoin de les combler. Il n'éprouve pas non plus le besoin de partager avec vous sa découverte du monde. Un jeune enfant, avant même de savoir parler, va traîner sa mère vers la fenêtre pour lui montrer tel ou tel objet – pas parce qu'il veut cet objet : simplement pour partager l'excitation de sa découverte avec elle. Cela, je ne l'ai jamais vu faire à un chimpanzé. Je ne peux pas jurer que cela ne soit jamais arrivé avec l'un ou l'autre des animaux élevés par mes collègues, mais c'est sûrement très rare, alors que c'est très fréquent chez les enfants. Donc, l'apprentissage du langage par les singes reste très limité. On est bien loin du langage humain.

SH : Les performances intellectuelles de vos animaux, telles que vous les décrivez (1), sont remarquables. Mais, n'est-ce pas le langage qui les a rendues possibles ?

D.P. : Oui, c'est vrai, l'esprit du singe est intéressant – parce que, avec un bon apprentissage, on peut en élever le niveau. J'ai été moi-même surpris de voir Sarah comprendre les analogies – par exemple, qu'il existe la même relation entre la boîte de conserve et l'ouvre-boîtes qu'entre la serrure et la clé. Cette analogie n'est pas basée sur la ressemblance physique, mais sur l'identité de la fonction « sert à ouvrir ».

Toutefois, j'aurais pu m'attendre au fait que les chimpanzés soient capables d'une conception abstraite d'actions, rien qu'en observant leur comportement moteur. Supposons que vous regardiez différentes espèces d'animaux franchir la rue d'un bond, puis recommencer : lapins, chevaux, moutons, etc., vont s'y prendre toujours de la même manière. Mais pas les chimpanzés : ils vont atterrir tantôt sur quatre pattes, tantôt sur deux, tantôt en faisant une culbute… Cette diversité montre qu'ils disposent d'une catégorie abstraite « saut », regroupant une série de mouvements qui ont cette même fonction.

SH : Le langage n'amène-t-il pas un progrès supplémentaire ? Ce n'est quand même pas un hasard si vos trois singes entraînés au langage ont, à plusieurs reprises, réussi des tests dans lesquels les quatre singes « muets » ont échoué ?

D.P. : Evidemment, ce n'est pas un hasard, mais l'apprentissage du langage est quelque chose de très complexe, qui comporte bien des facettes. J'ai essayé de discerner quel était le facteur critique dans cet apprentissage. Etait-ce la compréhension des phrases ? Je l'ai cru – mais c'est faux. Le facteur critique, le seul qui fasse la différence, c'est l'acquisition du concept de « semblable » et « différent ». C'est celui-là qui rend l'animal capable de transfert : il acquiert la notion d'analogie entre objets de formes semblables à l'aide de cette notion de semblable-différent, par exemple, et ensuite, il réussit un test d'analogie entre objets de fonctions différentes. S'il n'a pas appris ce concept, il peut quand même acquérir la notion d'analogie, au terme de centaines d'essais ; mais, quand on voudra passer à une autre sorte d'analogie, il faudra recommencer à zéro.

Qu'est-ce qui confère sa puissance à ce concept ? Cela reste mystérieux. Je n'ai pas essayé tous les couples de notions possibles, mais je suis convaincu qu'enseigner à l'animal «droite-gauche», «devant-derrière» n'aurait pas le même effet. Peut-être y a-t-il d'autres concepts à trouver, qui seraient de la même façon capables de faire réellement progresser l'esprit du chimpanzé? Je n'en sais rien.

SH : Il y a donc encore des choses qui mériteraient d'être étudiées chez les chimpanzés? Pourtant, vous avez renoncé à le faire...

D.P. : Oui, mais pas parce que le sujet était épuisé! Si j'avais vingt ans de moins, et que j'étais assez bête pour cela, je pourrais aisément me tracer un programme – ou, de préférence, le tracer pour quelqu'un d'autre – de vingt questions sur les chimpanzés qui sont encore sans réponses; et, quand les réponses auraient été trouvées, je recommencerais avec vingt autres questions... C'est un sujet inépuisable! Mais moi, j'abandonne. J'en ai assez des chimpanzés. Quand j'ai monté ce laboratoire, je n'avais nulle intention de consacrer ma vie à les étudier. Ce qui m'intéresse, c'est de savoir qui nous sommes, nous; pas qui sont les chimpanzés.

SH : Alors vous êtes passé à l'étude des enfants?

D.P. : Je me suis toujours intéressé aux enfants. Dès le début, tout en m'occupant de mon laboratoire, je faisais travailler sur les enfants une petite équipe de mes étudiants à l'université de Pennsylvanie; mais je n'avais pas publié grand-chose. A partir de la fin des années 80, je me suis donc consacré à l'étude de jeunes enfants. Pas sur le plan du langage – ça ne m'intéresse plus – mais sur le plan de la socialisation. En particulier de ce que nous en sommes venus à appeler «théorie de la pensée » (ce que les Anglais appellent *theory of mind*) : l'étude de la manière dont l'enfant conçoit la pensée des autres.
Quand commence-t-il à se représenter ce que pense autrui? Comment se le représente-t-il? Je me suis rendu compte que l'étude du mouvement offrait d'énormes possibilités : montrer à un enfant un objet en déplacement et analyser l'interprétation qu'il donnait de ce déplacement nous a mis sur des pistes aussi fondamentales que la genèse des notions de «cause» et d'«attribution d'intentions».

SH : Comment avez-vous procédé?

D.P. : Au début, nous avons utilisé des balles de ping-pong

fixées sur une tige. On les déplaçait derrière un drap, pour cacher les tiges, et on filmait leurs déplacements. Ensuite, nous avons projeté le film aux enfants et nous les avons testés – d'où un premier article, publié par *Science*, en 1989. J'ai revu ce film depuis : il était tellement mauvais que je suis étonné d'être parvenu à des résultats !

Nous ne pouvions pas continuer ainsi, il nous fallait un instrument conçu avec rigueur. C'est Ann qui a résolu le problème : elle a adapté des programmes d'animation existants sur ordinateur.

SH : Quels résultats avez-vous obtenus avec ce dispositif ?

D.P. : Nous avons pu montrer que, dès l'âge de dix mois, les enfants voient comme «intentionnels» les déplacements des balles, et qu'ils leur attribuent une «valeur morale» : positive pour les comportements de «caresse» et d'«aide», négative pour les «coups» et le comportement de «barrage» (*voir encadré après l'entretien*).

SH : Comment pensez-vous poursuivre ?

D.P. : Nous souhaitons étudier d'abord la «généralité» de ces attitudes, ce qui est facilité par le fait que nos animations sont sans paroles : le langage n'est pas un obstacle à leur utilisation. Avec ce dispositif, je compte aussi faire tester des chimpanzés par l'intermédiaire d'un de mes anciens étudiants, qui travaille au Japon, ainsi que des enfants appartenant à des cultures différentes, des enfants autistes…

Mais je ne compte pas m'arrêter à des constats : l'éducation est l'une de nos principales préoccupations, et nous lui faisons la part belle dans notre dernier livre (2). Nous pensons que de jeunes enfants sont capables d'assimiler des notions réduites à l'essentiel, au moyen d'animations du type de celles que nous avons employées, bien avant de pouvoir le faire dans le monde réel. L'ordinateur pourrait donc être utilisé comme outil éducatif pour inculquer les connaissances de base, réduites à l'essentiel, dans les domaines où elles sont bien établies, comme la physique ou la biologie.

Il y a un autre domaine que j'ai particulièrement envie d'étudier : celui de l'appartenance à un groupe. On voit toute l'importance de cette notion dans la vie réelle, les conséquences parfois épouvantables qu'a entraînées la tendance à faire une distinction radicale entre «nous» et «eux». Les recherches de psychologie sociale effectuées à ce sujet ne me satisfont pas, elles manquent de rigueur. Elles ne répondent pas à la question essentielle : qu'est-ce qui pousse à considérer un ensemble d'individus comme un groupe ? Nous avons réalisé une étude préliminaire avec notre dispositif de balles blanches et noires, afin de déterminer ce qui, dans la façon dont elles se déplacent, va amener le jeune enfant à considérer qu'il s'agit, ou non, d'un «groupe de balles». On ne peut pas encore parler de résultats, mais nous pensons que cette perception précoce du groupe existe. Et nous avons des idées pour perfectionner le dispositif qui nous permettrait de l'étudier en détail.

Propos recueillis par
CLAUDIE BERT
(*Sciences Humaines*, n° 80, février 1998)

---

1. Voir en particulier *The Mind of an Ape,* écrit en collaboration avec sa femme, et seul ouvrage de D. Premack traduit en français, sous le titre de *L'Esprit de Sarah,* Fayard, 1984 (épuisé).
2. Avec A. Premack : *Original Intelligence : The Architecture o the Human Mind* (*L'Intelligence à son origine : l'architecture de l'esprit humain*), McGraw Hill, 2002.

Les bébés prêtent des intentions aux objets

Dans le prolongement de ses travaux sur le fonctionnement mental des bébés, David Premack a réalisé une recherche avec les enfants de deux crèches parisiennes. On sait, notamment depuis les travaux de la Québécoise Renée Baillargeon, qu'avant un an, les bébés ont déjà assimilé les notions de base concernant la nature physique des objets et de leurs relations : ils savent qu'un petit objet ne peut pas en contenir un plus grand, qu'un objet qu'on lâche tombe, etc.

Mais si l'objet physique des bébés est bien identifié, il n'en va pas de même de leur objet psychologique, c'est-à-dire des intentions et des valeurs que le bébé attribue à des objets en mouvement.

D. Premack utilise, dans son expérience, une animation à partir d'une boule blanche et d'une boule noire qui se déplacent sur un écran.
Dans le scénario « Caresse », la boule blanche se frotte doucement à la boule noire. Dans « Frappe », la boule blanche heurte la boule noire, qui s'aplatit. Dans « Aide », la boule noire s'élève le long d'une ligne verticale, mais retombe toujours jusqu'à ce que la boule blanche, en venant se placer dessous, la pousse à bonne hauteur. Dans « Empêche », le dispositif est le même mais la boule blanche se place au-dessus de la noire et l'empêche d'avancer.

D. Premack divise les 56 bébés en quatre groupes, pour leur faire visualiser les scénarios dans différents ordres.
L'hypothèse du chercheur est que les bébés qui ont vu les scénarios « Caresse » et « Aide » auront prêté à la boule blanche une attention amicale, positive. Ils seront donc plus surpris de la voir frapper la boule noire que ceux qui auront vu les scénarios « Frappe » et « Empêche ».
C'est ce qui se produit : la surprise se mesure par un temps plus long passé à regarder l'écran pour les groupes « Caresse » et « Aide ».

D'après D. Premack et A.J. Premack, « Infants Attribute Value +/− to the Goal-Directed Actions of Self-Propelled Objects », *Journal of Cognitive Neuroscience*, vol. 9, 6, 1997.

JACQUES VAUCLAIR*

LES ANIMAUX PENSENT-ILS ?**

La pensée animale est proche de la pensée humaine pour certaines capacités liées à la représentation, à l'abstraction et même au raisonnement. Il n'en est pas de même pour des processus cognitifs plus élaborés comme le langage.

« *J E SAIS BIEN que les bêtes font beaucoup de choses mieux que nous, mais je ne m'en étonne pas, car cela sert même à prouver qu'elles agissent naturellement et par ressorts, ainsi qu'une horloge, laquelle montre bien mieux l'heure qu'il est que notre jugement ne nous l'enseigne.* » (1) L'opinion exprimée par Descartes aurait pu sceller pour toujours le sort des animaux en les plaçant dans la catégorie des automates à laquelle le grand philosophe les a destinés. Il faut cependant rappeler qu'une telle préoccupation visait moins à exclure les animaux du domaine de la pensée humaine que de proposer une dissociation entre, d'une part, ce qui relève du fonctionnement automatique et de l'activité réflexe (le corps) et, d'autre part, ce qui est sous le contrôle de la pensée et de la conscience (l'esprit).

L'interrogation contemporaine concernant l'existence d'une pensée animale est d'ailleurs en partie issue de la problématique des réflexes. En effet, pour certains auteurs, les comportements des animaux ne sont que l'expression d'activités réflexes. Cette thèse a été longtemps soutenue par des éthologistes estimant qu'il y a chez les animaux des systèmes préprogrammés pour réagir à

---

* Professeur de psychologie à l'Université de Provence (Aix-en-Provence). Auteur notamment de *L'Homme et le Singe, psychologie comparée*, Flammarion, 1998, de *L'Animal Cognition*, Harvard University Press, 1996, et de *L'Intelligence de l'animal*, Seuil, 1995.
** *Sciences Humaines*, n° 87, octobre 1998. Texte revu et corrigé par l'auteur, octobre 2002.
1. R. Descartes, *Correspondance* IV, juillet 1643-avril 1647.

certaines stimulations dans l'environnement (les *stimuli* déclencheurs).

Une position divergente consiste à affirmer que les comportements des animaux ne résultent pas de simples réflexes, mais d'apprentissages plus ou moins longs et sont organisés selon des règles permettant flexibilité et capacité d'adaptation. Selon cette approche, la plupart des animaux possèdent des systèmes de traitement actif de l'information permettant l'adaptation à des changements dans l'environnement. Ils mettent en œuvre des capacités cognitives variées s'exprimant dans la perception, dans l'apprentissage, dans la mémoire, ou encore dans la résolution des problèmes.

Deux grandes interrogations

De nos jours, l'éthologie cognitive et la psychologie comparée (de l'homme et de l'animal) tentent essentiellement de répondre à deux grandes interrogations : «*Les animaux pensent-ils ?*» et, si oui, «*à quoi pensent-ils ?*»

Voyons tout d'abord ce qu'il en est de la première question. Les chercheurs s'interrogent sur l'existence ou non de représentations dans les comportements animaux et tentent d'en cerner la nature. Il s'agit, à partir de données expérimentales solidement contrôlées, d'inférer la nature des processus cognitifs mis en jeu.

Si l'on définit la pensée comme la « construction de systèmes de représentations grâce à l'expérience », il est évident que de tels systèmes peuvent être détectés dans le comportement animal. On a, par exemple, mis en évidence la capacité de représentation

sociale chez les animaux. Ainsi, Dorothy Cheney et Robert Seyfarth, professeurs respectivement de psychologie et d'anthropologie à l'université de Pennsylvanie, ont étudié des singes verts, les vervets, dans le parc d'Amboseli au Kenya (2). Dans un premier temps, ils ont enregistré les vocalisations spontanées de chacun des petits et ont ensuite attendu que l'un d'entre eux se trouve hors de la vue des femelles pour diffuser ces vocalisations à partir d'un haut-parleur dissimulé dans un buisson. Parmi d'autres observations, ils ont pu constater que les femelles regardent la mère du petit dont on diffuse les cris lorsque celle-ci ne s'oriente pas vers le haut-parleur. Il semble donc que les femelles peuvent associer le cri d'un petit à sa mère, et donc qu'elles possèdent une représentation de la relation entre un enfant et sa mère.

D'autre part, une certaine forme de raisonnement chez les animaux semble ressortir de diverses études portant notamment sur l'aptitude à la transitivité. On montre à un singe, par exemple, un ensemble d'objets entretenant entre eux une relation de type «A est plus grand que B» et «B est plus grand que C». Le singe répond en signalant qu'il comprend que A est plus grand que C. L'animal peut ainsi, à partir d'apprentissages de durées variables, arriver à une représentation ordonnée d'objets séparés. Toutefois, étant donné que cette capacité se retrouve dans divers groupes d'animaux (non seulement

2. D. Cheney et R. Seyfarth, *How Monkeys See the World. Inside the Mind of Another Species*, University of Chicago Press, 1990.

chez les singes, mais également chez les rats et les pigeons), il n'est pas certain qu'un raisonnement déductif existe toujours. Des auteurs ont proposé des explications plus simples en termes d'associations ou de traitement purement spatial pour rendre compte de ces comportements «logiques».

Si l'on admet que les animaux pensent (au sens d'aptitude à la représentation et au raisonnement), on peut faire un pas supplémentaire en se demandant à quoi ils pensent et s'ils sont en mesure de communiquer leurs pensées sous une forme proche du langage humain. Les chercheurs se sont notamment demandé si tel animal a une «théorie de l'esprit», autrement dit s'il est capable d'attribuer des représentations, des croyances ou des intentions à d'autres. L'étude de l'intentionnalité est devenue depuis près de vingt ans un thème de recherche majeur en primatologie.

Guy Woodruff et David Premack, professeurs de psychologie à l'université de Pennsylvanie, sont partis d'une définition de l'intentionnalité qui suppose que l'émetteur d'un message contrôle le contenu de celui-ci et comprend ses conséquences sur le destinataire (3). Un moyen de mettre en évidence cette capacité est de construire une situation expérimentale où un chimpanzé peut tromper l'expérimentateur. Ainsi, on place deux récipients en face de lui ; l'un contient un aliment favori, l'autre rien. Le chimpanzé n'accède à la nourriture que s'il fournit des informations à un premier partenaire humain, coopératif, c'est-à-dire qui partage avec le singe la friandise qu'il a trouvée grâce aux indications fournies par ce dernier

(pointage du doigt). Un autre partenaire humain est compétitif, en ce sens qu'il garde la nourriture pour lui lorsqu'il la trouve. G. Woodruff et D. Premack ont constaté qu'au début des tests, le comportement des singes est identique face aux deux types de partenaires. Mais, après quelques essais, le singe distingue les deux attitudes et adresse en conséquence au partenaire hostile des messages plus difficiles à décoder : il ne désigne plus le récipient du doigt, et un des chimpanzés a même délibérément désinformé le compétiteur en indiquant le récipient incorrect ! Cette expérience laisse supposer que les singes peuvent attribuer des intentions à autrui. Cependant, d'autres études aboutissent à une conclusion plus réservée. Alors que les chimpanzés peuvent comprendre et utiliser le geste de pointage du doigt pour réclamer un aliment, ils ne peuvent apparemment pas concevoir la signification du pointage chez l'homme. Cette différence est très vraisemblablement due au fait que les gestes des chimpanzés servent de procédures pour atteindre des buts mais ne constituent pas également, comme chez l'homme, des conventions de communication. Cette différence fondamentale dans ces usages repose sur une autre distinction : il semble que, contrairement aux humains, les singes rencontrent en fait de sérieuses difficultés à doter les autres d'intentions.

Une autre distinction majeure entre

3. G. Woodruff et D. Premack, «Intentional communication in the chimpanzee : the development of deception», *Cognition*, vol. 7, 1979. Voir aussi l'entretien avec D. Premack dans cet ouvrage.

l'homme et l'animal concerne l'usage d'outils. On connaît dans le monde animal de remarquables exemples de ce type d'activité chez des mammifères, des oiseaux, et même chez des invertébrés. Certaines populations de loutres de mer utilisent des pierres comme enclumes pour ouvrir des moules dont elles sont friandes ; une espèce de guêpe nord-américaine saisit parfois entre ses mandibules un petit caillou avec lequel elle tasse la terre obturant le trou dans lequel elle a pondu ; des chimpanzés taillent des branches pour « pêcher » des termites ou cassent des noix à l'aide d'une pierre servant de marteau. Mais ces instruments restent liés à une seule fonction immédiate. Ainsi, après avoir pêché ses termites, le chimpanzé ne se sert pas de la branche taillée pour titiller quelque autre animal ou pour se gratter l'oreille. De plus, l'outil humain peut être indéfiniment perfectionné, à l'inverse de l'outil animal.

Les animaux
parlent-ils vraiment ?

Depuis près de trente ans, la psychologie animale s'est intéressée à la capacité manifestée par certains mammifères marins (comme le dauphin) et par certains primates (comme le chimpanzé) à comprendre et à produire les rudiments du langage. De nombreuses études ont été réalisées à l'aide de gestes ou de symboles graphiques. Ces recherches, très médiatisées, sont pratiquement arrêtées aujourd'hui, en raison de leur coût élevé et du bilan mitigé qui en résulte. Elles ont mis en évidence l'aptitude des singes à manipuler des substituts arbitraires (gestes, symboles visuels) avec un cer-

tain degré d'abstraction. Par exemple, Sue Savage Rumbaugh, professeur de psychologie à l'Université de Georgie à Atlanta, a mis en place, avec son équipe, une expérimentation en plusieurs étapes (4).

Pour résumer, les singes ont deux aptitudes « linguistiques » évidentes : ils peuvent utiliser des symboles arbitraires à la place d'objets et d'actions, et sont capables d'utiliser ces symboles dans un contexte de communication instrumentalisée (pour atteindre des buts concrets) entre eux ou dans l'échange avec des partenaires humains. Peut-on pour autant appeler l'usage des signes du langage ?

S'il est vrai que les signaux manipulés par les singes entretiennent bien un rapport arbitraire avec les divers aspects de la réalité qu'ils représentent, il ne s'agit en revanche aucunement de cette forme d'arbitrarité que Ferdinand de Saussure appelle « *arbitrarité radicale* », qui est la caractéristique du langage. Celle-ci relie non pas un substitut à un objet (comme dans l'expérience avec les singes), mais un mot à un concept. En effet, une des propriétés uniques du langage humain est que les mots peuvent référer à d'autres mots ou à d'autres signes organisés en système. Les systèmes de communication des primates, aussi variés et sophistiqués qu'ils soient, ne présentent pas cette structure constitutive du langage qui fait, de plus, que chaque élément ou signe ne prend sa signification que par contraste et par opposition à tous les autres signes. Selon

---

4. S. Savage-Rumbaugh, S. Shanker, T. Taylor, *Apes, Language and the Human Mind*, Oxford University Press, 1998.

Claude Hagège, les chimpanzés déploient une «*intelligence représentative*», mais ne disposent pas d'une intelligence conceptuelle.

D'autres différences d'ordre structural apparaissent encore entre le «langage» des singes et le langage de l'homme et concernent l'absence, chez les premiers, d'une véritable syntaxe. Mais la différence la plus importante tient sans doute à la fonction des signaux utilisés, que ceux-ci soient des symboles, comme dans la fonction symbolique, ou des signes linguistiques proprement dits. En effet, le singe qui utilise des signaux le fait quasi exclusivement dans un contexte de demande (d'un objet, pour sortir, pour jouer, etc.). Chez l'homme, en plus de cette modalité «impérative», les mots sont aussi dotés d'une fonction «déclarative» qui a pour finalité de commenter le monde et de partager ses connaissances avec autrui. En bref, grâce à la modalité déclarative, le prélangage et le langage servent à échanger des informations. Cette fonction, quasi absente chez les singes, domine chez l'enfant humain dès l'âge d'un an et demi et devient systématique vers deux ans et demi.

Ce bref survol des travaux sur la cognition animale permet d'esquisser le tableau suivant sur la question de la pensée animale. On peut considérer que celle-ci existe, pourvu que l'on accepte, d'une part, que la pensée peut se passer du langage pour exister – comme des décennies d'études sur l'imagerie l'ont abondamment démontré –, et, d'autre part, que la pensée implique l'élaboration de «représentations internes». En effet, les animaux

utilisent et construisent de tels systèmes pour s'adapter à des situations nouvelles, sur le plan tant social que physique. Cette pensée animale organisant la perception et la mémoire n'est d'ailleurs pas fondamentalement différente de la pensée humaine. Elle s'exprime dans diverses adaptations allant de la recherche de nourriture à celle d'un gîte, dans la reconnaissance interindividuelle, dans la recherche de partenaires sexuels, dans les soins à la progéniture ou encore dans l'évitement des prédateurs. C'est parce que les perceptions sont schématisées sous forme de représentations que la flexibilité du comportement est possible. Grâce aux représentations, l'animal peut traiter des classes d'objets et pas seulement répondre à un objet donné pour lequel il a été entraîné.

Les systèmes nerveux qui réalisent ces grandes fonctions ont vraisemblablement suivi les mêmes pressions évolutives et il est donc tout à fait plausible qu'une continuité se manifeste entre ces pensées.

Si l'hypothèse continuiste peut être soutenue avec une certaine solidité dans le domaine de la perception et de la mémoire, elle devient en revanche contestable dans d'autres domaines de la cognition. C'est le cas de la maîtrise de codes de communication aussi sophistiqués que les systèmes linguistiques, ou de phénomènes comme l'intentionnalité, l'attribution de croyances ou la conscience de soi. Ainsi, les études ont révélé que si les grands singes sont capables d'apprendre la fonction de référence d'un substitut (lorsqu'un symbole abstrait représente un objet), ils

Kanzi, un surdoué... limité

Le chimpanzé bonobo Kanzi, élevé par Sue S. et Duane Rumbaugh est certainement l'élève le plus doué pour la compréhension et pour la production de signaux linguistiques abstraits.

Il a d'abord longuement observé sa mère s'exerçant sans succès avec des figures géométriques appelées lexigrammes (à chaque lexigramme correspond une action, un objet ou un qualificatif), puis il s'est mis spontanément à utiliser ce système pour réclamer de la nourriture et des jouets.

Kanzi comprend aisément ce que l'expérimentateur lui dit à travers les lexigrammes, mais s'avère beaucoup plus limité lorsque c'est lui qui est amené à produire des « phrases » à destination de l'expérimentateur. Dans la plupart des cas, il se sert de son clavier pour combiner seulement deux ou trois lexigrammes, dans des contextes visant à la recherche de satisfactions immédiates, tels que réclamer un aliment, demander à sortir ou à recevoir des chatouilles de la part de son professeur.

En même temps que les symboles graphiques, Kanzi peut comprendre environ 150 mots. Cette compréhension ne concerne pas seulement les mots isolés (une performance réalisée par de nombreux animaux, comme le chien), mais surtout leur ordre dans des enchaînements complexes. Par exemple, il sait faire la différence entre *« faire que le chien morde le serpent »* et *« faire que le serpent morde le chien »*.

Il est également susceptible d'exécuter correctement une consigne lui indiquant d'aller chercher la tomate dans le four à micro-ondes, alors même que des tomates se trouvent à d'autres endroits de la pièce.

n'en font pas un usage spontané en dehors du cadre restreint dans lequel les symboles sont acquis. De plus, ces symboles servent quasi exclusivement à atteindre des buts immédiats.

Il serait assurément naïf d'opposer de façon trop stricte la spécificité de la pensée de l'homme à celle de l'ensemble des animaux. Il est certain que les espèces sociales et notamment celles qui sont proches de l'espèce humaine (en particulier les chimpanzés) montrent des compétences sociales et cognitives bien différentes de celles des espèces solitaires et phylogénétiquement plus éloignées.

En conclusion, si les grandes fonctions de représentation semblent montrer une certaine identité et une continuité entre l'homme et l'animal, une rupture existe entre l'animal (singe compris) et l'homme. Elle est due à l'apparition chez *Homo sapiens* du langage verbal et de ses systèmes associés : croyances, conscience, capacités d'attribution d'intentions à autrui. En effet, le langage, conçu dans ce sens élargi, combine les composantes cognitives et communicatives en un système, cette association ayant un effet démultiplicateur sur les capacités représentatives ainsi que sur les capacités communicatives pour constituer un outil à la fois très complexe et très performant.

À PROPOS D'ÉTHOLOGIE COGNITIVE

ENTRETIEN AVEC JAMES ANDERSON*

L'approche cognitive montre que les primates font preuve d'une intelligence sociale : ils savent mentir, coopérer, manipuler l'autre...

Sciences Humaines : Quelle est l'importance de l'approche cognitive dans l'étude du comportement des primates à l'heure actuelle ?

James Anderson : Certains domaines qui se passaient auparavant de cette approche y font de plus en plus appel. Par exemple, dans les travaux qui portent sur l'utilisation du domaine vital et la recherche de nourriture, on se demande si les primates – et d'autres espèces animales d'ailleurs – élaborent des cartes mentales de leur environnement, afin d'améliorer l'efficacité de leurs déplacements en termes de coûts d'énergie et de rentabilité. On observe ainsi qu'ils sont capables d'organiser leurs parcours en minimisant leurs déplacements, en prenant des raccourcis par exemple. L'approche cognitive est désormais complémentaire de nombreux champs de l'éthologie.

SH : La clef de l'évolution intellectuelle des primates réside-t-elle dans la compréhension des phénomènes cognitifs mis en œuvre dans le domaine social, comme le proposent certaines théories ?

J.A. : Allison Jolly (1) a été la première à proposer cette théorie. D'après elle, c'est parce qu'ils ont appris à prêter attention aux relations entre congénères au sein du groupe – «qui a le pouvoir ?», «qui est ami de qui ?», «sur qui puis-je compter pour former une coalition en cas de conflit ?», etc. – que les pressions de sélection sur les capacités cognitives seraient intervenues dans le domaine social.

Plus tard, on a suggéré que l'intelligence des primates est non seulement sociale, mais aussi «machiavélique» à l'origine. Elle sert autant à effectuer des transactions avec son milieu qu'avec ses congénères. D'où les processus de coopération, de manipulation, d'exploitation de l'expertise de l'autre... Richard Byrne et Andrew Whiten (2) ou Franz de Waal (3) rapportent de nombreuses anecdotes où le congénère est utilisé comme «outil social».

* Primatologue, Senior Lecturer au Departement de psychologie de l'Université de Stirling (Ecosse). Parmi ses publications récentes : «Social cues and social rewards in primate learning and cognition», Behavioural Processes, 42, 1998.

SH : Les primates sont-ils uniques au plan de l'intelligence sociale ?

J.A. : Les animaux vivant dans des sociétés complexes pourraient bien montrer des processus d'intelligence sociale similaires : les éléphants, certains carnivores comme les loups ou encore les mammifères marins, tout particulièrement les dauphins. En fait, il n'y a pas beaucoup d'espèces qui ont été étudiées sous cet aspect, même à l'intérieur de l'ordre des primates. Et chez ceux-ci, on a prêté attention presque exclusivement aux espèces dont les sociétés sont multimâles ou multifemelles. On peut se demander ce qu'il en est des sociétés où la structure de base est monogame, comme par exemple les gibbons...

Les singes possèdent tout ce qu'il faut pour développer une intelligence sociale. Ils sont capables de mimiques faciales et, tout comme nous, ils s'en servent pour communiquer. Ils savent même inhiber ou modifier certaines expressions quand ils mentent. Leurs communications acoustiques sont complexes : les structures d'appel peuvent varier en fonction du contexte, des traditions vocales s'élaborent. Par exemple, Robert Seyfarth et Dorothy Cheney (4) ont observé au Kenya que les singes vervets émettent des cris d'alarme pour prévenir leurs congénères lorsqu'un prédateur est en vue. Ces cris sont différents selon le prédateur et provoquent des réponses adaptées : par exemple, quand le cri signale la présence d'un python, les vervets scrutent intensément le sol et s'enfuient dans les arbres, si cela est nécessaire. Il y a là le début d'une représentation sémantique. D'autres espèces, certains écureuils par exemple, montrent le même type de conduite.

SH : Les primates restent immatures très longtemps. Et ils jouent beaucoup, surtout les jeunes. Le jeu peut-il favoriser l'intelligence sociale ?

J.A. : C'est au cours de cette période d'enfance prolongée, où les petits sont très dépendants des adultes, que les traditions du groupe, les relations entre individus, etc., sont apprises. Le jeu est une forme d'apprentissage social. Quand les juvéniles s'adonnent à des jeux sociaux, au cours desquels ils se poursuivent, luttent, miment des activités sexuelles, les adultes exercent toujours une surveillance. Si le jeu devient trop violent et que, par exemple, un jeune mord un de ses compagnons, la mère de ce dernier peut intervenir : elle le prend avec elle, voire même elle punit le sujet trop turbulent. C'est dans ce genre de situations que les jeunes apprennent jusqu'où ils peuvent aller.

SH : Où en est le débat sur les possibilités de transmission des apprentissages chez le singe ?

J.A. : Il reste très vif ! (5) Prenons l'exemple bien connu de la «pêche» aux termites chez le chimpanzé. Bien que le petit puisse observer la manière dont sa mère utilise une baguette de bois pour collecter les termites dans leur nid, il lui faudra une longue période d'apprentissage avant de devenir efficace. Il y a facilitation sociale mais pas imitation : si le jeune cherche à pêcher des termites, c'est parce qu'il voit sa mère le faire, mais il est incapable d'adopter ce comportement de pêche – qui n'existe pas dans son répertoire – à partir de la seule observation du modèle très expérimenté qu'est sa mère. Le processus de perfectionnement vient de lui-même. Ce qui pourrait ne pas être toujours vrai, comme le montre une découverte de C. et H. Boesch (6) faite lors de l'observation des chimpanzés de la forêt Taï (Côte-d'Ivoire). Ces chimpanzés se nourrissent, entre autres, de noix sauvages qu'ils cassent avec un «marteau» (caillou, morceau de bois) après les avoir placées sur une «enclume» (constituée par un rocher ou des racines qui affleurent). La maîtrise de cette technique peut prendre jusqu'à dix ans ! Or, C. et H. Boesch ont observé une femelle chimpanzé prendre le marteau des mains de sa fille, qui s'acharnait en vain à casser une noix, l'orienter de manière correcte avec un mouvement très lent, casser quelques noix et enfin rendre le marteau à sa fille. Cette dernière a poursuivi ses essais en tenant le marteau dans la même position que sa mère. Cette scène témoigne d'une véritable intervention pédagogique.

SH : Cette observation de C. et H. Boesch met en évidence une intelligence « technique » des singes. Qu'en est-il de cette intelligence ?

J.A. : Les primates non humains possèdent une grande agilité des doigts : manipulateurs hors pair, ils utilisent, voire confectionnent des outils. Le chimpanzé est de loin le plus capable. Il utilise couramment des outils, tandis que le gorille ne s'en sert pas, sauf en captivité. Un lien pourrait exister entre l'usage d'outils et le régime alimentaire : en liberté, le gorille se nourrit de feuilles et d'herbes, qui sont très faciles à se procurer, tandis que le chimpanzé a une alimentation plus difficile d'accès : fruits, insectes. Chez les petits singes, à l'exception des capucins, l'usage de l'outil est très occasionnel. De fait, les capucins sont plus proches des anthropoïdes que des petits singes, tant pour leur usage de l'outil que par leur degré d'encéphalisation.

SH : L'aptitude à se servir d'outils est-elle corrélée à la capacité à se reconnaître dans un miroir ?

J.A. : C'est ce que l'analyse d'un grand nombre d'observations semble montrer. Il est probable que ces capacités reposent sur des processus cognitifs communs, dont l'émergence constituerait une étape fondamentale de l'évolution psychologique. Si l'on considère la reconnaissance de soi comme la faculté de se prendre comme son propre objet d'observation et donc d'avoir connaissance de ses propres états mentaux, on peut supposer que l'on est capable de se mettre à la place de l'autre, de se représenter ce qu'il pense, bref de lui attribuer des états mentaux. Dès lors, on peut expliquer et prédire le comportement de l'autre. Il semble que le chimpanzé, comme l'enfant de 3-4 ans, est capable de mettre en œuvre de tels processus d'attribution.

Gordon Gallup (7) est l'un de ceux qui ont tenté d'élaborer une théorie prenant en compte les hypothèses et découvertes de ces dernières années. Selon lui, la conscience de soi pourrait avoir évolué en réponse à des pressions sociales uniques, liées à la complexité croissante des relations interindividuelles. Grâce à l'émergence d'un accès à leur monde intérieur, les anthropoïdes primitifs auraient développé des stratégies destinées à anticiper et influencer le comportement des autres : coopération, duperie, etc. Ces stratégies constitueraient à leur tour une pression sélective pour l'élaboration d'expériences mentales plus sophistiquées. Du point de vue de l'évolution, nous pourrions bien être la source de notre propre intelligence... L'« esprit » (*mind*) pourrait avoir émergé du besoin de tenir compte des intentions et des expériences des autres.

Propos recueillis par
CHANTAL PACTEAU
(*Sciences Humaines*, n° 19, juillet 1992)

1. A. Jolly, *The Evolution of Primate Behavior*, MacMillan, 1995.
2. R. Byrne et A. Whiten, *Machiavellian Intelligence*, Clarendon Press, Oxford, 1988.
3. F. de Waal, *La Politique du chimpanzé*, Editions du Rocher, 1987.
4. D.L. Cheney et R.M. Seyfarth, *How Monkeys See the World. Inside the Mind of Another Species*, University of Chicago Press, 1990.
5. J.J. Roeder et J.R. Anderson (dir.), *Primates, recherches actuelles*, Masson, 1990.
6. C. Boesch et H. Boesch-Achermann, « Les chimpanzés et l'outil », *La Recherche*, 233, 1991.
7. G. Gallup Jr., « Chimpanzees : Self-recognition », *Science*, 167, 1970.

La ruse du gorille

Les singes mettent à profit leur intelligence dans tous leurs comportements sociaux : jeux, relations de pouvoir, recherche de nourriture...

Ce jour-là dans les monts Virungo (Rwanda), un groupe de gorilles se rend tranquillement vers un site d'alimentation, en suivant un chemin étroit. Alors qu'elle jette un regard sur la cime d'un arbre, la femelle S découvre une touffe de loranthus, une de ses nourritures préférées. Sans regarder les quatre individus qui marchent à la queue leu leu derrière elle, elle s'assied sur le bord du chemin et commence à se toiletter avec soin. Dès qu'il n'y a plus personne à portée de vue, elle arrête son toilettage, monte rapidement dans l'arbre, arrache la plante, la redescend à terre et la mange. Puis elle se presse pour rattraper ses compagnons. Cette scène, observée par la primatologue Dian Fossey (1), comme celles dont a été témoin Jane Van Lawick-Goodall (2) lorsqu'elle étudiait les chimpanzés en Tanzanie, ou d'autres observations comme l'utilisation de l'outil (3) ou les réactions devant un miroir, observées chez différentes espèces de singes (4), ont contribué à faire prendre conscience de l'insuffisance des modèles pulsionnels et béhavioristes dans l'explication des comportements animaux. Ces comportements ne résultent pas simplement d'instructions génétiques ou de réponses conditionnées. A l'encontre des positions mécanistes de l'éthologie traditionnelle, qui ne laissent pas de place aux spéculations sur les processus mentaux, les nouvelles théories postulent que les caractéristiques cognitives de l'animal ont évolué en réponse aux pressions de la sélection naturelle. Une nouvelle branche de l'éthologie est ainsi née, baptisée par Donald Griffin (5) « éthologie cognitive ». Désormais, l'animal est considéré comme un sujet qui intervient de manière active dans son environnement, fait des plans, anticipe, et, chez certaines espèces, coordonne ses actions avec celles de ses congénères. Depuis que l'étude de la pensée animale n'est plus bannie de la respectabilité scientifique, les chercheurs peuvent se pencher sur des sujets autrefois tabous, tels que l'intentionnalité, la représentation symbolique ou encore la transmission culturelle.
Revenons-en au comportement de la gorille S. Il pourrait être interprété comme la simple capacité à ne pas regarder un objet convoité en la présence de congénères. Mais une telle explication semble un peu «courte» pour rendre compte de la complexité du scénario observé par D. Fossey. De fait, ce scénario

suggère que S sait, d'une part, que ses compagnons n'ont pas vu la touffe de loranthus et, d'autre part, qu'ils vont se servir de son regard – si elle le focalise sur la plante – pour comprendre ce qui attire son attention. Dans ce cas, elle ne conserverait pas le bénéfice de sa découverte pour elle seule. Elle choisit de tromper ses compagnons : elle se lance dans une activité de diversion, le toilettage, qui justifie sa halte et qui est peu susceptible d'éveiller la curiosité des gorilles qui la suivent. En d'autres termes, S attribue à ses congénères la capacité à raisonner sur ses conduites. Pour David Premack (6), un individu capable de tels processus mentaux est un «psychologue spontané» (natural psychologist).

CHANTAL PACTEAU

1. D. Fossey, *Gorilles dans la brume*, France Loisirs, 1989.
2. J. Van Lawick-Goodale, *Les Chimpanzés et moi*, Stock, 1991.
3. H. Kummer, *Vies de singes*, Odile Jacob, 1993.
4. J. Anderson, «L'outil et le miroir : leur rôle dans l'étude des processus cognitifs chez les primates non humains», *Psychologie française*, 1, 1992.
5. D.R. Griffin, *La Pensée animale*, Denoël, 1988.
6 D. Premack et G. Woodruff, «Does the chimpanzee have a Theory of Mind?», *Behavioral and Brain Sciences*, 3, et 4, 1978. Voir aussi l'entretien avec D. Premack dans cet ouvrage.

À LA RECHERCHE DU SENS

ENTRETIEN AVEC BORIS CYRULNIK[*]

«Quand j'ai commencé à faire de l'éthologie humaine,
on m'a tout de suite opposé les dichotomies homme/animal,
biologie/langage, etc.»

Sciences Humaines : Votre dernier livre s'intitule *La Naissance du sens*. Pour mieux comprendre cette expression, vous décrivez, entre autres, l'observation de l'apparition du «pointer du doigt» chez l'enfant. C'est, dites-vous, la naissance du symbole. Quelles sont les conséquences de ce geste apparemment anodin ?

* Médecin, psychiatre et psychanalyste. Il anime un groupe de recherche en éthologie humaine à l'hôpital de Toulon-La-Seyne. Parmi ses publications : Sous le signe du lien. Une histoire naturelle de l'attachement, Hachette, 1989 ; Les Nourritures affectives, Odile Jacob, 1993 ; L'Ensorcellement du monde, Odile Jacob, 1997.

Boris Cyrulnik : Quand on fait ce geste devant un chien, il vient coller sa truffe devant le doigt et ne comprend pas que ce geste désigne autre chose. Son cerveau, sa pensée ne peuvent pas transformer les indices en signes. Les animaux pensent, mais leur pensée est nécessairement contextualisée. Ils ont des représentations qu'ils peuvent agencer, ils peuvent calculer, anticiper, mais tout cela est contextualisé, élaboré en fonction de l'environnement immédiat ; c'est une pensée perceptuelle. Les humains peuvent, en revanche, totalement se décontextualiser grâce à la parole. Ils peuvent affranchir leur réflexion des cadres de temps et d'espace, c'est une pensée conceptuelle.

D'un mot, je dirais que les animaux perçoivent des indices et s'en font des représentations, tandis que les humains perçoivent des indices et en font des signes. Jacques Cosnier pense ainsi que la parole introduit une véritable mutation biologique dans la pensée.

SH : Ainsi la fameuse danse des abeilles n'est pas un système de signes ?

B.C. : Non, la danse des abeilles est bien un code comportemental que Karl von Frish avait réussi à décoder, mais ce n'est qu'un ensemble d'informations soumises à un contexte immédiat en dehors duquel elles ne peuvent rien signifier.

SH : Et le langage par gestes ou par symboles appris à des chimpanzés par Howard Gardner, David Premack et les autres ?

B.C. : Certaines expériences vont en effet très loin (il faut toutefois tenir compte des critiques qui leur ont été adressées) et montrent qu'on est là en présence des débuts de la pensée conceptuelle, mais cela reste très contextualisé. De toute façon la distinction perceptuelle/conceptuelle est simplement didactique, il est évident que la pensée des chimpanzés n'est pas différente des premiers stades de la pensée humaine.

Pour revenir au pointer du doigt, je voudrais ajouter qu'il s'agit d'un ensemble comportemental : tout d'un coup l'enfant regarde la mère (ou le père ou l'éducatrice…), fait le geste du pointer du doigt et enfin tente en même temps une articulation verbale. C'est là un fait très important car, encore une fois, on ne l'a observé chez aucune autre espèce, pas même les primates. Et on sait aussi que ce comportement n'apparaît pas chez les enfants autistes, les encéphalopathes et tous ceux qui sont atteints au niveau du lobe temporal gauche, c'est-à-dire chez tous ceux qui n'ont pas le substrat neurobiologique pour transformer les sons en paroles. Ces enfants qui ne parlent pas ne peuvent pas non plus pointer du doigt. Ce geste est donc bien la préparation de la parole, c'est la naissance du signe. D'ailleurs le geste disparaît en partie lorsque la parole se développe ; et à l'inverse il réapparaît chez des personnes très âgées qui perdent l'usage de la parole. Il y a donc un ensemble fonctionnel corps-parole, un ensemble verbo-moteur. Quand la parole n'est pas encore en place, le corps prime ; dès que la parole se met en place, le corps passe en retrait ; et quand la parole s'altère, le corps prime à nouveau.

SH : **Avec l'exemple de l'acquisition de la bipédie, on peut illustrer l'idée que, chez les humains, aucun comportement n'est à proprement parler « naturel », tout est socialisé. Une fonction aussi élémentaire que la marche requiert un apprentissage. N'est-ce pas la démonstration de la stérilité de la dichotomie inné/acquis ?**

B.C. : C'est en effet un très mauvais débat qui a fait perdre des siècles aux philosophes et des dizaines d'années aux éthologues. Le simple fait de poser le concept de « nature » contient implicitement l'idée qu'il peut y avoir autre chose que la nature, donc quelque chose de surnaturel. Le simple fait de penser en termes nature/culture montre qu'on est imprégné d'esprit religieux, ou en tout cas qu'on est imprégné de ce dualisme que la pensée occidentale doit à son passé religieux. Or l'âme n'est pas un objet éthologique, et Dieu non plus ! Ce dualisme, dont Descartes a été le champion, a permis d'étudier le corps comme une mécanique, la partie animale de l'homme. On a pu ainsi disséquer le corps, ce qui avait été longtemps un crime. Ce dualisme a donc, à un moment historique donné, rendu des services à la science, en particulier à la médecine des humains. En revanche, il a été catastrophique pour les animaux puisque, lorsque j'ai commencé mes études de médecine, dans les années 60, on disséquait encore les animaux vivants. Ils criaient horriblement parfois, et les enseignants que j'interpellais me répondaient que ces cris étaient des réflexes normaux mais en aucun cas de la douleur. J'ai aussi parfois entendu des philosophes parler de « cochonnerie biologique ». De même encore la psychologie a longtemps fonctionné sur ce dualisme et l'on disait souvent que la parole n'avait pas de rapport avec la biologie. Or le fait de parler modifie toute notre émotivité, tous les substrats biologiques de notre émotivité. Il n'y a pas de coupure, dans les deux sens on peut montrer l'imbrication des fonctions.

Ainsi, comme vous le disiez en commençant, l'exemple de la bipédie nous montre que les enfants sauvages ne tentent pas l'aventure de la bipédie, ils marchent à quatre pattes. Ils peuvent aller assez vite, mais ils sont incapables de marcher et de courir droit. Cela s'explique non pas par une quelconque tare biologique comme on s'est longtemps plu à le dire, mais par l'absence des parents. On le voit très bien sur nos films : la bipédie est encouragée par les parents, elle est valorisée affectivement. Sans cet environnement affectif, l'enfant n'apprend pas à marcher debout.

SH : L'exemple de l'olfaction est encore plus clair, je crois ?

B.C. : Oui. C'est que le substrat biologique de l'olfaction est une molécule simple qui pénètre directement dans le nez et qui n'est pas corticalisée, mentalisée. Elle stimule directement le cerveau limbique qui est le cerveau des émotions et de la mémoire. L'expérience est la suivante : on fait respirer à des adultes des molécules simples et on constate que la perception est binaire ; on aime ou on n'aime pas, ça sent bon ou mauvais. Mais immédiatement après, on observe l'évocation de souvenirs qui tournent autour d'un interdit social : *« Ça me rappelle le jour où ma mère m'a interdit de manger telle ou telle chose »* ; *« Ça me rappelle le jour où je l'ai suivie derrière la haie, il y avait une odeur de blé coupé »*, etc. Ainsi l'odeur, dès que perçue, évoque une histoire, une simple molécule est déjà imprégnée de sens.

L'olfaction marche en fait de manière non consciente au

niveau neuro-endocrinien, et elle marche très bien puisque le tiers du poids total de notre cerveau est consacré aux circuits olfactifs. Il existe une maladie génétique qui détruit les bulbes olfactifs, et on a constaté que cette maladie empêche aussi la production des neuro-hormones. Ayant perdu la stimulation olfactive, des individus sont privés de certaines hormones. Cela donne des individus androgynes et atrophiés, avec de tout petits sexes, de tout petits seins, etc.

Sur le plan psychologique, ces individus sont tellement peu intéressés à la différence des sexes qu'ils ont vraiment du mal à concevoir une distinction entre un homme et une femme. L'identité sexuelle est quelque chose qui, là encore, est extrêmement socialisé, et les enfants élevés en isolement presque total ont sur ce plan aussi d'énormes difficultés. C'est encore un fait qui montre qu'on ne peut décidément pas séparer le psychologique du biologique.

SH : Nature/culture, inné/acquis, biologique/psychologique, autant de dualités qu'on doit donc abandonner, mais qui peuvent ressurgir sous d'autres formes car on n'a pas encore terrassé le préjugé de base qui consiste à placer l'homme au-dessus de tout le reste.

B.C. : Et oui ! Pourquoi veut-on à tout prix caractériser l'homme ? Tout est humain en nous. Il y a mille choses qui nous différencient d'un chien. Mais celui-ci se distingue aussi d'un singe. Tout est différent, chaque espèce est différente.

Propos recueillis par
LAURENT MUCCHIELLI
(*Sciences Humaines*, n° 19, juillet 1992)

LES OPÉRATIONS MENTALES

CHAPITRE VIII

Perception et réalité : la reconstruction du monde

CLAUDE BONNET*

LES TROIS ÉTAPES
DE LA PERCEPTION**

La perception n'est pas que contemplation et conceptualisation du monde. Elle est une activité biologique et mentale qui se déroule selon trois étapes.

LA PERCEPTION est la capacité qui permet à un organisme de guider ses actions et de connaître son environnement sur la base des informations fournies par ses sens. Parmi les diverses manières d'étudier cette capacité, les psychologues, les neuroscientistes (1) et les informaticiens qui s'intéressent à la perception ont adopté depuis une quarantaine d'années une conception dite du « traitement de l'information ». Selon cette approche, les mécanismes perceptifs sont un ensemble d'opérations réalisées par le cerveau sur les signaux que nos récepteurs sensoriels captent dans l'environnement.

Les informations constituées par ces signaux biologiques vont être utilisées de deux façons différentes. D'une part, elles sont employées de manière plus ou moins automatique dans la régulation des comportements moteurs (locomotion par exemple). Cependant, comme nous allons le voir, certains de ces comportements automatiques font aussi appel à des connaissances. Les informations reçues peuvent, d'autre part, être interprétées en termes d'objets et d'événements du monde extérieur, à partir des connaissances, des représentations que nous possédons en mémoire (2).

---

* Professeur de psychologie cognitive expérimentale à l'université Louis-Pasteur de Strasbourg ; auteur du *Manuel pratique de psychophysique*, Armand Colin, 1986 ; co-auteur du *Traité de psychologie cognitive*, Dunod, 1989.
** *Sciences Humaines*, n° 49, avril 1995.
1. Voir mots clés en fin d'ouvrage.
2. Voir l'article de G. Tiberghien, « Mémoires ou mémoires » dans cet ouvrage.

Certains psychologues, dont les gestaltistes (3), se sont moins intéressés aux mécanismes que l'organisme met en œuvre dans l'acte perceptif qu'aux apparences que prennent les choses dans notre perception. De notre point de vue, ce qu'ils décrivent est le produit fini des traitements perceptifs. La position gestaltiste n'est pas contradictoire, mais complémentaire, avec le point de vue analytique du traitement de l'information, à condition de ne pas confondre les deux niveaux d'approche utilisés par les uns et par les autres.

Pour percevoir le monde, par exemple reconnaître un objet, au moins trois grandes étapes de traitement sont nécessaires (4) :

– au cours de la première étape, les mécanismes mis en jeu dépendent des informations fournies par le stimulus et des caractéristiques du système sensoriel. A ce niveau précoce, le codage des informations sensorielles est automatique, ne fait donc pas appel à l'attention, et analyse séparément les différentes caractéristiques du stimulus ;

– la deuxième étape consiste dans le regroupement des informations, leur structuration en unités plus globales ;

– la troisième étape est proprement cognitive. Il s'agit d'identifier les objets ou les événements en interprétant les informations sensorielles extraites et structurées aux deux niveaux précédents. Des connaissances antérieures sont alors nécessaires pour réaliser cette identification ou pour réagir automatiquement à ces informations. La perception n'est donc pas seulement contemplation et conceptualisation du monde, elle est plus essentiellement une

activité à la fois biologique et mentale qui guide et contrôle nos actions.

Dans cet article, nous analyserons plus en détail les trois étapes de la perception en prêtant une attention particulière aux phénomènes appelés illusions. Celles-ci ont en effet été au cœur de nombreuses recherches en psychologie de la perception depuis un siècle. Il y a dans le terme d'illusion l'idée d'erreur, l'idée que la perception n'est pas la copie exacte de la réalité. Or, certains psychologues comme James Jerome Gibson avancent, au contraire, que toute l'information est contenue dans le stimulus et se trouve prélevée directement par notre organisme sans nécessité de traitement, ni d'interprétation cognitive. Pour eux, les illusions sont donc des artefacts de laboratoire. Pour d'autres, dont l'auteur de ces lignes, les illusions sont au contraire de précieux outils permettant de comprendre comment l'organisme traite l'information. Supposer que les illusions sont des erreurs induit que nous connaissons au préalable la réalité telle que la traite notre organisme, ce qui est une… illusion !

Précisons maintenant le contenu de chacune des trois étapes de la perception.

Première étape

Qu'est-ce qu'un stimulus ? Bien des questions sont mal posées au sujet de la perception, en raison d'une définition

---

3. Voir mots clés en fin d'ouvrage.
4. C. Bonnet, « La perception visuelle des formes », dans C. Bonnet, R. Ghiglione et J.-F. Richard, *Traité de psychologie cognitive*, vol. 1, « Perception, Langage », Dunod, 1989 ; C. Bonnet, « La perception », dans J.-L. Roulin, *Psychologie cognitive*, Bréal, 1998.

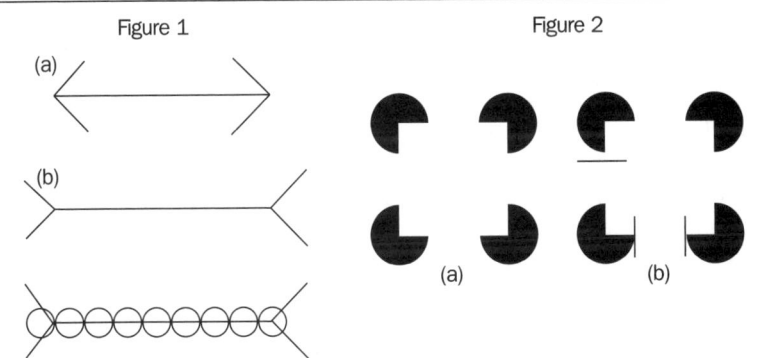

Figure 1

Figure 2

(a)

(b)

(a)

(b)

Ci-dessus est présentée la figure traditionnelle de Müller-Lyer dans laquelle le segment (a) est perçu plus court que le segment (b). En dessous est schématisée la perception de notre cerveau s'il mesurait la longueur des segments zone par zone.

(a) La figure de Kanizsa fait apparaître un carré illusoire dont la luminosité est supérieure à celle du fond et limité par des contours illusoires nets. (b) La présence de traits perpendiculaires aux contours supprime la perception de ces derniers.

non pertinente de ce que ce terme désigne. On peut illustrer ce problème par l'exemple de l'illusion bien connue de Muller-Lyer (*voir figure ci-dessus*). La description la plus courante de cette figure est la suivante : tracer deux segments de droite (a et b) d'égale longueur puis ajouter des pennures internes au segment (a) et des pennures externes au segment (b). L'illusion consiste à voir le « segment » (b) plus long que le « segment » (a). La description proposée est correcte puisqu'elle permet de reproduire la figure. Une machine à voir, un automate, qui estimerait la longueur des segments en comptant le nombre de points (pixels sur un écran d'ordinateur) alignés horizontalement donnera des estimations identiques des deux segments. Mais le système visuel ne fonctionne pas sur ce principe. Chaque neurone du système visuel répond à une petite zone de la rétine appelée son champ récepteur. Si notre automate estime la longueur des segments en additionnant les zones alignées horizontalement, il aura une illusion car il ne peut pas séparer nettement la fin des segments et les pennures. En fait, l'égalité des deux segments est une abstraction géométrique, pas un objet perceptif. Cet exemple implique une reconsidération des phénomènes généralement appelés illusions. Un autre exemple suggestif est celui des phénomènes appelés contours illusoires. La figure 2 (a) ci-dessus est appelée carré de Kanizsa. L'illusion consiste à voir une forme carrée de luminosité plus élevée que celle du fond et limitée par des contours nets. L'absence de traits entre les « *pacmen* » (inducteurs

233

noirs) ne permet pas pour autant d'affirmer qu'il n'y a pas d'information de contour pour le système visuel.

Or, une telle information de contour existe bien. On peut le démontrer, *a contrario*, en bloquant par un trait les terminaisons des segments des *pacmen* à l'origine des contours virtuels : le contour illusoire disparaît alors (*voir figure 2 (b)*).

Deuxième étape

Les informations locales extraites à l'étape précédente doivent ensuite être regroupées et structurées en formes globales. Ce processus a été l'un des thèmes privilégiés des gestaltistes (*voir l'article de L. Mucchielli « La* Gestalt *: l'apport de la psychologie de la forme »*). D'un point de vue phénoménologique, ces totalités (*gestalt*) nous paraissent immédiatement accessibles alors que la décomposition en parties requiert un effort. Ainsi, dans la figure de Kanizsa, nous avons conscience du carré avant toute analyse plus précise de la figure. Ce genre de constat a amené les gestaltistes à affirmer que la distinction entre une figure (ici le carré illusoire) et le fond (les quatre inducteurs noirs) est immédiate. En réalité, cette distinction figure/fond ne peut survenir qu'après la phase précédente, c'est-à-dire après que les différentes caractéristiques de la stimulation visuelle ont été codées séparément les unes des autres. C'est parce que ce regroupement est le « produit fini » de ces traitements, inaccessibles à la conscience, qu'il nous apparaît immédiat. Chaque modalité sensorielle constitue un système spécialisé de traitement doté de fonctionnalités précises.

Ainsi, le système vestibulaire (5) est sensible aux accélérations subies par notre corps, mais non à des vitesses constantes de déplacement. C'est le système visuel qui prend le relais lorsque notre corps est lancé à une vitesse constante.

Nous avons tous éprouvé un jour la sensation que le train dans lequel nous étions installés se mettait en marche avant l'heure prévue, alors qu'en réalité c'était le train voisin qui démarrait. Cet exemple montre que la vision a une double fonction : extéroceptive (elle nous informe sur les mouvements visuels des objets) et proprioceptive (elle nous informe sur les mouvements de notre propre corps).

En définitive, les illusions sont le résultat d'une bonne adaptation de notre système perceptif à l'environnement. C'est parce que notre système vestibulaire reste silencieux lorsque la vitesse devient constante que nous ne descendons pas trop souvent d'un train en marche !

Au cours des deux premières étapes que nous venons d'étudier, les traitements dépendent uniquement des propriétés du stimulus et des caractéristiques des systèmes neurosensoriels. Mais pour reconnaître un objet, notre organisme doit interpréter les informations disponibles. C'est au cours de cette troisième phase qu'interviennent des mécanismes proprement cognitifs et en particulier des représentations, c'est-à-dire des connaissances stockées en mémoire.

---

5. Voir mots clés en fin d'ouvrage.

Troisième étape

Dès la naissance, chaque organisme peut manifester des réponses réflexes à des stimulations de l'environnement. Ces comportements n'impliquent pas à proprement parler des connaissances. C'est la maturation et l'expérience qui permettent d'acquérir les connaissances servant à réguler nos comportements. De nombreux comportements se réalisent de manière totalement automatique. C'est le cas, par exemple, de toutes les activités motrices que nous exécutons simultanément, marcher, faire des gestes avec les mains ou les bras, exécuter des mimiques. Notre organisme traite donc simultanément une énorme quantité d'informations dont quelques-unes seulement donnent naissance à des perceptions conscientes. Par activités cognitives, nous entendons toutes les activités à la fois biologiques et mentales qui impliquent des connaissances sur le monde ou sur nous-mêmes. Ces activités et ces connaissances ne sont, et de loin, pas toutes conscientes ni même explicitables par la réflexion. C'est le cas, par exemple, des connaissances implicites, particulièrement intéressantes à étudier.

Ainsi, un lecteur francophone adulte à qui l'on présente les deux suites de lettres RETIME et ZONUCI peut très rapidement affirmer que la seconde ne peut pas être un mot de la langue française, tandis que la première le pourrait. Ces deux suites ont été formées à partir des fréquences d'usage de groupes de deux lettres (digrammes) dans notre langue. Les digrammes RE, MTI et ME sont communs en français, contrairement à ZO, NU et CI. Cette expérience

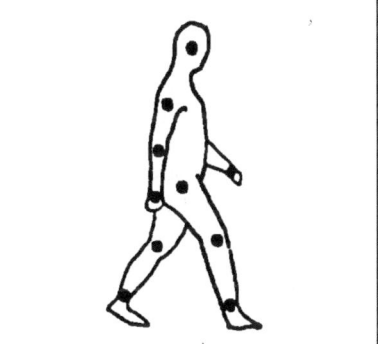

Figure 3 : dispositif permettant de voir un mouvement biologique. Seules les lampes (points noirs) sont visibles.

et de multiples autres montrent que nous connaissons approximativement ces fréquences et que nous les utilisons « sans y penser ».

D'autres connaissances implicites sont encore plus surprenantes. Dans une expérience, on présente aux sujets des séquences de points lumineux en mouvement correspondant aux mouvements des articulations d'un personnage par ailleurs invisible (*voir figure 3 ci-dessus*). Les sujets identifient aisément qu'il s'agit d'un être humain en train de marcher ou de courir. Ils distinguent même si le personnage est un homme ou une femme. Mieux encore, un groupe de six sujets qui se connaissent arrivent à identifier assez exactement quelle est, parmi eux, la personne présentée à l'écran, sous forme de points lumineux en mouvement. Enfin, les sujets se reconnaissent, en moyenne, mieux eux-mêmes qu'ils ne reconnaissent les autres. Ce dernier résultat est particulièrement intéressant car il ne nous arrive pas fréquemment de voir notre propre image en train de marcher ! Il semble donc que nous puissions transposer des informations motrices en représentations visuelles, sans pourtant être capables de préciser ce qui caractérise notre façon de marcher par rapport à celles d'autres sujets.

Nous pouvons tirer une conclusion générale essentielle des travaux présentés ici. Les traitements cognitifs ne concernent pas que les représentations conceptuelles et symboliques auxquelles on pense habituellement lorsqu'on parle de cognition, mais également les aspects les plus automatiques des mécanismes perceptifs. De plus, les illusions perceptives ne doivent pas être considérées comme des erreurs, mais comme des effets ordinaires du fonctionnement de nos systèmes sensoriels.

CHANTAL PACTEAU*

LA GENÈSE DES SENS**

DU FŒTUS AU NOUVEAU-NÉ

Dans le ventre de sa mère, le fœtus perçoit déjà des choses du monde extérieur. Il y a continuité de la perception de l'état prénatal à l'état postnatal.

« *D*ANS CERTAINES CULTURES *extrême-orientales, on inclut les neuf mois de la gestation dans le calcul de l'âge d'un individu, marquant ainsi symboliquement la continuité de son développement* », écrivent les psychobiologistes du développement Jean-Pierre Lecanuet, Carolyn Michaux-Granier-Deferre et Benoît Schaal, tous trois chercheurs au Laboratoire de psychobiologie du développement EPHE/CNRS (1).

Cette tradition – opposée à la perspective occidentale qui souligne plutôt les éléments de discontinuité entre les périodes pré et postnatale – trouve désormais un fondement scientifique. La maturation de tous les systèmes sensoriels est assez avancée pour permettre leur fonctionnement pendant le dernier trimestre de grossesse. Par ailleurs, on sait que des *stimuli* sensoriels qui font partie de notre environnement quotidien (odeurs, saveurs, sons, en particulier) parviennent au milieu intra-utérin. L'arôme des aliments absorbés par la mère est parfois si intense que le liquide amniotique peut véhiculer, à la naissance du bébé, l'odeur des derniers repas qu'elle a pris avant l'accouchement (2) !

Sous certaines conditions, ces *stimuli* peuvent provoquer des réponses de la part du fœtus (modification du rythme

* Chargée de recherche au CNRS, Laboratoire cognition et développement.
** *Sciences Humaines*, n° 49, avril 1995.
1. V. Pouthas et P. Jouen (dir.), *Les Comportements du bébé : expression de son savoir ?*, Mardaga, 1993.
2. B. Schaal et R.H. Porter, « L'Olfaction et le développement de l'enfant », *La Recherche*, 227, 1990.

cardiaque ou mouvements, par exemple). Mais de telles observations ne permettent pas à elles seules de dépasser le simple constat de l'existence de capacités sensorielles réflexes chez le fœtus, capacités dont témoignent également certaines plantes qui répondent par des mouvements à l'effleurement. C'est seulement dans la dernière décennie que les recherches expérimentales ont permis d'aller plus loin, à savoir de montrer que le fœtus est capable de mémoriser des sensations et de les reconnaître après sa naissance.

Ces découvertes ont constitué une seconde révolution dans le domaine de la psychobiologie du développement, vingt ans après celle de la «bébologie», qui avait vu le nouveau-né passer du statut de «tube digestif» – aux sensations indifférenciées – et végétant dans un monde chaotique, à celui de «personne». Cette première révolution conférait au bébé nombre de compétences que peu lui contestent à l'heure actuelle.

A travers ses différents sens, le nourrisson perçoit le monde comme structuré et cohérent, répond à certaines stimulations, recherche et produit de la nouveauté, reconnaît les personnes qui s'occupent de lui et interagit avec elles. Impossible d'expliquer cette complexité psychologique par la seule mise en œuvre d'un équipement réflexe au service de la satisfaction des besoins élémentaires.

Si le nouveau-né se montre à ce point capable, c'est que son cerveau, quoiqu'immature, le lui permet. Ses compétences ne peuvent éclore au moment même de la naissance.

Déjà, le fœtus entend, sent...

En 1981 paraît *L'Aube des sens*, publié sous la direction d'Etienne Herbinet et Marie-Claire Busnel, chercheurs à l'université Paris-V (3). Le livre a un retentissement considérable. On y trouve un ensemble de contributions théoriques et de tentatives expérimentales suggérant que le développement prénatal prépare les activités postnatales chez l'humain. L'idée est dans l'air du temps. Elle s'inspire des travaux des éthologistes sur l'empreinte. Ceux-ci ont découvert, par exemple, que les oisillons de certaines espèces développent des préférences pour des sons auxquels ils ont été régulièrement exposés dans l'œuf. Peu après la publication du livre, l'hypothèse d'apprentissages sensoriels prénatals est validée expérimentalement pour différents sens chez l'humain. Les progrès technologiques, dont l'avènement de l'échographie qui permet l'observation du fœtus en temps réel, ont une influence décisive sur ces validations.

On montre, par exemple, que des stimulations acoustiques prénatales peuvent être apprises in utero et qu'elles peuvent être reconnues après la naissance, en dépit des altérations qu'elles subissent et des nouvelles conditions de vie postnatales (4). On montre aussi que les bébés préfèrent la voix maternelle dès la naissance (5). Dès lors,

---

3. E. Herbinet et M.-C. Busnel (dir.), *L'Aube des sens*. Ouvrage collectif sur les perceptions sensorielles fœtales et néonatales, Stock, 1980. Révisé en 1991.
4. C. Michaux-Granier-Deferre, «Les compétences auditives prénatales», thèse d'Etat de l'université de Paris-Sud, 1994.
5. A.J. DeCasper et W. Fifer, «Of human bonding : Newborns prefer their mothers' voices», *Science*, 208, 1980.

il devient évident qu'il peut y avoir rétention postnatale d'acquisitions perceptives prénatales (6). Pour comprendre cette continuité transnatale, *« la période allant du dernier trimestre de la grossesse au 2-3ᵉˢ mois après la naissance devient une période d'étude en soi, avec ses normes particulières »*, écrit Arlette Streri, professeur à l'université Paris-V (7).

Chez les mammifères, les systèmes sensoriels se mettent en place selon un ordre invariant : d'abord le toucher, puis l'équilibration, l'olfaction-gustation, l'audition et enfin la vision. Ces systèmes sont fonctionnels très tôt, bien avant leur maturité structurale qui se produit plus ou moins longtemps après la naissance (8). C'est ainsi que chez le fœtus de brebis – dont la maturation gustative suit une évolution comparable à celle du fœtus humain – on observe des réponses électrophysiologiques aux quatre saveurs fondamentales du sucré, du salé, de l'amer et de l'acide ; ces réponses sont similaires à celles du nouveau-né et de l'adulte. Même le système visuel fonctionne avant la naissance. Le fœtus réagit aux stimulations lumineuses qui lui parviennent *in utero* (d'ailleurs le milieu utérin n'est pas totalement obscur) et manifeste spontanément une activité motrice oculaire, activité qui participe à la perception visuelle en permettant le balayage du champ visuel ainsi que la poursuite et la fixation d'objets. Ce sont les systèmes auditif et olfactif-gustatif qui ont fait l'objet des travaux les plus nombreux et pour lesquels les connaissances sont les plus avancées. C'est pourquoi ils sont évoqués préférentiellement ici.

Le monde sonore intra-utérin

On a longtemps cru que le fœtus ne pouvait entendre en raison de la présence de liquide amniotique et d'un « bouchon muqueux » dans son oreille moyenne qui en empêcherait le fonctionnement correct. Or, ce fonctionnement n'est pas primordial en milieu aqueux comme il l'est en milieu aérien (9). De fait, les travaux électrophysiologiques ont aussi montré que le système auditif – de l'oreille jusqu'au cortex – est fonctionnel dès l'âge conceptionnel de vingt-quatre semaines chez l'humain, et que le fœtus est capable de réagir aux stimulations sonores peu après.

Chez l'animal, cette activation prénatale contribue au modelage normal des structures nerveuses auditives qui soustendent l'audition et donc à leur fonctionnement. Il en est certainement de même chez l'humain. La pathologie est riche en exemples qui montrent que la construction d'une sensorialité, quelle qu'elle soit, dépend en partie de la présence des stimulations appropriées. On a observé, par exemple, que la privation sonore peut entraîner des modifications de l'activité cellulaire dans certaines structures auditives ; on a aussi mis en évidence qu'il est nécessaire à l'individu de bénéficier d'une ambiance sonore normale durant des phases dites sensibles de son développement pour que certaines capacités auditives ne

---

6. J.-P. Lecanuet et coll., *Fetal development : a psychobiological perspective*, Lawrence Erlbaum Associates, 1995.
7. R. Lécuyer, M.-G. Pécheux et A. Streri, *Le Développement cognitif du nourrisson*, Nathan, 1994.
8. J.-P. Lecanuet et coll., *op. cit.*
9. C. Michaux-Granier-Deferre, *op. cit.*

soient pas partiellement compromises. Puisque le fœtus entend, qu'entend-il ? Le milieu intra-utérin est très riche en bruits. Il n'y règne cependant pas un vacarme assourdissant comme on l'a pensé jusqu'à très récemment. Le bruit de fond endogène, plutôt grave (il est composé des bruits internes de la mère et de ceux du placenta), a un niveau sonore proche de celui auquel nous sommes soumis quotidiennement (10) ; selon le professeur Querleu – de la maternité Paul-Gellé de Roubaix – la rythmicité de ce bruit proviendrait du placenta et non du cœur de la mère, comme on le croit couramment. Sur ce bruit de fond s'inscrivent de nombreux sons du monde extérieur. *« L'écoute des enregistrements intra-abdominaux chez la femme fait apparaître qu'un grand nombre de bruits d'origine maternelle et de l'environnement sonore quotidien sont parfaitement identifiables par des auteurs naïfs… On estime à 60 décibels (dB), qui est l'intensité d'une conversation normale, le niveau sonore suffisant à proximité de la mère pour que les sons externes (aboiements, klaxons, etc.) soient clairement identifiés par les auditeurs. A un niveau de 80 dB (l'intensité de la voix d'un professeur faisant un cours), l'altération de la qualité sonore n'entrave ni la reconnaissance de mélodies connues, ni l'intelligibilité des paroles,* explique C. Michaux-Granier-Deferre. *L'oreille fœtale est ainsi susceptible d'être activée par la voix humaine et tout particulièrement par celle de la mère, dont on sait qu'elle émerge du bruit intra-utérin plus que toute autre voix externe de même niveau sonore. Il ne faut néanmoins pas en conclure que le fœtus entend les sons du langage comme nous. Son cerveau n'a ni la maturité ni l'expérience qui lui permettraient de reconstituer des sons complexes à partir de quelques-uns seulement de leurs éléments et des connaissances qu'il a en mémoire. »* Ce que fait notre cerveau d'adulte en permanence.

Non seulement le fœtus peut percevoir et discriminer les sons du langage, mais aussi il peut les mémoriser, comme le prouve une étude menée à la maternité Baudeloque (CHU Cochin, Paris) par Anthony DeCasper, professeur de psychologie à l'université de Caroline du Nord, et par ses collègues français (11). Chaque jour, pendant quatre semaines, de futures mamans lisent une comptine à voix haute puis elles cessent de le faire le mois suivant. Passé ce mois, on fait entendre aux fœtus, via un haut-parleur placé au-dessus de l'abdomen de la mère, l'enregistrement d'une voix inconnue lisant deux comptines, celle qui a été récitée et une autre qui ne l'a jamais été. La plupart des fœtus manifestent alors des signes de familiarisation (mesurés par le ralentissement de leur rythme cardiaque) pour la comptine qu'ils avaient entendue ; ils n'expriment aucune réaction particulière pour l'autre. Ainsi, le fœtus est sensible aux sons du langage, du moins à certains de leurs aspects prosodiques (intonations, pauses, rythmes) et il peut les mémoriser. Mieux encore, le nouveau-né peut garder la trace de ce qu'il a entendu dans la matrice maternelle. Par exemple,

---

10. C. Michaux-Granier-Deferre, *op. cit.*
11. A.J. DeCasper et coll., *Fetal reactions to recurrent maternal speech, Infant Behavior and Development,* 1994.

des bébés de 2-3 jours préfèrent l'histoire qu'ils ont entendue pendant les six dernières semaines de la grossesse à une histoire qu'ils n'ont jamais entendue.

Continuités trans-natales

Les expériences auditives prénatales laissent donc des traces au-delà de la naissance. En est-il de même pour les autres sensorialités ? Pour le goût et l'odorat, cela est certain. Des recherches, menées chez l'animal pour des raisons éthiques et techniques, montrent par exemple que les rats sont capables d'acquérir *in utero* des apprentissages d'aversion ou de préférence qui persistent parfois même à l'âge adulte pour des saveurs telles que celle du citron ou de la pomme (12). Elles montrent aussi que le raton nouveau-né préfère l'odeur du liquide amniotique maternel dans lequel il a baigné à celui d'une autre femelle. En outre, ce raton est incapable de localiser les mamelons de sa mère si ceux-là ont été désodorisés, mais il les retrouve dès qu'ils sont badigeonnés avec du liquide amniotique maternel ou une flaveur qui avait été injectée dans ce liquide *in utero*. Ainsi, des comportements qui paraissent innés, comme la localisation du mamelon, seraient en fait préparés par des apprentissages prénataux.

Nous sommes certainement à l'aube de reformulations radicales des théories sur le développement psychologique. Le fœtus, dans son troisième trimestre de vie, sent, perçoit, mémorise… à la façon du fœtus. Son fonctionnement psychique n'est cependant pas déconnecté de sa vie future : il y a non seulement continuité physiologique, mais aussi perceptive et mnésique, entre la vie

fœtale et la vie postnatale. Puisque le bébé reconnaît des sons auxquels il a été exposé durant sa vie fœtale, une théorie de l'imprégnation prénatale à la langue de la mère (et de celle de ses interlocuteurs) est tout à fait plausible. Elle pourrait contribuer à rendre compte de l'apprentissage spectaculaire du langage par l'enfant, mieux que les théories innéistes de type chomskien.

Par ailleurs, l'idée d'une indifférenciation du fœtus et du bébé par rapport à son milieu doit être remise en question. Comme le fait justement remarquer Roger Lécuyer (13), les capacités tactiles du fœtus, entre autres, peuvent lui permettre de faire la discrimination entre son propre corps (par exemple, lors du contact de la main du fœtus avec son ventre, il y a émission de deux influx nerveux, le premier au niveau de la main et le second au niveau du ventre) et le placenta (une seule émission nerveuse, celle provenant de la zone du corps en contact avec le placenta). *«C'est là un moyen extrêmement simple de se différencier de son environnement, et il peut sembler curieux que l'on ait attribué au bébé, avec une belle unanimité et pendant longtemps, une incapacité à se différencier de sa mère. C'est la position adualiste soutenue par James Mark Baldwin, que l'on retrouve chez Henri Wallon (symbiose, fusion), Jean Piaget (égocentrisme, indifférenciation)…. ou encore les psychanalystes (indifférenciation, fusion).»* Les sensorialités prénatales pourraient faciliter l'établissement du lien filial et,

---

12. B. Schaal et R.H. Porter, *op. cit.*
13. R. Lécuyer et coll., *op. cit.*

partant, des attachements futurs du petit homme en devenir (14). A. DeCasper et W. Fifer (15) proposent ainsi de réviser des théories de l'attachement, comme celle de John Bowlby (16), pour lesquelles le lien avec la mère se construirait progressivement au cours de la première année de vie postnatale, en même temps que se construirait la capacité du bébé à reconnaître sa mère. Or, on sait aujourd'hui que « *le nouveau-né est capable d'une reconnaissance chimique et auditive de sa mère... On peut donc adopter un point de vue interactionniste, tel que celui proposé par Cairns en 1979, et considérer que la connaissance fœtale de certaines caracté-* *ristiques maternelles organise la discrimination des autres dimensions maternelles qui viendront progressivement s'y associer.* » (17) Il ne s'agit pas cependant d'attribuer aux événements de la vie utérine un rôle définitif dans la vie du futur enfant. Des processus tels que celui de l'attachement auront l'occasion de se développer maintes fois encore après la naissance.

---

14. P. Mallet, « De l'attachement au désir », *Sciences Humaines*, n° 20, 1992.
15. A.J. DeCasper et W. Fifer, *op. cit.*
16. J. Bowlby, *Attachment and Loss*, vol. 1, Hogarth Press, 1969.
17. V. Pouthas et F. Jouen (dir.), *op. cit.*

Laurent Mucchielli[*]

LA *GESTALT*[**]

L'APPORT DE LA PSYCHOLOGIE DE LA FORME

« Percevoir, c'est reconnaître une forme. » Telle est la découverte fondamentale de la *Gestalttheorie* née au début de ce siècle. En d'autres termes, c'est parce que nous projetons sur le monde des « formes » connues qu'il nous est possible de le comprendre.

L E 11 FÉVRIER 1986, le quotidien *Libération* publiait en couverture le titre ci-contre. Après lecture et relecture par le rédacteur en chef, les secrétaires de rédaction et les correcteurs, une énorme « coquille » resta inaperçue et fut publiée : le premier i de Italie manque à l'appel... Comment expliquer qu'une telle erreur n'a pas été décelée et que peu de lecteurs la constatent en première lecture ?

Les psychologues de la Gestalt ont apporté une explication à ce phénomène. La perception que nous avons du monde n'est pas une somme d'éléments séparés. Notre perception se constitue en ensembles organisés des « formes » globales qui donnent sens à ce que nous voyons. Dans l'exemple ci-dessus, le lecteur perçoit de façon glo-

bale le mot Italie, sans décomposer chaque élément ; au besoin, il rajoute inconsciemment la lettre manquante. Il mobilise rapidement une « forme » qu'il connaît bien (le mot Italie) et l'applique spontanément au contexte.

La théorie qu'on appelle la « psychologie de la forme » (*Gestalttheorie*) s'est d'abord développée en Allemagne dans

---

[*] Chargé de recherche au CNRS (CESDIP).
[**] *Sciences Humaines*, n° 49, avril 1995.

les années 20. Ses trois grands représentants furent Max Wertheimer (1880-1943), Kurt Koffka (1886-1941) et Wolfgang Köhler (1887-1967). En France, cette théorie a été diffusée dès les années 30 grâce notamment à Paul Guillaume (1878-1962) dont le livre de référence est toujours édité et utilisé (1). Au départ, cette théorie est une réaction contre la psychophysiologie de la fin du XIXᵉ siècle qui prétendait expliquer tous les actes psychiques (perception, mémoire, calcul, etc.) en termes de réflexes, de sensations et d'images, comme des associations, des successions, des superpositions d'actes élémentaires directement dépendants de leur substrat physiologique. A cette vision, les promoteurs de la *Gestalttheorie* ont opposé la nécessité de comprendre des «formes», c'est-à-dire des structures dotées de sens, de signification. Selon eux, dans tout acte mental, le sens émerge de la perception de la totalité de la situation, et passe donc inaperçu si l'on se contente de décomposer et d'additionner chacun des éléments qui compose l'acte en question. L'exemple classique est celui que donna Christian von Ehrenfels dès 1890 avec la musique : si l'on perçoit, si l'on reconnaît et si l'on se souvient d'une mélodie, ce n'est pas parce qu'on a appris ou mémorisé chaque note qui la compose, mais parce qu'on a retenu l'harmonie entre les notes, la structure qui donne la mélodie et qui nous a émus. D'ailleurs, on peut changer les notes en transposant la partition : la mélodie reste la même. Dès lors, il est faux de croire que l'on a rendu compte de cet acte de reconnaissance mentale lors-

qu'on a expliqué le phénomène biologique de la sensation et de la mémoire. La perception d'une mélodie n'est pas la perception successive de chaque note qui la compose, mais la perception du tout original qu'elle constitue. Ainsi se comprend la formule : «*Percevoir, c'est reconnaître une forme.*»

Les « bonnes formes »

On vérifie expérimentalement ce principe en l'appliquant à la perception de formes géométriques (*voir graphique A ci-contre*).
L'émergence d'une forme s'explique, selon les psychologues de la forme, par certaines «lois» de l'organisation perceptive parmi lesquelles :
– selon la loi de proximité, des éléments proches tendent à se regrouper (*voir graphique B*) ;
– selon la loi de ressemblance, nous avons tendance à regrouper des éléments qui présentent des caractéristiques identiques (*voir graphique C*) ;
– selon la loi de symétrie, des figures ayant un axe de symétrie sont perçues plus spontanément que les autres ;
– selon la loi de clôture, on a tendance à combler les figures qui nous semblent proches d'une forme connue (*voir graphique D page suivante*). Certaines formes possédant les caractéristiques de proximité, de symétrie, de clôture… tendent donc à s'imposer à la perception. On les appelle les «bonnes formes».
Le principe de «mise en formes» a de très nombreuses applications qui ne se limitent pas à la simple perception (on

1. P. Guillaume, *La Psychologie de la forme*, Flammarion, coll. Champs (1ʳᵉ éd. 1937).

A

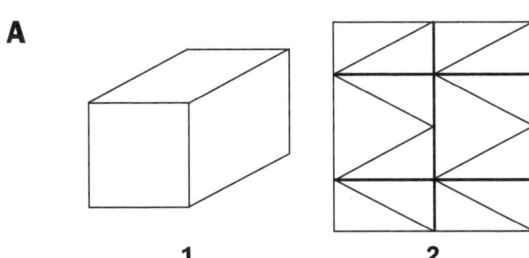

1   **2**

La figure 2 contient la figure 1 mais on ne s'en aperçoit pas dans un premier temps, car la figure 2 impose d'abord sa propre structure ou forme.

B

Selon la loi de proximité, le regard a tendance à associer les éléments qui sont proches. Nous percevons dans la figure B trois groupes de six points en colonnes plutôt que trois lignes de six points chacune. C'est pour la même raison que nous assemblons les étoiles du ciel en constellations.

C

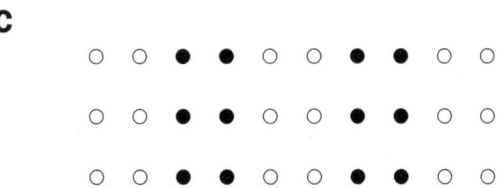

Selon la loi de ressemblance, nous avons tendance à regrouper des éléments qui présentent des caractéristiques identiques. La figure C nous invite à associer points noirs d'une part, points blancs d'autre part, alors que la loi de proximité ne peut jouer son rôle.

l'a également appliqué à la mémoire et à l'apprentissage – donc, plus généralement à l'intelligence), ni à la psychologie des seuls humains. W. Köhler démontra en effet que déjà chez les grands singes les processus d'apprentissage et de résolutions de problèmes ne sont pas de simples conditionnements mais supposent également la compréhension et la reconnaissance de formes, de schèmes d'action complexes articulés entre eux et prenant sens dans le contexte (2).

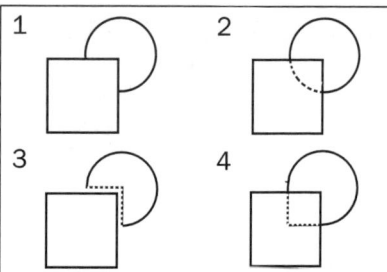

Figure D : La loi de clôture nous invite à combler les figures qui sont proches d'une forme simple. Le schéma 1 est spontanément interprété comme un carré placé au-dessus d'un cercle (comme dans 2), alors que la figure peut correspondre aux formes 3 ou 4, plus complexes.

Ensuite, la psychologie de la forme a connu un important succès en Europe et aux Etats-Unis durant l'entre-deux-guerres. Certes, les tenants du béhaviorisme et de la réflexologie s'y opposèrent, mais du côté de la psychanalyse et de la psychologie sociale, de nombreux ponts furent tentés. L'un des plus célèbres héritiers de ce mouvement et promoteur de ces échanges fut le célèbre théoricien du « champ psychologique » et de la « dynamique des groupes », Kurt Lewin (1890-1947) (3).

L'actualité de la psychologie de la forme

Aujourd'hui, la théorie de la forme fait l'objet de deux grands types d'interrogations.

• L'opposition entre perception globale et perception analytique n'est pas définitivement tranchée (4). On s'interroge notamment pour savoir à quel niveau perceptif se constituent les formes qui donnent sens aux informations reçues (5).

• Un débat porte aussi sur la question : quand et comment se constituent les « bonnes formes » ? Les psychologues

de la forme n'ont jamais tranché sur le caractère inné ou acquis des « bonnes formes ». Les recherches récentes insistent sur l'extrême précocité des aptitudes à percevoir des formes. Selon Jacques Mehler, « *tous les résultats convergent pour montrer que les enfants de trois mois sont sensibles aux bonnes formes, conformément aux principes de la* Gestalt » (6).

Au-delà de ces débats, somme toute assez techniques, le principe central de la *Gestalttheorie* « *percevoir, c'est reconnaître une forme* » a été étendu à bien d'autres domaines des sciences humaines (7). Il participe d'une vision de l'humain comme un être agissant en fonction du sens qu'il donne aux choses.

2. W. Köhler, *L'Intelligence des singes supérieurs*, Retz.
3. *Sciences humaines*, n° 14, février 1992.
4. R. Kimchi, « Primacy of wholistic processing and global/local paradigm : a critical review », *Psychological Bulletin*, 1, 1992.
5. Voir l'article de C. Bonnet dans cet ouvrage.
6. J. Mehler et E. Dupoux, *Naître humain*, Odile Jacob, 1990.
7. I. Rock et S. Palmer, « L'héritage du gestaltisme », *Pour la science*, 160, février 1991.

IMAGES MENTALES ET PENSÉE

ENTRETIEN AVEC MICHEL DENIS*

*Les images mentales jouent un rôle actif
dans le fonctionnement de la pensée. Elles sont plus ou
moins utiles selon les types d'opérations mentales.*

Sciences Humaines : Quels sont vos thèmes actuels de recherche ?

Michel Denis : Avec mon équipe, nous menons des travaux de psychologie cognitive, c'est-à-dire que nous étudions les processus par lesquels l'esprit humain appréhende son environnement, en construit des représentations et utilise celles-là afin de régler sa conduite. Plus précisément, nous analysons les représentations imagées qui ont pour vocation de restituer l'apparence visuelle des objets et de l'environnement. Nous travaillons actuellement sur les relations entre langage (verbal ou écrit) et image, deux formes de représentation très différentes, mais qui doivent coopérer, par exemple, lorsqu'un individu se représente l'objet ou un ensemble d'objets décrits par un texte.

Nous avons la conviction que pour comprendre ces processus et la façon dont ils facilitent la communication entre les individus, la psychologie cognitive a tout intérêt à entretenir des relations de travail avec d'autres disciplines telles que les neurosciences, la linguistique et l'intelligence artificielle.

SH : Dans quelle mesure l'image mentale est-elle une véritable représentation du monde ou une construction de la réalité ?

M.D. : On ne peut pas se demander si une représentation mentale est vraie ou fausse puisqu'il s'agit précisément d'une représentation. Ce qui est important, c'est sa fonctionnalité, le fait qu'elle a des propriétés qui la rendent utile et exploitable. On peut donc se demander s'il y a des représentations « meilleures », c'est-à-dire plus fonctionnelles, que d'autres.

Or, l'image mentale présente des propriétés qui sont communes aux diverses représentations : elle conserve de l'information, mais transformée, souvent dans le sens d'une schématisation, d'une réduction. Mais elle possède en plus la propriété d'analogie qui lui permet de refléter la structure des objets sous une forme qui ressemble à la perception.

* Directeur de recherche au CNRS. Auteur de Les Images mentales, Puf, 1979, et de Image et Cognition, Puf, 1994. Il a dirigé Langage et cognition spatiale, Masson, 1997.

Images, concepts et règles d'action

Il existe trois modalités de représentations cognitives : les images mentales, les concepts et les représentations liées à l'action.

Les images mentales rendent compte des éléments caractéristiques de la perception visuelle : la forme, la couleur et la taille des objets, ainsi que leur orientation dans l'espace.

Les représentations conceptuelles sont très liées au langage. Des termes aussi divers que politique, communication, Dieu, tristesse relèvent de cette approche, même s'il est également possible de se faire une représentation imagée de ces mots.

Les représentations liées à l'action concernent le savoir que nous avons au sujet de la manière de mener une activité. Cela s'applique à des données aussi diverses qu'une recette de cuisine, les règles de la belote, ou encore de la manière de conduire une expérimentation scientifique. Ce savoir se rapporte à des actions que nous sommes amenés à réaliser ou non.

D'après M. Denis, *Image et Cognition*, chap. I, Puf, 1989.

Il faut se souvenir que lorsqu'on parle de représentation, il s'agit toujours de la représentation de quelque chose mais aussi pour quelqu'un qui en est le véhicule. Les représentations n'existent pas en dehors des systèmes cognitifs qui les portent. De plus, lorsqu'on parle de représentations cognitives humaines, il faut faire la part de l'individuel et du collectif. Ces représentations comportent une spécificité individuelle mais également un noyau commun partagé par la plupart des esprits humains participant de la même culture.

SH : L'image mentale est-elle indispensable ou inutile pour la pensée, ou y a-t-il une position médiane ?

M.D. : C'est une vaste question sur laquelle la psychologie, au cours de son histoire, a toujours oscillé entre des extrêmes. Il y a d'un côté les partisans d'une interprétation fortement imagiste qui estiment que la pensée humaine, ce sont des images, et les images sont la pensée. Sur l'autre bord, il y a les chercheurs qui considèrent que les images ne jouent aucun rôle actif dans le fonctionnement de la pensée. Il est cependant probable qu'aujourd'hui, plus personne n'aurait de position absolue dans un sens ou dans l'autre.

Je pense personnellement qu'entre les extrêmes, il faut redécouvrir le concept de multimodalité car l'esprit humain sait conserver l'information sous des formes variées. Il peut en effet, selon les situations, utiliser l'image, forme qui ressemble à la perception, ou le concept, forme plus abstraite de représentation. Si, par exemple, je vous demande à brûle-pourpoint : *«Une mouche est-elle plus grosse qu'un éléphant?»*, il ne vous est vraiment pas nécessaire de passer par la visualisation comparative de ces deux animaux pour répondre à ma question. Mais si je vous demande : *«La mouche est-elle plus grosse que l'abeille?»*, il est vraisemblable que si vous n'avez pas stocké à l'avance une réponse automatique, vous ne pourrez me répondre qu'après avoir procédé à un examen des deux images mentales mises côte à côte. Autre exemple, si je vous demande : *«Les villes de Brest, Paris et Strasbourg sont-elles alignées sur une ligne droite?»*, il est probable que vous entendez cette question pour la première fois. La seule manière que vous avez alors de me répondre est d'examiner une image mentale de la carte de France.

Il y a donc des cas où l'imagerie est un processus inutile, lorsque d'autres modalités sont disponibles et permettent un accès plus rapide à l'information recherchée. Inversement, il y a des situations où l'imagerie est indispensable, lorsqu'elle constitue le seul «lieu», où se trouve conservée l'information que nous recherchons.

Propos recueillis par
Jacques Lecomte
(*Sciences Humaines*, n° 27, avril 1993)

Mémoire et apprentissage : le passé recomposé

FRANÇOIS Y. DORÉ*

DU RÉFLEXE CONDITIONNÉ À L'INTELLIGENCE**

L'apprentissage peut prendre différentes formes, des plus simples, comme le conditionnement, aux plus complexes, comme la transmission sociale. Toutes contribuent à la mémoire d'un individu, animal ou humain.

APPRENTISSAGE, mémoire et intelligence sont étroitement associés chez l'homme et l'animal. Faisant appel à leur mémoire des expériences passées, ils apprennent à modifier leur comportement en fonction des influences de leur environnement physique et social. L'intelligence est notamment déterminée par la variété et la souplesse des comportements adoptés en réponse à ces influences.

Le processus d'apprentissage intervient dans l'acquisition de conduites aussi variées que la marche bipède, la reconnaissance des visages, le langage, la résolution d'équations mathématiques ou les réactions phobiques. Mais l'espèce humaine n'est pas la seule à apprendre; la plupart des animaux ne pourraient survivre sans processus d'apprentissage,

car ils ne pourraient se comporter de manière adaptée dans leur environnement. L'apprentissage s'appuie sur l'expérience propre à chaque individu, et a donc un lien étroit avec la mémoire. Un organisme qui apprend compare la situation présente avec les souvenirs qu'il a emmagasinés et met à jour sa représentation de l'environnement en assimilant de nouvelles informations ou en s'y accommodant.

L'habituation : un indice de la mémoire. Il y a diverses formes d'apprentissage. L'une des plus simples, l'habituation, apparaît même chez les invertébrés les plus primitifs. Elle consiste dans la diminution graduelle

* Professeur à l'Ecole de psychologie de l'université de Laval (Québec).
** *Sciences Humaines*, n° 32, octobre 1993.

de l'intensité, de la durée ou de la fréquence d'une réponse à la suite de la présentation répétée d'une stimulation. Ce processus est différent de la fatigue puisque le déclin de la réponse n'a lieu qu'en présence du stimulus répétitif ou de *stimuli* très semblables.

Reconnaître et anticiper
L'habituation est souvent utilisée pour analyser le développement de la mémoire de reconnaissance des nourrissons. On présente à plusieurs reprises un stimulus donné et on mesure l'attention que le bébé y porte, en notant la durée de fixation visuelle ou le rythme cardiaque. Au début, l'attention du nourrisson est soutenue parce qu'il s'agit d'un élément nouveau dans son environnement, puis elle diminue graduellement au fil des répétitions. Cette habituation constitue un indice de la mémoire du nourrisson. Il réagit moins à la fin des présentations parce qu'il se rappelle avoir déjà vu ce stimulus.
L'apprentissage ne se limite évidemment pas à cela. Pour accroître leurs chances de survie, les animaux doivent non seulement reconnaître les *stimuli* pertinents mais aussi anticiper sur les événements significatifs de leur environnement. La représentation du premier événement en mémoire active le second et permet ainsi une réaction rapide. Cet apprentissage associatif apparaît sous deux formes : le conditionnement classique et l'apprentissage instrumental.
Le réflexe conditionné (ou conditionnement classique) : un processus omniprésent. Le conditionnement classique a été découvert par Ivan P. Pavlov

(1849-1936). Au cours de travaux sur la physiologie digestive, il remarque que la salive et les sécrétions gastriques, qui sont normalement déclenchées chez un chien par la présence de nourriture dans la gueule, peuvent aussi être induites par les *stimuli* précédant son ingestion : par exemple, la vue du bol ou de l'employé de l'animalerie. Cette observation révélait que des *stimuli a priori* inefficaces pour déclencher un réflexe biologiquement important (la réponse inconditionnelle salivaire) peuvent déclencher une réponse semblable (la réponse conditionnelle) s'ils sont associés avec le déclencheur naturel du réflexe (la nourriture). Tout se passe comme si l'animal apprenait que certains *stimuli* (*stimuli* conditionnels) annoncent la présence prochaine de nourriture (stimulus inconditionnel) et réagissait à ces *stimuli* comme à la nourriture même.
Le conditionnement classique est généralement étudié en laboratoire mais il intervient dans une multitude de situations naturelles. Depuis le cas célèbre du petit Albert grâce auquel John B. Watson (1878-1958), le fondateur du béhaviorisme radical, avait montré qu'une phobie des rats pouvait être créée de toutes pièces (une expérience déontologiquement inacceptable aujourd'hui), on sait que le conditionnement classique sous-tend l'acquisition de réponses émotionnelles positives ou négatives. De plus, cette forme d'apprentissage associatif est à la base de divers traitements de troubles mentaux. Au cours des dernières décennies, les recherches se sont orientées dans une toute nouvelle voie et ont mis en évidence le rôle important du condition-

nement classique dans de nombreux phénomènes psychosomatiques : effet placebo, réaction glycémique, sensibilité à la douleur, tolérance aux drogues et réponse immunitaire.

L'apprentissage instrumental (ou conditionnement opérant) : comment renforcer un comportement ? Contemporain de Pavlov, Edward Lee Thorndike (1874-1949) met en évidence une autre forme d'apprentissage associatif, l'apprentissage instrumental. Il place un animal affamé dans une cage équipée d'un mécanisme qui lui permet d'ouvrir la porte et d'atteindre la nourriture placée à l'extérieur. La première fois, l'animal émet généralement des comportements inappropriés (il se frotte sur les parois, miaule, mord et griffe) avant de finalement actionner le mécanisme d'ouverture. L'apprentissage, mesuré par le temps nécessaire pour sortir de la cage, est très lent au début mais s'améliore graduellement avec les essais. L'animal acquiert ainsi par essais et erreurs un comportement efficace.

La subjectivité du renforcement

Dans un conditionnement classique, une association se crée entre un stimulus *a priori* neutre et le déclencheur naturel d'une réponse. Selon E.L. Thorndike, dans un apprentissage instrumental, une association entre une situation-stimulus (S), par exemple l'intérieur de la cage, et une réponse (R) particulière, est renforcée parce que cette réponse est suivie d'un état satisfaisant (le bien-être que procure la nourriture à un animal affamé). Ce concept d'association S-R marquera profondément la psychologie

de l'apprentissage. Toutefois, comme la satisfaction est une donnée subjective très difficile à analyser scientifiquement, en particulier chez les animaux, les successeurs de E.L. Thorndike tentent d'objectiver davantage la cause du renforcement de l'association. Ainsi Clark L. Hull (1884-1952) soutient que l'effet du renforcement s'explique par la réduction d'une tendance motivationnelle (*drive*, en anglais) qui est elle-même l'expression psychologique d'un besoin biologique. Cette interprétation est à son tour contestée par l'un des psychologues les plus influents, mais aussi les plus controversés du siècle : Burrhus F. Skinner (1904-1990).

Pour expliquer l'apprentissage instrumental, qu'il rebaptise du nom de conditionnement opérant, B.F. Skinner estime qu'il n'est pas utile ni nécessaire de faire appel à des processus internes comme la satisfaction, la motivation, la mémoire ou la cognition. Il suffit, selon lui, de décrire ce qui est directement observable. Le renforcement est ainsi caractérisé par tout stimulus ou événement qui augmente la probabilité ultérieure d'un comportement.

Ce point de vue a dominé la psychologie de l'apprentissage pendant plusieurs décennies et a été à l'origine de nombreuses applications cliniques. Mais par la suite, l'influence croissante du cognitivisme a favorisé une approche radicalement opposée au néobéhaviorisme skinnérien.

L'habituation, le conditionnement classique et l'apprentissage instrumental sont basés sur l'expérience directe de l'environnement. L'organisme doit en extraire les informations pertinentes lui permettant de modifier sa représentation et d'ajuster son comportement. Une autre façon d'apprendre dépend de l'interaction sociale entre congénères et apparaît sous deux formes : l'apprentissage par observation et la transmission sociale.

L'apprentissage par observation et la transmission sociale : des fondements de la culture. Dans l'apprentissage par observation, l'individu observe le comportement d'un congénère et extrait des informations utilisables ultérieurement, quand il sera lui-même dans une situation analogue. Ainsi, les enfants consacrent beaucoup de temps et d'énergie à observer leurs parents, d'autres adultes ou même d'autres enfants, et à les imiter. L'apprentissage par observation et l'imitation influencent aussi le comportement des adultes mais d'une manière souvent moins évidente, comme c'est le cas avec la publicité. On a longtemps douté qu'une capacité similaire puisse exister chez les animaux, mais des recherches éthologiques ont monté que certaines espèces d'oiseaux et de mammifères y ont recours.

Quand un comportement appris grâce à une interaction sociale persiste de génération en génération au sein d'une population, on parle de transmission sociale. Cette forme d'apprentissage joue évidemment un rôle fondamental dans les cultures humaines pour l'acquisition de connaissances, de conduites, de croyances, de valeurs et d'attitudes. Elle existe aussi chez les animaux, sous une forme rudimentaire. Le chant de certains oiseaux présente des variantes régionales (dialectes) et plusieurs primates ont des traditions locales dans l'utilisation de l'espace, la sélection de la nourriture, le traitement des aliments et l'utilisation d'outils. Chez l'espèce humaine, l'une des formes de transmission sociale les plus courantes est l'enseignement. Il est plus difficile d'en démontrer l'existence chez les animaux, parce que l'enseignement implique une intention délibérée de transmettre de l'information. Mais certaines acquisitions, tel l'apprentissage de la prédation chez le chat domestique, sont souvent citées en exemples.

L'influence du cognitivisme

L'analyse comparative de l'intelligence. Les chercheurs en cognition animale ont récemment étudié d'autres processus qui exigent l'intégration d'informations plus complexes comme la représentation sous-jacente aux conduites spatiales, l'estimation de la durée ou la catégorisation d'objets. Ils s'intéressent également aux similitudes et différences entre les mémoires animale et humaine. Ces nouveaux champs de recherche ont pu être développés grâce au rapprochement de la psychologie de l'apprentissage et de la psychologie cognitive humaine.

Dans la plupart des situations où interviennent les processus d'apprentissage et de mémoire, l'organisme est exposé de façon répétée à des objets ou à des événements précis. Il peut alors extraire les éléments communs aux diverses répétitions et construire ainsi une représentation qui reflète cette invariance. Toutefois, si les objets ou les événements changent de façon significative, l'organisme doit construire une nouvelle représentation. Ainsi, dans une situation d'habituation, une réponse qui avait presque disparu en présence du stimulus A réapparaîtra dans sa pleine force en présence d'un stimulus B, si ce dernier est très différent du stimulus A. Les types d'invariants qu'un système représentationnel peut extraire posent donc le problème de sa flexibilité et de ses limites ou, si l'on préfère, le problème de l'intelligence. En effet, un comportement nous apparaît d'autant plus intelligent qu'il s'applique à des situations différentes, qu'il combine des représentations extraites de domaines et de contenus diversifiés, et que les propriétés représentées sont abstraites.

Quelle intelligence chez les animaux ?

L'analyse comparative de l'intelligence ne vise pas à évaluer si les espèces animales sont plus ou moins intelligentes, mais tente d'établir la nature des invariants que les animaux peuvent extraire des objets et des événements, comment se développent les représentations qu'ils ont de leur environnement physique et social, et dans quelle mesure ces représentations confèrent de la souplesse à leurs comportements.

Certains appellent «psychologie comparée développementale et évolutive» l'une des approches qui se sont attaquées au problème de l'intelligence animale (1). Ces travaux, inspirés de la théorie de Jean Piaget sur le développement cognitif de l'enfant, montrent que l'intelligence de plusieurs vertébrés se développe, comme celle des humains, selon une séquence stable où chaque étape intègre les structures acquises aux étapes précédentes et où les structures

deviennent de plus en plus différenciées. Des similitudes et des différences apparaissent entre humains et singes (2), entre diverses espèces de primates et entre primates et autres mammifères. Les dissemblances concernent notamment la chronométrie du développement ontogénétique, les structures de représentation acquises au cours de l'ontogenèse et les invariants de l'environnement physique et social qui peuvent en être extraits, la coordination des connaissances en une séquence moyen-but. Ces différences ont des conséquences quant aux contenus qui peuvent être représentés (relations sujet-objet, relations objet-objet, relations entre relations) et quant à la flexibilité du comportement.

Le langage humain est unique, mais…
Une autre approche de l'intelligence animale consiste à analyser les processus cognitifs et les structures de représentation sous-jacentes aux modes de communication que les animaux utilisent spontanément en milieu naturel ou qui peuvent leur être enseignés en laboratoire. Les travaux les plus connus concernent les tentatives d'enseignement d'un langage à diverses espèces de singes (chimpanzé, gorille et orang-outang).
Après de vains efforts pour apprendre un langage vocal à ces primates, les chercheurs se sont tournés vers d'autres procédures. L'une d'elles consiste à leur enseigner un langage gestuel, ce qui permet de tirer profit de la grande dextérité

1. S.T. Parker et K.R. Gibson, « Language » and Intelligence in Monkeys and Apes, Cambridge University Press, 1990.
2. F. Antinucci, Cognitive Structure and Development in non Human Primates, Lawrence Erlbaum, 1989.

manuelle de ces animaux et de leur tendance spontanée à utiliser des gestes dans leur communication. Une deuxième méthode, mise au point par David Premack, consiste à utiliser comme mots des objets tridimensionnels que l'animal peut aligner sur un tableau pour composer des phrases. Une dernière approche a recours à l'ordinateur et à un système de symboles arbitraires, le Yerkish (du nom de Robert M. Yerkes, l'un des premiers primatologues américains) : chaque touche d'un clavier spécial équivaut à un mot et l'animal compose des phrases en appuyant successivement sur différentes touches. Les recherches sur les singes anthropoïdes se sont surtout intéressées à la production d'un système de signes. La compréhension d'un langage a été davantage étudiée chez deux mammifères marins, le dauphin et l'otarie. Pour démontrer qu'un animal comprend vraiment la signification d'une phrase qui lui est présentée, il faut qu'il puisse exécuter des comportements distincts quand les mêmes éléments sont combinés en séquences différentes. Autrement dit, il doit comprendre non seulement chaque unité lexicale mais aussi les règles de syntaxe et par conséquent la grammaire du langage. C'est ce qu'ont tenté de mettre en évidence Louis M. Herman chez le dauphin en utilisant les langages acoustique et gestuel, et Ronald J. Schusterman chez l'otarie (langage gestuel seulement). Bien que les résultats obtenus soient fascinants, personne ne prétend sérieusement que la compréhension par certains mammifères marins et la production par les anthropoïdes d'un langage artificiel

impliquent que ces animaux peuvent acquérir un mode de communication identique au langage humain. Celui-ci est unique, tant sur le plan de la cognition que sur le plan de la communication. Toutefois, ce n'est pas le seul mode de communication qui fasse appel à des processus cognitifs et à des structures de représentation raffinées.

L'existence de niveaux de compréhension et de production langagières chez des animaux aussi différents que les mammifères marins et les singes anthropoïdes suggère que les habiletés cognitives sous-jacentes ont pu apparaître indépendamment, à plusieurs reprises, au cours de l'évolution. En revanche, les aptitudes langagières exceptionnelles que manifestent les anthropoïdes contemporains permettent de supposer que notre ancêtre commun possédait déjà certains des processus cognitifs et des structures de représentation qui ont donné lieu à l'évolution d'un langage articulé chez l'humain.

La psychologie comparée de l'apprentissage, de la mémoire et de l'intelligence couvre un champ de connaissances très vaste, allant des acquisitions comportementales les plus élémentaires aux représentations les plus complexes. Comme l'écrit Jacques Vauclair : «*Pour éviter de propager les stéréotypes qui séparent les animaux "intelligents" de ceux qui le seraient moins, on ne peut que recommander leur étude systématique, sur le terrain et même en captivité, sans se limiter a priori à étudier les "bonnes" espèces, celles qui sont apparemment les plus proches de l'homme.*» (3)

---

3. J. Vauclair, *L'Intelligence des animaux*, Seuil, 1992.

GUY TIBERGHIEN[*]

MÉMOIRE OU MÉMOIRES[**]

Notre mémoire nous sert dans de multiples situations. Pour retenir une information quelques secondes ou des années. Pour connaître l'univers ou notre propre vie. Pour expliquer la complexité de la mémoire, les psychologues décrivent différentes formes de mémoire.

PENDANT des siècles, philosophes, puis psychologues et neurophysiologistes ont opposé mémoire et intelligence. En fait, la mémoire fut très tôt réduite à une simple prothèse de la rhétorique, à un ensemble disparate de techniques, à une «mnémotechnique». Il a fallu attendre le développement des sciences cognitives, de l'informatique, et de l'intelligence artificielle, pour que la mémoire retrouve une place théorique importante en psychologie.

En deux décennies, les conceptions théoriques de la mémoire se sont profondément modifiées. Trois «révolutions» ont marqué cette période.

Définie comme la capacité de réactiver les événements passés, la mémoire humaine apparaît comme une forme particulière de connaissance. Mais elle détermine aussi notre perception du présent, façonne nos anticipations, permet la détection de la nouveauté et l'apprentissage. Elle n'est pas une forme particulière de cognition, mais se trouve au cœur même de la cognition, dont elle modèle le fonctionnement. Elle ne s'oppose donc pas à l'intelligence, mais en est, au contraire, le prédicteur le plus fiable.

La mémoire humaine est capable d'assurer efficacement des fonctions abstractives (je peux évoquer le concept de «voiture» sans évoquer un véhicule

---

* Professeur de psychologie à l'Institut des sciences cognitives de Lyon. Auteur de *Initiation à la psychophysique*, Puf, 1983, et de *La Mémoire oubliée*, Mardaga, 1997.
** *Sciences Humaines*, n° 43, octobre 1994.

précis) et des fonctions spécifiantes (je peux penser à ma propre voiture). Il est clair qu'une théorie pertinente de la mémoire doit rendre compte à la fois de ses propriétés « abstractives » et « non abstractives ». Or, ce n'est que très tardivement que l'on s'est rendu compte que les propriétés abstractives (mémoire sémantique) et les propriétés non abstractives (épisodiques) de la mémoire, n'étant pas indépendantes, ne pouvaient être étudiées séparément.

La mémoire a été traditionnellement décrite comme un espace matériel où des éléments bien distincts sont stockés en des lieux précis et ne peuvent être évoqués qu'à l'issue d'un processus de recherche mentale. La comparaison avec une mémoire d'ordinateur est le dernier avatar de cette métaphore spatiale. Or cette image informatique est peu appropriée. Il semble plus juste de considérer que la mémoire est distribuée dans l'ensemble du système, sous forme de réseau.

Court terme
et long terme

Au cours des années 60, des chercheurs ont proposé de distinguer la mémoire à court terme (ou mémoire transitoire) de la mémoire à long terme (ou mémoire permanente). La mémoire à court terme empêche la dissipation de l'information sensorielle avant son traitement par des processus de niveau plus élevé. Nous l'utilisons, par exemple, pour garder un numéro de téléphone en tête pendant qu'on le compose. Elle a une capacité limitée, et l'information y reste stockée moins de vingt ou trente secondes. Les informations seraient stockées dans

cette mémoire de façon sérielle : si l'on demande à quelqu'un de se souvenir d'une liste de mots, il retiendra surtout les premiers et les derniers de la série. L'information momentanément présente dans la mémoire à court terme peut éventuellement être transférée dans la mémoire à long terme si elle est répétée verbalement ou mentalement. À l'inverse de la mémoire à court terme, la mémoire à long terme possède une capacité illimitée. Toute information qui y est stockée reste disponible, même si elle ne peut pas toujours être spontanément remémorée (nous reviendrons plus loin sur cette nuance). De plus, dans la mémoire à long terme, l'information semble organisée (catégories, associations, hiérarchies) et le souvenir de cette information fait appel à un processus complexe de récupération.

La mémoire
de travail apparaît

Les recherches effectuées dans les années 70 ont souligné les limites de cette théorie dualiste de la mémoire, en montrant notamment que certaines fonctions considérées comme spécifiques de la mémoire à long terme sont également présentes dans la mémoire à court terme, et réciproquement. Par exemple, on observe dans la mémoire à court terme des processus de recodage, d'organisation ou d'imagerie, traditionnellement attribués à la mémoire à long terme. Inversement, l'enregistrement acoustique des mots, qui est une propriété de la mémoire à court terme, joue également un rôle en mémoire à long terme (pour la mémorisation permanente du timbre des voix, par exemple).

En 1974, deux psychologues anglais, Alan Baddeley et Graham Hitch, proposent une révision du modèle dualiste de la mémoire (1). Ils suggèrent un parallélisme entre le fonctionnement des mémoires à long terme et à court terme et postulent que cette dernière doit elle-même être décomposée en sous-processus fonctionnels. Ils proposent le nom de « mémoire de travail » pour cette architecture en remplacement de l'expression « mémoire à court terme ».

La mémoire de travail comprend trois sous-systèmes : en simplifiant fortement, on peut dire que ces trois composantes sont la mémoire des mots, la mémoire visuelle et un système qui pilote ces deux fonctions. Le système de supervision a une capacité limitée et répartit ses ressources attentionnelles entre les deux autres sous-systèmes (verbal et visuo-spatial).

Une situation de la vie courante illustre bien ce processus. Sur un parcours dénué de difficultés, la plupart d'entre nous peuvent aisément converser tout en conduisant. Mais si la situation de conduite se complique, nous arrêtons de parler et demandons à notre interlocuteur de se taire afin de consacrer notre attention aux éléments visuels.

Les trois phases
de la mémoire à long terme

La caractéristique essentielle de la mémoire à long terme est sa disponibilité permanente. Mais celle-ci ne signifie pas accessibilité permanente. Nous faisons l'expérience de cette différence lorsque nous avons le sentiment d'avoir un mot « sur le bout de la langue ».

La disponibilité de la mémoire permanente exige la mise en œuvre de trois étapes successives : une phase d'enregistrement (dit « encodage ») et de stockage qui transforme des informations perceptives en traces durables ; une phase d'organisation de cette information ; une phase de réactivation, de récupération de ces traces.

• Les processus d'encodage et de stockage constituent donc la première étape de la mémoire à long terme. La grande variété des informations auxquelles est exposé le système de mémoire a suscité un important débat depuis quelques décennies. Pour expliquer le fait que la mémoire imagée (images mentales) est supérieure à la mémoire verbale, un chercheur nord-américain, Allan Paivio, a développé dans les années 70 une théorie selon laquelle il existerait un double codage des informations en mémoire permanente : certaines informations seraient stockées sous forme verbale, d'autres sous forme imagée, d'autres, enfin, sous ces deux aspects (2).

Une telle théorie a été contestée par d'autres chercheurs qui ont suggéré que toutes les informations sont stockées en mémoire permanente sous forme de propositions abstraites, l'image n'étant qu'un « sous-produit » de l'activité symbolique. Une telle controverse a conduit quelques chercheurs à défendre une hypothèse mixte : il y aurait des niveaux différents de représentation mnésique, un niveau « profond » où toutes les informations sont codées sous forme

---

1. A. Baddeley, *La Mémoire humaine* : théorie et pratique, Pug, 1993, notamment les chapitres 4 à 6.
2. A. Paivio, *Imagery and Verbal Processes*, Rinehan and Winston, 1971.

propositionnelle, et un niveau «superficiel» où la forme peut être verbale ou imagée (3).

• L'organisation constitue la deuxième phase de la mémoire à long terme. Certains souvenirs, très stables, sont peu affectés par la variabilité des contextes de récupération. Ce sont des concepts ou des connaissances générales que l'on regroupe sous le nom de mémoire sémantique. Savoir que Napoléon fut l'empereur des Français ou que la Terre tourne autour du Soleil fait partie de cette mémoire sémantique. A l'inverse, d'autres types de souvenirs, liés à l'expérience personnelle du sujet, sont beaucoup plus flexibles et particulièrement sensibles aux variations contextuelles. Endel Tulving a appelé mémoire épisodique ce système de stockage des informations temporellement datées et localisées (4). On peut donner comme exemples le souvenir de ce que nous avons mangé hier midi ou de la promenade du dernier week-end.

Les représentations épisodiques et sémantiques ont la propriété commune d'être verbalisables et sont, pour cette raison, souvent décrites sous le nom de connaissances «déclaratives». On les oppose aux connaissances «procédurales», qui renvoient aux capacités perceptivo-cognitives et ne sont pas verbalisables (par exemple, celles qui sont à l'œuvre dans la lecture, la marche ou la pratique du tennis).

L'importance du contexte

Cette distinction entre connaissances déclaratives et connaissances procédurales recoupe l'opposition commune entre savoir et savoir-faire. La prise de conscience et le contrôle intentionnel dominent dans la manipulation des connaissances déclaratives alors que les connaissances procédurales sont automatisées.

• Après l'enregistrement et l'organisation, vient la phase ultime du processus de mémorisation à long terme, ou processus de récupération (5). L'information sémantique est indépendante du contexte dans lequel elle se manifeste ou dans lequel elle doit être retrouvée. Je peux me souvenir que le héron possède «*un long bec emmanché d'un long cou*», que je me trouve dans ma chambre, au bureau ou au bord de la mer. Au contraire, la représentation épisodique dépend des conditions dans lesquelles elle s'est constituée. Je me souviens plus facilement des vêtements que je portais il y a un mois dans tel restaurant si je me trouve aujourd'hui dans ce même restaurant. A défaut, je peux également susciter une image mentale me restituant le contexte de ce moment passé. La récupération en mémoire peut s'effectuer de façon directe ou indirecte. Dans le premier cas, on a pleinement conscience d'être engagé dans une tâche de remémoration. C'est ce qui se passe si je dois répondre à une question précise sur la date de la bataille d'Austerlitz ou sur le lieu de mes vacances en 1989. On parle ici de mémoire explicite ou d'accès direct à la mémoire, qu'elle soit sémantique ou épisodique.

3. Sur cette controverse, voir M. Denis, *Image et cognition*, Puf, 1989.
4. E. Tulving, *Elements of Episodic Memory*, Oxford university Press, 1983.
5. G. Tiberghien et P. Lecocq, *La Mémoire oubliée*, Mardaga, 1997.

La situation est très différente si vous êtes en train de lire un livre ou de descendre un escalier. Dans les deux cas, la réalisation de ces tâches exige des accès multiples à la mémoire : aux mots et aux significations pour la lecture, et à des représentations perceptives et motrices pour la descente d'escalier. Mais ce qui est important, c'est que vous n'avez pas conscience, dans ces situations, de réaliser de la récupération en mémoire. C'est pour cela que l'on parle de mémoire implicite ou d'accès indirect à la mémoire.

Cette distinction entre mémoire implicite et mémoire explicite passionne d'autant plus les chercheurs qu'on a montré que certaines lésions du cerveau qui empêchent l'accès direct en mémoire n'empêchent pas un fonctionnement normal de la mémoire implicite (6).

La mémoire est l'objet de multiples débats et controverses au sein de la communauté scientifique. On peut dire, en simplifiant à l'extrême, que deux grandes classes de modèles de la mémoire humaine sont aujourd'hui en compétition : les modèles de stockage « informatique », et les modèles connexionnistes (*voir l'article de G. Chapelle « Symbolistes et connexistes : de la confrontation à l'intégration »*).

Ordinateur ou réseau ?

Les modèles informatiques postulent qu'il y a isomorphisme (correspondance terme à terme) entre la mémoire humaine et celle de nos ordinateurs. Ils décrivent la mémoire humaine comme étant composée de modules de traitement élémentaires dont les relations fonctionnelles définissent une architecture. Un mécanisme de contrôle gère le flux d'informations traitées par le système. Ces informations sont conçues comme des unités bien distinctes les unes des autres, stockées en des lieux précis de la mémoire (métaphore spatiale).

Les modèles connexionnistes marquent une rupture radicale avec les modèles informatiques. Ils postulent que l'information n'est pas localisée précisément mais est répartie dans l'ensemble du système, au sein d'un réseau de neurones (7). Les représentations sémantiques ne sont donc pas conservées dans la mémoire mais sont la résultante de l'interaction entre les circonstances de l'étape de mémorisation et les conditions de la récupération : le sens n'est pas stocké en mémoire, mais il « émerge » des règles de fonctionnement épisodiques de la mémoire.

L'exploration de la mémoire est encore loin d'être achevée. Il est probable que de nouvelles théories se feront jour, que de nouveaux résultats de recherche feront surgir des questions encore inattendues.

---

6. M. Van der Linden et R. Bruyer, *Neuropsychologie de la mémoire humaine*, Pug, 1991.
7. H. Abdi, *Les Réseaux de neurones*, Pug, 1994.

Se souvenir, c'est reconstruire

*Selon l'approche évolutionniste de Gerald M. Edelman,
la mémoire n'est pas une copie conforme des événements
vécus. C'est un incessant processus de reconstruction.*

Chacun a fait un jour l'expérience d'être contredit dans le récit
d'une aventure, par ceux-là mêmes avec qui il l'avait vécue. C'est
que non seulement un événement est vécu différemment par
différents individus, mais aussi qu'il n'est pas stocké tel quel
dans le cerveau. Quand nous nous souvenons, *« nous n'avons
pas recours à des images immuables, mais à des reconstitu-
tions, des produits de l'imagination, à une vision du passé adaptée au présent »*, écrit ainsi Israël Rosenfield (1).

Cette façon d'envisager la mémoire est une des implications
fondamentales de la théorie du « darwinisme neuronal », de
G.M. Edelman, directeur de l'Institut des neurosciences à l'université Rockfeller de New York et prix Nobel de médecine (2). La
théorie de G.M. Edelman est évolutionniste car elle considère le
cerveau comme un système adaptatif où sont à l'œuvre les processus que décrivit Darwin à propos des espèces : la variabilité,
la sélection et la préservation des réponses les plus appropriées.
Les unités sur lesquelles opèrent ces processus sont les
« groupes neuronaux » qui constituent le système nerveux.

Une première sélection a lieu au cours du développement, à travers des mécanismes cellulaires. Par suite de l'énorme diversité
des connexions entre cellules nerveuses sur lesquelles elle joue,
dès le départ, aucun individu n'est identique à un autre, même
pas les vrais jumeaux.

La seconde forme de sélection se fait tout au long de la vie à
travers l'expérience individuelle. Certains circuits neuronaux sont
ainsi privilégiés au détriment d'autres : plus sollicités, parce qu'ils
sous-tendent des réponses plus adaptées au contexte, ils sont
conservés par stabilisation sélective, selon la terminologie de
Jean-Pierre Changeux (3), partisan lui aussi d'une approche dar-
winienne du cerveau. Ces circuits forment des « cartes cérébrales ». Au niveau psychologique, ces cartes correspondent aux
représentations. Connectées entre elles, elles assurent la continuité de notre rapport au monde. Ces agencements se modifient sans cesse en fonction de leurs configurations antérieures
et du contexte actuel.

Voici comment la théorie pourrait envisager un type de mémoire comme celle des visages. Il faut d'abord que soit construit le concept de « visage », ce que fait le bébé dans les premières semaines de sa vie, à partir de tendances générales à établir des contacts visuels et à détecter certaines caractéristiques de l'environnement (orientation des lignes dans l'espace, par exemple). Comme ce qui passe le plus souvent dans le champ visuel du bébé est le visage de la mère, certaines perceptions sont privilégiées aux dépens d'autres. Il en résulte que les cartes représentant des propriétés du visage (la symétrie, l'ovale, la couleur chair, etc.) sont sélectionnées. La cohérence interne de la catégorie « visage » est garantie par les interconnexions entre ces différentes cartes, interconnexions qui peuvent se modifier à l'infini. L'individualisation des visages est assurée par des schémas particuliers : nous apprenons ainsi à rapporter des expressions particulières à une même personne. Comme ces schémas se réorganisent constamment en fonction des affects, du contexte, etc., il n'est pas étonnant qu'ils donnent lieu à des erreurs, telles que les fausses reconnaissances. Et lorsque nous évoquons le visage de notre mère, par exemple, il est probable que l'image qui nous vient à l'esprit n'a jamais existé. Elle est une reconstruction à partir de réminiscences du passé et d'impressions du moment présent. Bâti sur des principes qui génèrent de la diversité, le système cognitif est fondamentalement créatif. C'est ce que disait déjà en 1932 le psychologue Frederic Bartlett quand il écrivait que *« la remémoration est une reconstruction ou construction imaginative (...). Ainsi, le souvenir est rarement fidèle, et peu importe qu'il en soit ainsi. »* Ou plutôt, s'il n'en était pas ainsi, nous ne serions pas des êtres vivants...

CHANTAL PACTEAU

---

1. I. Rosenfield, *L'Invention de la mémoire*, Flammarion, « Champs », 1994.
2. G.M. Edelman, *Biologie de la conscience*, Odile Jacob, 1992.
3. J.-P. Changeux, *L'Homme neuronal*, Fayard, 1983.

POINTS DE REPÈRE
L'ORGANISATION DE LA MÉMOIRE

LES 5 MÉMOIRES SELON ENDEL TULVING

En 1995, le psychologue américain Endel Tulving propose un modèle d'organisation de la mémoire en cinq systèmes (1). Ils collaborent pour remplir les trois fonctions de la mémoire : enregistrer les informations nouvelles (l'encodage), les conserver (le stockage), et les récupérer (la récupération). Selon les systèmes, leur action peut être automatique et non consciente (c'est-à-dire « implicite ») ou contrôlée et volontaire (c'est-à-dire « explicite »).

Le système de représentation perceptive : reconnaître les formes

Reconnaître une fleur, un visage ou une chaise suppose l'action du système de représentation perceptive. Avant même d'en connaître le nom ou l'usage, il encode les caractéristiques perceptives d'une situation. En les comparant aux informations qu'il a stockées, il organise en images structurées les lignes, couleurs et sons multiples de l'environnement. Il travaille de façon automatique et non consciente et est entre autre responsable du traitement des images subliminales (où nous « voyons » inconsciemment une image présentée très brièvement).

La mémoire sémantique : avoir des connaissances

Cette mémoire contient toutes nos connaissances générales et abstraites, depuis nos connaissances sur les pommes et les oiseaux, en passant par la formule de la surface du losange ou les prénoms de nos frères et sœurs. Elle donne une signification aux objets en les comparant aux connaissances stockées antérieurement. On peut accéder à ces connaissances soit de façon automatique et non consciente (dans la plupart des situations de la vie quotidienne), soit volontairement (lorsqu'on restitue ses connaissances).

La mémoire procédurale : apprendre des actions

Cette mémoire nous permet d'apprendre à rouler à vélo ou à faire une multiplication. Elle est en fait spécialisée dans la mémorisation de procédures, motrices ou cognitives. Elle travaille de façon automatique et non consciente.

La mémoire épisodique : retenir des moments uniques

La lumière particulière d'un paysage de vacances, le déroulement précis du nouvel an 2000, la liste des courses à faire ce soir, voici ce que nous permet de retenir la mémoire épisodique. Elle permet de contextualiser dans le temps et l'espace les informations issues de la mémoire sémantique et enregistre le souvenir précis d'un épisode passé, avec toutes ses caractéristiques uniques. C'est elle qui permet d'apprendre par cœur une liste de mots afin de les rappeler plus tard ou de rechercher volontairement un événement passé. Elle est également essentielle pour nous donner l'impression consciente d'avoir nous-mêmes vécu des événements.

La mémoire de travail : garder en tête l'information

Comment se souvenir de la question qu'on vient de nous poser pour pouvoir y répondre, ou comme le fait une calculette, des étapes intermédiaires d'un calcul mental ? Grâce à la mémoire de travail, qui enregistre et maintient l'information issue de la mémoire sémantique sous une forme hautement accessible pendant une très courte période de temps. Elle permet donc de conserver l'impression d'un stimulus après sa disparition physique, et d'exercer des opérations cognitives dessus.

DÉBATS SUR LES MODÈLES

Deux grands courants s'opposent en psychologie cognitive pour modéliser la mémoire : les modèles symboliques, dont fait partie celui d'E. Tulving, et les modèles connexionnistes (2).

• Pour les symbolistes, les différentes capacités de mémoire sont traitées par plusieurs modules, structurés hiérarchiquement. Chaque module stocke certains types de souvenirs. Par exemple, la mémoire épisodique stocke les souvenirs des dernières vacances dans un pays étranger, et la mémoire sémantique stocke les connaissances générales que nous avons sur les pays d'Europe. L'encodage d'une nouvelle information doit suivre la hiérarchie des modules de mémoire (elle est traitée par exemple dans le système de représentation perceptive, puis en mémoire sémantique avant d'être stockée en mémoire épisodique).

• Les modèles connexionnistes conçoivent les choses autrement. Selon eux, la mémoire est un système unitaire, structuré en un grand réseau de connexions. Les souvenirs ne sont pas stockés comme tels, mais sont rappelés lorsqu'une configuration de connexions est réactivée. Par exemple, pour se rappeler d'une pomme, il faut que se réactivent en même temps tous les neurones du réseau « pomme » (comme « rouge », « ronde », « fruit », « comestible », etc.). S'il s'agit de se souvenir de la pomme que j'ai mangée hier, s'activeront également dans le réseau les éléments qui spécifient la localisation spatiale et temporelle de ce souvenir.

Aujourd'hui, comme le souligne Guy Tiberghien, *« de nombreuses oppositions conceptuelles, dans le domaine de la psychologie de la mémoire, illustrent à leur façon la nécessité d'une approche hybride »* (3). Ainsi, pour l'opposition faite entre mémoire implicite (automatique et non consciente) et mémoire explicite (volontaire et consciente) : la première, vu son caractère très rapide et automatique, est mieux décrite et expliquée par les modèles connexionnistes, alors que la seconde, dont le travail est plus lent et contrôlé, est mieux interprétée par les modèles symbolistes. Les deux modèles peuvent donc être intégrés pour expliquer l'ensemble des capacités de mémoire.

---

1. « Organisation of memory : quo vadis ? », dans M.S. Gazzaniga, *The Cognitive Neurosciences*, MIT Press, 1995.
2. Pour l'opposition entre symbolisme et connexionnisme, voir l'article de G. Chapelle « Symbolistes et connexionnistes : de la confrontation à l'intégration », dans le chapitre I.
3. G. Tiberghien, *La Mémoire oubliée*, Mardaga, 1997.

ALAIN LIEURY*

AMÉLIORER SA MÉMOIRE : MYTHES ET RÉALITÉ**

Comment améliorer sa mémoire ? Les procédés mnémotechniques bâtis au cours des siècles sont efficaces mais peu utiles, et l'usage intensif du « par cœur » insuffisant. Les recherches les plus récentes mettent l'accent sur la mémoire sémantique (portant sur le sens) et sur l'importance du contexte pour l'apprentissage.

HISTOIRE OU LÉGENDE ? Un drame humain serait à l'origine du premier procédé mnémotechnique, la méthode des lieux, mis au point au Vᵉ siècle avant notre ère. Le toit de la salle où a lieu un festin s'écroule, écrasant tous les convives. Par chance pour lui, le poète Simonide de Céos vient juste de sortir. Etonné de la facilité avec laquelle il peut retrouver la place de chacun des convives en se représentant leur image autour de la table, Simonide généralise bientôt cette astuce en une méthode de mémoire qui consiste à transformer en images mentales les objets ou les personnages d'une liste et à les placer mentalement dans les lieux d'un itinéraire connu, par exemple dans les pièces d'une villa ou les magasins d'une rue. Cette méthode, qui a connu un grand

succès jusqu'à la Renaissance, est réellement efficace. Une étude a montré que cinq semaines après avoir mémorisé une liste de 25 mots, le groupe-contrôle qui avait appris « par cœur » pouvait se souvenir de 38 % des mots dans l'ordre, tandis qu'un autre groupe qui avait appliqué la méthode des lieux obtenait un score de 79 % (1). Une autre technique, basée sur le codage chiffre-lettre, a également eu beaucoup de succès et est toujours proposée aujourd'hui par des méthodes prétendant fournir une mémoire exceptionnelle à leurs usagers.

---

* Professeur de psychologie à l'université Rennes-II, il a notamment publié *Mémoire et réussite scolaire*, Dunod, 1993 ; *La Mémoire de l'élève en 50 questions*, Dunod, 1998.
** *Sciences Humaines*, n° 43, octobre 1994.
1. L.D. Groninger, « Mnemonic imagery and forgetting », *Psychonomic Science*, 23, 1971.

Mémoire sémantique
et mémoire lexicale

Ces procédés mnémotechniques avaient pour objectif de faciliter la mémorisation mais c'était en grande partie une illusion, surtout en raison de la méconnaissance de la principale forme de mémoire, découverte dans les années 70, la mémoire sémantique (c'est-à-dire la mémoire telle qu'on la pratique ordinairement, le « par cœur » étant la mémoire lexicale).

La mémoire sémantique a une capacité énorme : ce n'est pas en centaines de mots qu'il faut la mesurer, mais en milliers voire en dizaines de milliers chez l'adulte cultivé. A la suite d'autres auteurs (2), nous avons montré que les élèves sont capables d'acquérir plusieurs milliers de mots par année, ce qui est fabuleux. Une étude menée par notre équipe a permis de constater qu'en classe de sixième les élèves sont confrontés à 6 000 mots, dont 2 500 sont acquis en moyenne en fin d'année (3). En cinquième, la performance est de 5 500 mots acquis sur 9 500 présentés dans les manuels (4). Cela montre qu'en un an, les élèves ont en moyenne acquis 3 000 mots nouveaux (5 500 – 2 500), soit, si l'on compte 200 jours de classe par an, un apprentissage de 15 mots, en moyenne, par jour de classe effectif ! Cependant, tous les élèves ne bénéficient pas des mêmes acquisitions, les meilleurs élèves de sixième ayant acquis 4 000 mots, contre seulement 1 000 mots pour les élèves les plus faibles.

Deux grands axes de recherches ont visé à remédier à ce handicap. La première approche consiste à enseigner directement les mots qui doivent être retenus par l'élève. Ainsi, des chercheurs de l'université de Pittsburg ont construit un programme d'apprentissage systématique de vocabulaire, portant sur 104 mots, destiné à des enfants de quartiers défavorisés (5). Pendant que deux classes de CE2 (grade 4) bénéficiaient de ce programme, deux autres, équivalentes d'après les prétests, servaient de classes témoins. Le programme comprenait 75 « leçons » d'une demi-heure. Sur tous les tests de compréhension réalisés en fin d'année, les performances du groupe expérimental sont très supérieures à celles du groupe témoin.

Comprendre les mots...

Nous avons développé un programme similaire à l'intérieur d'un centre de formation pour apprentis, type d'établissement fréquenté par des élèves ayant généralement des difficultés scolaires (6). L'expérience, réalisée auprès d'élèves d'une moyenne d'âge de 18 ans, a porté sur plusieurs programmes de cours (législation, vente). Nous l'illustrons ici

2. Par exemple, S. Ehrlich, G. Bramaud du Boucheron et A. Florin, *Le Développement des connaissances lexicales à l'école primaire*, Puf/Laboratoire de psychologie de Poitiers, 1978 ; W.E. Nagy et R.C. Anderson, « How manys words are there in printed school English ? », *Reading Research Quaterly*, 19, 1984.
3. A. Lieury, *La Mémoire : du cerveau à l'école*, Flammarion, 1993.
4. A. Lieury, P. Van Acker, M. Clevede et P. Durand, « Mémoire des connaissances et réussite en cinquième », *Le Langage et l'Homme*, 1, 1992.
5. I.L. Beck, C.A. Perfetti et M.G. McKoewn, « Effects of long-term vocabulary instruction on lexical access an reading comprehension », *Journal of Educational Psychology*, 74, 1982 ; M.G. McKoewn, I.L. Beck, R.C. Omanson et C.A. Perfetti, « Effects of long-term vocabulary instruction on reading comprehension : a replication », *Journal of Reading Behavior*, 15, 1983.
6. A. Lieury, B. Tomeh, M. Dragée, C. Infray, D. Largeau, N. Ovide-Arnaud et X. Trancart, recherche menée dans le cadre du Scuriff, université de Rouen, au CFA Val-de-Reuil (directeur : E. Bouchez).

pour le programme de démographie. L'apprentissage s'est déroulé sous deux formes, l'apprentissage lexical et l'apprentissage sémantique. Dans la phase « lexicale », le sens est donné par une définition. Dans la phase « sémantique », c'est l'inverse : le mot ou l'expression est donné, et les élèves doivent en fournir le sens (approché et non la définition mot à mot, puisque c'est l'apprentissage du sens et non l'apprentissage par cœur qui est alors demandé). Vingt concepts ont été choisis en fonction de leur difficulté à être compris d'après l'expérience antérieure du professeur (densité, taux de natalité, baby-boom, régime démographique traditionnel, etc.).

Alors que le niveau de départ, mesuré par le prétest, est de 3,82/20, la réussite moyenne est de 9,31 après le cours. Contrairement à une idée communément admise, le cours est donc loin de permettre une acquisition satisfaisante. Il ne suffit pas comme on l'entend dire souvent de « comprendre pour apprendre ». Comme nous allons le voir, les répétitions sont indispensables pour un bon apprentissage.

...et les répéter

Plusieurs essais sont effectués pour chaque apprentissage : à chaque fois, l'enseignant présente la liste des concepts couplés avec leur définition. Les répétitions s'avèrent très utiles, puisqu'elles permettent une amélioration de la performance. Après la séquence d'apprentissage, le score moyen s'élève très nettement à 15,28. Rappelons qu'il n'était que de 9,31 après le cours initial, ce qui montre à la fois l'insuffisance du cours traditionnel seul et l'efficacité de la séquence d'apprentissage. Un résultat très attendu est celui du test après les trois semaines du stage en entreprise. En effet, dans ce type d'établissement caractérisé par une alternance entre des phases de formation dans le centre et des phases de stage professionnel en entreprise, les professeurs se plaignent souvent que les élèves ont tout oublié après les stages. Or, le score obtenu est encore de 14,44, soit 94 % du résultat trois semaines auparavant ; la séquence d'apprentissage additionnée au cours assure donc une très bonne stabilité des connaissances.

En raison des disparités entre élèves, nous avons voulu apprécier l'effet de la séquence d'apprentissage en groupant les élèves en trois niveaux selon leur réussite dans le prétest.

Cette comparaison entre groupes de niveaux est très intéressante. Elle indique en effet que l'apprentissage ne modifie pas sensiblement les performances des élèves de niveau élevé au prétest (donc qui avaient certaines connaissances antérieures sur le thème du cours). En revanche, il donne des résultats très importants pour les élèves qui n'ont pas ou peu de connaissances préalables.

De plus, la comparaison des groupes moyen et bas indique des résultats semblables après la séquence d'apprentissage, ce qui semble montrer que le faible score du groupe de bas niveau après le cours n'est dû qu'à un manque d'entraînement (séquence apprentissage) et non à des potentialités moindres comme on le croit généralement, croyance qui peut générer une attitude fataliste des formateurs.

Ce type de programme d'apprentissage

multi-essais est donc très efficace et d'autant plus pour les élèves plus faibles. Le cours ne suffit pas pour apprendre, ni pour comprendre, contrairement à une légende. Le grand tort de la pédagogie traditionnelle est sans doute de laisser, sans contrôle, la phase d'apprentissage comme le travail à la maison, et sans aide pour les élèves faibles.

L'important, c'est le contexte

Cependant, les techniques d'entraînement par répétition nécessitent beaucoup de temps pour un vocabulaire limité (une vingtaine de mots par séance dans notre expérience) au regard de l'énorme quantité de vocabulaire que rencontrent les enfants au cours de leur scolarité.

Il est donc fort probable que, pour la plupart des enfants, l'essentiel de l'acquisition du vocabulaire ne se fait pas par l'instruction directe (au cours des leçons). W.E. Nagy et R.C. Anderson ont suggéré que les mots du vocabulaire scolaire sont acquis principalement par la lecture, l'élève devinant le sens des mots inconnus à partir des termes connus. Comment ce processus fonctionne-t-il? Les recherches sur la mémoire montrent que les concepts pourraient être des abstractions générées à partir d'épisodes concrets (7). Par exemple, le mot «bateau» acquiert progressivement la variété de ses propriétés sémantiques à travers les multiples contextes rencontrés.

Cette approche incite à analyser les ouvrages scolaires sous un angle nouveau. Nous avons mené une expérience, avec l'aide d'instituteurs, dans quatre classes de CM2 du Finistère. Les enseignants ont sélectionné 24 mots essentiels à connaître (vertébrés, germe, toxique, ivoire, vitamines, pollution, etc.) en notant la difficulté de chacun d'entre eux, de 1 (très facile) à 4 (très difficile). Le nombre d'épisodes contextuels (de phrases ou d'ensembles de phrases constituant une unité de sens) était de 0, 2, 4, 6-8. Voici par exemple, les épisodes construits pour le concept «vertébré» dans la condition 6/8 épisodes (6 dans l'exemple):

1. *Je suis un humain, tu es un humain, il est… mais de quelle famille faisons-nous partie, nous les humains? Eh bien, de la famille des vertébrés! Nous faisons partie de cette famille parce que nous avons des os.*

2. *Vertébré veut dire «qui a des vertèbres». Les vertèbres sont les os qui tiennent ton dos bien droit; on les sent quand on passe la main dans le milieu du dos. Tous les animaux qui ont des os ont aussi des vertèbres.*

3. *Nous ne sommes pas tout seuls dans cette famille. Pour savoir si un animal fait partie de la famille des vertébrés, il suffit de regarder s'il a des os ou pas.*

4. *Les chiens ont des os, comme nous; donc ce sont aussi des vertébrés. Tous les mammifères (les chiens, les chats, les vaches, les singes, les éléphants et les souris…) aussi.*

5. *Mais il n'y a pas qu'eux: les reptiles*

---

7. E. Tulving, «Episodic and semantic memory», *Organization of Memory*, Academic Press, 1972; R.C. Schank, «Existe-t-il une mémoire sémantique?» dans «La mémoire sémantique», numéro spécial du *Bulletin de psychologie*; A. Lieury, «La mémoire épisodique est-elle emboîtée dans la mémoire sémantique?», *L'Année psychologique*, 79, 1979; J.R. Jenkins et R. Dixon, «Vocabulary learning», *Contemporary Educational Psychology*, 8, 1983.

(lézards, serpents, tortues) aussi ont des os. Ils font donc aussi partie de la même famille des vertébrés. Et les poissons, on dit qu'ils ont des arêtes, et les arêtes, c'est comme les os.
6. Dans la grande famille des animaux, tous ne sont pas des vertébrés : ni les limaces, ni les vers de terre n'ont des os. Les insectes et les crabes non plus, ils font donc partie d'une autre famille.

Pour mesurer la progression dans l'apprentissage conceptuel, nous avons construit des QCM (questionnaire à choix multiples) sur le modèle suivant (l'exemple concerne le mot environnement) :

L'environnement, c'est :
- ❏ *la nature et les plantes*
- ❏ *tout ce qui nous entoure*
- ❏ *ce qui n'est pas pollué*
- ❏ *je ne sais pas*

L'environnement, ça nous sert à :
- ❏ *nous nourrir et respirer*
- ❏ *protéger la nature*
- ❏ *empêcher la pollution*
- ❏ *je ne sais pas*

Qui a un environnement ?
- ❏ *seulement les humains*
- ❏ *tout ce qui vit*
- ❏ *seulement les plantes*
- ❏ *je ne sais pas*

On constate que la mémorisation sémantique des concepts s'améliore au fur et à mesure du nombre de répétitions d'épisodes contextuels.

Les enseignants évaluent mal la difficulté des mots

Cette recherche a été l'occasion de faire deux observations intéressantes. D'une part, malgré leur expérience professionnelle, les enseignants évaluent mal

la difficulté réelle des concepts pour les enfants. Ainsi, sur les six mots ayant les plus mauvais scores au QCM, quatre avaient été considérés par les instituteurs comme très faciles («*poumon*», «*pollution*», «*squelette*» et «*dent*»). A l'inverse, des concepts comme «ancêtre» et «croissance», jugés difficiles par les enseignants, sont bien compris des enfants. D'autre part, la compréhension que les enfants ont de certains termes est parfois surprenante, comme l'avaient déjà montré André Giordan et Gérard de Vecchi (8). En voici deux exemples : «*L'estomac inspire (!) les aliments.*» C'est certes une poche, mais pour beaucoup, elle est fermée et les aliments y restent, quand elle ne se trouve pas carrément à côté du tube digestif. Il sert très souvent à trier les aliments (liquides/solides). Les vaisseaux sanguins sont parfois confondus avec la notion générique de vaisseau (spatial par exemple), comme le montre cette définition : «*Petite bulle remplie d'eau et de sang qui circule dans des tuyaux.*» Lorsque leur sens est compris, il n'y a, la plupart du temps, que les veines qui en font partie.

Comprendre, ça s'apprend aussi !

En conclusion, la mémoire la plus importante n'est pas la mémoire lexicale (liée à l'apprentissage par cœur), mais la mémoire sémantique (qui concerne le sens d'un terme). L'acquisition de concepts en mémoire sémantique nécessite également des mécanismes de répétition, différents pourtant

---

8. A. Giordan et G. de Vecchi, *Les Origines du savoir*, Delachaux & Niestlé, 1987.

du « rabâchage ». Il s'agit d'abstraire diverses parcelles de sens au travers de contextes variés.

La mémoire sémantique du concept, dans sa variété et sa complexité, semble ne se construire qu'avec la répétition d'un nombre relativement important d'épisodes contextuels contenant chacun quelques « quarks » de sens – pour prendre l'analogie de ces entités subatomiques des physiciens. Comprendre, ça s'apprend aussi !

ROGER LÉCUYER*

L'INNÉ EST-IL VRAIMENT ACQUIS ?**

Les recherches sur les aptitudes précoces du nourrisson menées depuis les années 80 avaient accrédité les thèses innéistes selon lesquelles tout serait joué à la naissance. Cela ne suffit pas, répond la psychologie du développement. Les aptitudes précoces ne sont qu'un point de départ. On ne naît pas humain, on le devient...

L A PSYCHOLOGIE moderne du nourrisson est née à la fin des années 50, moment où s'est opérée une rupture méthodologique dans l'étude des bébés. Jusque-là, les psychologues de l'enfant s'attachaient à observer de façon minutieuse quelques enfants dans leur cadre familial, souvent leurs propres enfants. Puis on est passé à l'expérimentation. L'Américain Robert L. Fantz fut pionnier dans ce domaine. Il s'est posé une question simple : les jeunes bébés (entre la naissance et six mois) sont-ils capables de faire la différence entre deux formes géométriques, par exemple un rond et un carré ? Il leur a donc présenté les deux « cibles » dans un dispositif où un petit trou intermédiaire permettait à un observateur d'indiquer si le bébé regardait à droite ou à gauche. Le résultat obtenu fut que les jeunes bébés préféraient le curviligne au rectiligne, c'est-à-dire (et c'est ce qui intéressait R.L. Fantz) qu'ils faisaient la différence entre les deux. Constat simple et somme toute trivial, d'autant plus trivial quand on y pense avec nos connaissances actuelles, mais constat révolutionnaire pour trois raisons. La première est qu'à l'époque, tout le monde « *savait* » que les bébés de cet âge voyaient à peine ou pas du tout. La deuxième est que la possibilité de l'expérimentation avec des bébés était ainsi démontrée, alors que seule la simple observation semblait jusque-là possible.

* Laboratoire Cognition et Développement, Institut de Psychologie, Université René-Descartes, CNRS.
** *Sciences Humaines*, n° 135, février 2003.

La troisième est que et la méthode et le résultat portaient en germe la contestation de l'omniprésente théorie de Jean Piaget.

Le bébé est-il intelligent ?

En psychologie du nourrisson, il s'impose toujours de faire un *flash-back* sur J. Piaget. D'une part, le véritable fondateur de la psychologie du nourrisson mérite un détour et, d'autre part, la compréhension de la suite des événements suppose ce détour. En 1936, quand paraît *La Naissance de l'intelligence* de J. Piaget, le bébé apparaît comme un être végétatif, certes appelé à un avenir brillant, mais dont l'absence de langage interdit toute forme de pensée. C'est le point de vue d'Henri Wallon, adversaire attitré de J. Piaget, mais c'est aussi le point de vue le plus couramment admis à l'époque. Certes, les gestaltistes, et singulièrement Wolfgang Köhler, avaient déjà franchi un pas considérable en attribuant au chimpanzé une intelligence, posant ainsi la question d'une pensée sans langage, mais de là à attribuer la naissance d'une intelligence à un être sans autonomie, il y avait un pas qu'il semblait déraisonnable de franchir. J. Piaget le fait avec une certaine conception de l'intelligence. Dans une période où les tenants du QI s'évertuaient à mesurer l'intelligence indépendamment des connaissances, il développait l'idée d'une intelligence inséparable de l'activité de connaissance.

J. Piaget insiste beaucoup sur l'importance de l'activité sensori-motrice. Le bébé piagétien est donc contraint d'attendre la coordination préhension-vision (la possibilité de saisir un objet qu'il voit) pour comprendre le monde des objets ; de même, il doit acquérir la locomotion autonome pour comprendre l'organisation de l'espace ; enfin, le bébé acquiert la conscience de la « permanence de l'objet » – c'est-à-dire la conscience que les objets continuent à exister quand ils ne sont pas perçus – au terme d'une construction lente, qui commence à se manifester vers 9 mois (auparavant, un objet caché sous les yeux du bébé n'est pas recherché) et ne sera vraiment maîtrisée qu'après le milieu de la deuxième année.

Les recherches de R.L. Fantz contestaient celles de J. Piaget sur un aspect secondaire de la théorie : la perception. Mais la théorie était susceptible d'accommodation, et cette contestation n'était pas en soi très grave. Que dès la naissance les bébés fassent la différence entre un cercle et une sphère ne remettait pas en cause le primat de l'action et la notion d'intelligence sensori-motrice. Mais la démarche de R.L. Fantz portait en germe une contestation bien plus forte : l'entrée des bébés dans les laboratoires allait donner des résultats surprenants. Dans les années 60, les recherches se multiplient. Les méthodes s'affinent et, de la situation de « préférence visuelle », l'on va passer à une méthode qui a connu un succès certain chez l'animal : l'habituation. Au début des années 70, une méthode est mise au point : la « procédure contrôlée par le bébé ». Elle consiste à observer le regard du bébé placé devant un objet. Lorsqu'il voit un objet nouveau, le bébé le fixe pendant un certain laps de temps jusqu'à ce que ses durées de fixation diminuent. On considère alors que l'enfant s'est «habitué» à cet objet. Si l'objet suivant qui est lui présenté lui paraît différent (donc nouveau pour lui), il va de nouveau regarder plus longtemps. La variation de la durée du regard du bébé sur un stimulus devient donc un indicateur de sa capacité à différencier entre ce qui est nouveau et ce qui ne l'est pas, ce qui est connu et inconnu. En 1985, Renée Baillargeon, Elisabeth S. Spelke et Stanley Wasserman inventent une variante importante à cette méthode d'habituation, ce que R. Baillargeon appellera plus tard le « *paradigme de l'attente déçue* ». Après une phase d'habituation à un premier événement qui va en quelque sorte planter le décor, on présente au bébé en alternance deux situations nouvelles. La première situation est normale : par exemple, on montre au bébé un objet déplacé sur un support. L'autre situation ne respecte pas les lois de la physique : l'objet est déplacé hors du support et ne tombe pas, il semble suspendu dans le vide ! Les bébés, intrigués, regardent alors plus longtemps cet événement car il ne correspond pas à leurs attentes. Ainsi, trois règles qui contribuent à déterminer les durées d'exploration des bébés sont mises à contribution dans les laboratoires : les bébés regardent plus longtemps ce qui est structuré que ce qui ne l'est pas, ce qui est nouveau que ce qui ne l'est pas, ce qui est étrange que ce qui ne l'est pas. D'autres méthodes complètent ce tableau, mais c'est essentiellement sur la base de ces trois règles qu'émergent nos connaissances.

Grâce à ces méthodologies nouvelles, de nombreuses recherches vont apporter un lot de résultats sur les capacités précoces du nourrisson. Ces études porteront sur la catégorisation, le raisonnement, la connaissance des objets, la reconnaissance des visages, la reconnaissance de la voix et la genèse du langage, etc. Parmi toutes les capacités précoces étudiées (1), quelques-unes vont faire l'objet de la contestation la plus vive : elle concerne l'imitation, la permanence de l'objet, les capacités numériques.

Les capacités précoces des nourrissons

La plupart des «compétences précoces» sont mises en évidence chez des enfants de 3 à 5 mois, c'est-à-dire avant la fameuse coordination préhension-vision, mais certaines sont repérées dès la naissance. C'est le cas en particulier des capacités de différenciation de syllabes telles que *Ba* et *Pa*. Or la théorie de Noam Chomsky va fournir un cadre idéal d'interprétation de cette capacité néonatale. Selon le linguiste américain, le bébé humain est en effet programmé génétiquement pour le langage. Une nouvelle forme d'innéisme va alors se développer, explicite chez N. Chomsky ou Tom Bower, implicite chez beaucoup de chercheurs spécialistes du bébé : le nativisme. Dans cette conception, le mot inné est pris au pied de la lettre : il ne s'agit pas de dire que des différences individuelles constatées à l'âge scolaire ou chez l'adulte sont «innées», mais de dire que des capacités, voire des

---

1. *Cf.* R. Lécuyer, M-G. Pêcheux, A. Streri, *Le Développement cognitif du nourrisson*, Nathan, Vol. 1, 1994, et Vol. 2, 1996.

connaissances sont présentes dès la naissance et donc indépendantes de toute interaction avec le milieu. Bien sûr, c'est dans les mois qui suivent la naissance que la plupart de ces capacités et «toutes» ces connaissances sont constatées, mais l'opinion explicite chez certains auteurs, implicite et largement répandue chez d'autres, est que ce qui est présent à quatre mois n'a pu faire l'objet d'un apprentissage.

J. Piaget se retourne en effet contre J. Piaget. L'apprentissage par l'action est tellement convaincant que les bébés incapables d'agir ne peuvent avoir appris ce qu'ils savent et qui est donc inné. Le courant de recherche nativiste va alors connaître un développement important, notamment dans les pays anglo-saxons. Pourtant, diverses remises en question de ce nativisme vont très rapidement se développer. Dans une France qui, lorsqu'elle n'est pas dans l'orthodoxie piagétienne, se retrouve dans le dogme wallonien, il ne faut pas prendre en compte des faits qui ne sont pas confirmés par une théorie. Ces expériences américaines sont contestables et ce bébé de laboratoire a quelque chose d'irréel. Dans une France où le chercheur est souvent un intellectuel-de-gauche, ce retour de l'innéisme est un scandale. Aux Etats-Unis, où se concentre l'essentiel des nouvelles recherches, les faits sont les faits, et la contestation est beaucoup plus longue à se mettre en place. Les méthodologies sont rigoureuses et se perfectionnent, et les exigences et les contrôles se multiplient. Il faut donc se rendre à l'évidence nativiste. Pourtant, en 1988, Jean M. Mandler écrit un article qui connaît un certain retentis-

sement : «How to build a baby». Si le bébé est «à construire», c'est que le nativisme n'est pas la seule solution théorique. Mais il faudra attendre bien plus longtemps pour qu'une contestation plus radicale se développe.

La révolte des papys

A la fin des années 90 se produit en effet ce que j'ai appelé une *«révolte des papys»* (2). C'est Marshal Haith, spécialiste de la perception visuelle, qui donne le coup d'envoi. Dans un congrès de la très puissante Society for Research in Child Development, il avance des critiques très sévères, avec des mots extrêmement durs, pour ses collègues spécialistes du développement cognitif précoce. M. Haith les accuse de surinterpréter leurs données, et de voir des capacités cognitives là où des règles perceptives élémentaires suffiraient. Leslie Cohen, autre ténor des années 70, lui emboîte le pas, et quelques équipes se mettent à ne pas retrouver les résultats d'expériences célèbres. Cette non-réplication concerne notamment la fameuse expérience de R. Baillargeon, E.S. Spelke et S. Wasserman (3).

Dans cette polémique, il faut séparer les critiques et les invectives. Il est clair que le caractère médiatique de certaines recherches et la célébrité qu'elles ont value à leurs auteurs agacent certains. Ensuite, il convient de procéder à un examen critique des interprétations des auteurs sur certaines expériences, autant

2. R. Lécuyer, «Rien n'est jamais acquis. De la permanence de l'objet… de polémiques », *Enfance*, 55(1), 2001.
3. « Object permanence in five-month-old infants », *Cognition*, 20(3), 1985.

que des critiques qui leur sont faites. Enfin, il est intéressant de retourner aux théories : le nativisme est-il la seule alternative à la théorie piagétienne ? Beaucoup de discussions ont été menées sur ce principe ou sur son symétrique : un retour à J. Piaget est-il la seule alternative au nativisme ? Voilà quelques-uns des enjeux des débats actuels.

Commençons par l'interprétation faite de certaines expériences. Dès lors qu'il est établi que l'on peut parler de connaissances à 3 mois (connaissances intuitives de certaines lois physiques, de la reconnaissance de sons, des visages…), comment expliquer ces connaissances ? Sont-elles innées ou acquises ? Si on refuse d'adopter la thèse innéiste, il faut démontrer la possibilité pour les bébés d'effectuer très rapidement des apprentissages qui ne soient pas simplement factuels (les bébés de quelques heures différencient le visage de leur mère de celui d'une autre personne), mais des apprentissages de relations. De tels exemples d'apprentissage rapide existent. Un premier exemple est celui des expériences de catégorisation de figures géométriques : durant les cinq minutes environ que dure une expérience avec les bébés de 3 mois, ceux-ci sont capables de dégager un invariant (de construire une catégorie) dans une série de figures géométriques qui leur sont successivement présentées, et ensuite de traiter comme nouvelle une figure ne possédant pas l'invariant, et comme non-nouvelle une figure pourtant jamais vue mais qui possède l'invariant (4). Le second exemple concerne les bébés de six mois. A cet âge, les bébés ne sont pas surpris si un objet ne tombe pas alors qu'il n'est pas posé complètement sur un support (les bébés de 6 mois et demi sont surpris). R. Baillargeon a montré qu'ils étaient capables d'acquérir la règle de la chute des corps (un objet ne tombe pas s'il est sur un support, mais il tombe s'il est sur le bord du support) et même de transposer cette règle à un objet de forme différente. R. Baillargeon a par ailleurs montré que cette acquisition de la loi de la chute des corps fait l'objet de tout un développement avec l'âge (entre 2,5 et 12 mois) et nécessite des apprentissages. En effet, on voit mal une conception « innée » se mettre en place sur une période de dix mois (5).

S'il existe donc bien des apprentissages précoces, reste à voir si les capacités précoces préalables à l'apprentissage ont quelque réalité. J'examinerai l'exemple d'une capacité très controversée : celle de la permanence de l'objet. Sur ce sujet, l'expérience la plus contestée est celle de R. Baillargeon, E.S. Spelke et S. Wasserman (6), qui met en scène une histoire de volet, de boîte et de rotation impossible (*voir encadrés 1 et 2*). Elle est censée démontrer que le bébé de quelques mois possède une certaine permanence de l'objet, contrairement à ce que déclarait J. Piaget à ce sujet. Cette expérience a d'abord fait l'objet d'un débat purement méthodologique, qu'il est impossible d'évoquer ici dans tous ses aspects.

---

4. C. Poirier, R. Lécuyer, C. Cybula, « Categorization of geometric figures composed of three or four elements by 3-month-old infants », *Cahiers de Psychologie Cognitive/Current Psychology of Cognition*, 19(2), 2000.
5. R. Baillargeon, « La connaissance du monde physique par le bébé. Héritages piagétiens », dans O. Houdé, C. Meljac (éds.), *L'Esprit piagétien*, Puf, 2000.
6. *Op. cit.*

L'expérience de Baillargeon, Spelke et Wassermann

1. Evénement possible

Dans l'expérience de Renée Baillargeon, Elisabeth S. Spelke et Stanley Wassermann (1), on présente au bébé tout d'abord une situation possible (événement 1) : la planche de bois (grise) s'élève à la verticale et vient toucher un cube (blanc) situé à l'arrière-plan. Elle retombe ensuite à l'horizontal.

2. Evénement impossible

Dans la situation impossible (événement 2), la planche de bois grise s'élève et tombe à l'arrière comme si le cube avait disparu.

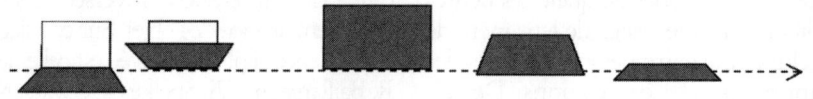

1. « Object permanence in five-month-old infants », *Cognition*, 20(3), 1985.

Notons simplement qu'il suffit de changer quelques paramètres pour reproduire ou non les résultats de l'expérience (7). Du point de vue théorique, les chercheurs qui contestent l'existence d'une aptitude innée à la permanence précoce font valoir une vieille (mais toujours valide) observation de J. Piaget : si on place un mouchoir sur un objet attrayant devant un bébé de 7 mois, celui-ci ne fait aucune tentative pour enlever le mouchoir et prendre l'objet. J. Piaget en avait conclu que pour le bébé l'objet n'existe donc plus. Les partisans de la permanence précoce doivent évidemment expliquer ce comportement. L'explication habituellement fournie est qu'en plus de savoir que l'objet existe toujours, il faut aussi savoir aller le chercher, c'est-à-dire coordonner le

7. Voir C.H. Cashon, L.B. Cohen (« Eight -month-old infants' perception of possible and impossible events », *Infancy*, 1(4), 2000) pour une non-réplication et K. Durand et R. Lécuyer (« Object permanence observed in four month-old-infants with a 2D display », *Infant Behavior & Development*, 139, 2002) qui ont retrouvé les résultats initiaux.

Les bébés ont-ils la permanence de l'objet ?

L'expérience de Renée Baillargeon, Elisabeth S. Spelke et Stanley Wassermann (voir encadré 1) sur la permanence de l'objet a été maintes fois décrite, et un certain nombre de chercheurs en ont fait une critique en essayant d'expliquer autrement les résultats. Par exemple, on a essayé de montrer que la situation « impossible » de cette expérience était en fait plus intéressante en soi que la situation « possible », ou bien plus nouvelle, etc.

Mais il existe d'autres situations de permanence précoce. Dans l'une de ces situations, les bébés sont familiarisés avec une petite ou une grande poupée (en alternance) qui se déplace en face d'eux et disparaît derrière un écran rectangulaire, pour réapparaître de l'autre côté. Quand les bébés sont ainsi familiarisés, l'écran rectangulaire est remplacé par un écran avec une échancrure, de telle manière que la grande poupée devrait normalement y apparaître, ce qui ne se produit pas. On alterne de nouveau petite et grande poupée, c'est-à-dire événement possible et événement impossible. Les bébés regardent plus longtemps l'événement impossible, et ce, dès 3 mois et demi.

Situations d'habituation

Habituation petite poupée   Habituation grande poupée

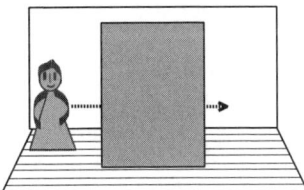
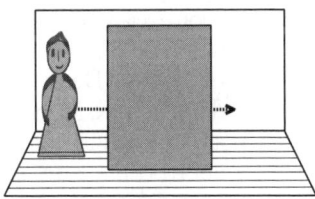

Situations Test

Test événement possible   Test événement impossible

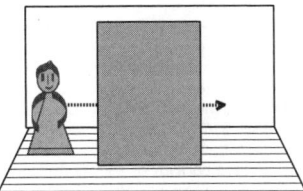
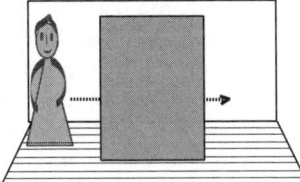

geste d'atteinte du cache et celui de l'objet, ce qui serait trop difficile pour les bébés de cet âge. Si une telle explication est valide, elle peut être généralisée à d'autres situations : on pourrait alors constater un décalage entre ce que les bébés savent et ce qu'ils savent faire. Effectivement, tel est bien le cas comme l'ont montré plusieurs recherches (8).

Des niveaux de représentation

Il est donc nécessaire de séparer la question de la représentation (la permanence de l'objet) de celle de l'exécution d'une action mettant (entre autres) en œuvre cette connaissance, c'est-à-dire de séparer représentation et action. Une telle opposition nous renvoie immédiatement à un problème plus général. S'il existe un décalage entre l'acquisition de la permanence de l'objet et la recherche active (de ce même objet), c'est que la représentation pourrait précéder l'action. Cela va même renverser la proposition de J. Piaget entre représentation et action. Deux chercheurs, A.N. Meltzoff et M.K. Moore (9), adoptent ce point de vue : ils considèrent le bébé d'abord comme un organisme de représentation plutôt que de sensori-motricité, la représentation étant un point de départ plutôt qu'un point d'arrivée. Le statut de la représentation est actuellement un des points cruciaux du débat : il concerne d'ailleurs l'ensemble des capacités cognitives du nourrisson (la question opposait d'ailleurs déjà H. Wallon et J. Piaget). Pour éviter un des pièges de ce débat entre la priorité de la représentation et de l'action, il convient d'emblée de se démarquer d'une notion de la représentation :

celle de la représentation symbolique de l'adulte. Cette représentation s'exprime sous forme d'une image intériorisée de l'action à accomplir, de la tâche à effectuer, de l'objet à trouver.

Avec A.N. Meltzoff et M.K. Moore, il faut donc se demander si des formes plus élémentaires de représentation ne sont pas en jeu. Karine Durand, Renée Lécuyer et Myriam Frichtel (10) proposent de distinguer trois niveaux de représentation :

1. La représentation « *concrète* » ou « *analogique* » est une copie transcodée d'un stimulus : une sorte de photographie de l'objet représenté. L'image d'une pomme par exemple. Ce niveau est nécessaire pour rendre compte du fait que, dès la naissance, les bébés ont des réactions à la nouveauté.

2. La représentation « *abstraite* », qui est plutôt une sorte de schéma simplifié de l'objet et qui permet d'en repérer certaines caractéristiques (de forme, de volume, de couleur, etc.).

3. La représentation « *symbolique* », où la relation entre l'objet représenté et l'entité qui le représente est arbitraire (le mot « pomme » désigne un fruit comestible bien connu). C'est le type de représentation qui est en jeu dans le langage.

Il est donc toujours nécessaire de se demander de quel niveau de représentation relève une connaissance pour

8. R. Lécuyer, « A propos de l'"erreur A non B." On the A-not-B error », *Psychologie Française*, 38(1), 1993 ; J. Rivière, R. Lécuyer, « Spatial cognition in young children with spinal muscular atrophy », *Developmental Neuropsychology*, 21(3), 2002.
9. A.N. Meltzoff, M.K. Moore, « Object representation, identity, and the paradox of early permanence : steps toward a new framework », *Infant Behavior and Development*, 21(2), 1998.
10. Texte en cours de publication.

savoir s'il y a des chances pour qu'elle soit présente à un âge donné. En particulier, et ce point est crucial, la permanence ne suppose nullement la représentation symbolique. Comment expliquer l'acquisition de la permanence ?

Un usage malheureux dans la psychologie du nourrisson, comme du reste dans l'ensemble de la psychologie du développement, a consisté à séparer l'étude des relations des bébés avec les objets et l'étude de leurs relations avec le milieu social. Les nativistes se sont d'ailleurs évertués à démontrer que dès la naissance ces deux domaines sont traités de manière séparée. Rien n'est moins sûr. Il se pourrait en effet que les bébés ne traitent pas spécifiquement le social et le non social, mais plus simplement ce qui bouge et ce qui ne bouge pas. L'apprentissage de la permanence de l'objet pourrait se faire par l'intermédiaire des relations que le bébé entretient avec les autres personnes. Les congénères humains des bébés, et singulièrement leurs parents, sont des sources d'information infinies. Une mère absente de la vue du bébé s'efforce immédiatement d'être présente par la voix, ou par le toucher. Pour le bébé, l'objet « mère » reste présent même lorsqu'il ne la voit plus, puisqu'il peut encore la toucher ou l'entendre. N'est-ce pas une condition remarquable pour apprendre la permanence de l'objet ? Cette présence n'est d'ailleurs pas étrangère à la capacité qu'ont les bébés d'influencer très tôt le comportement de leur mère, et une capacité à percevoir des indices de cette influence. En pleurant, en souriant, un bébé peut faire venir à lui des objets absents (un biberon ou une maman). Dans cette hypothèse, l'action sur le monde (non pas motrice, mais sociale) devient un des éléments qui lui permettent de comprendre son environnement. Un nouveau « constructivisme » (11) est donc possible pour décrire le développement du bébé, à condition qu'il inclue le milieu social.

On le voit à travers l'exemple de la permanence, les bébés ne sont ni aussi retardés que certains voudraient le penser ni aussi omni-compétents que d'autres continuent à le rêver, et ces deux exemples nous ramènent à la théorie. Les études sur les capacités précoces du nourrisson avaient fortement ébranlé l'édifice piagétien et donné son essor au nativisme. Pourtant, ce n'est pas parce que certaines critiques adressées au nativisme sont indigentes que celui-ci est la bonne théorie. Désormais, les descriptions de plus en plus fines d'un développement des connaissances dans les premiers mois se retournent contre le nativisme. Sommes-nous condamnés pour autant à revenir à J. Piaget ? Cette dernière hypothèse semble clairement exclue, vu ce que l'on sait sur les connaissances précoces. Une nouvelle voie semble se dessiner. Le rêve longtemps caressé par le nativisme radical, par exemple celui défendu par Jacques Mehler (12), fut d'ignorer le développement des capacités du bébé en comparant directement un « état initial » du nouveau-né à un « état stable »

---

11. Voir les mots clés en fin d'ouvrage.
12. Voir notamment J. Melher et E. Dupoux, *Naître humain*, Odile Jacob, 1990.

de l'adulte. Un tel point de vue ne semble plus tenable. R. Baillargeon, en particulier, a bien montré sur différents exemples que les conceptions du monde qu'a le bébé se développent et s'affinent dans le courant de la première année de la vie. C'est le cas des règles d'acquisition des lois physiques élémentaires de la chute des corps (règle sur le support des objets évoquée ci-dessus).

Contrairement aux espoirs nativistes, l'avenir de la psychologie du nourrisson est de retourner dans le giron d'une psychologie du développement qui prenne en compte les capacités perceptives précoces et le rôle interactif du milieu social. A la manière du psychologue soviétique Lev S. Vygotsky, le bébé nous dit : « Tu penses donc je suis »

Les formes de l'intelligence

JEAN-FRANÇOIS DORTIER*

L'INTELLIGENCE : DE QUOI PARLE-T-ON ?**

La notion d'intelligence a toujours donné lieu à d'âpres controverses, tant scientifiques qu'idéologiques. Aujourd'hui, il est admis qu'il existe une pluralité de formes d'intelligence.

S'IL EST VRAI que la culture est *« ce qui reste quand on a tout oublié »,* selon la célèbre formule, on pourrait dire alors que l'intelligence *« c'est ce qui existe quand on n'a encore rien appris ».* En effet, l'intelligence est souvent entendue comme une aptitude spéciale qui nous permet de bien penser, indépendamment des connaissances acquises.

Elle serait donc un « don » particulier, distinct de l'expérience, de l'apprentissage, de la culture. De plus, elle est souvent assimilée à une faculté d'abstraction : on parlera d'intelligence à propos des choses de l'esprit, plus rarement à propos de la capacité à résoudre des problèmes techniques ou de maîtriser les relations humaines (même si l'on parle parfois « d'intelligence pratique »,

et depuis, peu d'une « intelligence émotionnelle »).

A partir de là, les choses se compliquent. Existe-t-il une ou plusieurs formes d'intelligence ? Est-elle innée, ou peut-elle s'éduquer ? Est-elle vraiment « culture *free* » c'est-à-dire indépendante des acquisitions culturelles ? Est-elle mesurable ? Et si oui, que mesure-t-on exactement ?

Au-delà de leur intérêt proprement scientifique, ces questions soulèvent des enjeux idéologiques et sociaux très forts. Car nos sociétés postindustrielles valorisent beaucoup ce mystérieux « talent »

---

* Rédacteur en chef du magazine *Sciences Humaines.*
** Ce texte est une version remaniée et actualisée du passage consacré à l'intelligence, dans le livre de Jean-François Dortier, *Les Sciences humaines. Panorama des connaissances,* Sciences Humaines Editions, 1998.

qu'est l'intelligence. Au Moyen Age, on ne demandait pas à un paysan d'être intelligent mais d'être fort et rude à la tâche. Au chevalier, on demandait d'être vaillant au combat et fidèle à ses compagnons. Dans nos sociétés, l'intelligence est une valeur centrale qui supplante la force ou le courage. C'est elle qui justifie la réussite scolaire ou professionnelle, les capacités d'adaptation dans un monde «complexe et changeant». Certains, surtout aux Etats-Unis, en ont fait un critère ultime qui légitime les inégalités entre les groupes sociaux. Ne le cachons pas : affirmer que l'intelligence est innée ou acquise, qu'elle est également distribuée ou non parmi les hommes, relève autant du parti pris que de l'observation rigoureuse des faits. Ces enjeux idéologiques ne facilitent pas l'analyse sereine du phénomène et continuent de brouiller les débats.

L'intelligence : unité ou diversité ?

En psychologie, l'intelligence a historiquement fait l'objet de plusieurs approches : une approche dite «psychométrique», fondée sur la mesure du QI ; une approche développementale qui s'intéresse à son évolution par stades ; une approche différentielle qui envisage les différents types d'intelligence ; enfin une approche cognitive fondée sur le modèle de l'ordinateur et qui se préoccupe surtout des stratégies de résolution de problèmes.

L'approche psychométrique : le QI

Le QI (ou quotient intellectuel) se mesure par un test. Il est censé évaluer un certain type d'efficience intellectuelle.

C'est par convention que l'on dira que le QI mesure l'intelligence. Lorsque l'on prend les dimensions d'un terrain à l'aide d'un mètre, on sait parfaitement ce que l'on mesure : une longueur et une largeur. Ce n'est pas tout à fait la même chose avec le QI. Ici, c'est le QI qui sert d'étalon pour définir l'intelligence…

Les premiers tests d'intelligence ont été créés au début du XXᵉ siècle par le psychologue français Alfred Binet (1857-1911). A l'époque, les responsables de l'instruction publique à Paris étaient confrontés au problème de l'intégration des élèves déficients intellectuels dans les établissements scolaires. Depuis Jules Ferry, la scolarité primaire était obligatoire pour tous les enfants. Or, certains enfants ne pouvaient pas suivre un enseignement normal du fait de leur handicap intellectuel. Afin de dépister assez tôt ces enfants, le psychologue A. Binet fut chargé de construire une épreuve spécifique. C'est ainsi qu'il élabora le premier test de «niveau mental» en 1905.

Quelques années plus tard, en 1912, le psychologue allemand William Stern (1871-1938) établit le premier quotient intellectuel, «QI», défini comme le rapport entre l'âge mental et l'âge réel d'un individu (*voir encadré ci-contre*).

L'approche développementale

Une autre approche de l'intelligence existe : celle des psychologues du développement. Jean Piaget (1896-1980), Henri Wallon (1879-1962), Lev Vygotsky (1896-1934), Arnold Gesell (1880-1961) en sont les figures principales. Le psychologue suisse Jean Piaget, auteur

Comment se calcule le QI ?

$$QI = \frac{\text{âge mental x 100}}{\text{âge réel}}$$

La notion d'âge mental est définie par un test où, par convention, la moyenne des enfants d'un âge donné obtient la note 100. Ainsi, si un enfant de 10 ans répond à un test comme le fait la moyenne des enfants de 9 ans, cet enfant à un âge mental de 9 ans. Son QI est donc de :

$$QI = \frac{9 \text{ x } 100}{10} = 90$$

Le QI de Wechsler (WAIS, ou *Wechsler Adult Intelligence Scale* et WISC), lui, ne fait pas appel à la notion d'âge mental. Le QI est établi par rapport à une population de référence, sans prendre l'âge en compte.

d'une œuvre monumentale, fut l'un des pionniers de l'observation empirique des activités intellectuelles de l'enfant. Pour lui, l'intelligence est une construction permanente née de l'interaction entre une maturation interne et les expériences sur l'environnement. Cette approche « constructiviste » et « génétique » (au sens de genèse) s'oppose aux tenants de l'intelligence innée.

Pour J. Piaget, l'intelligence est une forme d'adaptation au réel. Elle se développe par étapes (les fameux « stades »). Selon un modèle inspiré de la biologie, l'adaptation est le résultat de deux processus conjugués : l'accommodation, c'est-à-dire l'intégration par le sujet des contraintes du réel, et l'assimilation, qui consiste à transformer et à interpréter le réel en fonction de cadres mentaux. L'intelligence du nourrisson serait, jusqu'à l'âge de un an et demi, de nature essentiellement sensori-motrice. C'est-à-dire que ses capacités cognitives (capa-

cités de connaître le réel) sont reliées à l'action. Cette intelligence pratique est ancrée dans l'immédiat et le concret. Avec l'apparition de fonctions symboliques, entre 18 mois et 2 ans, l'enfant devient capable, grâce, aux symboles, de se représenter des objets, actions ou personnes en leur absence. C'est le véritable début de la pensée intérieure et de la production imaginaire. L'acquisition de la fonction symbolique se traduit par un bon en avant de l'intelligence. L'enfant devient capable de parler, de produire des images mentales, de dessiner, d'imaginer…

Du point de vue de son évolution logique, l'enfant atteint le stade des opérations concrètes entre 7 et 11 ans. Il est capable de raisonner sur des poids, des volumes, des formes. Avec le stade des opérations formelles de 11 à 15 ans, l'enfant devient capable de déductions abstraites.

J. Piaget a proposé une vision évolutionniste de l'intelligence où les catégories mentales comme les nombres, le temps continu, les volumes... se construisent peu à peu au cours du développement de l'enfant. Bien que ses conclusions soient remises en cause (sur la chronologie des stades, sur la primauté du sensori-moteur...), son cadre de référence reste essentiel pour les psychologues de l'intelligence.

Alors que J. Piaget envisage l'intelligence de l'enfant comme un processus de maturation individuel, le psychologue russe L. Vygotsky a quant à lui insisté sur le caractère social de l'intelligence (*voir encadré ci-contre*).

Y a-t-il plusieurs formes d'intelligence ?

Au début de ce siècle, le psychologue anglais Charles Spearman (1863-1945) avait cherché à distinguer les différentes aptitudes intellectuelles que l'on regroupe habituellement sous le terme d'intelligence. Il avait ainsi réussi à discerner plusieurs capacités spécifiques : celle de bien maîtriser le langage ou de résoudre des problèmes de logiques ou encore de se représenter dans l'espace. C. Spearman désignait sous le nom de facteur S ces formes d'intelligence spécifiques. Pour lui cependant, un facteur d'intelligence générale (appelé facteur G) était transversal aux aptitudes.

Par la suite, une tendance de la psychologie fut de rechercher s'il existait des aptitudes mentales spécifiques. C'est ainsi que Louis L. Thurstone, en 1938, a utilisé l'analyse factorielle pour distinguer, au sein de l'intelligence générale, plusieurs aptitudes : l'aptitude numérique, la fluidité verbale, la compréhension verbale, l'aptitude spatiale, la mémoire, le raisonnement, la vitesse de perception... Les enquêtes réalisées dans cette optique différentielle montrent, par exemple, que les filles possèdent, en moyenne, de meilleures aptitudes dans le domaine verbal, les garçons, dans le domaine spatial.

La décomposition de l'intelligence en fonctions élémentaires occupa une bonne part des spécialistes, comme Raymond Cattell et Arthur Jensen, dans les années 60 et 70. Joy Paul Guilford a poussé plus loin encore la division en facteurs, ou opérations mentales simples. Il a construit un modèle où apparaissent 120 facteurs spécifiques !

Une telle démultiplication des sous-facteurs devenait difficilement manipulable. C'est pourquoi les chercheurs contemporains préfèrent mettre en lumière quelques grandes composantes de ce que l'on nomme l'intelligence. C'est dans cette lignée que s'inscrivent les modèles contemporains de Robert J. Sternberg et de Howard Gardner.

La théorie triarchique de Robert J. Sternberg

R.J. Sternberg, professeur de psychologie à l'Université de Yale, a élaboré une « théorie triarchique de l'intelligence » destinée à rendre compte des diverses aptitudes à résoudre des problèmes (*voir l'entretien avec R.J. Sternberg p. 235*). Selon R.J. Sternberg, le QI ne prend en compte qu'une forme d'intelligence, l'intelligence analytique, abstraite et déductive. A côté d'elle, il y a deux autres formes d'intelligence : une intelligence créative et une intelligence pratique et sociale. On peut avoir de

Lev Vygotsky (1896-1934) :
une conception sociale de l'intelligence

Né dans une famille russe aisée et très cultivée, Lev Vygotsky est une sorte d'enfant prodige de la psychologie. Ses études très diversifiées lui font aborder le droit, la médecine, la philosophie, les langues anciennes et la littérature. Nul doute que cette ouverture aux sciences et aux arts lui donne un regard différent sur les deux écoles de psychologie qui s'affrontent alors en Russie : un courant psychophysique qui ne s'intéresse qu'à l'étude scientifique des fonctions élémentaires (perception, sensation, apprentissages réflexes) et un courant plus « phénoménologique » centré sur les états mentaux et les représentations subjectives.

L. Vygotsky cherchera à concilier ces deux approches. Son enfance passée dans un milieu culturellement très favorisé, l'importance de sa formation en lettres et en langues le rendent plus sensible à l'influence du milieu sur l'épanouissement de l'esprit. Il faut avoir à l'esprit ce contexte pour comprendre cette forte sensibilité de L. Vygotsky à ce qu'il nomme « l'apprentissage social » (ou intelligence sociale ?).

L'intelligence se développe comme un processus combiné entre développement organique et influence culturelle. L. Vygotsky insiste surtout sur ce dernier aspect. C'est dans l'interaction avec les adultes que l'enfant acquiert d'abord les mécanismes mentaux supérieurs de la pensée. La richesse des interactions avec le milieu sera donc un facteur essentiel de l'épanouissement intellectuel.

Le langage tient un rôle central dans ce processus. La maîtrise du langage se fait elle-même en deux temps. Dans une première phase, le langage passe d'abord par une phase « sociale » où l'enfant apprend les mots et les structures grammaticales au contact de son milieu. Puis il suit une phase d'intériorisation des concepts.

L. Vygotsky a une vision dynamique des aptitudes intellectuelles qui peuvent être stimulées par l'environnement. Il nomme « zone de développement proximale » la distance qui existe entre le potentiel latent d'un enfant et les réalisations effectives.

L. Vygotsky est mort à 38 ans laissant une œuvre forte, mais en friche. Ses travaux, longtemps ignorés ou laissés en marge de la psychologie du développement, sont actuellement l'objet d'une redécouverte en Europe et aux Etats-Unis.

bons résultats aux tests d'intelligence, réussir parfaitement à l'école mais être assez peu inventif. Or, la résolution de toute une série de problèmes scolaires ou professionnels demande non seulement une bonne capacité de raisonnement mais aussi de l'inventivité, de l'imagination. L'intelligence pratique et sociale s'apparente à ce que l'on nomme couramment la «débrouillardise», c'est-à-dire la capacité à traduire ses buts en termes d'action.

Howard Gardner et les intelligences multiples

Avec sa théorie des intelligences multiples, H. Gardner, lui aussi s'oppose à l'idée de l'unicité de l'intelligence : celle de la pensée abstraite conceptuelle et déductive valorisée par le système scolaire. H. Gardner ne distingue pas moins de sept formes d'intelligence : linguistique, logico-mathématique, spatiale, musicale, corporelle-kinesthésique, personnelle (faculté de bien se connaître et de comprendre les autres). Chacune de ces formes d'intelligence est valorisée dans un milieu, une époque donnée : ainsi, notre société valorise particulièrement une forme d'intelligence dite logico-mathématique.

Résolution de problèmes et Intelligence Artificielle

L'approche cognitive des activités intellectuelles se détourne des questions traditionnelles sur l'intelligence, sa mesure, ses différentes formes, ses origines innées ou acquises. Elle se réfère au modèle de l'ordinateur. C'est un modèle universaliste et pour lequel réfléchir, penser, calculer, raisonner... bref, faire

preuve d'intelligence, c'est savoir résoudre efficacement un problème. Dans cette optique, l'étude de l'intelligence humaine passe par celle de l'Intelligence Artificielle (IA).

Intelligence et hérédité : le débat

Toutes les études le confirment : nous sommes plus intelligents que nos parents. Dans les pays industrialisés, le QI moyen augmente régulièrement au fil du temps. Les enquêtes menées dans la plupart des pays, auprès des élèves comme des adultes, des femmes comme des hommes, aux Pays-Bas comme aux Etats-Unis, au Canada ou en Espagne, le prouvent : «le niveau monte». Le constat est indéniable. Aux Pays-Bas, par exemple, où les jeunes appelés sont soumis à des tests de QI dans les mêmes conditions depuis plusieurs décennies, on a constaté que l'augmentation des scores est de 7 points par décennie ! Une enquête en Nouvelle-Zélande a montré de son côté que la performance des adultes aux tests de QI a progressé de 7,5 points entre 1954 et 1978. Des études comparatives menées par James R. Flynn, de l'Université d'Otago en Nouvelle-Zélande, confirment que cette augmentation des scores de QI vaut pour tous les pays industrialisés et toutes les classes d'âges. On parle depuis d'«effet Flynn» (1) pour désigner cette tendance lourde des sociétés contemporaines : les petits

---

1. J.R. Flynn, «Massive IQ gains in 14 nations ; what IQ tests really measure», *Psychological Bulletin*, 101, 1987 et, du même auteur, «IQ gains over time», dans R.J. Sternberg (dir.), *Encyclopedia of Human Intelligence*, McMillan, 1994.

enfants sont de véritables surdoués par rapport à leurs grands-parents.

Mais quelle est la raison de ce phénomène remarquable ? *« La cause demeure inconnue »,* reconnaît Ulric Neisser, professeur de psychologie à l'Université Cornell (Etats-Unis) (2). Il existe certes de nombreuses hypothèses pour expliquer ce phénomène : progrès de la scolarisation bien sûr, accroissement du poids et de la taille du cerveau, meilleure alimentation qui favorise la santé mentale. Mais les spécialistes n'ont pas vraiment de réponses tranchées. Cette tendance forte apporte des arguments nouveaux dans la très vieille controverse sur la part de l'acquis et celle de l'hérédité dans l'intelligence.

Une querelle toujours réanimée

Ce débat a une longue histoire, scandée de batailles épiques. Elle débute aux Etats-Unis, dès 1922, lorsque Walter Lippman lance la première virulente polémique contre Lewis Terman et Robert Yerkes, deux promoteurs des tests d'intelligence qui soutiennent que leurs outils mesurent une « compétence mentale innée ». La bataille ne faisait que commencer. Alors que l'usage des tests se répandait à l'école, dans l'armée, à partir des années 30, les scientifiques ne cesseront, pendant plusieurs décennies, de se battre sur la signification du QI. Quelques épisodes célèbres ponctuent cette controverse.

Ainsi, dans les années 40, le psychologue anglais Cyril Burt (1883-1971) a prétendu avoir démontré de façon irréfutable, par la « méthode des jumeaux », que l'intelligence était héréditaire à près de 80 %. La méthode des jumeaux est sans doute la méthode de comparaison la plus fiable, mais la plus difficile à mettre en œuvre. Elle consiste à mesurer l'intelligence de « vrais » jumeaux (c'est-à-dire ayant exactement le même patrimoine génétique) mais élevés dans des milieux différents. Les données de C. Burt furent les sources principales des tenants de l'hérédité, comme par exemple Hans J. Eysenck, psychologue britannique d'origine allemande qui fut un des chefs de file des héréditaristes dans les années 60-70. Pourtant, on découvrit plus tard que C. Burt, convaincu de sa théorie, avait triché sur certains chiffres et inventé certains cas. Dans la même période, d'autres chercheurs affirmaient, en s'appuyant sur d'autres enquêtes ou sur un argument génétique, que le poids de l'inné est faible, ou indémontrable.

The Bell Curve

Récemment encore, en 1994, la bataille a rebondi aux Etats-Unis avec la publication de *The Bell Curve,* écrit par Charles Murray et Richard Herrnstein. Les deux auteurs affirmant, sur la base d'une masse impressionnante de données chiffrées, que l'intelligence des Noirs est inférieure à celle des Blancs (15 points de QI en moins) ; que cette intelligence est héréditaire ; que la position sociale dépend principalement de l'intelligence (et non de la fortune ou du milieu de naissance) ; qu'en conséquence la discrimination sociale entre Noirs et Blancs est le fait de la nature. Conclusion « politique » : c'est gaspiller de l'argent

---

2. U. Neisser, « Sommes-nous plus intelligents que nos grands-parents ? », *La Recherche,* mai 1998.

que de distribuer de l'aide sociale aux Noirs puisque leur condition sociale est liée à une constitution génétique.

La thèse provocatrice de C. Murray et R. Herrnstein a suscité une vive réaction de la part de nombreux psychologues et sociologues, biologistes de renom comme H. Gardner, R.J. Sternberg, S.J. Gould, etc. Sans entrer dans le détail, signalons simplement que Richard Nisbett, un des critiques de C. Murray et R. Herrnstein, a montré que les deux auteurs avaient en fait systématiquement privilégié dans le choix de leurs sources les enquêtes qui confirmaient au mieux leurs thèses… Pour essayer d'y voir plus clair sur une question aussi difficile, l'APA (l'American Psychologist Association) a rédigé en 1995 un rapport qui se veut objectif et mesuré, affirmant que les conclusions de C. Murray et de R. Herrnstein étaient loin d'être corroborées, et qu'il restait encore beaucoup à faire pour affirmer des certitudes quant au lien entre intelligence et hérédité.

A ce jour, qu'est-il objectivement possible d'affirmer sur la part relative de l'intelligence et de l'hérédité dans l'intelligence ? La synthèse des centaines de recherches menées sur la part de l'hérédité (ou plutôt de l'héritabilité) dans la transmission du QI livre des résultats très contrastés et nuancés.

La plupart des études estiment la part de l'hérédité dans la détermination de l'intelligence dans une fourchette allant de 47 à 58 %. L'hérédité a donc une influence indéniable. Mais le milieu social aussi. En fait, les deux composantes sont présentes : seule reste en débat leur importance relative. On est donc loin des thèses du «tout inné» ou du «tout acquis».

Il existe une forte corrélation entre niveau de QI et milieu social. Ce fait n'est contesté par personne, mais il peut évidemment s'interpréter différemment selon les thèses : comme un effet de l'hérédité, ou comme un effet du conditionnement du milieu.

Il existe aussi des différences de QI selon les pays. Notamment, les jeunes asiatiques ont un QI supérieur à celui des Américains. Par ailleurs, on a vu plus haut que le QI des populations des pays industrialisés augmente régulièrement. Ce qui prouve que le QI n'est pas inamovible.

Il existe enfin des débats méthodologiques très sophistiqués sur les techniques de mesures employées, sur les possibilités de discriminer milieu et environnement, sur les notions d'hérédité, d'héritabilité… de sorte qu'il est souvent difficile de savoir exactement ce que l'on mesure. Il n'existe en fait aucun moyen de localiser exactement la part de l'inné et de l'acquis comme on distingue la part de différents corps simples dans un composé chimique.

Rien ne prouve enfin que l'intelligence mesurée par le QI ne puisse être améliorée chez un individu par un entraînement régulier à des activités intellectuelles abstraites. C'est la thèse de Reuven Feuerstein, le père d'une méthode de «remédiation cognitive» nommée le Programme d'enrichissement instrumental (PEI).

L'INTELLIGENCE AU-DELÀ DU QI

ENTRETIEN AVEC ROBERT J. STERNBERG[*]

Robert J. Sternberg est l'auteur de la «théorie triarchique de l'intelligence», qui a contribué au renouvellement des approches sur le sujet.

Sciences Humaines : Vous êtes l'auteur d'une théorie de l'intelligence qui va «au-delà du QI», selon le titre d'un de vos ouvrages. Vous consacrez cependant une place importante au quotient intellectuel dans vos travaux. Parlez-nous du QI et d'autres tests qui lui ressemblent.

Robert J. Sternberg : Mon intérêt pour le QI, ou plutôt pour les tests de type QI, est très ancien. Dans les écoles américaines, on utilise beaucoup les tests d'intelligence pour évaluer les enfants. J'étais très mauvais dans ces tests à cause de la peur qu'ils me procuraient. Au point que, lorsque j'étais en classe de cinquième, on m'a fait passer les tests d'intelligence destinés aux élèves de sixième, car ils semblaient mieux adaptés à mon niveau ! Mes professeurs n'attendaient de moi que des résultats médiocres et je me comportais selon leurs attentes. J'ai eu la chance d'avoir un enseignant qui ne s'est pas laissé influencer par ma mauvaise réussite aux tests et a exigé de moi que je cesse de me comporter en mauvais élève. Cette chance, tout le monde ne l'a pas, encore moins les membres des milieux défavorisés qui, souvent, ne rencontreront jamais un professeur ou toute autre personne susceptible de les amener à développer des habiletés liées à l'école ou à des professions socialement valorisées…

* Professeur de psychologie à l'université de Yale. Parmi ses nombreuses publications, est parue en français : «La théorie triarchique de l'intelligence», L'Orientation scolaire et professionnelle, 23 janvier 1994.

J'ai donc compris très tôt que les tests donnent une idée incomplète de l'intelligence. L'intelligence est l'ensemble des habiletés que l'individu organise intentionnellement pour s'adapter au milieu dans lequel il vit. Notez que je parle d'habiletés et non de capacités car seules les habiletés peuvent être mesurées (1). Il ne faut pas confondre le niveau réel d'intelligence d'une personne avec les moyens que nous utilisons pour le mesurer ! En outre, une personne peut avoir une certaine habileté mais ne pas l'utiliser. Par ailleurs, plus le milieu où l'on vit est différent de celui valorisé par la société, plus les habiletés requises diffèrent de celles que mesurent les tests conventionnels. Alfred Binet a créé sa batterie de tests pour l'école ; c'est pourquoi ses tests sont les meilleurs pour évaluer les performances scolaires. Les tâches qu'il propose ne sont pas particulièrement représentatives du genre de choses que les gens font normalement dans leur vie. Un des aspects les plus regrettables de notre culture centrée sur les tests est notre conception uniquement scolaire de l'intelligence. L'intelligence, c'est bien plus que des performances scolaires ; c'est bien plus que le QI.

SH : Ce que vous appelez l'au-delà des tests, en quoi cela consiste-t-il ?

R.J.S. : J'ai élaboré une théorie qui accorde leur place à ce que je montre, dans mon travail expérimental, être les trois aspects fondamentaux de l'intelligence : à côté des facultés d'analyse que mesurent les tests, il y a l'esprit de synthèse et de créativité, ainsi que les capacités pratiques. J'aime illustrer ces trois types d'intelligence en les personnifiant par trois étudiantes qui ont travaillé avec moi à Yale.

Alice avait des résultats aux tests et des notes d'examen remarquables. Elle a été très brillante tant que l'enseignement a mis en valeur les capacités scolaires traditionnelles. Mais quand, au bout de deux ans d'études, il n'a plus suffi d'analyser les idées des autres mais qu'il a fallu produire ses propres idées, alors Alice est devenue une élève moyenne.

Barbara, elle, avait de mauvais scores aux tests, mais on la décrivait comme pleine d'idées. Elle a pu s'inscrire en spécialisation malgré ses mauvais résultats aux tests (ce qui n'est pas toujours le cas) et s'est révélée excellente dans le travail de recherche, qui demande une démarche plus créative et synthétique qu'analytique.

Quant à Celia, elle avait un dossier d'admission moyen. Elle s'est pourtant montrée une étudiante exceptionnelle, sa force résidant dans sa capacité à comprendre ses interlocuteurs et à saisir immédiatement les données de problèmes concrets qu'on lui soumettait. Elle y répondait de façon appropriée. Celia est une « débrouillarde ».

Alice, Barbara et Celia sont toutes trois remarquablement intelligentes, mais de manière différente. Selon les critères conventionnels, Alice est la plus douée des trois. Mais en termes de capacités de synthèse, Barbara l'emporte. Quand il s'agit d'intelligence pratique et sociale, alors Celia est imbattable, ce que les tests sont incapables de montrer mais qui se manifeste à tous moments dans la vie quotidienne. De fait, chacun d'entre nous possède les trois types d'intelligence, mais à des degrés différents et selon des combinaisons variées.

SH : **Vous avez développé la « théorie triarchique de l'intelligence » pour rendre compte de cette variété de manifestations de l'intelligence. Pouvez-vous nous la présenter ?**

R.J.S. : Cette théorie est composée de trois parties : une partie « contextuelle » qui tient compte du relativisme socioculturel à l'égard de ce qui peut être considéré comme intelligent (quels comportements sont intelligents pour qui et où ?) ; une partie « expérientielle » qui met en relation l'intelligence avec l'expérience de l'individu (quand un comportement est-il intelligent ?) ; et enfin, une partie « componentielle » qui explique comment les comportements intelligents sont générés, en d'autres termes quels sont les mécanismes mentaux qui soustendent l'intelligence.

Les conduites contextuellement intelligentes impliquent l'adaptation à son milieu de vie et l'organisation de celui-ci au mieux de ses valeurs, aptitudes ou intérêts ; si cela n'est pas possible, alors mieux vaut sélectionner un nouveau milieu. Un exemple d'intelligence contextuelle est celui des turfistes qui sont capables d'utiliser des méthodes statistiques extrêmement complexes pour prévoir les chevaux gagnants. Or, ceux dont les chercheurs avaient observé les stratégies avaient un QI inférieur à la moyenne !

Pour une situation-problème donnée, les conduites contextuellement appropriées ne sont pas également intelligentes selon le degré d'expérience que l'on en a. L'intelligence suppose à la fois la faculté de faire face à la nouveauté et la faculté d'automatiser l'assimilation de l'information. Pensez à un séjour dans un pays étranger. Les premiers jours, il vous faut intégrer certaines informations indispensables, mais si vous n'arrivez pas à automatiser certaines opérations liées à ces informations (comme, par exemple, calculer un prix en fonction du taux de change), alors vous ne profiterez pas de votre séjour. Plus l'individu possède de routines pour faire face à une variété de situations, plus il peut consacrer ses ressources mentales à d'autres expériences.

Une conduite contextuellement appropriée émise à un moment « pertinent » pour une évaluation valable (c'est-à-dire, dans une situation de nouveauté ou durant le processus d'automatisation) ne sera intelligente que dans la mesure où elle implique certains processus élémentaires («composantes») de traitement de l'information. Je les distingue selon leur fonction et leur degré de généralité : au sommet, les métacomposantes, au nombre de sept, sont des processus directeurs (*executive*) utilisés pour planifier le déroulement d'une action, prendre les décisions que ce déroulement exige et le contrôler. Décider de la question à résoudre, sélectionner la cible de son attention, être réceptif aux réactions de l'environnement sont quelques-unes de ces métacomposantes. Les composantes d'exécution réalisent les plans élaborés par les métacomposantes. Enfin, les composantes d'acquisition servent à apprendre comment résoudre les problèmes ; elles sont au nombre de trois : encodage sélectif, combinaison des informations en «tout» intégré, comparaison des nouvelles informations avec celles déjà en mémoire.

Il faut avoir en tête que ces trois composantes, bien que distinctes, sont fortement interactives : les métacomposantes pilotent les composantes d'exécution et d'acquisition qui agissent sur elles en retour. Quand vous faites votre budget, vous décidez des dépenses à faire (métacomposantes). Vous vous informez sur les prix (composantes d'acquisition). Vous faites alors vos comptes (composantes d'exécution). Ces opérations vont peut-être vous amener à changer vos plans primitifs... Les composantes entretiennent des relations avec l'expérience de l'individu du fait qu'elles sont appliquées à des situations plus ou moins familières. Enfin, la mise en œuvre des composantes en fonction de l'expérience permet de remplir les fonctions d'adaptation, de sélection et d'organisation.

Du fait de la combinaison de tous ces éléments, présents à des degrés divers selon l'individu, il ne peut y avoir un indice unique de l'intelligence. L'intelligence de chacun peut être définie comme un processus que j'appelle «autogestion mentale», qui repose sur une combinaison particulière. Ce qui importe vraiment dans la vie, ce n'est pas l'intelligence des tests mais l'intelligence actualisée.

SH : Vous n'incluez pas la créativité dans l'intelligence, car vous avez observé que ses composantes sont différentes de celles de l'intelligence.

R.J.S. : La théorie de la créativité que j'ai élaborée avec Todd Lubart emprunte à la métaphore de l'investissement, *«Acheter bon marché pour vendre cher.»* Acheter bon marché, c'est produire des idées ou des objets nouveaux qui n'intéressent pas mais qui ont un grand potentiel. Vendre cher, c'est convaincre les autres de leur valeur. Quand c'est fait, vous passez à autre chose ! Ainsi, contrairement aux théories qui considèrent la créativité du seul point de vue de la personne ou du seul point de vue du produit, ma théorie intègre à la fois l'individu et le produit.

Les sources de la créativité se situent à quatre niveaux. Le premier est celui des ressources. Comme l'intelligence, la créativité n'est pas une habileté à une seule facette. Elle comprend six composantes : l'intelligence, le savoir, le style intellectuel, la personnalité, la motivation et le contexte environnemental. Celles-ci convergent de manière complexe pour produire le deuxième niveau : le ou les domaine(s) spécifique(s) des habiletés de l'individu. On peut être créatif dans la vie de tous les jours comme dans des domaines spécialisés tels que l'art ou les sciences. Le troisième niveau représente le « portfolio » des projets créatifs. Certains projets ont le potentiel d'attirer l'attention de certaines audiences. Leur évaluation par les autres constitue le quatrième niveau. Cette évaluation est sujette à une grande variabilité, en particulier, elle diffère selon le lieu et l'époque.

Parmi les ressources, l'intelligence a un poids prépondérant dans la créativité. Une autre ressource importante est la personnalité. Etre d'un tempérament créatif, c'est être tolérant vis-à-vis de l'ambiguïté ; vouloir surmonter les obstacles et persévérer ; être ouvert aux expériences nouvelles ; prendre des risques ; et enfin, avoir le courage de ses convictions, car un acte créatif est souvent perçu comme déviant et menaçant le *statu quo*. L'environnement participe lui aussi à la créativité. Soit positivement, en étant riche en stimulations et en modèles, en fournissant des conditions favorables à l'acte créatif, en aidant à l'évaluation des idées. Soit négativement, en inhibant les potentialités créatives, comme le font certains milieux scolaires traditionnels qui découragent la prise de risques et proposent des tâches bien définies qui évacuent l'ambiguïté.

SH : En France, nous est parvenu cet automne l'écho des débats suscités par la parution du livre *The Bell Curve ; Intelligence and Class Structure in American Life*, cosigné par deux universitaires, le sociologue Charles Murray et le psychologue Richard Herrnstein (2).

R.J.S. : C'est un livre intellectuellement corrompu ! Il s'agit, pour ses auteurs, de discréditer l'« *affirmative action* » en se fondant sur des données scientifiques qu'ils interprètent à leur manière. Pour cela, ils transvasent un vieux méchant vin dans d'autres bouteilles mais ce vin n'en est pas meilleur pour autant !

Le livre fait état de l'émergence d'une «élite cognitive» à QI élevé et d'une sous-classe d'indigents mentaux à faible QI Selon ses auteurs, c'est l'intelligence qui détermine la place de l'individu dans la société américaine. Ils affirment que : 1) le QI est une mesure adéquate de l'intelligence ; 2) il est hautement héritable et donc se transmet par les gènes de génération en génération ; 3) il y a des différences de QI entre groupes ethniques. C. Murray et R. Herrnstein concluent qu'il n'est pas étonnant que l'on retrouve au bas de l'échelle Noirs, Latinos et autres immigrants qui sont intellectuellement inférieurs. C'est dans l'ordre naturel des choses.

Voici quelques-uns des abus sur lesquels se fondent les thèses de *The Bell Curve*. Tout d'abord, C. Murray et R. Herrnstein font comme si leurs interprétations des faits qu'ils rapportent faisaient l'unanimité parmi les psychologues. C'est totalement faux, ne serait-ce que sur la valeur du QI dans la mesure de l'intelligence, comme nous venons d'en discuter.

Un autre exemple. «*C'est,* disent C. Murray et R. Herrnstein, *parce que l'on a un QI élevé que l'on a un niveau socioprofessionnel élevé.*» Faux ! Imaginons qu'à un moment X, on ait utilisé la taille comme critère de sélection d'accès à l'université : seuls les plus grands peuvent faire des études supérieures. Vingt ans plus tard, on décide d'étudier les caractéristiques des gens en fonction de leurs professions. Que va-t-on trouver ? Que médecins, avocats, hommes d'affaires, etc., sont grands alors que les travailleurs n'ayant pas fréquenté l'université sont petits ! Aux Etats-Unis, l'entrée dans l'enseignement supérieur est filtrée par les résultats à des tests voisins du QI. Nous avons créé une société stratifiée par le QI et l'on s'étonne qu'il en soit ainsi !

Autre exemple : C. Murray et R. Herrnstein discutent de corrélations comme s'il s'agissait de relations causales. Le fait qu'un phénomène soit relié à un autre n'implique nullement qu'il en est la cause. Pour prendre un exemple extrême et stupide, supposez que vous compariez les Nigériens aux Norvégiens. Il y a une forte corrélation entre la couleur de la peau et le fait d'être Nigérien ou Norvégien. Mais ce n'est pas parce qu'un Norvégien va prendre la nationalité nigérienne qu'il va devenir noir, et réciproquement ! De fait, la corrélation est due à un troisième phénomène, la relation entre habitat et couleur de la peau.

Toutes les données sur lesquelles C. Murray et R. Herrnstein basent leurs discussions sont corrélationnelles. Et bien qu'ils rappellent que l'on ne peut inférer une causalité d'une corrélation, ils veulent faire croire que les scores de QI non seulement sont corrélés avec les différentes mesures du statut social (revenu familial, nombre d'années d'études, etc.), mais en sont, de plus, responsables ! En outre, C. Murray et R. Herrnstein omettent souvent de mentionner que les corrélations dont ils font état sont minuscules.

Il y a une foule d'autres «détournements» intellectuels dans le livre. Ainsi, n'importe quel généticien sait que l'on ne peut tirer aucune conclusion sur l'origine des différences entre groupes à partir du calcul du coefficient d'héritabilité d'un caractère (ici, l'intelligence) dans un groupe. Bien sûr, C. Murray et R. Herrnstein le savent aussi, mais ils n'en utilisent pas moins une foule de statistiques sur l'héritabilité provenant des études sur les jumeaux pour inférer quelque chose sur des différences entre groupes ethniques ! Ce n'est pas un problème de statistiques mais d'interprétation. Les statistiques ne mentent pas. Ce sont les gens qui mentent. L'intelligence n'est pas une fonction mentale innée. Elle réside dans l'interaction entre les attributs de l'individu et la nature de l'environnement dans lequel il vit. C. Murray et R. Herrnstein refusent de prendre en compte le contexte social. J'aimerais savoir si, tout blancs qu'ils sont, C. Murray et R. Herrnstein auraient développé les habiletés qui leur ont permis de produire un best-seller, s'ils avaient grandi dans un ghetto.

SH : **Vous avez étudié l'amour de la même manière que l'intelligence. Selon vous, il est également analysable en termes de composantes. Quelles sont-elles ?**

R.J.S. : Dans ma théorie triangulaire de l'amour, je parle de différents types d'amour basés sur diverses combinaisons des trois composantes : intimité, passion et engagement. Par exemple, l'amour romantique est fait d'intimité et de passion ; l'amour «vide» est basé sur le seul engagement ; l'amour achevé implique intimité, passion et engagement. Ma conception de «l'amour comme histoire» permet de comprendre ces différents types d'amour comme différentes histoires sur l'amour.

Cette conception peut aider à comprendre pourquoi on a tendance à tomber amoureux d'un certain type de personnes. Mon idée est que, en fonction à la fois de notre personnalité et de notre milieu, nous élaborons un scénario d'histoire d'amour qui nous plaît à partir des différents types d'histoires d'amour auxquelles nous avons été exposés depuis notre naissance, celles de nos proches comme celles des livres ou des films.

Dans nos propres relations amoureuses, nous portons notre choix sur les personnes qui semblent cadrer avec notre histoire préférée et nous façonnons les faits pour nous conformer à nos fictions intimes. Non seulement ces fictions dictent le choix de la personne à aimer et contrôlent le développement de la relation avec celle-ci mais elles déterminent aussi l'état d'esprit vis-à-vis de cette relation et donc sa durabilité.

Dans une de nos recherches, nous avons mis en évidence vingt-quatre types de scénarios. Par exemple, l'histoire «jardinage» où la relation amoureuse est vue comme nécessitant d'être cultivée; l'histoire *«business»* où elle est envisagée en termes de négociations, comme n'importe quelle entreprise; dans le «conte de fées», on cherche son prince charmant ou sa princesse… Ainsi, chacun participe activement à ce qui lui arrive dans sa vie amoureuse. Il n'y a pas de fatalité de l'amour.

Propos recueillis par
CHANTAL PACTEAU
(*Sciences Humaines*, n° 55, novembre 1995)

---

1. La distinction introduite par R.J. Stenberg entre capacité et habileté renvoie à la distinction courante en psychologie (reprise en fait de la psychologie de N. Chomsky) entre compétence et performance. La compétence correspond à ce qu'un individu est capable de faire, alors que la performance correspond aux résultats qu'il réalise effectivement dans une tâche donnée.
2. Voir une critique de cet ouvrage dans *Sciences Humaines*, n° 54, octobre 1995.

JEAN-FRANÇOIS DORTIER*

DU CALAMAR À EINSTEIN…
L'ÉVOLUTION DE L'INTELLIGENCE**

Les découvertes récentes sur les capacités cognitives – souvent étonnantes – des animaux comme des bébés obligent à redéfinir les frontières, les étapes et les modalités de ce que l'on nomme la pensée. Quelle différence existe-t-il entre la pensée animale et la pensée humaine, entre celle du bébé et celle d'un adulte ? Einstein est-il vraiment plus intelligent qu'un calamar ? Et si oui, pourquoi ?

DANS son dernier livre *Les Anatomies de la pensée*, Alain Prochiantz (1), chercheur spécialiste de l'évolution du système nerveux, s'interroge sur les capacités cognitives du calamar (on dit aussi calmar). A quoi pense le calamar ? A se nourrir, à se reproduire, à fuir face au danger… Mais pour faire cela, a-t-il besoin de penser ? Face à un problème à résoudre comme échapper à un prédateur, le calamar adopte une stratégie de fuite : mouvement de recul, agitation des tentacules, jet d'encre, et… met à profit ces quelques secondes d'intimidation et de diversion pour se sauver. *« Ne dirait-on pas qu'il pense ? »*, se demande A. Prochiantz.

La conclusion est hâtive. En fait, cette séquence de conduites est programmée génétiquement et ne s'apparente pas à un plan de bataille conçu par un stratège. Tout cela semble bien insuffisant pour parler de pensée, même à l'état embryonnaire. Pourtant, il y a plus intéressant…

La pieuvre (ou poulpe) – qui fait partie, comme les calamars et les seiches, de la famille des mollusques céphalopodes – manifeste quant à elle certains dons d'apprentissage et de catégorisation. Un expérimentateur peut lui apprendre à saisir une boule rouge, parmi deux boules (l'une rouge, l'autre noire). Cet apprentissage est réalisé par

* Rédacteur en chef du magazine *Sciences Humaines*, auteur de *Les Sciences humaines. Panorama des connaissances*, Sciences Humaines Editions, 1998.
** *Sciences Humaines*, n° 87, octobre 1998.
1. A. Prochiantz, *Les Anatomies de la pensée. A quoi pensent les calamars ?*, Odile Jacob, 1997.

la méthode des renforcements qui consiste à récompenser (par de la nourriture) une bonne réponse et à sanctionner (par un choc électrique) la prise de l'autre objet.

Plus fort : la même expérience montre que si l'une d'entre elles observe un congénère en train de réaliser cette tâche, elle apprend bien plus vite à discriminer les deux boules. Preuve que la pieuvre a tiré la leçon de l'observation... La pieuvre fait aussi preuve d'intelligence : elle est notamment capable d'effectuer un détour pour atteindre de la nourriture placée derrière une vitre.

Calamars, poulpes, seiches sont, parmi les mollusques, ceux qui ont le cerveau le plus complexe. Le poulpe, par exemple, possède un cerveau de 500 millions de neurones « géants », qui sont à ce titre des sujets privilégiés d'études pour les spécialistes du cerveau.

Dans la tête d'un chimpanzé

Partout, dans le monde vivant, les animaux font preuve de capacités cognitives plus ou moins élaborées. Les insectes comme les vertébrés les plus évolués sont capables d'apprendre (le rat, le pigeon, le singe sont même les sujets favoris des psychologues de l'apprentissage).

Dans des conditions expérimentales, le pigeon ou le rat apprennent à obtenir de la nourriture en appuyant sur une manette. Dans la nature, le pinson apprend en partie son chant en écoutant ses congénères, tout comme la jeune lionne découvre par imitation certaines ruses pour chasser la gazelle. L'universalité de l'apprentissage suffit à

montrer que l'animal n'est pas mû par ses seuls instincts innés comme on l'a longtemps cru.

Depuis peu, on sait aussi que certains animaux sont doués de capacités logiques et mathématiques élémentaires. Les perroquets, par exemple, résolvent très bien des problèmes de logique simples. Ils sont capables de « classer » (on dit « catégoriser ») des figures géométriques en fonction de leur couleur, de leur forme et de leur nombre. On a appris à un choucas (petite corneille noire) à frapper le bec sur le couvercle d'une boîte qui a le même nombre de taches (jusqu'à cinq) que de points dessinés sur une carte qu'on lui présente. Et ce quelles que soient la forme, la taille ou la disposition des points (2).

Les « bêtes » savent aussi faire preuve d'une certaine intelligence pour résoudre des problèmes pratiques élémentaires. Le psychologue Wolfgang Köhler, qui fut au début du XXe siècle un des premiers à étudier l'intelligence animale, observa dans le zoo de Ténérife la scène suivante : un chimpanzé nommé Sultan est allé chercher une caisse pour accéder à une banane hors de sa portée. Puis Sultan a même associé deux bâtons pour s'en servir de perche. Par la suite, la célèbre primatologue Jane Goodall a pu constater de nombreuses fois la fabrication d'outils par les singes de Tanzanie : utilisation d'une brindille pour capturer des termites au fond d'un trou ou utilisation d'une pierre pour casser des noix.

2. D. Mc Ferland, *Dictionnaire du comportement animal*, Robert Laffont, 1987.

L'animal intelligent ?

Ces exemples suffisent à montrer que les distinctions sommaires entre des animaux dépourvus de toute intelligence et l'humain seul capable de penser sont fausses. *« Les animaux n'abstraient point »*, disait en son temps le philosophe John Locke. On sait maintenant qu'il s'agit là d'une « abstraction » abusive.

Les singes comme les oiseaux sont, par exemple, capables d'une certaine forme d'abstraction. Ils peuvent utiliser un symbole pour désigner un objet (banane, pomme), puis classer les symboles en catégories plus générales (fruits) (3). Depuis les années 80 s'est développée une « éthologie cognitive » (terme créé la première fois par l'Américain Donald Griffin), qui osa parler pour la première fois de « pensée », de « conscience » ou d'« états mentaux » chez l'animal (4). Posséder un « état mental », c'est avoir la capacité de former des représentations, de manipuler des symboles.

L'existence d'une véritable « représentation mentale » chez le singe fut démontrée par une expérience célèbre menée par Emile Menzel. On transporte un singe sur les épaules dans un enclos en déposant des fruits en plusieurs endroits le long d'un parcours sinueux. En fait, le singe connaît bien l'enclos. Et dès qu'on le libère, il se dirige immédiatement vers les lieux où sont déposés les fruits. Pour cela, il emprunte le parcours le plus direct qui n'est pas celui emprunté par l'utilisateur. Cela tend à prouver que le singe « visualise » son territoire et en possède une représentation structurée.

Non seulement les animaux sont dotés d'états mentaux, d'intentions, mais ils savent aussi que les autres en ont. Les spécialistes nomment « théorie de l'esprit » cette capacité à attribuer à autrui des intentions. Hanz Kummer, professeur d'éthologie à l'Institut de zoologie de Zurich et spécialiste des singes hamadryas, a observé de nombreuses situations de « supercherie » entre singes, ce qui suggère que chaque animal prête des intentions à autrui. C'est le cas de cette femelle hamadryas qui s'éloigne lentement du mâle dominant et se cache derrière un rocher pour s'accoupler avec un jeune mâle, démontrant par là qu'elle sait qu'il ne faut pas que le dominant la voie et qu'il vaut mieux « tricher » avec lui. C'est aussi le cas d'un singe qui dissimule une banane qu'il vient de trouver à l'approche d'un mâle dominant afin que celui-ci ne la lui prenne pas. Il sait donc que le dominant aurait « l'intention » de la lui prendre. Le plus étonnant est que le mâle dominant, flairant la supercherie, se cache à son tour derrière un arbre, et découvre alors que son compagnon a bien trouvé un fruit...

Toutes ces études sur l'intelligence animale nous obligent donc à réfléchir à la frontière entre animal et humain. Sur le plan scientifique, elles invitent à décrire plus finement ce que l'on entend par « pensée » ou « intelligence », à distinguer les différentes capacités mentales, à comprendre leurs origines et évolution. Sur le plan moral, elles conduisent

---

3. Voir l'article de Jacques Vauclair dans cet ouvrage, p. 153.
4. D.R. Griffin, *The Question of Animal Awareness*, 1976 ; *Animal Mind, Human Mind*, 1982 ; *Animal Thinking*, Harvard University Press, 1985.

à changer nos attitudes face aux animaux. Sur le plan philosophique, enfin, elles conduisent à reposer sous des formes nouvelles la question : *« Qu'est-ce qu'un homme ? »*

Des bébés plus malins qu'on ne le croyait

Si le renard est rusé, le singe malin, le dauphin intelligent, le sont-ils autant que l'humain ? Quelles sont les différences de nature, de degrés entre leurs formes de pensée ? Pour tenter de résoudre cette question, on peut se pencher sur la façon dont naît et évolue la pensée des humains. Les études sur les enfants sont l'autre grande voie suivie afin de percer le mystère des origines de la pensée. Au début de ce siècle, on ne savait pratiquement rien sur les capacités mentales de l'enfant. Depuis, des armées de psychologues se sont penchées sur les nourrissons. Que nous ont-ils appris ?

Tout d'abord que le bébé n'est pas un être incapable. On ne peut comparer son cerveau à une page blanche où viendraient s'inscrire passivement des informations, des souvenirs, des messages venus du monde extérieur.

Le bébé est compétent, actif, explorateur. Très tôt, il dispose de certaines aptitudes à percevoir, à apprendre, à communiquer et même à raisonner. Depuis peu, on sait, grâce à d'ingénieuses expériences, que le bébé dispose d'une «physique intuitive» du monde. En témoigne sa perception très précoce des lois de la gravité : si on montre à un bébé de 3 à 5 mois l'image d'un objet qui glisse de son support sans tomber (un peu comme ces personnages de dessins animés qui continuent à marcher dans le vide une fois franchi le bord de la falaise), le bébé s'en étonne. Il serait donc déjà un peu physicien.

Il est aussi mathématicien puisqu'il possède dès 4-5 mois une perception intuitive des nombres et même des capacités de calcul élémentaire. Des expériences ont montré qu'il était parfaitement capable de comprendre que si on pose quelque part un objet puis un autre, on doit au total retrouver les deux à cet endroit ; et le contraire l'étonnera (5). Le bébé est aussi logicien (il raisonne et est capable de « catégoriser ») ; on le décrit aussi comme étudiant (il apprend sans cesse), explorateur (il s'interroge sur son environnement), psychologue (il prête des intentions et analyse les conduites d'autrui) (6). En un mot, le bébé serait donc intelligent. Pour certains, il arrive même déjà au monde tout équipé pour s'adapter à sa condition d'humain. La thèse défendue par Jacques Melher et Emmanuel Dupoux résume ainsi les découvertes sur les capacités précoces du nourrisson : on «naît humain», on ne le devient pas (7).

Du bébé à Einstein...

Toujours est-il que si on admet que le bébé, tout comme l'animal, dispose d'une forme de pensée «primitive», reste la question de ses limites et ses capacités d'évolution. Quelle est la différence entre la «physique intuitive» du

---

5. Voir l'article d'O. Houdé dans cet ouvrage, p. 251.
6. R. Lecuyer, *Bébé psychologue, bébé astronome*, Mardaga, 1989.
7. J. Melher et E. Dupoux, *Naître humain*, Odile Jacob, 1990.

nourrisson et l'intelligence d'un véritable ingénieur ? Entre les capacités numériques élémentaires de l'animal ou du bébé et les mathématiques nécessaires pour comprendre la théorie de la relativité ? En bref, comment passe-t-on du bébé à Einstein ?

Paradoxalement, l'essor des recherches sur les capacités précoces du nourrisson a quelque peu obscurci la question. Pendant longtemps, on considérait que la pensée commençait véritablement avec le passage d'une activité préréflexive, liée à l'action, à une « pensée symbolique », marquée par le langage, la représentation et l'abstraction. Pour Jean Piaget, par exemple, l'apparition de la « fonction symbolique » vers 2 ans marque un tournant essentiel : celui de l'intelligence « sensori-motrice » au stade « symbolique » où l'enfant est enfin capable de représentations (c'est-à-dire de construire un monde intérieur peuplé d'images mentales et de mots figurant le réel ou l'imaginaire) (8). L'enfant entre donc en même temps dans le monde du symbole, de l'image mentale, des mots, puis bientôt de l'abstraction. Et c'est ce passage qui distinguerait vraiment l'homme de l'animal.

Aujourd'hui, on admet que les choses sont plus complexes. D'abord parce que, comme on l'a vu, certains animaux, tout comme les bébés de 6 mois, sont capables d'une certaine forme de représentation et d'abstraction. La distinction sommaire entre pensée « sensori-motrice » et « symbolique » n'est plus à l'ordre du jour puisqu'il existe des formes élémentaires de symbolisation. Certains auteurs proposent donc d'amender l'analyse de J. Piaget. Le

psychologue américain Jerome Bruner distingue, par exemple, deux systèmes de représentation, l'un « enactif » (lié à l'action) et l'autre « iconique » (en image et qui apparaît vers un an), qui précèdent la représentation symbolique proprement dite. C'est à une phase plus tardive, vers 2 ans, qu'un mode de représentation symbolique, lié à l'apparition du langage, devient possible. L'enfant fait alors vraiment son entrée dans le monde de la culture.

L'accès au langage est sans doute aussi un élément déterminant de l'évolution de l'enfant. Cependant, là aussi, les conceptions ont changé. Pendant longtemps, on a considéré que le langage était une propriété exclusive de l'humain et qu'il était l'instrument clé indissolublement lié à la pensée symbolique. Aujourd'hui, on ne pense plus tout à fait cela. D'une part, les tentatives pour apprendre le langage aux singes ont montré que certains étaient capables de maîtriser un protolangage : remplacer un mot par un signe, assembler des mots pour former des phrases, même si, au fond, leurs capacités restent très limitées. D'autre part, on sait aujourd'hui que le langage n'est pas l'outil indispensable pour la pensée. Les études sur les aphasiques montrent que l'on peut accéder à une pensée symbolique sans langage. Le langage ne crée donc pas la pensée, ni même l'abstraction. Mais il est simplement un formidable instrument pour s'introduire dans l'univers mental des humains.

Les recherches de ces vingt dernières

---

8. J. Piaget, *La Formation du symbole chez l'enfant*, Delachaux & Niestlé, 1946.

années sur les compétences cognitives de l'animal et du nourrisson ont donc montré plusieurs choses :

a) le bébé dispose de capacités cognitives beaucoup plus précoces qu'on ne le croyait jusque-là ;

b) les frontières entre une pensée préréflexive et une pensée symbolique ne sont plus aussi clairement identifiées. La généralisation de la notion de «représentation» (qui, pour les cognitivistes, est consubstantielle à tout acte cognitif et est donc présente chez l'animal comme chez le bébé) contribue singulièrement à brouiller les cartes ;

c) par ailleurs, la multiplication des études sur les différents «modules» de la pensée (perception, catégorisation, raisonnement, représentation de l'espace, du nombre, langage, conscience de soi, etc.) a sensiblement enrichi nos connaissances partielles sur les capacités mentales du bébé mais a rendu plus difficile toute vision d'ensemble sur le développement intellectuel. La «pensée» se disperse en une multitude de capacités mentales différentes qui semblent évoluer chacune selon son rythme propre. Du coup, certains en viennent à douter qu'il existe une véritable différence de nature entre la pensée des animaux et celle des humains, entre celle du bébé et celle de l'adulte, entre le calamar, le bébé et… Einstein. La supériorité mentale que l'être humain s'attribue généreusement ne serait-elle pas due finalement, comme le pensait déjà Montaigne, à sa seule arrogance ?

De nombreux chercheurs ont un autre avis sur la question. L'exemple de l'évolution des capacités numériques aidera à le montrer.

Du nombre à l'algèbre

Les capacités élémentaires de calcul, de raisonnement, de perception du monde physique que l'on observe chez le nourrisson ne sont pas de même nature que les abstractions des mathématiciens. Si le bébé réussit indéniablement à certaines épreuves numériques, cela signifie-t-il que le nourrisson (voire le singe) est déjà apte à résoudre des problèmes scientifiques plus difficiles ?

En d'autres termes, y a-t-il une différence fondamentale entre le fait de pouvoir remarquer que trois bonbons, c'est plus que deux bonbons – ce qui est à la portée du premier bambin venu – et résoudre une équation algébrique ? Tout bébé est-il un Einstein en puissance ?

Pour Stanislas Dehaene, chercheur en neurosciences et auteur de *La Bosse des maths*, livre qui retrace les connaissances sur les liens entre cerveau et calcul, les capacités numériques présentes chez le bébé et l'animal sont le produit d'un héritage biologique «façonné» par l'évolution (9).

Mais ces aptitudes ne nous préparent nullement à résoudre des problèmes de mathématiques plus abstraits. Pour passer de la simple appréciation d'une quantité à un véritable calcul, il faut accéder à un mode de résolution de problèmes plus abstrait et élaboré. Ce constat redonne crédit à la perspective développementale des partisans de J. Piaget (10) pour qui la maîtrise du nombre, comme celle des autres fonc-

---

9. S. Dehaene, *La Bosse des maths*, Odile Jacob, 1997.
10. C. Meljac, R. Voyazopulos et Y. Hatwell (dir.), *Piaget après Piaget, Evolution des modèles, richesse des pratiques*, La Pensée sauvage, 1998.

tions mentales, ne se fait que progressivement, par stades et par degrés d'abstraction successifs.

A une première étape (que J. Piaget n'avait pas prévue), le bébé possède certes une sensibilité à la «numérosité». Mais c'est au terme d'une longue réorganisation symbolique qu'il se réapproprie et généralise le véritable calcul sur des plus grands nombres.

A une autre étape de la maîtrise du nombre intervient un nouveau facteur : celui de la culture. Le développement des capacités numériques n'est pas, comme le rappelait déjà Lev Vygotsky, le produit d'une évolution autonome et naturelle du psychisme. Apprendre à calculer, puis à effectuer des opérations mathématiques suppose une invention culturelle, puis la transmission d'une génération à l'autre.

Les mathématiques n'ont pas toujours existé et sont même une invention récente de l'histoire humaine (11). Le développement du calcul suppose un long apprentissage et oblige en quelque sorte à forcer sa nature. C'est pourquoi beaucoup de collégiens se «cassent la tête» sur les problèmes mathématiques. C'est pourquoi, répètent avec force les tenants de la thèse de L. Vygotsky, l'évolution des capacités mentales ne peut être pensée hors de l'apprentissage et de la culture.

Qu'advient-il ensuite aux échelons supérieurs de la pensée ? Pour gravir les marches qui mènent des mathématiques élémentaires à la théorie de la relativité d'Einstein, par exemple, faut-il alors accéder à un stade nouveau de l'intelligence humaine ?

Sans doute pas. Les physiciens le savent : comprendre Einstein exige d'abord de la patience et du travail. Surtout, cela suppose de changer de cadre de référence comme c'est le cas pour l'apprentissage d'une langue étrangère (12). Mais rien n'indique qu'il faille accéder à une forme d'intelligence supérieure. Les recherches sur l'intelligence des «génies» suggèrent que ce sont plutôt le travail acharné et un entraînement quotidien, soutenus par une passion dévorante, qui leur permettent d'accéder à des sommets de la pensée (13). Einstein était certes très intelligent, mais il n'appartenait pas à une espèce nouvelle. Qu'on se rassure : si notre pensée oscille entre celle du calamar et celle d'Einstein, tout porte à croire que nous sommes tout de même plus proches de ce dernier.

11. G. Ifrah, *Histoire universelle des chiffres*, 2 t., Robert Laffont, 1994.
12. H. Fritzch, *E = MC2, une formule change le monde*, Odile Jacob, 1998.
13. S. Dehaene, *op. cit.*

OLIVIER HOUDÉ*

DE LA PENSÉE DU BÉBÉ À CELLE DE L'ENFANT**

L'EXEMPLE DU NOMBRE

On a longtemps cru que l'enfant n'était pas capable de penser avant 2 ans. Des recherches récentes ont montré que dès 4-5 mois le bébé possède, par exemple, des capacités de calcul précis. Mais il est vrai qu'à 2 ans, il les perdra...

A PARTIR de quel âge l'enfant pense-t-il, forme-t-il des symboles, des représentations cognitives ? Jean Piaget aurait répondu «pas avant 2 ans». Toutefois, depuis les années 80, de nouvelles découvertes remettent en cause certaines positions centrales de la théorie de Piaget. Dès 3 ou 4 mois, le bébé serait déjà capable d'une certaine forme de pensée.
J. Piaget distingue clairement l'intelligence du bébé de celle de l'enfant (1). Jusqu'à l'âge de 2 ans environ, le bébé interprète le monde qui l'entoure sur la base de ses sens et de ses actions. Ce stade est dit «sensori-moteur». A cette période de la vie, le bébé apprend certaines règles sur le fonctionnement du monde physique et sur sa capacité à agir dessus. J. Piaget appelle ces règles

«schèmes d'action». Mais cette forme d'intelligence rend le bébé très dépendant de l'instant présent et des objets concrets. Par exemple, il est capable d'imiter le geste qu'un adulte est en train de faire, mais il n'est pas capable de l'imiter de façon différée. En revanche, à partir de 2 ans, l'enfant commence à être capable de se représenter un objet qui est absent. L'intelligence du jeune enfant devient donc «représentative». Cette capacité se manifeste notamment dans l'imitation

---

* Professeur de psychologie cognitive à l'université René-Descartes Paris-V et membre de l'Institut universitaire de France. Auteur, notamment, de *Rationalité, développement et inhibition*, Puf, 1995, et codirecteur du *Vocabulaire de sciences cognitives*, Puf, 1998.
** *Sciences Humaines*, n° 87, octobre 1998.
1. J. Piaget et B. Inhelder, *La Psychologie de l'enfant*, Puf, «Que sais-je?», 1966.

différée, mais également dans le «jeu symbolique» (par exemple, l'enfant qui joue au téléphone avec une banane), dans le dessin et dans le langage. L'enfant de 2 ans se sert alors des schèmes d'action qu'il a appris au stade sensorimoteur, mais cette fois avec une distance par rapport au réel. Il se met à les intérioriser et à les combiner mentalement. C'est, selon J. Piaget, le début d'un nouveau stade de développement : celui de la préparation et de la mise en place des opérations concrètes (de 2 ans à environ 12 ans) où l'enfant va progressivement construire et appliquer les concepts fondamentaux de sa pensée, tels que le nombre, l'inclusion des classes, etc. Selon la théorie de Piaget, donc, l'enfant ne possède les capacités de pensée, au sens d'une représentation du réel en son absence, qu'à l'âge de 2 ans.

Au cours des années 80 et 90, la théorie de J. Piaget a été fortement remise en question. Une nouvelle méthodologie (permise par l'usage de la vidéo et de l'informatique) propose de mesurer les compétences cognitives du bébé à partir de son temps de fixation visuelle des objets.

Le principe de base de cette méthode est que, lorsqu'un enfant est surpris par une situation parce qu'il la considère comme nouvelle ou impossible, il la fixe plus longtemps. Cette méthode a permis la découverte de compétences cognitives précoces chez le jeune enfant et le bébé (2). D'où de nouvelles interrogations sur l'émergence de la pensée : n'y a-t-il pas déjà certaines formes de représentations cognitives, de concepts («protoconcepts», «principes cognitifs») avant 2 ans, voire dès les premiers

mois de la vie ? Si la réponse est oui, quel est alors le statut de ces premiers systèmes cognitifs et que reste-t-il de la distinction introduite par J. Piaget entre l'intelligence strictement pratique, sensori-motrice (celle du bébé), et l'intelligence représentative, symbolique et conceptuelle (celle de l'enfant) ? Les réponses à ces questions sont essentielles pour la redéfinition du développement cognitif. Cette opposition à J. Piaget, et surtout cette nouvelle conception de l'émergence de la pensée, est très bien illustrée par la question de la notion de nombre.

Piaget se serait-il trompé ? L'exemple du nombre

Selon J. Piaget, avant d'arriver à la notion de nombre, l'enfant doit maîtriser certaines capacités comme celles de classer, d'inclure et de sérier. Son épreuve la plus connue pour évaluer la notion de nombre chez l'enfant est celle de la «conservation du nombre». Un adulte place 6 à 8 jetons d'une certaine couleur en ligne devant l'enfant. Il lui demande ensuite de placer sur la table autant de jetons pris dans un tas d'une autre couleur. Vers 4 ans, l'enfant construit généralement, en serrant plus ou moins les jetons, une rangée de la même longueur que celle de la rangée modèle. Il est donc guidé par une forme d'intuition perceptive qui le rend «prisonnier» du cadre visuo-spatial (la longueur) de la rangée modèle. Plus tard, il met en correspondance terme à terme les jetons des deux rangées. Mais

---

2. O. Houdé, «Développement cognitif», dans O. Houdé et coll., *Vocabulaire de sciences cognitives*, Puf, 1998.

si l'adulte éloigne le dernier jeton de la rangée initiale, l'enfant dénie l'équivalence et rajoute un ou plusieurs jetons à la sienne. Il reste donc dépendant de la longueur de la rangée de jetons pour évaluer la quantité. Vers 6-7 ans, il convient de l'équivalence des quantités quelles que soient les transformations apparentes (perceptives) opérées. Il est alors dit « conservant », critère piagétien de l'atteinte du concept de nombre. Le développement de la pensée est donc ici long et laborieux. Mais, les découvertes d'une psychologue américaine, Karen Wynn, ont (re)posé avec force la question de l'émergence (précoce ou non) de la notion de nombre.

La question provocante posée par K. Wynn dans un article intitulé « Addition et soustraction chez les bébés humains », publié en 1992 dans la célèbre revue *Nature*, est de savoir si le bébé de quelques mois est capable de calculer le résultat précis d'opérations arithmétiques simples. Notre représentation naïve de l'esprit du bébé ou la connaissance de la théorie piagétienne conduiraient à penser que non. Et pourtant ! Les observations de K. Wynn, menées auprès de bébés de 4-5 mois, semblent indiquer que ceux-ci réalisent sans difficulté l'addition 1 + 1 = 2, ainsi que la soustraction 2 – 1 = 1. Pour vérifier que les bébés savaient « compter », K. Wynn leur présentait un petit théâtre de marionnettes. D'abord, une main plaçait un jouet (représentant un Mickey) dans le théâtre. Ce premier Mickey était ensuite masqué. Puis le bébé pouvait voir la main apporter un deuxième Mickey identique, derrière le masque. On enlevait ensuite le masque.

Dans certains cas, appelés « événements possibles », il y avait deux Mickey. Mais, dans d'autres cas, les « événements impossibles », il n'y en avait plus qu'un (le deuxième avait été escamoté à l'insu du bébé). La mesure du temps de fixation visuelle des bébés montrait qu'ils avaient perçu « l'erreur de calcul » (1 + 1 = 1) : ils regardaient plus longtemps l'événement impossible que l'événement possible.

L'intérêt des recherches de K. Wynn est qu'elles montrent que le bébé est non seulement capable de distinguer « un seul » de « plusieurs » (quand il est surpris par un événement impossible comme 1 + 1 = 1), mais qu'en plus, il est capable de distinguer deux quantités différentes comme 2 et 3 (puisqu'il est surpris par l'événement impossible 1 + 1 = 3).

Le bébé de 4-5 mois serait donc doté d'un mécanisme cognitif lui permettant de calculer le résultat précis d'opérations arithmétiques simples. Selon K. Wynn, ces résultats suggèrent même qu'il possède déjà de véritables concepts numériques (avec encodage de la notion d'ordre). Une explication en termes de traitement perceptif global ou holistique telle que « 1 plus 1 égale plus que 1, aussi bien 2 que 3 », par exemple, classiquement avancée pour rendre compte des compétences du bébé et de l'animal, n'est dans ce cas plus suffisante (il a d'ailleurs été montré récemment que les singes rhésus ont des capacités numériques précises jusqu'à 9). Et l'objection d'un traitement non numérique fondé sur l'identité et la localisation spatiale des objets a été expérimentalement réfutée.

L'éternel débat :
inné ou acquis ?

Les données sur les compétences cognitives du bébé suscitent en général deux attitudes contrastées chez les psychologues sur la question de l'émergence de la pensée. La première entretient le mythe selon lequel le bébé « naîtrait humain » (pour reprendre l'expression de Jacques Melher), au sens d'un homme tout monté qui saurait quasiment tout faire (additionner, soustraire, etc.) dans un environnement d'emblée cohérent, d'où la possibilité d'une émergence très précoce de la pensée (3). Sur le plan méthodologique, cette attitude s'associe le plus souvent au rejet des épreuves « à la Piaget », comme la conservation numérique (et son piège de la longueur), réussies très tardivement. La seconde attitude affiche, inversement, une suspicion de principe qui tend à ignorer ou à réduire les données sur les compétences précoces. Certains, comme Ben Bradley, accusent les savants de profiter de l'incapacité des bébés à nous décrire leurs pensées pour projeter sur eux toutes sortes de compétences cognitives (4). Dans ce cas, l'émergence de la pensée est considérée comme plus tardive et l'accent reste mis, à la suite de J. Piaget mais autrement, sur les niveaux plus élaborés du développement cognitif qui surviennent après l'apparition du langage (5).

Si l'on veut que la psychologie du développement progresse, cette opposition trop radicale doit être dépassée tant au niveau théorique qu'expérimental. C'est dans cet esprit que nous avons récemment publié dans *Cognitive Development* un article intitulé : « Le dévelop-

pement numérique : du bébé à l'enfant. Le paradigme de Wynn (1992) à 2 et 3 ans» (*voir encadré p. 316-317*). Dans cette recherche, nous avons voulu évaluer si les capacités numériques des bébés de K. Wynn, mesurées par leur temps de fixation visuelle, étaient toujours présentes chez un enfant lorsqu'on lui demandait de réagir verbalement face à un événement impossible. La question est en fait de savoir si l'enfant est bien « l'héritier cognitif » du bébé compétent qu'il était. Nous avons donc utilisé une réplique exacte de l'expérience de K. Wynn, chez des enfants de 2 et 3 ans, mais en évaluant leurs compétences sur la base de leurs réponses verbales. Les résultats de cette recherche indiquent qu'à l'âge de 2 ans, l'enfant observé en crèche réagit verbalement à l'événement impossible 1 + 1 = 1, mais ne détecte pas (ou plus) l'événement impossible 1 + 1 = 3 (contrairement au bébé de 4-5 mois). Il faut en fait attendre l'âge de 3 ans, en petite section maternelle, pour que l'enfant réagisse à nouveau, comme le bébé, aux deux événements impossibles, détectant dans les deux cas la transgression du nombre (1 + 1 = 1 et 1 + 1 = 3).

En outre, nous avons évalué si les compétences numériques de l'enfant observées par la méthode de K. Wynn étaient préservées dans une épreuve qui, comme celle de J. Piaget (la conservation du nombre), introduisait le piège de

3. J. Melher et E. Dupoux, *Naître humain*, Odile Jacob, 1990.
4. B.S. Bradley, *Des regards sur l'enfance*, Eshel, 1991.
5. Voir, pour un exemple de cette perspective, J. Bideaud et coll., *Les Chemins du nombre*, Pul, 1991.

la longueur. Cette expérience montre qu'à 2 ans, ainsi qu'à 3-4 ans, l'enfant échoue, pour les mêmes petits nombres (2 et 3) et pour les mêmes objets, lorsqu'il y a une interférence entre le nombre et la longueur.

Si l'on se référait uniquement à cette dernière épreuve, on pourrait conclure à la suite de J. Piaget que la pensée, ici le concept de nombre, n'émerge que tardivement au cours de l'enfance. En revanche, si l'on se réfère à la situation classique de K. Wynn chez le bébé et à l'adaptation linguistique chez l'enfant, une image plus complexe du développement cognitif se dégage.

Tout d'abord, on peut admettre qu'il existe bien des compétences numériques précoces, ignorées par J. Piaget, dont atteste la double réaction de surprise du bébé de 4-5 mois aux événements $1 + 1 = 1$ et $1 + 1 = 3$. Il semble, ensuite, que ces compétences se réorganisent à 2 ans, l'âge de l'apparition du langage, ce qui se traduit par l'absence de réaction linguistique à $1 + 1 = 3$. Contrairement au bébé, l'enfant considère donc que cet événement est possible, comme $1 + 1 = 2$, car il y a plusieurs objets (ce qu'il dit dans ses justifications).

Face à ce résultat surprenant – l'enfant apparaissant moins compétent que le bébé ! –, on peut penser que s'opère, à ce moment du développement, une réorganisation cognitivo-linguistique associée à une chute temporaire des performances. Durant cette période, entre 2 et 3 ans, l'enfant peut seulement distinguer « un seul » de « plusieurs », et non pas deux quantités différentes comme « deux » et « trois ». Cette limi-

tation pourrait notamment s'expliquer par les difficultés que pose à l'enfant l'apprentissage du vocabulaire des nombres. C'est, par exemple, le moment où il commence à acquérir les distinctions linguistiques entre singulier et pluriel qui opposent 1 à tous les autres nombres (2, 3, etc.).

Entre 3 et 4 ans, en revanche, l'enfant se révèle à nouveau capable, comme le bébé mais cette fois dans un format linguistique, d'un traitement numérique analytique et précis (double réaction à $1 + 1 = 1$ et à $1 + 1 = 3$). Mais il échoue lorsqu'on le piège, à la suite de J. Piaget, par une interférence entre nombre et longueur. Comment expliquer la différence entre les performances de l'enfant à ces deux tâches ? En accord avec Frank Dempster, il semble bien que les situations de type piagétien, comme la conservation numérique et son piège de la longueur, ont plus à voir avec la capacité de l'enfant à résister aux interférences qu'avec sa capacité à comprendre la logique sous-jacente (6). En fait, cette épreuve testerait davantage la capacité de l'enfant à inhiber le schème visuo-spatial « longueur = nombre » (heuristique de quantification toujours utilisée par l'adulte) que sa maîtrise du nombre (7).

Quand émerge la pensée ?

L'exemple de la notion de nombre montre combien il peut être difficile de dater l'émergence de la pensée. La

---

6. F.N. Dempster et C.J. Brainerd, *Interference and inhibition in cognition*, Academic Press, 1995.
7. Voir, pour d'autres exemples des rapports entre développement cognitif et inhibition : O. Houdé, *Rationalité, développement et inhibition*, Puf, 1995.

L'épreuve de l'événement impossible

Cette situation est destinée à éprouver les capacités numériques d'un enfant de 2 et 3 ans.
Le principe en est le suivant :
a) on place devant l'enfant un Babar (image 1)

b) sous les yeux de l'enfant, on cache ensuite le Babar derrière un écran (image 2). On montre alors à l'enfant que l'on rajoute un second Babar derrière l'écran (image 3)

c) dans un premier cas, on baisse l'écran qui révèle deux Babar (images 4 et 5)

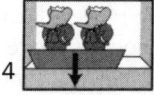 

C'est une situation possible puisque 1 + 1 Babar = 2 Babar

d) dans un deuxième cas, on baisse l'écran qui révèle 1 seul Babar (images 6 et 7)

C'est une situation impossible (1 + 1 = 1 Babar)

e) dans un troisième cas, 3 Babar apparaissent (images 8 et 9)

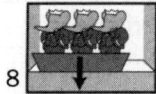 

C'est une situation impossible (1 + 1 = 3 Babar)

Selon les réponses de l'enfant « ça va », « ça ne va pas » et ses justifications, on peut savoir s'il a repéré les situations possibles : 1 + 1 = 2, ou impossibles : 1 + 1 = 1 et 1 + 1 = 3.

L'épreuve d'interférence nombre/longueur

Dans cette seconde situation, l'enfant est invité à dire pour chacun des dessins ci-dessous s'il y a autant de Babar sur la première et la seconde ligne.

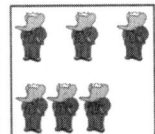

Cette expérience a été réalisée par l'équipe de recherche du Laboratoire Cognition et communication (CNRS) de l'université René-Descartes (Paris-V) sous la direction d'Olivier Houdé (1).

La première situation est une adaptation du dispositif de K. Wynn (1992) (2).

La seconde situation est une épreuve de jugement numérique qui, comme celle de Piaget, introduit une interférence entre le nombre et la longueur.

1. O. Houdé, « Numerical development : from the infant to the child. Wynn's (1992) paradigm in 2 and 3 year old », *Cognitive Development*, 12, 1997.
2. K. Wynn, « Addition and substraction by human infants », *Nature*, 358, 1992. Dans la version française, les Mickey ont été remplacés par des Babar en adaptant le dessin originel de Laurent de Brunhoff.

Dessins : Philippe Mouche

situer à partir de 2 ans, à l'apparition du langage et au changement de stade piagétien (du sensori-moteur au symbolique), conduirait à exclure les formes possibles de représentations cognitives, de protoconcepts, susceptibles d'expliquer les compétences du bébé. Inversement, situer l'émergence de la pensée dès les premiers mois (voire dès le début) de la vie, perspective plus conforme aux données actuelles, peut conduire à négliger le fait que les mêmes réalités sont comprises et maîtrisées (les événements numériques par exemple) plusieurs fois de suite au cours du développement et en des termes nouveaux.

Par ailleurs, au-delà des capacités, plus ou moins précoces, d'apprentissage, d'activation, de réorganisation ou de redescription des compétences, la question de la pensée est également liée à celle de l'inhibition (8). Et c'est en cela que les « épreuves pièges » de J. Piaget restent importantes pour la psychologie du développement.

Rien n'exclut donc que le bébé pense, tout au moins à partir de quelques mois. Dans le registre qui est le sien, il peut même, à matériel égal, penser plus précisément qu'un enfant plus âgé en période de réorganisation cognitive. Mais, au cours du développement, au-delà de l'activation de compétences précoces dans des situations optimales, penser, c'est aussi redécrire et inhiber.

---

8. Voir notre article « Intelligence et inhibition » dans *Sciences Humaines*, « La Psychologie de l'enfant », n° 65, octobre 1997.

LA PENSÉE EN DÉVELOPPEMENT

ENTRETIEN AVEC ANNETTE KARMILOFF-SMITH*

Pour Annette Karmiloff-Smith, le développement cognitif est réalisé selon un double processus de spécialisation et d'abstraction qu'elle nomme « modularisation ».

Sciences Humaines : Selon vous, à quel moment peut-on dire qu'il y a émergence de la pensée chez l'être humain ?

Annette Karmiloff-Smith : Cela dépend de la façon dont vous définissez la pensée. Le fait que le développement cognitif puisse être relativement spécifique à un domaine de connaissances (les nombres, le langage, etc.) amène à abandonner certaines notions et à reformuler les questions. Je ne pense pas qu'un concept aussi général que celui de pensée soit encore pertinent. Comme beaucoup de développementalistes, je parle plutôt de connaissances et je me pose la question de savoir d'où elles viennent et comment elles se développent et changent… Je postule le jeu de deux processus au cours du développement : un processus de modularisation progressive (par lequel des capacités générales deviennent spécialisées) et un processus de redescription (par lequel l'information implicite dans le système cognitif devient progressivement explicite à ce système).

SH : Pouvez-vous nous donner un exemple de modularisation ?

* Professeur et directrice au Development Unit – Institute of Child Health (Londres). Auteur de : Beyond Modularity : a Developmental Perspective on Cognitive Science, MIT Press/Bradford Books, 1992 ; avec K. Karmiloff, Pathways to Language : From fœtus to adolescent, Harvard University Press, 2001.

A.K.-S. : Prenons la reconnaissance des visages. A la naissance, les bébés préfèrent des stimulus composés de trois taches très contrastées (ce qui leur confère une vague ressemblance avec un visage flou) à d'autres (tels qu'une forme de visage vide). Ils sont autant intéressés par ces images de configuration de taches que par celles de vrais visages. Vers 2 mois, ils se mettent à préférer les vrais visages. Puis, vers 5 mois, ce sont les mouvements des traits faciaux qui les intéressent plus particulièrement. Les bébés sont de plus en plus aptes à reconnaître les visages. Mais cette capacité de discrimination ne se limite pas aux seuls visages humains : vers l'âge de 9-10 mois, on observe qu'ils sont également capables de reconnaître une face de singe parmi d'autres faces de singe, ce dont nous, adultes, sommes incapables sans entraînement. Avec le développement, cette capacité de reconnaissance de faces à l'intérieur de différentes espèces de primates décline pour devenir spécialisation pour le seul visage humain.

Ainsi donc, cette spécialisation est le résultat d'un développement de la reconnaissance du visage humain et non de l'activité d'un module génétiquement préprogrammé. Cet apprentissage graduel fait que l'on parvient chez l'adulte à un système cognitif si spécialisé que lorsque son substrat neuronal est endommagé, l'individu perd tout ou partie de sa faculté à reconnaître les visages. Ce qui est vrai pour la reconnaissance des visages l'est pour les autres domaines de connaissances. A la naissance, il n'y a ni esprit vierge, ni compétences innées détaillées. Il y a des prédispositions minimales qui sont le fruit de l'évolution. Elles rendent plus simples les apprentissages, en signalant par le jeu des contraintes qu'elles exercent où focaliser son attention et comment commencer à traiter l'information.

SH : Qu'en est-il du processus de redescription ?

A.K.-S. : Durant une première phase, qualifiée de «niveau implicite», différentes habiletés (telles que la locomotion ou la reconnaissance perceptive) sont maîtrisées. Mais les connaissances qui les sous-tendent sont inaccessibles à la conscience. Ainsi, les enfants de 3-4 ans montrent qu'ils ont une connaissance implicite de la notion de centre de gravité lorsqu'ils mettent en équilibre des objets sur des supports étroits, et ce, même quand centre de gravité et centre géométrique ne correspondent pas. En revanche, ils ne savent pas explicitement ce qu'est un centre de gravité. Avant de prendre conscience du centre de gravité, les enfants plus âgés échouent dans leurs efforts de mettre des objets sur les supports, là où les enfants plus jeunes réussissent. Ceci s'explique par la formation d'une « théorie-en-action » dans laquelle tous les objets s'équilibrent au centre géométrique. Donc leur échec est en fait une avance.

Plus tard, ils prennent conscience de ce qu'est un point d'équilibre. Lors d'étapes ultérieures du développement, les connaissances implicites vont être « redécrites » pour devenir finalement des connaissances explicites, accessibles à la conscience. Le processus endogène de redescription peut avoir lieu aussi bien en temps réel, durant la veille quand le système cognitif doit résoudre un problème, qu'en dehors du temps de traitement de l'information, durant le sommeil par exemple. Grâce à la redescription, l'enfant s'affranchit de son contexte immédiat et peut transférer les connaissances et procédures acquises dans un domaine à un autre domaine. Ce type de redescription est un processus strictement humain. Seul l'homme peut prendre ses représentations cognitives comme objet de son attention consciente. Lui seul peut construire des théories pour essayer de comprendre le monde.

Propos recueillis par
JEAN-FRANÇOIS DORTIER et CHANTAL PACTEAU
(*Sciences Humaines*, n° 87, octobre 1998.
Texte revu et corrigé par l'auteur, octobre 2002)

CHAPITRE XI

Raisonnement et stratégies mentales

JEAN-FRANÇOIS RICHARD*

RÉSOLUTION DE PROBLÈMES**
STRATÉGIES ET IMPASSES

Il ne suffit pas de bien raisonner. Il faut aussi savoir utiliser les informations de façon pertinente et parfois modifier son point de vue.

QUAND nous essayons de résoudre un problème, nous mobilisons diverses compétences. Certaines d'entre elles sont formelles, telle la planification (anticipation de l'action et des résultats de celle-ci) et les inférences (raisonnement déductif ou inductif, caractéristique de l'intelligence artificielle (1)). Mais le raisonnement humain, bien que plus sujet à l'erreur que celui des ordinateurs, est aussi beaucoup plus inventif. Je défends donc l'idée que l'art de raisonner est également constitué d'autres compétences, moins reconnues et moins valorisées socialement mais peut-être plus fondamentales. Elles sont mises en œuvre dans des situations de «découverte par l'action» dans lesquelles le sujet n'a pas du tout l'impression de faire des raisonnements. Ces compétences implicites peuvent être rangées en trois catégories. Les premières sont relatives au guidage de l'action, les deuxièmes concernent la capacité de modifier son point de vue sur les informations disponibles. La troisième catégorie conditionne les deux précédentes : il s'agit de l'attention portée aux résultats de l'action, afin de modifier éventuellement la démarche adoptée.

Dans cet article, seront donc successivement présentés non seulement les modes de raisonnement explicites (planification et inférences), mais également

* Professeur de psychologie à l'université Paris-VIII. Directeur de recherche au CNRS. Auteur de *Les Activités mentales*, Armand Colin, 1998.
** *Sciences Humaines*, n° 56, décembre 1995.
1. Voir mots clés en fin d'ouvrage.

implicites (guidage de l'action, changement de représentation, attention portée aux résultats de l'action).

• **La planification** vise à anticiper l'action ainsi que les résultats de celle-ci, de manière à éviter de se tromper. Elle permet donc de faire l'économie du tâtonnement et aboutit à une action rationnelle. Elle suppose une très bonne connaissance du domaine envisagé, c'est-à-dire une identification précise du problème à résoudre et une connaissance suffisante des procédures disponibles. Une étude, menée par Jean-Michel Hoc, directeur de recherche au CNRS, sur l'activité de planification chez les programmeurs, montre que les novices ont plutôt tendance à imaginer des cas particuliers et à traiter chacun de ces cas. A l'inverse, les programmeurs plus expérimentés constituent des catégories de cas, caractérisées par des propriétés définies, ce qui leur permet de définir des procédures plus générales (3).

Les sujets humains font notamment de la planification dans les situations à haut risque, dans lesquelles le coût de l'erreur est très grand. René Amalberti, chercheur au CERMA (armée de l'air), a montré que les pilotes de combat préparent longuement leurs missions (4). Ils élaborent des plans de vol et imaginent les incidents auxquels ils pourraient être confrontés, ainsi que la manière d'y répondre. De la sorte, les décisions prises en vol sont, dans l'ensemble, préparées à l'avance.

La nécessité de la planification pour la résolution de problèmes apparaît clairement dans l'exercice bien connu de la tour de Hanoï dont les principes de base

La tour de Hanoï

1. Les données

2. Le but à atteindre

Les règles :
– on ne peut déplacer qu'un disque à la fois ;
– si deux disques sont au même emplacement, on ne peut déplacer que le plus petit d'entre eux ;
– on ne peut mettre un disque à un emplacement où il y en a déjà un plus petit.

sont décrits dans le schéma ci-dessus. Les adultes réussissent très facilement ce problème en planifiant explicitement leurs mouvements. A l'inverse, les jeunes enfants (vers 7 ans) échouent généralement, et ceux qui réussissent ne semblent pas planifier leur action puisqu'ils tâtonnent en opérant de multiples déplacements avant d'atteindre l'objectif fixé.

• **L'inférence** est le deuxième processus formel utilisé pour la résolution de problèmes. Le diagnostic constitue précisément un raisonnement pour l'action dans lequel les inférences inductives, celles qui permettent de remonter des observations aux causes, sont essentielles. En effet, l'action appropriée dépend du diagnostic. Ce type d'inférences est bien connu du public, puisqu'il est mis en scène dans les romans

3. J.-M. Hoc, *Psychologie cognitive de la planification*, Pug, 1987.
4. R. Amalberti, « Modèles d'activité en conduite de processus rapides : implications pour l'assistance à la conduite », thèse de doctorat, université de Paris-VIII, 1993.

policiers, et que cette capacité est la qualité maîtresse du héros qui mène l'enquête.

En psychologie, le diagnostic a été étudié dans divers domaines : médecine, transports (pilotage d'avions, de bateaux), industries de transformation (centrales nucléaires, aciéries, industries chimiques), etc.

Les recherches menées sur le diagnostic médical ont beaucoup étudié comment se construisent des hypothèses et comment certaines d'entre elles sont éliminées. Les études réalisées sur la conduite de véhicules ont montré que l'information prise en compte est très sélective : le sujet retient celle qui correspond aux diagnostics les plus fréquents.

L'information prise en compte est aussi très dépendante du contexte. Ainsi, les pilotes d'avions de transport répertorient mentalement les incidents possibles en fonction de la phase de vol (décollage, montée, etc.). Chaque phase de vol est associée à des incidents caractéristiques, ce qui permet de limiter l'inspection et de réagir très rapidement, mais qui peut être source de difficultés lors d'une situation inhabituelle. Ainsi, un équipage a eu beaucoup de mal à trouver la solution d'un incident étudié sur simulateur, survenu dans une phase de vol inhabituelle pour ce type d'incident. Le symptôme était une perte d'équilibre de l'avion. Comme il apparaissait au moment où l'avion avait pris son altitude et sa vitesse de croisière, la cause la plus vraisemblable était un dysfonctionnement des moteurs, hypothèse qu'a faite l'équipage, mais qui n'était pas la bonne. Il se trouve qu'au cours de la montée, l'équipage avait eu

un incident, qui avait occupé toute son attention, de sorte qu'il avait omis de rentrer le train d'atterrissage. Le train sorti étant une situation tout à fait inhabituelle dans cette phase de vol, il a fallu du temps pour que cette information, qui était pourtant signalée, soit remarquée et prise en compte.

Un autre facteur important dans la prise en compte des informations est le répertoire des réponses disponibles. A nouveau, le pilotage d'avions de transport en fournit un exemple très illustratif. Un fort coup de vent au décollage peut se traduire par une perte d'altitude et de vitesse, ce qui exige une réaction rapide de la part du pilote. Tous les pilotes n'ont pas l'expérience de cet incident car il ne se manifeste que dans certaines régions du monde (par exemple, le Pacifique).

R. Amalberti a comparé deux situations. Dans l'une, on fournit à un pilote une feuille de papier sur laquelle est décrit un scénario comprenant l'incident. On interroge ensuite le pilote sur la nature de l'incident et la façon d'y remédier. Dans l'autre situation, le pilote conduit un appareil sur simulateur. Les sujets impliqués dans l'action sont beaucoup plus nombreux à identifier l'incident, ce qui montre que la prise d'information dépend fortement du contexte.

Après avoir étudié deux modes de raisonnement explicite – la planification et les inférences – nous allons examiner trois autres manières de penser moins visibles mais aussi importantes : le guidage de l'action, le changement de représentation de la situation, et l'attention portée aux résultats de l'action.

• **Le guidage de l'action** est essentiel dans les activités d'exploration, mises en œuvre dans les situations où l'on a un but sans connaître de moyen pour l'atteindre. Une tendance naturelle est, par exemple, d'importer dans une situation nouvelle les procédures connues pour réaliser les mêmes buts dans une situation analogue. Ainsi, les erreurs commises par des enfants apprenant à utiliser des calculettes proviennent en général de la transposition sur la calculette des procédures de calcul manuel. Un de mes étudiants, Emmanuel Sander, a analysé comment des adultes ne s'étant jamais servi d'un traitement de texte apprenaient à utiliser les fonctions d'édition, sans manuel et en voyant simplement par quelle touche ou quel élément du «menu» était activée chaque fonction. Les sujets ont effectué toutes les corrections demandées, mais avec des procédures très compliquées. Ainsi, pour enlever un blanc du milieu d'un mot (par exemple, «réce mment»), le sujet efface la fin du mot et la réécrit à la suite du début du mot, ou bien encore il copie la fin du mot, l'insère après «rece» (ce qui donne «récemment mment») et ensuite efface «mment». Cette démarche revient à transposer les procédures utilisées avec une machine à écrire.

Il y a évidemment une procédure plus simple avec un traitement de texte, qui est de supprimer l'espace. Aucun sujet n'y a songé au début, bien qu'il sache supprimer une lettre ou un chiffre. Dans sa représentation, on ne peut pas supprimer un espace, car avec la machine à écrire, l'espace n'est pas assimilable à un caractère comme la lettre ou le chiffre.

• **Le changement de représentation de la situation** est le plus difficile à mettre en œuvre dans la résolution de problèmes. Les «impasses» sont des situations caractéristiques : aucune action n'est alors possible en raison de la représentation que le sujet s'est faite du problème et des contraintes qui en découlent. Il arrête donc ses tentatives, pensant que le problème est insoluble, ou revient en arrière, ou encore enfreint la consigne. Mais pour surmonter l'impasse, il lui faut changer son interprétation de la situation.

Une bonne illustration de cette difficulté nous est fournie par le problème de l'«échiquier tronqué» (5). En voici les principes de base :

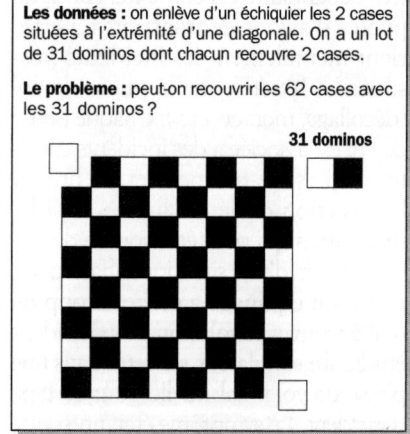

Les données : on enlève d'un échiquier les 2 cases situées à l'extrémité d'une diagonale. On a un lot de 31 dominos dont chacun recouvre 2 cases.

Le problème : peut-on recouvrir les 62 cases avec les 31 dominos ?

31 dominos

Ce problème paraît difficile, voire insoluble, car il semble exiger une exploration exhaustive. Mais cette procédure, habituellement utilisée, conduit à une

---

5. W. Wickelgren, *How to Solve Problems, Elements of a Theory of Problem and Problem Solving*, Freeman and Co, 1972.

impasse. Or, la solution saute immédiatement aux yeux dès qu'on change de point de vue, c'est-à-dire dès qu'on prend en compte les couleurs des cases et non leur disposition sur l'échiquier. Il est impossible de recouvrir les 62 cases restantes avec les 31 dominos puisqu'on a enlevé deux cases blanches et que chaque domino est noir et blanc.

Un autre exemple de la nécessité de changer sa représentation mentale est fourni par une version non familière de la tour de Hanoï, appelée « problème des ascenseurs ». Dans ce cas, le sujet doit déplacer, à l'aide d'un ascenseur, trois personnages de taille différente qui, initialement, se trouvent chacun à l'un des trois étages. Les règles (et donc la solution) sont les mêmes que pour la tour de Hanoï : 1) on ne peut déplacer qu'un personnage à la fois ; 2) si deux personnages sont au même emplacement, on ne peut déplacer que le plus petit d'entre eux ; 3) on ne peut mettre un personnage à un étage où il y en a déjà un plus petit.

Rappelons que les adultes trouvent aisément la solution du problème de la tour de Hanoï, grâce à une planification de l'action. Mais confrontés au problème de l'ascenseur, ils ne manifestent pas plus de planification que les enfants de 7 ans confrontés à la tour de Hanoï. Cela tient au fait que les sujets ont une représentation mentale du déplacement différente d'un exercice à l'autre. Pour la tour de Hanoï, le déplacement est perçu comme un simple changement d'état des disques, sans imaginer le mode de déplacement. En revanche, pour l'ascenseur, le déplacement est conçu comme le parcours suivi par l'ob-

jet entre deux lieux. Face à ce problème de l'ascenseur, la planification (et donc la solution) n'apparaît qu'à partir du moment où les sujets cessent d'interpréter l'action comme une action indécomposable consistant à passer d'un étage à l'autre, mais la voient comme composée de deux actions élémentaires (quitter un étage, entrer à un autre étage) sans s'occuper du chemin parcouru. A partir de ce moment, il n'y a plus de différence avec le problème des disques.

Nous venons de constater qu'il est parfois nécessaire de changer de représentation pour résoudre certains problèmes. Mais une question reste en suspens : comment un sujet peut-il se rendre compte de cette nécessité ?

• **L'attention portée aux résultats de l'action.** Cette prise de conscience résulte, selon moi, d'un processus attentionnel. En effet, les sujets les plus performants en résolution de problèmes se distinguent, non par une meilleure planification (personne ne planifie si le domaine du problème n'est pas connu), ni par une meilleure représentation (dans les problèmes qui engendrent des représentations inadéquates, tout le monde passe par les mêmes représentations). La particularité des sujets performants est de mieux mémoriser ce qui s'est passé en situation d'impasse : ils reconnaissent cet état, se souviennent de ce qu'ils ont fait et ne recommencent pas la même opération.

Cependant, la mémorisation n'est qu'un effet indirect de l'attention portée à l'information critique. L'art de raisonner en résolution de problèmes consiste donc à être attentif dans les moments où une information utile est susceptible de se présenter. Il s'agit souvent de moments où se produit une discordance entre ce qui se passe et ce qu'on attend en raison de ses représentations et de ses savoirs. Or, ces informations passent généralement inaperçues, car l'attention est focalisée sur les informations liées à l'action. Il faut donc se désengager de l'action pour qu'apparaissent d'autres possibilités de codage de la situation.

L'art de la résolution de problèmes dépend donc d'un équilibre délicat entre la concentration sur ce qu'on fait (nécessaire pour résister à la distraction et se protéger des informations non pertinentes) et le désengagement de l'attention à certains moments critiques. Les études sur la résolution de problèmes montrent que peu de personnes en sont capables. Cette attitude peut-elle s'éduquer ? Cette question ouvre, me semble-t-il, une voie plus intéressante que les méthodes de remédiation basées, comme les méthodes scolaires, sur la rééducation des structures du raisonnement.

L'énigme des neufs points

L'énoncé de ce problème est le suivant :
vous avez 9 points disposés en carré, comme sur la figure ci-dessous.
Prenez un crayon, vous devez essayer de relier ces points en dessinant quatre lignes droites sans lever le crayon.

La majorité des sujets, tout en respectant les consignes, ajoutent inconsciemment une autre consigne : celle de rester dans le cadre invisible formé par les points. D'où l'impasse, pourtant il n'y a aucune obligation à dessiner des lignes les plus courtes possible. Dès lors que l'on sort du cadre, la solution est facile à trouver :

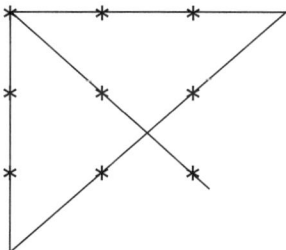

Cet exercice illustre clairement la nécessité de remettre parfois en cause notre interprétation d'une situation si l'on veut résoudre le problème qu'elle pose.
Dans le cas présent, le sujet ne perçoit généralement cette nécessité qu'après avoir constaté que toutes ses tentatives l'ont mené à une impasse.

MICHEL FAYOL[*]

LA LOGIQUE DE L'ERREUR[**]

Paradoxe : les erreurs résultent parfois d'un raisonnement cohérent mais inadapté à la situation. De nombreuses recherches ont tenté de comprendre les mécanismes psychologiques qui les provoquent.

« *MAIS POURQUOI Marine commet-elle toujours la même faute ?* » Quotidiennement confronté au problème de l'erreur, l'enseignant s'efforce parfois de comprendre quels mécanismes psychologiques l'ont provoquée.

De nombreuses recherches en psychologie cognitive effectuées au cours des deux dernières décennies ont tenté de répondre à cette interrogation. Il existe trois grands types d'erreurs (1). Tout d'abord, un élève peut ignorer certains faits ou en avoir élaboré une conception plus ou moins erronée (problème lié aux savoirs dits déclaratifs) (2).

Ensuite, il peut échouer, même s'il connaît les faits, à les mobiliser à bon escient, ou à déclencher et mettre en œuvre la ou les procédure(s) adaptée(s) (problème lié aux savoirs dits procéduraux) (3). Enfin, il peut connaître les faits et les procédures, mais être conduit à des performances erronées du fait de son incapacité à gérer simultanément ou en situation difficile des activités cognitives requérant un certain niveau d'attention.

• **Erreurs liées aux connaissances** sur les objets et les faits. Nos actions visent l'efficacité immédiate. Elles correspondent à des situations limitées dans lesquelles telle ou telle organisation des connaissances est particulièrement bien adaptée. Par exemple, nous pouvons produire sans difficulté 150 à 200 mots

* Professeur de psychologie à l'université Blaise-Pascal, Clermont-II, directeur du LAPSCO/CNRS.
** *Sciences Humaines*, n° 36, février 1994.
1. J. Reason, *L'Erreur humaine*, Puf, 1993.
2. Voir mots clés en fin d'ouvrage.
3. *Idem.*

333

par minute (4), avec très peu d'erreurs de sélection (moins de 1 pour 1 000). De même, nous reconnaissons très vite les personnes, situations et objets familiers, car nos connaissances sur le monde utilisent des « prototypes », autrement dit des éléments caractéristiques d'une catégorie générale. Ainsi le moineau est-il un meilleur représentant des oiseaux (c'est-à-dire plus proche du prototype) que l'autruche. Ce qui vaut pour les animaux ou les objets de la vie courante est également vrai pour les situations.

Cette efficacité a une contrepartie problématique. Les propriétés des objets (personnes, situations…) sont associées de manière probabiliste : les objets gros sont généralement lourds, ceux que nous lâchons en marchant semblent tomber « tout droit », les récits sont très souvent rédigés au passé simple, les verbes décrivent plutôt des actions et les noms plutôt des entités, etc. Or ces savoirs spontanés sont parfois contradictoires avec les apprentissages dispensés par l'école. Paradoxe donc : l'une des premières sources d'erreurs – et sans doute la plus « résistante » – tient à l'efficacité même de notre fonctionnement cognitif. De nombreux travaux montrent que même chez des étudiants ayant suivi un premier cycle universitaire des erreurs subsistent, qui traduisent des conceptions primitives du type de celles qui avaient cours aux XVe ou XVIe siècles. Par exemple, environ 60 % des adultes cultivés tracent une trajectoire erronée lorsqu'on leur demande de dessiner le parcours d'une balle ou de l'eau sortant d'un tube courbe (*voir encadré ci-après*). Le taux d'erreurs est faible chez les

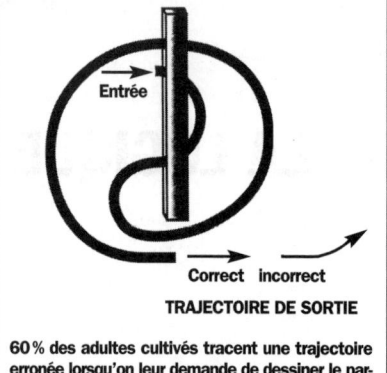

TRAJECTOIRE DE SORTIE

60 % des adultes cultivés tracent une trajectoire erronée lorsqu'on leur demande de dessiner le parcours d'une balle sortant d'un tube courbe.

enfants de 4-5 ans, puis augmente jusqu'en classe de sixième et diminue enfin chez les étudiants. Tout semble se passer comme s'il y avait acquisition d'une conceptualisation erronée – sans doute à la suite des interactions avec l'environnement – suivie d'une « correction » partielle des erreurs. On observe des phénomènes semblables au sujet de la chute des corps.

Quand moins fait plus

Les recherches conduites sur l'arithmétique élémentaire ont conduit à des conclusions identiques. Par exemple, la plupart des élèves associent les opérations d'addition et de multiplication à l'idée d'augmentation, et les opérations de soustraction et de division à l'idée de diminution. Ces « représentations spontanées » correspondent à des situations très fréquentes dans la vie courante mais entrent en contradiction avec l'enseignement scolaire. En effet, dans

---

4. W.J.M. Levelt, *Speaking : from Intention to Articulation*, Cambridge University Press, 1989.

certains problèmes arithmétiques, la soustraction renvoie à une augmentation de quantité (par exemple : «Paul avait 20 F hier. Il a aujourd'hui 30 F. Combien a-t-il gagné ?») (5). Quant à la multiplication et à la division, leur association respective avec les notions d'accroissement et de diminution soulève d'importantes difficultés lors de l'introduction des nombres décimaux, par exemple quand l'élève doit multiplier par 0,5. En effet, multiplier par un nombre inférieur à 1 entraîne une diminution ; diviser par ce même nombre aboutit à une augmentation.

Selon les sujets abordés, le passage des connaissances spontanées aux connaissances scientifiques peut s'effectuer par restructuration faible (assimilation progressive) ou radicale, cette dernière entraînant très souvent d'énormes difficultés (6). Ainsi, des enfants peuvent à la fois affirmer que la Terre est ronde (notion apprise par cœur) et répondre à des questions plus précises en se comportant comme s'ils considéraient qu'elle est plate.

Les conceptions spontanées faisant obstacle à l'apprentissage ont surtout été étudiées dans les disciplines scientifiques (7). Elles gênent l'apprentissage des notions scientifiques (force, vitesse, accélération…) et induisent le recours à des procédures de traitement peu ou pas pertinentes. Par exemple, les enfants de 6 à 8 ans fournissent presque systématiquement une réponse fausse au problème : «Paul a perdu 5 billes ce matin, il en a gagné 2 cet après-midi. Où en est-il en fin de journée ?» Le plus souvent, le problème est assimilé à un cas plus simple, c'est-à-dire avoir 5 billes et en gagner ou en perdre 2.

• **Erreurs liées à l'utilisation de règles.** Au cours de l'apprentissage de la soustraction écrite, les élèves commettent des erreurs systématiques très particulières : les «bugs» (8).

On peut les comparer aux généralisations opérées au cours de l'acquisition du langage, consistant à traiter comme réguliers des mots qui ne le sont pas (par exemple «des chevals», «vous faisez»). Dans ce genre de situation, l'individu qui n'a pas encore appris ou a oublié la procédure à adopter pour résoudre un problème ne s'interrompt pas, mais devient inventif en «bricolant» une solution. Il adapte les principes appris, soit en appliquant mal une bonne règle, soit en utilisant bien une mauvaise règle. Si l'enseignant n'y prend pas garde, il risque de laisser s'installer des règles erronées qui seront d'autant plus difficiles à corriger qu'elles auront été plus longtemps utilisées. Voici, à titre d'exemple, les «rafistolages» variés auxquels a donné lieu un problème de soustraction (207 – 169) (9).

5. M. Fayol, *L'Enfant et le Nombre*, Delachaux & Niestlé, 1990 ; E. Fishbein, M. Deri, M.S. Nello et M.S. Marion, «The role of implicit models in solving verbal problems in multiplication and division», *Journal of Research in Mathematics Education*, 16, 1985.
6. C.A. Chinn et W.F. Brewer, «The role of anomalous data in knowledge acquisition», *Review of Educational Research*, 63, 1993.
7. A. Weil-Barais et G. Vergnaud, «Students' conceptions in physics and mathematics : Biases and beliefs», dans J.-P. Caverni, J.-M. Fabre et M. Gonzalez (éds), *Cognitive Biases*, Elsevier, 1990.
8. J.S. Brown et R.R. Burton, «Diagnostic models for procedural "bugs" in basic mathematical skills», *Cognitive Science*, 2, 1978 ; R.M. Young et T. O'Shea, «Errors in children's subtraction», *Cognitive Science*, 5, 1981.
9. K. Van Lehm, «On the representation of procedures in repair theory», dans H.P. Ginsburg (éd.), *The Development of Mathematical Thinking*, Academic Press, 1983. Sur tout ceci, voir M. Fayol, 1990, *op. cit.*

1) Des enfants soustraient le plus petit nombre du plus grand (en l'occurrence 9 – 7 = 2)

$$\begin{array}{r} 207 \\ -\,169 \\ \hline =162 \end{array}$$

2) Des enfants mettent zéro au lieu d'emprunter :

$$\begin{array}{r} 207 \\ -\,169 \\ \hline =100 \end{array}$$

3) Des enfants mettent zéro au lieu d'emprunter à zéro :

$$\begin{array}{r} 207 \\ -\,169 \\ \hline =\ \ 40 \end{array}$$

• **Erreurs liées à la mise en œuvre et à la gestion des connaissances.** Les résultats d'une série d'expériences que nous avons récemment conduites illustrent ce dernier type de problèmes (10). Des adultes cultivés doivent effectuer trois tâches différentes portant sur le même accord orthographique :
1) accorder le verbe avec son sujet au sein d'une phrase : *« Le chien des voisins arriv........... »* ;
2) écrire la même phrase dictée par l'expérimentateur : *« Le chien des voisins arrive. »* ;
3) écrire la même phrase sous dictée, mais suivie de quelques mots monosyllabiques qui doivent être rappelés dans l'ordre : *« Le chien des voisins arrive; li; pi; mi; ri; si. »*
Les sujets ne font aucune erreur dans la première situation et très peu dans la seconde, mais en commettent 20 à 30 % dans la troisième. Ces fautes consistent surtout à accorder le verbe avec le nom ou le pronom le plus proche : *« Le chien des voisins arrivent »*, ce qu'on appelle accord par proximité.

Une modeste tâche secondaire suffit donc à induire l'apparition d'un pourcentage important d'erreurs. Trois notions permettent d'expliquer ce phénomène : l'activité automatique, l'activité contrôlée et la capacité limitée de traitement. Les activités automatiques sont rapides, s'acquièrent et s'améliorent par la pratique. Elles demandent peu d'attention et utilisent donc peu de capacité en mémoire de travail. Dans l'exemple ci-dessus, l'accord sujet-verbe est, pour un adulte cultivé, une activité hautement automatisée dans laquelle l'accord par proximité s'applique car la configuration nom-verbe correspond le plus souvent à la relation sujet-verbe.

Faire deux choses à la fois ?

Les activités contrôlées, elles, sont plutôt lentes et nécessitent souvent une attention suivie. C'est à ce type d'activité que les sujets ont recours lorsqu'ils doivent accorder le verbe dans un cas ambigu. Elles sont pourtant facilement perturbées par des événements inattendus ou par des occupations secondaires. Les êtres humains peuvent aisément conduire en parallèle deux activités relativement automatiques comme marcher et se livrer à une conversation banale. Pour l'exemple présenté, ceci correspond à la première situation qui consiste à écrire tout en accordant le verbe avec le sujet. Ils peuvent également, dans certaines limites, effectuer simultanément une activité automatique

10. M. Fayol et C. Got, « Automatisme et contrôle dans la production écrite », *L'Année psychologique*, 91, 1991 ; M. Fayol et P. Largy, « Une approche fonctionnelle de l'orthographe grammaticale », *Langue française*, 95, 80-98, 1992.

et une activité contrôlée. Il s'agit, dans la deuxième situation, d'accorder le verbe dans un cas ambigu et donc d'effectuer un calcul conscient tout en écrivant. En revanche, ils ne parviennent en général pas à traiter plusieurs activités nécessitant un contrôle conscient. Ils échouent souvent, dans la troisième situation, à accorder le verbe et à maintenir en mémoire une série de mots. L'application de l'automatisme (accord par proximité) entraîne alors de fréquentes erreurs.

Des phénomènes similaires s'observent en mathématiques. Par exemple, des adultes connaissant bien les tables d'addition et de multiplication commettent des erreurs lorsqu'ils doivent effectuer ces opérations en situation de stress ou d'interférence (11). L'interférence a lieu lorsque l'individu tient compte d'un résultat obtenu immédiatement avant le problème qu'il tente de résoudre. Par exemple, s'il doit effectuer la multiplication 6 x 8, alors qu'il vient de réaliser 6 x 7, il peut être influencé par le nombre 42 (réponse à 6 x 7).

• **Quelles modalités d'intervention envisager ?** Les trois catégories d'erreurs que nous venons d'examiner sont justiciables de modalités d'intervention sensiblement différentes pour lesquelles les psychologues devraient être en mesure de fournir des conseils et suggestions.

Le conflit réparateur

Face à des lacunes relevant des connaissances déclaratives (erreurs portant sur les faits, les objets, etc.), l'enseignant dispose de deux stratégies. Il peut chercher à amener les élèves/étudiants à ajouter des informations à celles déjà mémorisées (en recourant à des associations, à des moyens mnémotechniques ou à des analogies). Il peut également (tenter de) provoquer des restructurations radicales par le biais de conflits cognitifs, par exemple en induisant des remises en cause des savoirs erronés par la confrontation entre élèves, ou en intervenant lui-même.

Pour pallier les manques concernant les connaissances procédurales (erreurs portant sur l'utilisation de règles), il peut proposer des activités permettant d'exercer un contrôle sur la validité des différentes étapes et des exercices visant à automatiser les procédures apprises.

Enfin, pour limiter les difficultés liées à la gestion des activités complexes, il convient de planifier, d'automatiser, de contrôler les différentes composantes de ces activités en vue de répartir les tâches et d'éviter le plus possible les risques de surcharge mentale (12).

Afin que Marine ne commette plus la même faute...

11. J.I.D. Campbell, « The role of associative interference in learning and retrieving arithmetic facts », dans J.A. Sloboda et D. Rogers, *Cognitive Processes in Mathematics*, Clarendon Press, 1987 ; D.J. Graham, « An associative retrieval model of arithmetic memory : How children learn to multiply », dans J.A. Sloboda et D. Rogers (dir.), *Cognitive Process in Mathematics*, Clarendon Press, 1987 ; P. Lemaire, M. Fayol et H. Abdi, « Associative confusion effect in cognitive arithmetic », CPC/*European Bulletin of Cognitive Psychology*, 11, 1991.
12. M. Fayol et J.-M. Monteil, « Stratégies d'apprentissage/Apprentissage de stratégies », *Revue française de pédagogie*, 106, 1994.

Bernadette Noël*

LA MÉTACOGNITION**
L'ART D'ÉVALUER SES PERFORMANCES

Réfléchir sur ses processus mentaux améliore l'apprentissage. Les travaux sur la métacognition conduisent à remettre en question certaines formes traditionnelles d'enseignement.

«*C*ONNAIS-TOI TOI-MÊME!* » Par cet adage, Socrate signifiait déjà que la connaissance de soi est à la base de tout apprentissage efficace. Le terme de métacognition, apparu dans les années 70, caractérise précisément cette réflexion sur sa propre cognition (processus mentaux).

La métacognition a connu un engouement considérable tant en psychologie cognitive qu'en éducation. La première définition en a été fournie par John Flavell : «*La métacognition se rapporte à la connaissance qu'on a de ses propres processus cognitifs, de leurs produits et de tout ce qui y touche, par exemple, les propriétés pertinentes pour l'apprentissage d'informations ou de données. (...) La métacognition se rapporte, entre autres, à l'évaluation active, à la régula-* tion et à l'organisation de ces processus en fonction des objets cognitifs ou des données sur lesquelles ils portent, habituellement pour servir un but ou un objectif concret.* » (1)

Cette définition, beaucoup trop large à notre sens, a donné lieu à de nombreuses confusions. En effet, deux phénomènes de nature différente sont englobés :
– la connaissance de ses propres processus mentaux et du produit de ces processus ;
– la régulation que l'on opère sur ces processus.

---

* Professeur aux facultés universitaires catholiques de Mons-Belgique. A publié *La Métacognition*, De Boeck Université, 1991, réédition 1997.
** *Sciences Humaines*, n° 56, décembre 1995.
1. J.H. Flavell, «Metacognitive aspects of problem solving» dans L.B. Resnick (éd.), *The Nature of intelligence*, Lawrence Erlbaum Associates, 1976.

339

Bien que ces deux aspects soient proches, puisqu'ils relèvent tous deux d'une réflexion du sujet sur le traitement mental qu'il fait de la situation, il nous paraît utile de distinguer clairement entre les opérations mentales qui produisent des connaissances et celles qui produisent des actions, qui participent à la régulation des opérations mentales. Par exemple, dans le cas de la prise de notes, la métacognition concerne, d'une part, les connaissances de l'apprenant sur ses propres habitudes de prise de notes et sur les fonctions de cette dernière et, d'autre part, sa capacité à ajuster, en situation de prise de notes même, ses manières d'apprendre, par exemple en fonction du traitement ultérieur qu'il fera de ses notes.

Nous réservons, quant à nous, le terme de métacognition à des opérations mentales exercées sur des opérations mentales, mettant ainsi l'accent sur le fait que la métacognition constitue une opération de second ordre (2). Prenons l'exemple d'un apprenti lecteur pour illustrer la différence entre la cognition de premier ordre et la métacognition. Si cet élève se pose des questions sur la matière qu'il découvre, on parlera de processus cognitif puisqu'il s'agit d'une opération mentale exercée sur un contenu. En revanche, s'il évalue et analyse son comportement de lecteur, on utilisera le terme de métacognition parce que l'opération mentale est exercée sur ses propres opérations mentales de lecteur.

La métacognition semble être un des facteurs qui influencent le plus favorablement l'apprentissage (3) et par conséquent, sans doute, la performance scolaire ou académique des apprenants.

Des implications pédagogiques concrètes

Dans le domaine de l'aide méthodologique au travail personnel de l'apprenant, les travaux sur la métacognition ont permis de tracer de nouvelles pistes d'intervention. En effet, les aides centrées sur l'entraînement systématique à des stratégies cognitives (*study skills* : techniques de prise de notes, de mémorisation…) ont fait sentir leurs limites : coûts importants en temps, peu de transfert… Ces techniques sont des stratégies cognitives définies par des experts et sans références à des tâches ou à des contenus de matière particuliers : elles sont censées être adaptées par les étudiants eux-mêmes à leur contexte. Ainsi, une stratégie de prise de notes en mathématiques sera certainement très différente de celle employée lors d'un cours de droit. De plus, de nombreux auteurs s'accordent sur le fait que transmettre une information seule sur de nouvelles stratégies à mettre en œuvre n'a que peu d'efficacité. Les « cours » sur les techniques d'étude ou les livres du type *how to study*, employés seuls, ne provoquent pas chez l'étudiant la rupture nécessaire à un changement de stratégie. Des études récentes ont montré que ce serait plutôt la qualité de l'analyse par l'étudiant de ses propres stratégies et de son

2. B. Noël, M. Romainville et J. Wolfs, « La métacognition : facettes et pertinence du concept en éducation », *Revue française de pédagogie*, 112, 1995.
3. M.C. Wang *et al.* : « What influence learning ? », *Journal of Educational Research*, vol. 84, 1, 1990.

propre contexte de travail qui serait déterminante pour améliorer l'efficacité de son apprentissage. G. Gibbs définit ainsi sa conception d'une formation aux stratégies : «*L'étudiant doit devenir plus conscient de son apprentissage. Il doit être capable de réfléchir sur son apprentissage, de reconnaître et distinguer les différentes demandes propres à chacune des tâches. Plus que tout autre chose, c'est l'encouragement à une réflexion de l'étudiant à propos de son étude qui est la pierre angulaire de son développement.*» (4)

Il ne s'agit plus d'inculquer des techniques préétablies, mais de promouvoir chez l'étudiant des attitudes d'analyse de ses propres pratiques et du lien entre ses pratiques et sa performance. Cependant, on ne dispose actuellement que de très peu d'études visant à évaluer l'efficacité de ce type de programme. Ainsi, Marc Romainville (5) cite deux études montrant qu'une intervention de type métacognitif a abouti à une modification de l'approche de l'apprentissage des étudiants et à des performances supérieures (en termes de grades académiques). L'auteur cite également le résultat suivant : une intervention a provoqué chez les étudiants des changements dans leur conception de l'apprentissage. Ces derniers sont plus importants que ceux enregistrés auprès d'un autre groupe engagé dans un programme de type *study skills*. Aucune différence de performance entre les deux groupes n'est cependant constatée.

A travers notre pratique d'accompagnement méthodologique des étudiants de première année universitaire, nous tentons de promouvoir le développement de la métacognition chez ces der-

niers, c'est-à-dire le développement de la prise de conscience du contexte dans lequel ils travaillent et du but qu'ils poursuivent. Par exemple, une activité de prise de notes est proposée aux étudiants dans le cadre d'une semaine de cours d'été préparatoires à l'entrée à l'université. La prise de notes est une technique complexe à maîtriser par l'apprenant et à enseigner par le maître. Prendre des notes exhaustives d'exposés magistraux au rythme soutenu constitue une difficulté majeure de la transition entre l'enseignement secondaire et l'université. La maîtrise de cette technique facilite indubitablement l'adaptation des étudiants en première année universitaire.

L'exercice que nous proposons aux élèves a pour but de les amener à prendre conscience de leur mode de fonctionnement, à se rendre compte que c'est à chacun à se construire sa propre méthode selon son style personnel. Nous incitons ces élèves à réfléchir sur leurs propres habitudes de prise de notes («*Quelles difficultés ai-je à prendre des notes ?*»; «*Quelles sont les lacunes les plus fréquemment relevées par mes professeurs ?*»…) et à confronter leurs pratiques à celles de leurs pairs.

Dans une étude récente, réalisée auprès d'une centaine d'étudiants de première année universitaire, nous avons tenté de répondre à quelques questions relevant du domaine de la métacognition (6) :
– comment les étudiants décrivent-ils

4. G. Gibbs, *Teaching Students to Learn : a Student-Centered Approach*, Open University Press, 1981.
5. M. Romainville, *Savoir parler de ses méthodes*, De Boeck Université, 1993.
6. B. Noël, M. Romainville et J. Wolfs, «Métacognition et prise de notes», *Eduquer et Former*, 5 et 6, 1996.

leurs stratégies de prise de notes ? ;
– comment les justifient-ils ? ;
– quelles sont leurs conceptions des fonctions de la prise de notes ? ;
– quelles sont les relations entre le nombre de procédures, de justifications ou de fonctions de la prise de notes citées par l'étudiant et la performance académique ?

Les limites du cours magistral

L'essentiel, pour ces étudiants, semble être de récolter l'information, de la structurer en reportant la compréhension du message à un stade ultérieur : *« La prise de notes sert à fixer un cours sur un support… pas en mémoire ! »* La compréhension est pourtant nécessaire à la récolte des notes et à leur structuration, stratégies déclarées efficaces par les étudiants : *« J'ai essayé de prendre note de tout ce qui était dit, plus ou moins de la même manière. »*

Les étudiants justifient leur stratégie essentiellement en se référant à leurs propres caractéristiques d'apprenant : *« J'ai toujours fait comme ça pour ce genre d'exposé et jusqu'à présent, ça m'a réussi. »*

Il ne se dégage de cette étude aucune relation significative entre le nombre de procédures, de justifications ou de fonctions déclarées et le fait de réussir son année académique. Cependant, plusieurs observations ont pu être faites qui montrent l'intérêt de la métacognition. Tout d'abord, les étudiants qui obtiennent les meilleurs résultats académiques sont généralement ceux qui considèrent que la compréhension est un facteur de mémorisation. On peut mettre cette observation en relation avec d'autres

travaux qui montrent que les étudiants qui opèrent une approche en profondeur, centrée sur la recherche de sens de ce qui est à apprendre, réussissent mieux à l'université (7). Nous avons également constaté que les étudiants qui, dans un premier temps du moins, essayent de noter le plus fidèlement sont aussi ceux qui réussissent le mieux. Cela invite à mettre en question la pertinence du conseil habituel consistant à demander aux étudiants d'effectuer une sélection des informations au moment même de la prise de notes.

Par ailleurs, les fonctions attribuées à la prise de notes et, plus encore, les procédures mises en œuvre sont influencées par la méthode pédagogique de l'enseignant. Les étudiants sont régulièrement placés dans la situation désuète d'écouter un professeur dictant rapidement des connaissances, pourtant disponibles sur d'autres supports (polycopié, livre…). C'est probablement ce qui est à l'origine du fait qu'ils se fixent essentiellement comme objectif, en prenant des notes, de recueillir des données et non de les traiter. Enfin, cette étude a montré, une fois de plus, les limites d'une approche prescriptive en accompagnement méthodologique. Le rôle de l'enseignant est plutôt de faire émerger à la conscience des étudiants leurs propres démarches et de leur fournir des grilles d'analyse de celles-ci. Dans une autre expérience, réalisée en

---

7. F. Marton, « Describing and improving learning », dans R.R. Schmeck (éd.), *Learning Strategies and Learning Styles*, Plenum Press, 1988 ; F. Marton et R. Säljör, « Outcome as a function of the learner's conception of the task », *British Journal of Educational Psychology*, 1976.

collaboration avec deux enseignantes, un questionnaire a été conçu et expérimenté au sein d'une classe de 6ᵉ (en Belgique, soit la classe de terminale dans l'enseignement français) (8). Cette expérience avait un double objectif. Il s'agissait premièrement de faire prendre conscience aux élèves des démarches mentales qu'ils effectuent (ou n'effectuent pas) face à une tâche complexe qui est celle de la préparation de la dissertation française. Cela afin de leur permettre de s'autoévaluer et de remédier à leurs faiblesses par une meilleure gestion des stratégies requises. Le deuxième objectif était d'éclairer l'enseignant sur les difficultés que rencontrent ses élèves afin qu'il puisse leur proposer des remédiations adéquates. Cette recherche a mis en évidence les stratégies cognitives et métacognitives utilisées ou non par les élèves. Ainsi, leur difficulté à gérer toutes les compétences requises par une tâche complexe comme la dissertation française apparaît clairement. Certains foncent tête baissée, beaucoup font l'économie d'un plan ou oublient telle ou telle facette de la situation.

Quant aux aspects plus métacognitifs, ils apparaissent notamment à travers l'action « décentrée » de l'élève qui est invité à comparer son brouillon de préparation de dissertation à celui de son voisin, ce dernier étant amené à lui expliquer ses propres démarches.

L'élève tire ensuite la conclusion qui s'impose : lequel des deux s'est le mieux préparé à la dissertation et pourquoi ?

Les aspects métacognitifs apparaissent également à travers la remédiation. En effet, une des questions posées à l'élève

est la suivante : « Si c'était à recommencer, vous y prendriez-vous autrement ? Comment ? »

Par ailleurs, à l'issue d'une étude menée auprès de 89 élèves de la fin de l'enseignement primaire, nous avons proposé un modèle détaillé permettant d'expliquer l'influence d'éléments cognitifs sur la métacognition (9). Nous avons ainsi montré le rôle important joué par les préreprésentations ou le vécu antérieur des apprenants. Une majorité des sujets de l'échantillon a tendance à établir des associations avec des préreprésentations erronées ou avec un vécu antérieur non pertinent qui les conduit à une métacognition de type « optimiste », c'est-à-dire une surestimation de leur compréhension. Ce travail confirme d'autres recherches antérieures qui montrent qu'il faut tenir compte des représentations spontanées des apprenants et amener ceux-là à les expliciter et les analyser avant tout nouvel apprentissage (10).

L'enseignant qui souhaite participer efficacement au développement de compétences chez un apprenant est obligé d'intervenir régulièrement sur les stratégies métacognitives ; il ne suffit pas d'en parler…

Un bilan provisoire des recherches sur la métacognition peut être réalisé. Au fil des ans, les espoirs que l'on plaçait sur elle se sont déplacés. Contrairement à ce que les chercheurs supposaient initialement, il semble qu'il n'y ait pas une

8. B. Noël, Y. Jaume et A.M. Godart, « La Métacognition : sésame de la réussite ? », *Québec français*, 98, 1995.
9. B. Noël, *La Métacognition*, De Boeck Université, 1991, rééd. 1997.
10. A. Giordan et G. De Vecchi, *Les Origines du savoir ; des conceptions des apprenants aux concepts scientifiques*, Delachaux & Niestlé, 1990.

méthode idéale d'amélioration de ses manières d'apprendre, mais que le simple fait qu'un apprenant pratique la métacognition, quelle qu'en soit la forme, constitue, pour lui, un facteur positif d'apprentissage.

L'apprenant devient véritablement auto-nome lorsqu'il a pris conscience de ses points forts et de ses points faibles, lorsqu'il comprend que sa réussite dépend avant tout de lui. L'art d'évaluer ses performances, l'autonomie et la motivation ne sont-ils pas les meilleurs moyens pour réussir ?

Les trois étapes de la métacognition

1) Le processus métacognitif
Le sujet a conscience des activités cognitives qu'il effectue ou de leur produit. Par exemple, l'élève décrit comment il prend des notes pendant une leçon.

2) Le jugement métacognitif
Le sujet exprime ou non un jugement sur son activité cognitive ou sur le produit mental de cette activité. Ici, toujours dans le cas des notes, l'élève en évalue l'efficacité.

3) La décision métacognitive
Le sujet peut prendre la décision de modifier ou non ses activités cognitives ou leur produit ou tout autre aspect de la situation en fonction du résultat de son jugement métacognitif. L'élève, selon son évaluation, va modifier sa technique de prise de notes.

La métacognition peut se limiter à la première étape et n'aboutir à aucun jugement si le sujet n'essaie pas d'évaluer ses activités cognitives ou leur(s) produit(s).

Elle peut aussi se limiter à la deuxième étape si le sujet se contente d'un jugement et ne prend aucune décision à partir de ce jugement. Enfin, la métacognition peut comprendre les trois étapes : le processus, le jugement et la décision. On peut alors parler de métacognition régulatrice.

B.N.

JEAN-PAUL CAVERNI*

LES PIÈGES DE LA RAISON**

Les processus psychologiques de la décision individuelle ne correspondent qu'imparfaitement au modèle d'un calculateur froid. Même lorsque l'individu se veut rationnel, de nombreuses erreurs logiques viennent piéger son raisonnement. C'est ce que l'on appelle des « biais cognitifs ».

QUELLE est l'activité mentale d'un individu lorsqu'il prend une décision ? Les premières réponses ont été données dans le cadre de la théorie de la décision, qui relève des mathématiques, de la statistique et de l'économie et sont liées au calcul des probabilités et à la théorie des jeux. L'objectif était d'expliquer comment un « homme rationnel » doit prendre des décisions dans l'incertitude. Le décideur construit un « arbre de décision » pour projeter les conséquences des différents choix possibles quant à la probabilité et à l'utilité des événements correspondants ; il décide entre les choix selon une règle de maximisation de la valeur espérée ou de l'utilité attendue. Cette première orientation s'est révélée incapable de prédire les décisions effec-

tivement prises par des individus, et donc *a fortiori* de décrire les processus mentaux qu'ils mettent en œuvre pour décider. On a expliqué cette incapacité par le fait que, d'une part, le système humain de traitement de l'information est limité, et que, d'autre part, l'individu n'estime pas et ne traite pas les probabilités selon les principes des théories probabilistes.

Herbert A. Simon donne un exemple du décalage entre le choix rationnel selon la théorie de la décision et le choix « raisonnable » qu'effectue(rait) l'individu compte tenu de ses capacités de traitement. Il prend l'exemple de la

* Directeur de recherche au CNRS, directeur du CREPCO (Centre de recherche en psychologie cognitive), Université de Provence et CNRS.
** *Sciences Humaines*, hors série n° 2, mai 1993.

recherche d'un emploi. Le choix rationnel suppose la connaissance, l'examen et l'évaluation :
– de toutes les options (emplois) possibles ;
– de tous les états de la nature actuels et futurs (l'évolution technologique, votre santé, etc.) ;
– des différentes issues possibles (chaque emploi du point de vue de chaque état de la nature).
Une fois tous ces aspects estimés sur plusieurs dimensions (salaire, lieu, perspectives, etc.), il reste à sélectionner l'emploi présentant l'utilité attendue maximale. Un tel processus requiert à la fois la disponibilité d'une grande quantité d'informations et une impressionnante capacité de calcul. L'esprit humain en est incapable. Le choix raisonnable s'opérerait à partir d'un niveau d'aspiration de l'individu (tel type d'emploi, dans telle région, tel niveau de rémunération). Une fois trouvé un emploi compatible, il serait choisi et la recherche s'interromprait.
Daniel Kahneman, Paul Slovic et Amos Tversky ont mis quant à eux en évidence les propriétés de prise en compte et de traitement des probabilités par les individus (1). Voici un exemple célèbre.
Un taxi est impliqué, la nuit, dans un accident de la circulation. Deux compagnies de taxis exercent dans la ville, la Verte et la Bleue. 85 % des taxis de la ville sont verts et 15 % sont bleus. Un témoin a identifié le taxi de l'accident comme étant bleu. Le tribunal a testé la capacité du témoin à identifier des taxis la nuit. Lorsqu'on lui a présenté un échantillon de taxis (dont une moitié

était bleue et l'autre verte), le témoin a identifié correctement les taxis dans 80 % des cas. Quelle est la probabilité que le taxi impliqué dans l'accident soit bleu ?
Une très forte majorité des personnes soumises à ce problème répond que la probabilité que le taxi soit bleu est de 80 %. La réponse exacte, selon la théorie bayésienne des probabilités, est 41 %. En général, cette dernière estimation surprend et ne paraît pas intuitivement plausible. Les réponses observées traduisent le fait que l'individu néglige les probabilités *a priori* (ici 85 % et 15 %), qui donnent le cadre général de l'estimation, pour ne considérer que l'information spécifique (ici la fiabilité du témoin).

Les biais cognitifs

Dans la mesure où ce type de phénomène d'écart à une norme est très général, l'idée s'est imposée qu'il traduit une propriété de l'activité mentale (cognitive). Il a été désigné sous le terme de biais cognitif. Les principales propriétés de l'activité mentale dans la décision ont été inférées à partir d'un inventaire des principaux biais cognitifs (2).
Les biais que subit l'individu en situation de décision sont de quatre types : l'acquisition de l'information, le traitement de l'information, l'expression de la réponse, l'information qu'il reçoit en retour.

1. D. Kahneman, P. Slovic et A. Tversky, *Judgement under Uncertainty : Heuristics and Biases*, Cambridge University Press, 1982.
2. Pour une synthèse des travaux de psychologie cognitive sur la décision, le lecteur se référera utilement à R. Hogarth, *Judgement and Choice : The Philosophy of Decision*, Wiley, 1987.

L'acquisition d'informations est biaisée dans plusieurs circonstances : lors de l'évocation de données en mémoire, lors de la sélection de données dans l'environnement, et en fonction du mode sous lequel les données se présentent.

Ainsi la fréquence des événements qui font l'objet d'une certaine publicité (les morts dues au cancer) est généralement surestimée par rapport à celle des événements dont on parle peu (les morts dues au diabète).

La fréquence absolue des événements est préférée à leur fréquence relative. Soit une entreprise A qui a produit 10 innovations dans les deux dernières années alors qu'une entreprise B en a produit 6. La tendance générale est de considérer que A est plus innovante que B. Pourtant cette estimation peut être contestable. Supposons que A emploie 10 000 personnes et commercialise 100 produits et que B n'en commercialise que 12 en employant 500 personnes. Les informations « concrètes » sont plus prégnantes en mémoire que les informations « abstraites ». Ainsi, lorsque vous projetez d'acheter une automobile, l'avis positif ou négatif d'un ami propriétaire du modèle que vous convoitez est souvent plus prégnant que des statistiques exhaustives publiées sur le modèle.

Enfin, l'ordre dans lequel les informations sont présentées peut produire des effets dits de « primauté » ou de « récence ». Les premières informations ou les dernières induisent la décision finale. Les biais d'évocation concernent aussi les procédures. Combien de groupes de 2 peut-on former à partir d'un groupe de 10 ? Il est aisé de trouver 45. Combien de groupes de 8 peut-on former à partir d'un groupe de 10 ? La réponse est la même, 45, mais bien moins de personnes la donnent. Bien qu'il soit évident qu'à chaque groupe de 2 correspond un groupe de 8 (les 8 qui restent lorsqu'on a formé un groupe de 2), l'évocation de cette symétrie est rarement disponible spontanément.

Apprend-on à décider ?

Le traitement de l'information est l'objet de nombreux biais, induits à la fois par la mémoire et par les caractéristiques de la situation. Ainsi la probabilité d'un événement est-elle souvent jugée en fonction de sa ressemblance avec une classe d'événements dont il serait représentatif. Un exemple célèbre est celui de Linda.

On présente Linda comme une jeune femme de 31 ans, célibataire, brillante et au franc-parler. Elle est titulaire d'une maîtrise de philosophie. A l'Université, elle s'est engagée activement contre la discrimination et pour la justice sociale. Elle a participé à des manifestations antinucléaires.

On demande de ranger les huit descriptions suivantes de la plus vraisemblable à la moins vraisemblable en fonction de la description qui est donnée de Linda :
– Linda est institutrice ;
– Linda travaille dans un supermarché et fait du yoga ;
– Linda est une militante féministe (F) ;
– Linda est infirmière psychiatrique ;
– Linda est membre de la Ligue pour l'avortement ;
– Linda travaille dans une banque (B) ;
– Linda est courtier en assurances ;

Le renversement de préférences

Imaginez une roulette comprenant les nombres 1 à 36. Deux paris sont possibles, A et B.

Dans A, vous gagnez 5 $ si sort un nombre compris entre 1 et 35 inclus, vous perdez 1 $ si sort le 36.

Dans B, vous gagnez 20 $ si sort un nombre compris entre 1 et 11 inclus, vous perdez 2 $ si sort un nombre entre 12 et 36 inclus.

Quel pari choisissez-vous ?

Imaginez maintenant que vous disposez de billets. L'un vous donne droit à jouer pour A et l'autre pour B. Mais au lieu de parier, vous avez l'opportunité de vendre les billets. A quel prix minimal êtes-vous disposé(e) à vendre d'une part le billet A, d'autre part le billet B ?

Une majorité de personnes qui préfèrent le pari A (qui met l'accent sur une haute probabilité de gagner une petite somme), accorde un prix plus élevé au billet B (qui met l'accent sur le gain d'une somme plus importante mais avec une probabilité moindre).

– Linda travaille dans une banque et est militante féministe (B et F).

La description de Linda a été conçue pour être représentative d'une féministe et non représentative d'une employée de banque.

85 % des personnes interrogées pensent que F (Linda est militante féministe) est plus probable que B et F, proposition qui serait elle-même plus probable que B. En réalité, cette appréciation est fausse ; un événement conjonctif qui associe deux conjonctions (B et F) ne peut être plus probable qu'un événement simple qui le compose (B).

Le mode de son expression induit la réponse. Notamment l'estimation des probabilités est fonction de l'échelle sur laquelle elle est exprimée. Par exemple selon que la limite inférieure exprime

l'incertitude ou la certitude négative ou selon que l'échelle est verbale ou numérique, l'estimation varie. Un même problème reçoit des réponses « renversées » selon sa contextualisation (*voir l'encadré ci-dessus*).

L'individu apprend-il à décider ? Cela supposerait qu'il puisse reconnaître des relations stables entre événements dans l'information qu'il reçoit en retour de ses décisions. Or plusieurs biais interfèrent avec la possibilité d'apprentissage. Le fait que certains événements ne se produisent jamais est un obstacle pour estimer les conséquences de certaines décisions. Ainsi, dans le cas du refus d'embauche on ne saura jamais si la personne aurait réussi ou échoué dans cet emploi. D'autre part certaines décisions sont d'une fréquence trop faible pour qu'un individu puisse tirer profit d'éventuelles conséquences qu'il aurait observées. C'est le cas pour le choix de ses études ou de son conjoint. Les choisirait-on plusieurs fois que les conditions du choix pourraient différer fortement d'un cas à l'autre.

Lorsque des événements consécutifs à une décision sont accessibles, une tendance est de les attribuer à l'action du décideur. Ainsi l'illusion de contrôle. Supposez que vous dirigez une équipe dont les personnes ont un objectif à atteindre sur une période donnée. Au cours d'une période, à un moment donné, vous constatez qu'une personne est bien en dessous de l'objectif. Vous décidez de réprimander cette personne et vous constatez ensuite que ses performances augmentent. En général, vous concluez que l'intervention a été bénéfique. Toutefois, si l'on considère que les performances fluctuent toujours autour d'une moyenne, il est très probable que, sans intervention de votre part, les performances auraient de toute façon augmenté.

Une autre propriété de l'activité mentale biaise l'apprentissage du décideur : lorsque le passé est évoqué, il est reconstruit.

Les biais mis en évidence par la psychologie cognitive attestent que le décideur ne fonctionne pas selon les principes des théories formelles prescriptives. Toutefois les explications fournies par la psychologie cognitive sur les processus en œuvre dans la décision sont encore limitées : perception sélective, traitement séquentiel, capacité limitée de calcul et de mémorisation, sensibilité aux caractéristiques de la tâche, action sur l'environnement. Au lieu d'être algorithmique, l'activité mentale du décideur serait heuristique : les procédures mises en œuvre seraient habituellement efficaces mais n'auraient pas de justifications rigoureuses. Un nombre croissant de chercheurs ne se satisfait plus de cette explication. La question est désormais : quel traitement le décideur fait-il de quelle information, comment et pourquoi ?

A lire sur le sujet
• J.-P. Caverni, J.-M. Fabre et M. Gonzalez, *Cognitive biases*, North Holland, 1990.
• J. St B.T. Evans, *Bias in Human Reasoning*, Lea, 1989.
• J.-M. Fabre, *Contexte et jugement : de la psychophysique à la responsabilité*, Pul, 1993.

Notre logique ne l'est pas toujours...

Aristote est sans conteste le fondateur de la logique classique qui a régné en maître en Occident jusqu'au XIXᵉ siècle (1). Ses travaux à ce sujet ont été rassemblés dans un traité nommé l'*Organon* (c'est-à-dire outil de la pensée).

L'instrument premier de la logique aristotélicienne est le fameux « syllogisme » : démarche déductive formée de trois termes (les deux prémisses plus la conclusion).

Les syllogismes sont du type :

« Si tout A est B et si tout B est C, alors tout A est C. »

1) *« Les textes en sciences humaines sont ennuyeux. » ;*

2) *« Ce texte est un texte de sciences humaines. » ;*

3) Conclusion : *« Ce texte est ennuyeux. »*

Il faut bien entendu s'assurer d'abord que les prémisses sont vraies, car certains syllogismes peuvent conduire à des erreurs. C'est le cas dans l'exemple suivant :

1) *« Tous les cercles sont carrés. » ;*

2) *« Tous les carrés sont des rectangles. » ;*

3) donc : *« Tous les cercles sont rectangles ».*

Ici, l'absurdité provient du fait que la prémisse 1) est fausse alors que le raisonnement est absolument rigoureux.

Autre écueil possible : l'erreur de déduction. Dans le syllogisme suivant : *« L'amour est spontané, le mariage est une décision réfléchie ; donc mariage et amour n'ont rien à voir ensemble. »* Dans ce cas, c'est le raisonnement qui est maladroit, car si les deux prémisses sont différentes, elles ne sont pas forcément contradictoires.

Apparemment simple et évident, le syllogisme recèle donc de nombreux pièges. Tout d'abord, il existe des formes (ou « figures ») très différentes de syllogisme. Certains peuvent prendre des tournures très élaborées et leur maniement est si délicat que l'on tombe souvent dans des pièges. C'est pourquoi les logiciens se sont attachés à enseigner toutes les subtilités des syllogismes.

Aristote ne pensait pas que la logique était la seule méthode de la connaissance (2). Cependant, pour lui, bien penser c'était d'abord bien maîtriser la logique des propositions (3).

On ne pense pas avec la raison mais avec des images

Mais utilise-t-on vraiment les règles de la logique des propositions lorsque l'on pense ? Cela semble une évidence. C'est pourtant ce que conteste le psychologue américain Philip Johnson-Laird, de l'université de Princeton, qui est le créateur d'une théorie dite des « modèles mentaux ». Selon P. Johnson-Laird, lorsque l'on raisonne, on n'utilise pas des règles de déduction formelles, mais des modèles mentaux qui nous permettent de passer des prémisses aux conclusions.

Un exemple ? Soit les deux affirmations suivantes :

1) La victime a été poignardée dans une salle de cinéma.

2) La personne suspectée du crime était dans un bateau entre Paris et New York au moment du crime.

Que peut-on en déduire ?

Que le suspect est innocent, bien sûr, car on ne peut être à la fois au cinéma et en voyage. A moins de considérer que la salle de cinéma est dans le bateau qui mène de Paris à New York... Ou bien d'imaginer un scénario machiavélique plus complexe : le suspect a commandité un crime, il a mis en place auparavant un dispositif technique pour poignarder à distance sa victime...

Si nous avons trop hâtivement tiré la conclusion de l'innocence du suspect à partir des prémisses 1 et 2, c'est que nous n'avons pas utilisé les règles de la logique des propositions (qui, en toute rigueur, ne permettaient pas de déduire quoi que ce soit), mais nous avons eu recours à des « modèles mentaux », des représentations courantes : celles qui veulent, par exemple, qu'on ne puisse pas être à la fois en voyage et dans une salle de cinéma, qu'on ne peut poignarder quelqu'un à distance, etc.

Selon P. Johnson-Laird, la plupart du temps, nous utilisons pour penser des schémas déductifs de ce type. Si j'entends une sirène d'incendie, j'en déduis qu'il y a le feu. La logique formelle pourrait nous conduire à d'autres conclusions : c'est peut-être une fausse alerte, une sonnerie d'essai, un signal ressemblant, etc. On raisonne avec des modèles, non avec des combinaisons logiques. D'un côté, cela permet la rapidité de notre jugement, car s'il fallait à tout moment respecter les règles de la logique formelle, il ne serait plus possible de penser. D'un autre côté, ce mode de raisonnement par modèles mentaux est aussi la source de nos erreurs. Car il consiste à appliquer des schémas mentaux tout faits dans des situations nouvelles non appropriées.

JEAN-FRANÇOIS DORTIER

---

1. A partir du XIXᵉ siècle se sont développées des logiques non aristotéliciennes, comme la logique booléenne des ensembles, jusqu'à la toute récente « logique floue ».

2. Il distingue, par exemple, la raison de la dialectique, qui est l'art de raisonner sur le probable, la *mètis* qui est une forme d'intelligence pratique, plus proche de la ruse que de la méthode rigoureuse.

3. C'est-à-dire une logique formée d'une succession de « propositions » qui sont des affirmations associant un sujet et un prédicat comme dans la formule « *Socrate est un homme* ».

JACQUES LAUTREY*

LES MULTIPLES VOIES DE L'INTELLIGENCE**

Certains réussissent mieux que d'autres dans les tâches intellectuelles, car ils utilisent des stratégies mentales plus efficaces. Il existe plusieurs intelligences, comme il existe plusieurs routes pour se rendre à un même but.

L'INTELLIGENCE est-elle une ou multiple ? Cette question déjà ancienne resurgit avec les recherches contemporaines en psychologie cognitive. Deux théories s'opposent, que l'on peut illustrer par la métaphore de la conduite automobile : pour l'une, une seule route mène à l'objectif fixé et la différence essentielle concerne la vitesse : une personne roule plus rapidement que l'autre. Pour l'autre, plusieurs voies sont envisageables, mais elles présentent plus ou moins de facilités.

Ainsi la première approche, quantitative, postule-t-elle que, face à un problème à résoudre, nous utilisons tous le même processus mental ; les différences dans les temps de réponse correspondraient à des différences d'efficacité dans l'exécution de ce processus. Ces différences d'efficacité sous-tendraient l'existence d'un «facteur» commun de l'intelligence. Mais cette démarche ne semble pas avoir donné les résultats escomptés. Ce qui invite à s'intéresser à l'autre courant de recherche, dont l'approche est plus qualitative : pour celui-là, chacun dispose généralement, pour résoudre une tâche donnée, d'une pluralité de processus qui peuvent entrer en compétition. Les différences individuelles tiendraient donc moins aux différences dans l'efficacité d'un processus unique qu'aux choix effectués, certaines des stratégies adoptées étant plus efficaces que d'autres.

* Professeur à l'université René-Descartes Paris-V.
** *Sciences Humaines*, n° 36, février 1994.

La recherche des « atomes » d'intelligence

Selon la théorie de la voie unique, si un sujet A exécute un processus plus efficacement qu'un sujet B (c'est-à-dire plus rapidement et/ou avec moins d'erreurs), il aura de meilleures performances dans toutes les tâches où ce processus intervient. Dans cette perspective, les psychologues américains contemporains Earl Hunt et Robert J. Sternberg (*voir l'entretien avec ce dernier*), chacun de leur côté, ont cherché à identifier les processus élémentaires susceptibles d'expliquer les différences individuelles dans le facteur verbal (1) (*voir encadré p. 358*). Si l'on dresse un bilan de ces recherches, on constate que lorsque des processus élémentaires précis ont pu être isolés, ils n'expliquent qu'une part infime des différences individuelles dont rendent compte les facteurs d'intelligence. Une autre approche en psychologie cognitive aborde la question des différences de façon plus qualitative. Trois exemples portant respectivement sur les stratégies de codage, sur l'apprentissage du langage et sur l'apprentissage de la lecture permettent d'illustrer cette démarche. Josette Marquer a repris l'expérience de E. Hunt de reconnaissance des lettres (*voir encadré p. 296*) (2). Toutefois, au lieu de postuler un processus de traitement identique pour tous les sujets, elle a tenté d'analyser les différences individuelles de stratégie.

Des stratégies mentales différentes

Cinq stratégies différentes sont ainsi apparues, dont nous ne citerons ici que trois. Les sujets adoptant une stratégie « visuelle » déclarent identifier et comparer les deux lettres de façon visuelle seulement. Ceux utilisant une stratégie « phonétique » disent prononcer les lettres silencieusement, puis les comparer « auditivement ». Enfin, la stratégie de « double codage » caractérise les sujets qui affirment faire à la fois un codage visuel et un codage phonétique, le second servant à la vérification du premier.

L'intérêt de cette expérience est de montrer que même pour une tâche très élémentaire (dire si deux lettres sont identiques) exécutée dans un temps très court (de l'ordre d'une demi-seconde), on ne peut affirmer que les sujets se différencient seulement par la vitesse d'exécution d'un processus unique. Une simple comparaison quantitative de leurs temps de réponse brûle les étapes et masque les différences qualitatives qui existent entre eux.

Mot à mot ou quasi-phrases

On a longtemps considéré que, dans l'apprentissage du langage, les enfants commencent, à l'âge d'environ un an, par énoncer un mot, continuent par l'assemblage de deux mots, puis passent à la production de petites phrases organisées sur le schéma sujet-verbe-complément.

Katherine Nelson a montré que le développement du langage suit des voies plus complexes. Certes, une majorité de

---

1. Voir mots clés en fin d'ouvrage.
2. J. Marquer, « Variabilité intra et interindividuelle dans les stratégies cognitives : l'exemple du traitement de couples de lettres », dans J. Lautrey (éd.), *Universel et Différentiel en psychologie*, Puf, 1995.

sujets se conforme bien au modèle canonique, mais d'autres emploient dès le début des quasi-phrases marmonnées comme « *Je ne sais pas où c'est* » ou « *Je ne veux pas.* » K. Nelson (3) estime que les enfants conformes au modèle du mot unique privilégient surtout la fonction « référentielle » du langage. Ils emploient surtout des substantifs, désignant des objets ou des personnes. Les autres enfants privilégieraient la fonction « pragmatique » ou « expressive ». Leurs quasi-phrases exprimeraient la plupart du temps des demandes, des interdictions, des intentions, visant à modifier le comportement du partenaire. La fonction référentielle du langage serait plutôt cognitive, tandis que la fonction expressive serait plutôt communicative. La « préférence » concernant l'emploi de noms ou de quasi-phrases, ont constaté E. Lieven et ses collaborateurs, semble être une caractéristique individuelle assez stable. Elle ne dépendrait donc pas d'une différence de niveau ou d'efficacité, mais de cheminement (4). K. Nelson a montré que la fréquence avec laquelle les enfants utilisent des noms ou des quasi-phrases au début du langage dépend aussi de la situation : les productions référentielles sont plus fréquentes lorsque les enfants regardent un livre d'images avec leur mère, tandis que les productions expressives se manifestent plus souvent quand les enfants jouent avec leurs camarades. Elle remarque aussi que les aînés sont plutôt « référentiels » et les cadets plutôt « expressifs ». Les deux processus feraient donc partie du répertoire de tous les sujets, mais seraient plus ou moins facilement mobilisables

selon les sujets et les contextes. Ce qui entraîne des différences dans l'acquisition du langage. Vers deux ans et demi/trois ans, alors que tous les sujets savent construire de vraies phrases, les enfants antérieurement « référentiels » ont un vocabulaire plus important, tandis que les enfants précédemment « expressifs » construisent plus tôt que les autres des phrases « syntaxiques » à partir de mots isolés.

Les divers chemins de la lecture

Le dernier exemple a trait à l'identification de mots, qui est un aspect de l'apprentissage de la lecture. L'accès à la signification des mots peut suivre plusieurs voies (5). L'une, dite orthographique, donne un poids important au fait de reconnaître la forme globale du mot (codage visuel). L'autre, dite phonétique, donne un poids important au processus d'assemblage de phonèmes (6).

Je me limiterai ici à une recherche portant sur des enfants qui lisent avec aisance. Les hypothèses sur les différentes voies d'identification des mots laissent supposer que les sujets privilégiant la voie phonologique ont des difficultés avec les mots « irréguliers », comme « monsieur », dont la prononciation est différente de celle qui serait obtenue par l'application de règles de corres-

3. K. Nelson, « Individual differences in language », *Developmental Psychology*, 17, 1981.
4. E. Lieven *et al.*, « Individual differences in early vocabulary development », *Journal of Child Language*, 19, 1992.
5. Pour une synthèse, voir L. Rieben, « Différences individuelles dans la reconnaissance des mots écrits chez l'enfant », dans J. Lautrey (éd.), *op. cit.*
6. Voir mots clés en fin d'ouvrage.

pondance graphèmes-phonèmes (7). Inversement, les sujets qui codent directement le nom du mot à partir de son apparence visuelle devraient avoir des difficultés pour lire des «pseudo-mots», comme «torlape». Quant aux mots réguliers, ils peuvent être identifiés par l'une ou l'autre voie et ne devraient donc pas distinguer les divers sujets.

Plusieurs recherches ont mis ces prédictions à l'épreuve des faits. Les résultats de Rebecca Treiman (8) montrent que ceux qui réussissent bien avec les mots irréguliers ont assez souvent des difficultés avec les pseudo-mots et *vice versa*, ce qui est compatible avec la notion de stratégie différentielle. Son travail suggère également que les sujets qui utilisent préférentiellement l'une ou l'autre voie sont également à l'aise avec les mots réguliers. Cela conforte l'hypothèse de différences de cheminement et non d'efficacité ou de niveau de développement. Certaines recherches laissent supposer qu'il existe une certaine stabilité de ces préférences à travers le temps et les tâches (9).

Différencier l'enseignement

L'approche quantitative postule qu'on peut isoler un processus unique, mis en œuvre par tous pour résoudre une tâche donnée; l'approche qualitative, au contraire, considère que chaque sujet dispose d'une pluralité de processus qui peuvent entrer en compétition. Dans les tâches simples, les différences de performance s'expliqueraient par l'utilisation de processus plus ou moins efficaces selon les sujets (10).

Dans les tâches plus complexes, comme l'apprentissage du langage ou celui de

la lecture, les différents processus interviennent probablement en succession rapide, voire simultanément, et les différences peuvent tenir au poids accordé à l'un ou à l'autre processus. Le choix d'une stratégie peut être d'origine génétique ou environnementale (nous avons vu l'importance du contexte), il peut aussi être lié à la dynamique du système : il est possible que deux processus disponibles aient les mêmes chances d'être sollicités au départ, mais que, du seul fait que l'un a été sélectionné par hasard à un certain moment, il ait plus de chance d'être à nouveau utilisé par la suite. Il semble que la résolution des tâches complexes exige l'interaction, la synergie des différents processus disponibles plutôt que la sélection de l'un d'entre eux à l'exclusion des autres, ce qui correspond à un modèle pluraliste du développement cognitif (11).

Si les enfants suivent des cheminements différents dans l'apprentissage et le développement, il faut donc vraisemblablement différencier l'enseignement. Il n'est cependant pas évident qu'il faille toujours fournir à un sujet l'information

7. Voir mots clés en fin d'ouvrage.
8. R. Treiman, «Individual differences among children in spelling and reading styles », *Journal of Experimental Child Psychology*, 37, 1984.
9. Pour la stabilité dans différentes tâches, voir par exemple, R. Treiman, *op. cit.*; pour la stabilité dans le temps, voir P. Freebody et B. Byrne, «Word reading strategies in elementary school children : Relations to comprehension, reading time, amdphonemic awareness », *Reading Research Quarterly*, 23, 1988.
10. M. Reuchlin, «Processus vicariants et différences individuelles», *Journal de psychologie normale et pathologique*, 2, 1978.
11. J. Lautrey, «Esquisse d'un modèle pluraliste du développement cognitif», dans M. Reuchlin, J. Lautrey, T. Ohlmarm et C. Marendaz (éd.), *Cognition : l'individuel et l'universel*, Puf, 1990 ; J. Lautrey, «Les chemins de la connaissance », *Revue française de pédagogie*, 96, 1991.

qui correspond à son mode de fonctionnement spontané, ou au contraire celle qui n'y correspond pas. Il est possible, par exemple, qu'il faille adopter la première solution dans les phases de consolidation d'une habileté récemment acquise et la seconde dans des phases où il est nécessaire de provoquer des restructurations. Psychologie et pédagogie noueraient des collaborations plus fructueuses si elles acceptaient résolument de placer l'extraordinaire diversité des sujets réels au centre de leurs recherches et de leurs pratiques.

Il n'y a pas d'atome d'intelligence

Les travaux de Earl Hunt et de Robert J. Sternberg ont cherché à identifier les processus élémentaires susceptibles d'expliquer les différences individuelles dans le facteur verbal.

E. Hunt a monté une expérience destinée à évaluer la vitesse de reconnaissance sémantique (capacité à comprendre le sens d'un mot, d'une lettre) : il présente au sujet des couples de lettres et lui demande d'indiquer le plus vite possible si celles-ci ont le même nom.

Lorsque les deux lettres à comparer sont physiquement identiques (par exemple AA), le temps moyen pour répondre « pareil » est plus court que si elles ont un nom identique mais une forme différente (par exemple Aa). Les délais moyens de réponse sont respectivement 549 et 623 millisecondes. Cette différence de 74 millisecondes correspond au temps pris pour passer de l'identification de la forme physique à l'identification du nom (codage phonologique). On constate par ailleurs d'importantes différences dans la réalisation de cette tâche (35 à 206 millisecondes) (1).

Cependant, la corrélation est faible entre les différences individuelles dans le temps de réponse et les différences dans les scores en facteur verbal (2). On n'explique ainsi que 9 ou 10 % des différences de performance dans le facteur considéré. Une autre faiblesse de cette approche est d'envisager séparément les différences liées à tel ou tel processus sans poser clairement la question des relations que ceux-ci entretiennent dans le fonctionnement cognitif.

Le modèle du raisonnement analogique élaboré par R.J. Sternberg constitue une autre approche visant à identifier les processus sous-jacents aux facteurs de l'intelligence (3). Les tests de raisonnement analogique comportent des questions telles que : *« Chaussure est à pied comme gant est à... »* Plus généralement, si on appelle respectivement A, B et C les trois premiers termes de l'analogie, le problème consiste à trouver le terme D qui est à C comme B est à A. On décompose la tâche en sous-tâches afin d'évaluer pour chaque sujet le temps d'exécution de chacune des opérations mentales appelées composantes ou le nombre d'erreurs dont elle est responsable. Le temps total de résolution d'un problème est la somme des temps passés dans chacune des cinq composantes.

1) Le codage consiste à identifier les objets et à retrouver leurs caractéristiques en mémoire à long terme. Par exemple : *« La chaussure est en cuir, elle protège le pied. »*

2) L'inférence compare les attributs de A et de B pour trouver la relation qui existe entre eux. Ici : *« La chaussure est le vêtement qui protège cette partie du corps qu'est le pied. »*

3) La mise en correspondance ou homologie compare A et C pour opérer une relation de second ordre. Ici : *« La chaussure et le gant sont deux vêtements. »*

4) L'application consiste à appliquer à C, pour trouver D, la relation trouvée entre A et B. Ici, il faut appliquer au terme « gant » la relation « protège une partie du corps », ce qui permet de trouver que cette partie du corps est la main.

5) Une dernière composante regroupe toutes les opérations restantes telles que la mobilisation initiale du sujet, la réponse, etc.

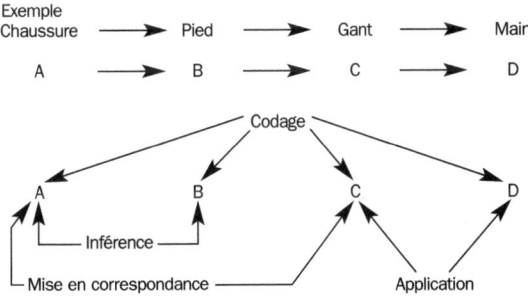

LES COMPOSANTES DU RAISONNEMENT ANALOGIQUE
selon R.J. Sternberg

On peut prédire le temps de solution total d'un problème donné pour un sujet si l'on connaît le temps qu'il met pour exécuter chaque composante. En revanche, les corrélations entre la vitesse d'exécution des composantes élémentaires et le score dans le facteur de raisonnement (4) sont assez faibles. Phénomène déjà observé avec l'approche corrélationnelle.

Les personnes qui ont les meilleures performances dans les tests de raisonnement passent plus de temps dans le codage (qui consiste à retrouver dans leur mémoire les caractéristiques des mots présentés) pour exécuter rapidement les opérations

suivantes. Ce ne serait donc pas le temps absolu passé à exécuter une composante qui importe, mais la stratégie par laquelle
on alloue plus de temps à une phase du traitement pour exécuter les autres plus vite.

En résumé, l'approche quantitative des différences individuelles
en matière d'intelligence n'a guère fait avancer le problème. Il
ne semble pas y avoir d'« atome » d'intelligence.

---

1. M. Lansman, G. Donaldson, E. Hunt et S. Yantis, « Ability factors and cognitive
processes », *Intelligence*, 6, 1982.
2. Voir mots clés en fin d'ouvrage.
3. R.J. Sternberg, *Intelligence, Information Processing and Analogical Reasoning :
the Componential Analysis of Human Abilities*, Erlbaum, 1977 ; « A componential
approach to intellectual development », dans *Advances in the Psychology of Human
Intelligence*, Erlbaum, 1982.
4. Voir mots clés en fin d'ouvrage.

CHAPITRE XII

Conscience, inconscient : de nouvelles voies

Jean-François Dortier*

LA CONSCIENCE
REDÉCOUVERTE**

Qu'est-ce que la conscience ? A quoi sert-elle ? L'étude de ses troubles et l'analyse du contrôle de l'action permettent d'éclairer ce qui était jusque-là une énigme philosophique.

ENDANT presqu'un siècle, les psychologues se sont employés à nier la conscience. Ils l'ont rejetée, refoulée, bannie hors de leur champ de connaissance, la jugeant à la fois insaisissable, inutile et superficielle.

Insaisissable : parce que trop fluctuante, éphémère et nébuleuse pour être vraiment cernée. L'opinion a été maintes fois exprimée. Le grand psychologue William James, après avoir passé de longues d'années à y réfléchir, s'était résolu à admettre que la conscience n'est peut-être qu'une *«pure chimère»* (1).

Inutile : ce fut l'opinion des béhavioristes radicaux pour qui les états mentaux relevaient d'une subjectivité impressionniste ne pouvant que fausser l'observation scientifique.

Superficielle : pour la psychanalyse qui considère que la vraie scène de la personnalité humaine se joue justement hors de la conscience, dans les coulisses ténébreuses de l'inconscient.

Tout se conjuguait donc pour faire de la conscience un non-objet de recherche. Ce n'est que depuis une quinzaine d'années que la conscience fait une arrivée en force dans les études psychologiques (2). On ose lui consacrer débats,

* Rédacteur en chef du magazine *Sciences Humaines*. Auteur de *Les Sciences Humaines. Panorama des connaissances*, Sciences Humaines Editions, 1998.
** Texte inédit.
1. La citation exacte est la suivante. «*Après de longues années d'hésitation, j'ai fini par prendre un parti. Je crois que la conscience telle qu'on se la représente communément (…) est une pure chimère et que la somme de réalité concrète que le mot conscience devrait couvrir mérite une tout autre description.*», Vᵉ Congrès international de psychologie de Rome, 1905.
2. En réalité, quelques auteurs avaient maintenu une tradition d'étude. Ainsi, voir H. Ey, *La Conscience*, Puf, 1963.

colloques, articles de revues scientifiques, livres, chapitres dans les prestigieux traités de synthèse (3).

Pourquoi l'émergence de ce thème ? D'abord parce que le vent de la science a tourné : on ne regarde plus les mêmes choses qu'avant et on ne regarde plus comme avant.

La psychologie cognitive a supplanté le béhaviorisme et la psychanalyse. Elle s'intéresse aux états mentaux, aux représentations, aux images mentales, à l'intentionalité, bref à toute cette vie mentale intérieure que l'on appelle communément «la conscience».

Ensuite, de nouveaux thèmes d'étude sont apparus. L'étude de la résolution de problèmes (comment déchiffrer un texte, faire un calcul, écouter une histoire) ou celle des mécanismes de la décision (comment jouer aux échecs, choisir un produit dans un magasin) supposent un travail de «pilotage» mental élaboré. Pourrait-on participer à une conversation, lire son journal, ou même tout simplement prendre le bus pour aller à un rendez-vous d'amour sans être conscient de ce que l'on fait ?

Qu'est-ce que la conscience ?

La conscience a donc retrouvé un droit de cité (en fait, son droit d'être citée) en psychologie. Reste à préciser de quoi on parle exactement. Et c'est ici que les difficultés commencent.

A lire les nombreux articles qui lui sont aujourd'hui consacrés, les chercheurs donnent de la conscience des définitions très différentes. Jacques Paillard, qui a passé en revue les études sur la question note : *« Tous les débats sont obscurcis par l'usage polysémique du*

terme. » La conscience recouvre des réalités différentes dans les divers discours qui cherchent à en définir les contours ; *« discours qui, trop souvent, se réfèrent à des niveaux d'analyse différents »*. Résultat : *« On reste étourdi par la cacophonie des opinions divergentes. »* Certains assimilent la conscience à toute forme de pensée (4), d'autres à l'identité personnelle, d'autres encore à la subjectivité (le fait de ressentir le chaud, le froid). Beaucoup ne prennent pas la peine de définir de quoi ils parlent, et il faut le deviner… Heureusement, certains cherchent à mettre un peu d'ordre dans cet embrouillamini des discours. Le psychologue T. Natsoulas, qui s'est livré à un exercice de clarification conceptuelle, en a recensé pas moins de sept usages différents… (5) Grâce à ce travail, il parvient ainsi, peu à peu, à dégager et à distinguer des phénomènes habituellement rassemblés sous le même mot de «conscience». Pour s'y retrouver dans le dédale des définitions possibles, partons donc d'une expérience subjective et communément partagée : la première heure de la journée.

3. Parmi les ouvrages phares de ces dernières années (souvent anglo-saxons), citons : R. Penrose, *Les Ombres de l'esprit. A la recherche d'une science de la conscience*, InterEditions, 1995 ; F. Crick, *L'Hypothèse stupéfiante, la recherche scientifique de l'âme*, Plon, 1994 ; D. Dennett, *La Conscience expliquée*, Odile Jacob, 1993 ; I. Rosenfield, *Une anatomie de la conscience*, 1992 (trad. française, Flammarion, 1996) ; J.C. Eccles, *Comment la conscience contrôle le cerveau*, Fayard, 1994. Dans les grands ouvrages de référence, citons : M. Gazzaniga (dir.), *Cognitive Neurosciences*, MIT Press, 1995, dont une partie dirigée par D. Schacter ; M. Richelle (dir.), *Traité de psychologie expérimentale* (2 vol.), Puf, 1994, qui lui consacre un chapitre de synthèse, «La conscience», rédigé par J. Paillard.
4. Par exemple, D. Chalmers, «Qu'est-ce que la conscience ?», *Pour la science*, 220, février 1996.
5. T. Natsoulas, cité par D. Shacter dans M. Gazzaniga, *Cognitive Neurosciences, op. cit.*

• **Le stade du réveille-matin.** Bip bip bip (ou driiing ! en langage de vieux réveille-matin). Le réveil sonne ; j'ouvre les yeux. Machinalement, mon bras se dirige vers le réveil pour stopper au plus vite la sonnerie. Après quelques bâillements et étirements, je saute du lit et me dirige mécaniquement vers la salle de bains.

Dans les quelques instants qui viennent de s'écouler, je suis passé d'un état mental à un autre : de l'état de sommeil à celui de veille. C'est le premier niveau de la conscience.

A ce stade, on peut exécuter, plus ou moins machinalement, une série d'opérations cognitives finalisées (arrêter le réveil, se lever, aller à la salle de bains, ouvrir le robinet). On est aussi capable de ressentir une expérience subjective (*« breee ! l'eau du robinet est trop froide ! »*).

Ce premier niveau de conscience est désigné par les psychologues sous le nom de « conscience-attention » ou de « vigilance » (*awareness* en anglais) (6). Etre conscient, c'est être « présent au monde », en état de veille, donc ni endormi, ni dans le coma, ni halluciné. Mais cela n'implique pas forcément que l'on est en train de penser. Je suis « conscient » de la présence de la porte de la salle de bains en face de moi, puisque je l'ouvre avant d'entrer. Cela ne veut pas dire que j'ai besoin d'y « réfléchir ».

• **Le stade de la paire de chaussettes.** Arrivé dans la salle de bain, *« J'ai un peu mal à la tête... Je me suis couché trop tard... »* Flash-back sur la soirée d'hier au cinéma... Quelques images de Woddy Allen en train de danser sur les quais de la Seine... Puis retour au présent...

« Tiens, il pleut... c'est triste. » Tout en me brossant les dents, j'ai allumé la radio. On y entend une chanson d'Edith Piaf : *Milord.* Je fredonne l'air, cela évoque le souvenir de la petite dame en noire, seule sur scène...

La pensée se met à vagabonder, puis s'organise. Une série d'images, d'impressions, d'idées, défile. Un autre stade de la conscience a émergé : celui de la « pensée réflexive ». *« Voyons, nous sommes mardi... Que dois-je faire aujourd'hui ?... Ah oui ! Rendez-vous avec le médecin cet après-midi... Il faut que je finisse de rédiger l'article sur la conscience... Et où sont mes chaussettes ? »* On passe alors à une étape où il faut se concentrer et organiser ses activités. La pensée doit se focaliser sur une série de problèmes, analyser, comparer, réfléchir. Le geste machinal et la rêverie flottante laissent place à un pilotage finalisé des activités. L'être humain devient capable d'exécuter avec brio une activité mentale hautement élaborée : trouver deux chaussettes de même couleur dans le placard.

C'est à ce type de conscience que font référence la plupart des psychologues cognitivistes. Le psychologue Endel Tulving parle de conscience « noetic » (qui implique des idées) pour qualifier cet état de conscience qui mobilise des représentations symboliques, idées, images mentales par rapport à la conscience « aneotic », celle de

---

6. « Le concept neurologique de "conscience" est traditionnellement synonyme de vigilance. Cette "conscience-vigilance" ou "bi-conscience" a sa pathologie propre et occupe une très grande place en clinique. » Voir F. Eustache, B. Lechevalier et F. Viader, *La Conscience et ses troubles*, Séminaire Jean-Louis Signoret, De Boeck Université, 1998.

l'éveil-attention. Vient alors une troisième phase, que E. Tulving nomme «autonoetic», celle de la conscience de soi.

• **Le stade du miroir.** Ça y est, les chaussettes sont enfilées. La chemise, le pantalon aussi. Je me peigne tout en me regardant dans le miroir. *«Suis-je présentable ? Ho la la, les traits tirés, les yeux gonflés. Ça se voit. Qu'est-ce qu'on va dire de moi ? Que faire ?»*
Se remettre de l'eau froide sur le visage. une petite claque sur la joue. Sursaut d'orgueil et petit dialogue intérieur : *«Allez, souris ! Ça va aller, ce n'est pas grave. Tu n'as plus vingt ans, il faut assumer, mon vieux !»*
Ici, l'humain passe à un autre stade de la conscience : celui de la conscience de soi. C'est-à-dire de la capacité à se reconnaître, à se ressentir comme un être ayant une identité, un nom, une histoire, des projets et des raisons de vivre. Cette conscience de soi passe par un dialogue intérieur, une auto-observation. Ce n'est pas pour rien si les psychologues parlent de «stade du miroir». En quelques minutes, on est donc passé par plusieurs stades de la conscience : 1) de la conscience-attention-éveil (*awareness*) à la conscience-pensée (stade des chaussettes), à la conscience de soi (stade du miroir). Entre les deux, on a pu distinguer des sous-catégories : la sensibilité-subjectivité (ressentir des impressions, éprouver des sentiments), la conscience-réfléchie (penser à ses pensées).
Tous les matins, en se levant, on se rejoue en raccourci l'histoire évolutive de l'apparition et de la fluctuation des divers stades de conscience. Lorsque la

psychologie contemporaine aborde le thème de la conscience, c'est à l'un ou à l'autre de ces aspects qu'elle se réfère. Le problème est qu'elle ne précise pas toujours exactement lequel. En attendant que le vocabulaire soit stabilisé, que la carte de la conscience soit mieux établie, on peut se contenter de suivre quelques explorateurs sur leurs pistes de recherches.

Recherches en neuropsychologie : les troubles de la conscience

L'étude des troubles de la conscience constitue l'une des voies de recherche des neurobiologistes. Il s'agit ici des processus d'attention (*awareness*). Les premières grandes enquêtes, menées par Roger Sperry et Michael Gazzaniga, portent sur des patients au « cerveau divisé» (*split brain*). Chez certains patients atteints d'épilepsie grave, on est contraint de procéder à une section du corps calleux, structure du cerveau qui sépare les deux hémisphères cérébraux. Cette opération réduit considérablement les crises épileptiques sans provoquer des troubles intellectuels ni fonctionnels notables. Pourtant, des investigations plus poussées ont montré que ces patients aux «deux cerveaux» possédaient une véritable dissociation de la conscience. Il leur est possible, par exemple, de tenir et d'utiliser un objet dans la main gauche, mais d'être incapables de nommer ce qu'ils sont en train de faire. La raison en est la suivante. On sait que chacun des hémisphères de notre cerveau commande la partie du corps qui lui est opposée (l'hémisphère gauche commande la partie droite du corps ainsi que le champ visuel issu de l'œil droit, et inversement). Or, certaines expériences sur les personnes au cerveau divisé montrent qu'elles sont parfois capables d'agir avec une partie de leur corps sans que l'autre soit au courant. L'information circule donc bien de l'hémisphère droit à la main gauche mais ne parvient pas à la « conscience » de l'hémisphère gauche, siège du langage. Tout ce passe comme si leur monde était divisé en deux, un des hémisphères faisant figure d'étranger par rapport à l'autre.

Parmi les troubles de la conscience, l'anosognosie est un cas encore plus étrange (7). Le terme « anosognosie » fut introduit pour la première fois en 1914 par le médecin Babinski pour désigner des malades souffrants d'hémiplégie (paralysie de tout un côté du corps) mais qui semblaient ignorer totalement leur infirmité. Lorsqu'on demandait à ces malades s'ils souffraient de paralysie, ils répondaient par la négative. Une partie de leur corps leur était étrangère et ne semblait plus leur appartenir. Ce n'est pas seulement qu'ils ne la sentaient plus (insensibilité) : ils n'avaient plus conscience qu'une partie de leur corps ne répondait plus à la commande. D'autres cas similaires d'anosognosie (méconnaissance d'un trouble par le patient qui en est atteint) avaient été décrits à la fin du siècle passé. C'est le cas du syndrome d'Anton (du nom du premier médecin qui l'a décrit) qui s'applique à des aveugles qui n'ont pas conscience de leur cécité. On observe également des anosognosies chez des aphasiques, des amnésiques... Les cas d'anognososie montrent bien qu'un certain type de « conscience » est altéré.

Mais de quelle conscience parle-t-on ? Les analyses suggèrent que la conscience de son propre corps, la capacité à le ressentir, à le percevoir et à le diriger, est divisée en modules distincts. Les anosognosiques, ces « malades qui s'ignorent », semblent souffrir d'un déficit très spécifique : celui du dispositif de perception, commande et « attention » à l'égard de cet organe.

L'hypothèse du centre pilote

Passons maintenant de la « conscience-attention » (*awareness*) à la « conscience-pilote » (*consciousness*). Cette dernière concerne les opérations mentales complexes et réfléchies qui se déroulent dans le cerveau quand nous pensons (qu'il s'agisse de chercher des chaussettes ou de composer une sonate). L'hypothèse la plus courante des psychologues envisage la conscience comme un superviseur général qui contrôle une série d'activités cognitives plus spécialisées. La conscience serait en quelque sorte un centre de pilotage chargé de centraliser des informations venues des sens, de les analyser, de les coordonner, puis de guider les opérations à suivre. La conscience « chef d'état-major de la pensée » : telle est la thèse que l'on retrouve sous des formes différentes chez des auteurs contemporains qui se réfèrent au modèle cognitif. Dans cette perspective, la pensée fonctionne comme un gros ordinateur qui exécute de très nombreuses opérations spécialisées (perception, décodage, mémorisation, calcul, traitement linguistique)

---

7. F. Viader, « L'anosognosie », dans *La Conscience et ses troubles, op. cit.*

Des aveugles qui voient...

Les cas extraordinaires de *blind sight*, ou «vision aveugle», apportent également leur lot d'hypothèses sur les phénomènes de conscience.

Dans les années 70-80, on a commencé à s'intéresser à des sujets aveugles qui se comportaient parfois comme s'ils voyaient tout de même. Dans un cadre expérimental, ces sujets sont invités à pointer du doigt vers une cible présentée sur un écran. Les personnes sont étonnées de cette demande puisqu'ils ne perçoivent rien. On insiste néanmoins, et ils s'exécutent de bonne grâce. Ils pointent donc leur doigt en ayant le sentiment de le faire au hasard et, curieusement, leur doigt est bien orienté dans la direction de la cible. La reproduction de plusieurs essais montre que cela ne peut être dû au hasard. Tout se passe comme si ces aveugles voyaient à leur insu! Leurs yeux seraient capables de percevoir, leur geste de s'orienter en fonction de la cible, mais les patients, eux, n'ont aucune conscience de cela : ils «ne voient rien» et se comportent en conséquence.

exécutées par des modules spécialisés. Une sorte de programme central serait chargé de coordonner toutes ses activités cognitives : la conscience. Une formulation très explicite de cette théorie de la conscience est par exemple celle du psychologue Philip Johnson-Laird, qui n'hésite pas à comparer la conscience au système d'exploitation de l'ordinateur (un système d'exploitation est le programme central qui gère les sous-programmes de la machine).

«La conscience (…) pourrait devoir son origine à l'émergence d'un contrôleur de haut niveau. Ce "système d'exploitation" situé au sommet de la hiérarchie établit les objectifs des processeurs des niveaux inférieurs et surveille leur activité. Etant donné qu'il se trouve tout en haut, ses instructions peuvent indiquer un objectif en termes explicitement symboliques, comme de se lever et de marcher. Il n'a

pas besoin d'envoyer des instructions détaillées sur la façon de contracter les muscles. Elle sera indiquée de plus en plus finement par différents processeurs, jusqu'à ceux qui déclenchent les contractions des fuseaux musculaires.» (8)

Ce modèle de la «conscience pilote» correspond assez à une expérience courante de la conscience. De nombreux processus cognitifs spontanés s'effectuent sans nécessité de contrôle conscient (éteindre le réveil, identifier une à une les lettres lorsqu'on lit). C'est seulement face à des opérations complexes, centralisées, non automatisables que la conscience est mise en fonctionnement. Il m'est impossible d'aller chercher du pain à la boulangerie sans me diriger consciemment, sinon, je pour-

---

8. P. Johnson-Laird, *L'Ordinateur et l'Esprit*, Odile Jacob, 1995.

rais me retrouver tout à coup seul au milieu de la rue en me demandant : «*Mais qu'est-ce que je fais là ?*»

L'inconscient cognitif ?
Le retour du refoulé...

L'hypothèse de la conscience comme centre intégrateur et pilote suggère que les échelons inférieurs de la pensée fonctionnent de façon plus automatisée et plus élémentaire. Or, il nous arrive souvent d'effectuer des tâches exigeant des procédures cognitives très élaborées sans y penser. C'est le cas lorsque l'on conduit une voiture en pensant à autre chose, ou que l'on tape à la machine à écrire sans avoir à réfléchir à où se trouvent les lettres sous nos doigts.

C'est ainsi que les chercheurs ont été amenés à supposer l'existence d'un «inconscient cognitif». Le terme, relativement nouveau dans le vocabulaire des psychologues, ne renvoie pas à l'inconscient freudien, ni à des automatismes mentaux. Par inconscient cognitif, on entend plutôt toute une série d'activités mentales différentes : perception subliminale (9), mémoire implicite, jusqu'à des formes d'apprentissage et de réflexion élaborées qui se produiraient à notre insu.

Poussée à son terme, l'idée d'inconscient cognitif correspond à une expérience que chacun a déjà vécue. Alors que l'on est occupé (à faire la cuisine, à ranger ses affaires, à se déshabiller...) et que l'on pense à tout autre chose, la solution lumineuse à un problème auquel on a beaucoup pensé les jours derniers surgit subitement dans notre esprit. Tout se passe comme si l'idée avait continué à «travailler en nous»,

hors de notre champ de conscience, et viendrait réémerger *ex abrupto*.

Les allers et retours
conscience/inconscient

L'opposition conscient/inconscient cognitif suppose une claire dichotomie entre deux univers mentaux, comme les deux parties d'un iceberg. Certains auteurs font remarquer qu'un tel clivage n'est pas forcément nécessaire. Comme le note William Hirst : «*Plutôt que traiter de la conscience et de l'inconscience comme si la dichotomie était nette et définitive, il vaudrait mieux s'interroger sur les niveaux et les degrés de conscience et les passages de l'un à l'autre.*» (10)

Ce passage de la conscience à l'inconscience, chacun l'a éprouvé lors d'un apprentissage. Lorsque l'on apprend à conduire, par exemple, chacun des gestes à exécuter (comme passer une vitesse) fait l'objet d'une visualisation mentale, d'une réflexion (voyons, où est la marche arrière ?) qui exige une grande attention et une concentration. Peu à peu, le geste est intégré, assimilé, et les «automatismes mentaux» se mettent en place. Cela permet plus tard de pouvoir conduire «l'esprit libre» en pensant à tout autre chose. On laisse alors à notre inconscient cognitif le soin de jouer le rôle de pilote automatique. C'est la même chose pour l'apprentissage de la lecture, d'une langue étrangère, d'un instrument de musique.

Entre les stades conscients et inconscients, on peut admettre qu'il existe

---

9. Voir mots clés en fin d'ouvrage.
10. W. Whirst, «Cognitive asOpect of consciousness», dans M. Gazzaniga (dir.), *op. cit.*

d'incessants allers et retours, selon une gradation continue rendant peu opératoire le clivage trop strict entre deux mondes mentaux étrangers l'un à l'autre.

Le fantôme est de retour

Depuis qu'elles ont fait leur *«come back»* en psychologie, les études sur la conscience ont pris bien d'autres pistes : liens entre conscience et mémoire (11), conscience et intention (12), conscience et langage, etc. On s'interroge aussi sur l'existence d'une conscience animale ou même de celle, très hypothétique, des ordinateurs...

A ce jour, les théories sont pourtant trop disparates, les expériences trop parcellaires, les niveaux d'analyse trop divers pour faire de la conscience un champ d'étude bien structuré avec des hypothèses solidement articulées entre elles. Contrairement à certains effets d'annonce – «la conscience expliquée» ou «la stupéfiante hypothèse» (13) –, la conscience reste encore pour une large part un «mystère» (14). Les spécialistes sont loin d'avoir clairement répondu à quelques questions centrales : qu'est-ce que la conscience ? où est-elle ? a-t-elle une existence unique ? à quoi sert-elle ?

Une seule chose est sûre : le fantôme de la conscience est réapparu et il n'a pas fini de hanter l'esprit des psychologues.

11. P. Jouhet, *Mémoire et Conscience*, Puf, 1994.
12. J. Paillard, «La conscience», dans le *Traité de psychologie expérimentale, op. cit.*
13. D. Dennett, *La Conscience expliquée*, Odile Jacob, 1993 ; F. Crick, *L'Hypothèse stupéfiante*, Plon, 1995.
14. J. Searle, «The mystery of consiousness», *The New York Review of Books*, 2, novembre 1995.

LES ÉMOTIONS, SOURCE
DE LA CONSCIENCE

ENTRETIEN AVEC ANTONIO DAMASIO*

La conscience est généralement considérée comme une fonction mentale, abstraite et découplée des autres fonctions psychiques. Pour Antonio Damasio, on ne peut rendre compte de la conscience en l'isolant des émotions et des sentiments, et plus généralement de son inscription corporelle.

Sciences Humaines : **Pendant longtemps, on a porté au pinacle l'intelligence, les capacités d'abstraction, de résolution de problème, cette « raison » dont parle Descartes. L'essor des sciences cognitives a renforcé cette idée. Dans L'*Erreur* de Descartes et *Le Sentiment même de soi*, vous essayez de réincarner les sciences cognitives, en y introduisant les émotions, mais aussi le corps. Pouvez-vous nous décrire votre conception de l'être humain ?**

Antonio Damasio : L'être humain est un organisme vivant et non un cerveau désincarné, ou un esprit décérébré. L'un des gros problèmes des sciences cognitives fut longtemps de ne se concentrer que sur les productions de la pensée, ou au mieux de la pensée et du cerveau. Elles ont ainsi créé une véritable séparation entre, d'un côté, le cerveau et la pensée, et de l'autre, le reste de l'organisme. Cela se comprend puisque les sciences cognitives voulaient comprendre la pensée. Elles se sont donc beaucoup laissées influencer par la métaphore de l'ordinateur. De ce fait, elles n'ont généralement considéré le corps que comme un support de la pensée. Rien d'autre.

Mais si l'on se place d'un point de vue biologique, cela n'a aucun sens. L'être humain n'a pas un cerveau forgé pour se réjouir d'un concerto de Mozart, mais bien parce qu'il est un organisme vivant qui doit survivre dans son environnement. Et la pensée est produite par le cerveau pour exactement les mêmes raisons. Elle est produite non pour elle-même mais pour aider à faire survivre l'organisme. Bien sûr, grâce à la pensée, l'être humain a créé une chose très puissante : la culture. Celle-ci a une certaine indépendance mais reste néanmoins le produit d'un esprit qui est lui-même issu d'un cerveau intégré à un organisme vivant, avec un corps.

Ce point de vue offre un nouveau regard sur la pensée

* Voir l'encadré page suivante.

Un neuroscientifique du sensible

Antonio Damasio, professeur de neurologie, est directeur du département de neurologie de l'université de l'Iowa et professeur et chercheur associé du Salk Institute de La Jolla. Ses principaux intérêts de recherche portent sur les mécanismes neurologiques de la prise de décision, les émotions, la mémoire et le langage. Né à Lisbonne, c'est dans la même ville qu'il poursuit son double parcours universitaire : de médecin neurologue et de neuropsychologue. Il quitte ensuite le Portugal pour rejoindre Norman Geschwind à Boston au Aphasia research center et y mener ses premières recherches en neurosciences. A la fin des années 70, il rejoint l'université de l'Iowa et développe ses recherches en neuropsychologie avec Arthur Benton. Il y crée ensuite avec Hannah Damasio, elle-même neurologue de renom, une unité de neurosciences cognitives. Il se rendra célèbre par la publication de *L'Erreur de Descartes. La raison des émotions*, en 1994 (traduit en français en 1995 chez Odile Jacob). Ce best-seller, publié dans plus de vingt pays, eut comme effet majeur d'ouvrir les neurosciences au champ des émotions. Avec *Le Sentiment même de soi. Corps, émotions, conscience*, publié en 1999 et traduit la même année chez Odile Jacob, il poursuit et développe ses travaux, combinant une recherche empirique abondante et la construction d'une véritable théorie des émotions et de la conscience. Son dernier ouvrage s'appelle *Looking for Spinoza : Joy, Sorrow, and the feeling Brain* (à paraître en 2003 chez Odile Jacob).

humaine, et permet de mieux la comprendre. Et particulièrement dans le domaine des émotions. Car il est inconcevable de comprendre comment fonctionnent les émotions et les sentiments si on oublie le corps. Les émotions n'existent que parce que l'organisme doit s'adapter à l'environnement : la peur immobilise la proie pour mieux la camoufler, la colère donne la force d'agresser pour se défendre, le plaisir donne l'envie de réitérer ce qui s'est révélé bon pour l'individu.

S.H. : Vous êtes l'un des premiers neuroscientifiques à avoir ouvert de façon si convaincante les sciences cognitives au champ des émotions. Pouvez-vous nous rappeler ce qui vous y a amené ?

A.D. : Mon travail de neurologue m'amène à rencontrer des patients qui ont des lésions cérébrales. Les déficits dont ils souffrent inspirent souvent l'orientation de mes travaux. Le problème des émotions est ainsi devenu très important lorsque les symptômes de certains groupes de patients, et plus précisément d'un patient en particulier (que j'appelle Elliott dans *L'Erreur de Descartes*) ne pouvaient être expliqués autrement que par un changement de ses émotions. Depuis son opération, il était incapable de gérer son emploi du temps, on ne pouvait plus compter sur lui pour exécuter un travail dans un délai donné. Une fois déchargé de ses activités professionnelles, Elliott s'était lancé dans des opérations financières douteuses, qui l'ont ruiné. Du côté de sa vie privée, la situation n'était pas meilleure. Il a vécu un premier divorce, puis un bref mariage et un nouveau divorce. J'ai commencé par rechercher la cause de son comportement par des tests neuropsychologiques classiques. Mais Elliott les réussissait tous parfaitement. Tant son intelligence que son langage et sa mémoire étaient parfaitement normaux. La seule explication que j'ai pu trouver à son étrange comportement était qu'il n'était plus capable de ressentir des émotions, et spécialement des émotions de type social. J'ai alors fait l'hypothèse suivante : lorsque quelqu'un prend une décision, il ne se sert pas seulement de sa raison ou de ses connaissances. Il a aussi besoin de ses émotions pour guider son choix. Voilà pourquoi Elliott, privé d'émotions depuis sa lésion cérébrale, se trompait si souvent.

S.H. : **Pour bien comprendre le rôle que vous attribuez aux émotions dans le raisonnement et la prise de décision, il est essentiel de bien les définir.**

A.D. : Dans *Le Sentiment même de soi*, j'insiste longuement sur la distinction qu'il faut faire entre émotions et sentiments. Les gens ont tendance à confondre ces mots et à utiliser l'un pour l'autre. Mais pour bien comprendre la pensée humaine, il faut les distinguer. Les émotions sont des actions. Certaines se traduisent par des mouvements des muscles du visage, comme les expressions faciales de joie, de colère, etc., ou du corps, comme un mouvement de fuite ou une posture agressive. D'autres sont des actions internes, comme celles des hormones, ou du cœur, ou des poumons. Les émotions sont donc d'une certaine façon «publiques», on peut les mesurer, les étudier. Les sentiments, en revanche, sont privés, subjectifs. Ils sont ressentis par l'individu et lui seul. Il ne s'agit pas de comportements mais de pensées.

Cette distinction est très importante pour comprendre que le sentiment est une conséquence de l'émotion. Si quelque chose nous surprend, on ne ressent pas le sentiment de surprise avant de vivre l'émotion de surprise. William James, célèbre psychologue de la fin du XIXᵉ siècle, en avait déjà fait l'hypothèse. Selon son exemple favori, lorsque quelqu'un rencontre un ours, il commence par courir, puis ensuite ressent la peur de l'ours. C'est donc la part active de l'émotion qui induit le sentiment. On peut bien sûr essayer de contrôler le comportement de surprise ou de peur, mais cela est très difficile. Et même si on arrive à supprimer les comportements externes de l'émotion, la part interne (les changements du rythme cardiaque, ou de la chimie du sang) va produire le sentiment. C'est pourquoi j'admire tellement William James, car il fut l'un des rares scientifiques à entrevoir cela. Evidemment, c'étaient les années 1890, et il n'a donc pas pu développer complètement cette idée, ne disposant pas des mesures physiologiques actuelles.

SH : Ces relations entre le corps et les sentiments émotionnels sont centrales dans vos travaux. Vous les avez particulièrement développées dans votre « théorie des marqueurs somatiques », et plus récemment dans le mécanisme du « comme si ».

A.D. : En effet. L'idée principale de ma théorie des marqueurs somatiques est la suivante : lorsqu'un individu doit prendre une décision face à un événement nouveau, et donc faire un choix entre plusieurs options, il ne fait pas seulement une analyse purement rationnelle. Il est aussi aidé par les souvenirs qu'il a de choix antérieurs et de leurs conséquences. Et ces souvenirs contiennent des composantes affectives, émotionnelles de l'événement passé. Si le souvenir rappelle une conséquence négative, il va fonctionner comme ce que j'appelle un marqueur : un signal, dont on n'est pas nécessairement conscient, que ce n'est pas une bonne chose à faire. Le cerveau va « réveiller » ce que l'événement émotionnel avait provoqué dans le corps, ainsi que le sentiment ressenti, et cela orientera donc la prise de décision vers une autre option.

Donc, au fur et à mesure des expériences de la vie, chacun dispose non seulement d'une analyse objective des situations nouvelles, mais aussi d'une histoire de ce que la vie a été pour son organisme. Voilà ce que j'appelle les marqueurs somatiques.

Dans le mécanisme du « comme si », je franchis une étape de plus. Je fais l'hypothèse que le cerveau n'est même pas obligé de réellement réactiver l'émotion dans toutes ses composantes somatiques. La capacité du cerveau à représenter les choses lui permet de seulement faire « comme si ». Mais cela suffit pour orienter la décision. Evidemment, cela ne signifie pas que nous devons nous soumettre à ce que le « comme si » propose. Il faut parfois au contraire adopter un autre comportement. Mais le sentiment est là et donne à l'événement son caractère particulier et subjectif. Même si on ne raisonne pas sur la base de ces indices, ils participent à la décision. Et ce que le cas d'Elliott montre, c'est que lorsqu'on est privé comme lui de ces marqueurs somatiques, et du « comme si », on est totalement à la merci de la logique et des connaissances, et parfois cela ne suffit pas. Pour prendre de bonnes décisions, la personne a besoin à la fois de la logique, de connaissances et de son expérience émotionnelle passée.

SH : Peut-on comparer les marqueurs somatiques à l'instinct ?

A.D. : Non, absolument pas. L'instinct désigne ce que l'on a reçu à la naissance, dans notre génome. Par contre, les marqueurs somatiques résultent de l'histoire individuelle et des interactions entre soi et l'environnement. Bien sûr, cette histoire est en partie modelée par l'instinct, mais d'autres facteurs sont intervenus. Chaque personne a ainsi des marqueurs somatiques qui lui sont propres. Par contre, lorsque comme Elliott, on perd ses marqueurs somatiques, on perd son indépendance par rapport à l'instinct, parce qu'on perd son histoire individuelle.

SH : L'approche neurologique, contrairement à ce que craignent certains, n'enlève donc pas sa liberté à l'individu ?

A.D. : Non, pas du tout. Parce que notre comportement est le résultat à la fois de caractéristiques acquises dans l'évolution, et qui font partie de notre génome, et de caractéristiques créées par nos interactions avec l'environnement. Ce qui permet à la liberté culturelle et individuelle de s'exercer. La moindre de nos actions est beaucoup plus influencée par la culture que par la biologie. Néanmoins, il est très important de se rappeler que la plupart de nos créations culturelles sont celles d'individus biologiques. Donc, l'influence de la biologie est déterminante. Ce qui ne veut pas dire que l'individu ou les groupes sociaux ne peuvent pas aller à l'encontre des diktats de la biologie. Ils le font souvent. Lorsqu'un groupe social a décidé pour la première fois qu'il était interdit de tuer, il est allé contre les diktats de la biologie.

SH : **Dans votre dernier livre,** *Le Sentiment même de soi,* **vous faites un pas de plus. Au-delà d'une neurologie des émotions, vous tentez véritablement une théorie de la conscience. A nouveau, vous allez à l'encontre des idées communes. Généralement, la conscience est considérée comme le plus élevé des niveaux de pensée. Vous la considérez plus proche des émotions et du corps que de la raison. Pouvez-vous expliquer pourquoi ?**

A.D. : Ce que j'essaye de dire, c'est que la conscience n'est pas le pinacle, le sommet de l'organisation mentale. C'est plutôt un mécanisme parmi les autres, comme la mémoire ou le système moteur, qui font de la pensée ce qu'elle est. Mais pour être bien clair, il faut distinguer différents niveaux de conscience. Le plus simple, que j'appelle la conscience noyau, est très relié aux émotions et aux sentiments. La conscience noyau est le fondement du soi. Elle consiste en la capacité de ressentir tout ce qui se passe dans l'organisme. Et de ressentir le résultat de nos interactions avec l'environnement. Par exemple, pour être consciente que vous êtes en train de m'interviewer, même si vous n'en ressentez pas nécessairement une grande émotion, vous devez être consciente des changements que cette conversation produit en vous à chaque seconde : le fait que vous me regardez, que vous suivez mes yeux, que vous vous concentrez sur ce que je suis en train de dire, et que vous avez certains types de réactions émotionnelles. Parce qu'il y a vraiment très peu de situations totalement neutres au niveau émotionnel. La conscience donne ainsi la possibilité de se regarder agir. Mais elle n'existe que parce qu'elle vient d'un organisme vivant, avec un corps et un cerveau capable de se représenter le corps. Ensuite, il existe un niveau plus élevé de conscience, que j'appelle la conscience étendue, dans laquelle se rajoutent au sentiment de soi la mémoire du passé et l'anticipation du futur.

SH : **Dans votre définition de la conscience, vous faites très peu référence au langage. Cela veut-il dire qu'il y a une conscience possible chez les animaux ?**

A.D. : Oui, je pense que beaucoup d'espèces animales ont une conscience du type de la conscience noyau, qui ne nécessite absolument pas le langage. Il est pour moi impensable que les chats, les chiens et les chimpanzés n'aient pas de conscience. Mais comment puis-je le savoir puisqu'ils ne me l'ont pas dit ? Je le déduis de la façon dont ils se comportent, tellement similaire aux humains à certains niveaux. Maintenant, les animaux ont-ils la même conscience que nous ? Non, parce qu'ils n'ont pas la conscience étendue, qui nécessite une très grande capacité de mémoire. De plus, ils n'ont pas le langage que nous avons. Or, le langage donne la possibilité de traduire la réalité sous forme d'un code, de distancer l'individu de son environnement, de son comportement. La conscience gagne un niveau plus élevé, d'abord avec la mémoire et ensuite avec le langage. Si le langage est très important dans la conscience étendue, il n'en est pas le commencement. C'est l'inverse. Il n'y aurait jamais eu de langage sans la conscience. Parce que le langage exploite la capacité du cerveau, acquise avec l'évolution, de créer des symboles. Mais pour en ressentir le besoin, pour exploiter cette capacité, il faut un sens de soi, un intérêt pour le soi. Sans cela, l'être humain n'aurait jamais exploré le monde du langage, le monde de l'éthique, de la loi, de l'art, etc.

SH : **Pour comprendre la pensée humaine, on fait souvent la comparaison avec la machine, l'ordinateur ou le robot. Pensez-vous que l'on pourra un jour fabriquer une machine consciente d'elle-même ? Si oui, à quelles conditions ?**

A.D. : Je suis en train d'écrire sur ce sujet en ce moment. Je crois que si on faisait une machine avec exactement les mêmes caractéristiques neurobiologiques que l'homme, cette machine aurait une sorte de conscience. Mais ce ne serait pas notre conscience. Pourquoi ? Parce que notre conscience est basée sur nos sentiments, et ceux-ci sont basés sur nos cellules vivantes. Donc la qualité, la profonde nature de la conscience ne pourrait exister que si la machine était exactement la même que l'humain. Avec surtout les mêmes risques de vie et de mort que l'humain. Alors oui, je crois qu'il y aura un jour des robots d'une certaine manière conscients, mais qui n'auront pas les sentiments d'exister que nous avons.

SH : **On reproche souvent aux neurosciences de ramener l'esprit au cerveau, de réduire la pensée à un mécanisme biologique. Ne peut-on comprendre la pensée humaine sans le détour de la neurologie ?**

A.D. : Je pense que la neurobiologie est précieuse dans la compréhension de l'être humain, mais qu'elle ne donne qu'un certain regard. La psychologie dans son sens traditionnel, la sociologie, l'histoire bien sûr, ainsi que l'art ont autant un rôle à jouer dans l'exploration de l'être humain.

Mais pourrais-je avoir exactement les mêmes idées sur la pensée sans être un neuroscientifique ? J'en doute. Car les neurosciences réduisent le champ des hypothèses possibles. L'un des grands problèmes de la philosophie, et plus particulièrement de la philosophie de l'esprit (que j'admire beaucoup) est que les philosophes ne travaillent la plupart du temps qu'avec des idées. Ils ne les confrontent pas à la réalité pour décider si une idée est meilleure qu'une autre. Et ça, bien sûr, c'est le grand avantage de la science : le travail empirique.

Si mes idées ne sont pas nécessairement issues au départ de l'observation du cerveau, je vais par contre les mettre à l'épreuve de la réalité cérébrale. Les neurosciences sont donc un outil, et non un but en soi.

Propos recueillis par
GAËTANE CHAPELLE
(*Sciences Humaines*, n° 119, août-septembre 2001)

JEAN-FRANÇOIS DORTIER*

LES VERSIONS MULTIPLES DE LA CONSCIENCE**

SELON DANIEL C. DENNETT

Dans son ouvrage *La Conscience expliquée*, Daniel C. Dennett oppose à la vision cartésienne d'une conscience unique une théorie des « visions multiples » de la conscience.

LES EXPÉRIENCES menées autour de rares cas de « cerveaux divisés » (*split brains*) sont parmi les plus insolites que les psychologues et neurobiologistes ont eues à traiter. Pour soigner des cas graves d'épilepsie, on opère certains malades en leur sectionnant le corps calleux du cerveau qui assure la jonction entre les deux hémisphères cérébraux. Curieusement, les sujets au « cerveau divisé » ne présentent pas de troubles apparents et poursuivent une existence normale. Seules des expériences de laboratoire permettent de déceler certains effets de la dissociation. Par exemple, un sujet qui doit chercher un stylo dans un tiroir le referme brusquement d'une main alors que son autre main fouille encore dans le tiroir. Chaque hémisphère cérébral a donc produit sa propre réponse au problème. Il s'en est suivi une véritable dissociation entre deux stratégies et une « bifurcation » des réponses s'est opérée.

Le cerveau divisé

Ces expériences pourraient démontrer que, dans certaines circonstances, il y a bien dissociation de la conscience en deux mondes séparés correspondant à chaque hémisphère.

L'expérience plus courante qui consiste à conduire une automobile tout en menant une conversation avec son passager est un autre exemple de la capacité de la conscience à se scinder en

---

* Rédacteur en chef du magazine *Sciences Humaines*. Auteur de *Les Sciences Humaines. Panorama des connaissances*, Sciences Humaines Editions, 1998.
** *Sciences Humaines*, n° 34, décembre 1993.

deux «postes de commande», qui dirigent chacun parallèlement une activité. Pour Daniel C. Dennett, un des grands noms actuels de la philosophie de l'esprit *(philosophy of mind)* et auteur du volumineux essai *La Conscience expliquée* (1), ces expériences apportent de solides objections à la théorie cartésienne de la conscience. Rappelons que Descartes conçoit la conscience comme un pilote unique et universel qui gouvernerait l'ensemble des processus mentaux. Il existerait ainsi dans le cerveau un lieu central de traitement des informations (la glande pinéale) où toutes les informations venues de nos organes seraient centralisées et interprétées. *«L'idée qu'il existerait un centre spécial dans le cerveau est la plus mauvaise et la plus tenace de toutes les idées qui empoisonnent nos modes de penser au sujet de la conscience.»* L'essai de D.C. Dennett est donc une machine de guerre contre la thèse cartésienne de la conscience unique. Son intérêt premier réside dans ces coups de boutoir contre une théorie du psychisme humain profondément ancrée dans notre culture. Mais D.C. Dennett veut aller plus loin et proposer une *«théorie empirique de l'esprit».* Selon lui, ce que nous appelons «la conscience» est une illusion. Elle désigne tantôt un principe d'identité (être un «moi» unique et autonome), tantôt un sentiment existentiel (perception d'émotions, de plaisirs, de souffrances, «d'intentionnalité» disent les philosophes), tantôt encore une capacité réflexive (métacognition, auto-observation et de contrôle de soi). Parfois aussi, la conscience sert à désigner tout simplement la pensée réfléchie.

Pour l'auteur de *La Conscience expliquée,* tous ces processus sont partiellement disjoints et chacun peut être éprouvé à des degrés divers. Dans la plupart des faits et gestes de la vie quotidienne, nous agissons de façon plus ou moins consciente, plus ou moins vigilante, plus ou moins réfléchie. Notre identité elle-même est instable.

Dans quelques rares moments, tous ces processus se combinent pour former un sentiment de conscience pleine et achevée. C'est par une illusion rétrospective que nous attribuons à tous nos actes mentaux l'idée qu'ils sont coordonnés par une conscience unique. *MC.*

Une conscience « pleine de trous »

D.C. Dennett oppose à la vision cartésienne une théorie des «versions multiples» de la conscience. *«Selon le modèle des versions multiples, toutes les perceptions – en fait toutes les espèces de pensées et d'activité mentales – sont traitées dans le cerveau par des processus parallèles et multiples d'interprétation et d'élaboration des entrées sensorielles.»* A l'idée d'une conscience unique et omniprésente, D.C. Dennett préfère l'image d'un «flux» d'éléments de conscience disparates, un *«chaos d'images variées, de décisions, d'intuitions, de souvenirs, etc.»* qui sont traités parallèlement et se connectent parfois seulement. *«La question que l'on peut poser est : où donc toutes ces choses se rejoignent-elles ? La réponse est : nulle part. Certains de ces états distribués porteurs de contenus*

---

1. D.C. Dennett, *La Conscience expliquée,* Odile Jacob, 1993.

s'évanouiront rapidement, sans laisser de traces. D'autres laisseront des traces, sur des comptes rendus verbaux ultérieurs, d'empreinte et de mémoire, sur d'autres sortes de dispositifs perceptifs, sur les états émotionnels, les tendances comportementales, et ainsi de suite.»

Le moi conscient ne serait donc qu'un tissage, un regroupement momentané de fonctions reliées parfois par un récit unique. La plupart du temps, il existe donc des *« quasi-mois »*, des bribes de conscience. C'est pourquoi, selon D.C. Dennett, il n'est pas choquant d'attribuer aux ordinateurs ou aux animaux des éléments de conscience. Après tout, l'ordinateur qui supervise de multiples fonctions exécute des métaprogrammes, vérifie les données, effectue des choix… se comporte comme une personne qui effectue un calcul mental. La plupart des opérations mentales (comme marcher ou choisir des mots du langage courant) n'exigent pas un retour sur soi-même qui en ferait des actes pleinement conscients. De la même façon, les animaux ressentent bien la distinction entre leur corps et le monde extérieur (entre le soi et le non-soi, disent les psychologues), manifestent des comportements d'autodéfense (et donc de protection de soi). Inutile donc de postuler une pensée réflexive pour lui accorder un embryon de conscience.

D.C. Dennett va plus loin, il soutient même qu'il ne nous est pas impossible de nous projeter en pensée dans la peau d'une chauve-souris et de reconstituer son univers mental. Il propose une méthode, dite « hétérophénoménologie », qui permet de reconstituer par expérience de pensée la multiplicité des états de conscience qui peuplent nos esprits.

Une thèse fluctuante ?

Soulignant à l'envi que sa thèse est iconoclaste et peu facile à admettre, D.C. Dennett, pour nous convaincre, agrémente sa démonstration d'un florilège d'exemples, d'anecdotes et d'*«expériences de pensée»*. Pourtant, au terme des 632 pages du volume, on reste insatisfait.

La critique que D.C. Dennett porte à Descartes semble en effet se retourner contre lui. Si on le suit très bien lorsqu'il s'emploie à dissoudre la notion de conscience, on ne voit plus, dès lors, pourquoi il cherche à l'expliquer !

Le thème de la conscience touche à de nombreux aspects des développements récents des sciences cognitives : celui des rapports corps/esprit (*mind/body problem*), celui de la nature des états mentaux, celui de l'intentionnalité, celui de la modularité de l'esprit, etc. Ces thèmes, D.C. Dennett les aborde tous, mais sans les traiter vraiment au fond. Du coup, sa thèse de *« la conscience fluctuante »*, bien que séduisante, reste insaisissable, trop généraliste et… fluctuante. Une spéculation de philosophe ? Accordons donc à l'auteur d'avoir voulu rester dans la sphère des hypothèses. *«Ma principale tâche dans ce livre est philosophique.»* Il ne s'agit pas pour lui de construire une démonstration rigoureuse, mais de forger des hypothèses solides dans une situation où *«la frontière de la recherche sur l'esprit est si largement ouverte qu'il n'y a pas de sagesse établie sur ce que peuvent être les bonnes questions et les bonnes méthodes»*.

Rien?

JEAN-FRANÇOIS DORTIER*

LES SECRETS DES RÊVES**

SELON J. ALLAN HOBSON

Dans *Le Cerveau rêvant*, J. Allan Hobson tente de concilier les approches neurologique et psychodynamique des rêves.

NOS CONNAISSANCES actuelles sur les rêves relèvent de deux approches contradictoires. Pour la psychanalyse, les rêves sont les expressions déformées et sublimées de pulsions refoulées. L'interprétation des rêves était pour Sigmund Freud une des voies privilégiées d'accès à l'inconscient. L'autre grande tradition d'analyse des rêves est celle de la neurobiologie. Dans ce domaine, le Français Michel Jouvet a acquis une notoriété internationale par sa découverte du sommeil paradoxal, moment du sommeil où s'effectuent les rêves. Si la recherche neurobiologique possède une rigueur scientifique indiscutable, elle nous dit, en revanche, peu de chose sur le contenu même des rêves.

J. Allan Hobson, professeur de psy-chiatrie à la Harvard Medical School et neurobiologiste, tente de concilier deux approches du rêve : le regard psychologique qui explore le contenu onirique et le regard neurologique physiologique qui s'intéresse aux mécanismes physiologiques du sommeil.

Selon une trame désormais classique dans la vulgarisation scientifique, l'auteur consacre la première partie de son livre (1) à un long détour sur l'histoire de la discipline avant de présenter sa propre thèse. Cette histoire des théories scientifiques des rêves a déjà plus d'un siècle. Elle a emprunté différentes voies,

* Rédacteur en chef du magazine *Sciences Humaines*. Auteur de *Les Sciences Humaines. Panorama des connaissances*, Sciences Humaines Editions, 1998.
** *Sciences Humaines*, n° 25, février 1993.
1. J.A. Hobson, *Le Cerveau rêvant*, Gallimard, 1992.

de la neurologie à la psychanalyse en passant par les tentatives originales de contrôle des rêves par Hervey de Saint-Denys.

Ce dernier est un personnage étonnant qui mérite un arrêt. Ce jeune marquis, élevé dans la solitude, hors de toute institution scolaire, passe son adolescence à dessiner et à écrire des poèmes. A partir de quinze ans, il prend l'habitude de dessiner et d'écrire le compte rendu de ses rêves. Ce gros rêveur s'aperçoit d'ailleurs que, pendant son sommeil, il a conscience de rêver et qu'il parvient ainsi à diriger son sommeil. Pendant cinq années, il remplit vingt-deux cahiers de dessins en couleurs contenant la retranscription de ses rêves. Ces documents exceptionnels seront publiés en 1867 dans *Les Rêves et les moyens de les diriger*. H. de Saint-Denys est incontestablement *« le plus grand des auto-expérimentateurs de l'histoire de la recherche sur le sommeil »*.

La clé des songes

Il faut attendre 250 pages et la seconde partie de l'ouvrage pour que l'auteur avance enfin son audacieuse hypothèse. J.A. Hobson défend depuis plusieurs années une stimulante hypothèse dite « d'activation-synthèse » qui tente de concilier une approche à la fois neurologique et « psychodynamique » des rêves. Pour en comprendre le sens, il faut d'abord distinguer avec J.A. Hobson la forme et le contenu du rêve. La forme correspond au mécanisme mental : le fait qu'il s'agit d'une hallucination visuelle, que celle-ci soit prise pour la réalité au moment où elle est vécue, que des distorsions temporelles et spa-

tiales aient lieu durant le rêve, qu'il produise toujours des émotions fortes et enfin que l'ensemble du rêve soit en général impossible à mémoriser. Selon l'hypothèse « d'activation-synthèse », les hallucinations proviennent de la mise en action de circuits neurologiques alors même que ceux-ci sont déconnectés du monde extérieur et du corps du sujet. Le cerveau fonctionne alors en vase clos. Si le sujet prend son rêve pour la réalité, c'est justement qu'il est déconnecté de la réalité extérieure qui lui servait de référence.

Quelle est alors la nature de ses stimulations internes ? Elles sont de plusieurs types. D'abord, il y a les émotions issues de l'excitation du tronc cérébral : peur, angoisses, désir sexuel, surprise. Les Anglais citent habituellement les quatre F : *feeding, fighting, fleeing, fornication*, (la faim, la lutte, la fuite et l'acte sexuel) comme nos comportements les plus archaïques. Nichés au plus profond de notre cerveau « reptilien », ils vont générer les thèmes oniriques les plus fréquents. A ces comportements primaires se mêlent d'autres informations issues de l'auto-excitation du cerveau : souvenirs, émotions et sensations diverses. Dans cette première phase dite « d'activation », les émotions et informations d'origines diverses se mélangent comme dans un kaléidoscope. C'est ce qui va donner au rêve son contenu souvent surréaliste.

Le journal des rêves de « l'homme à la loco »

Mais les fonctions mentales supérieures n'acceptent pas tel quel ce fatras de stimulations. Le néocortex, siège de la pensée rationnelle, réorganise ces données en leur donnant un minimum de cohérence. Un processus de «synthèse», réalisé par nos fonctions mentales supérieures, fournit un fil directeur au récit : le scénario du rêve tel que l'on s'en souvient au réveil. Sans cette synthèse, le rêve ne serait qu'un amas d'images hétéroclites comme si l'on zappait sans cesse sur un téléviseur.

Pour valider son hypothèse «d'activation-synthèse», J.A. Hobson l'applique à une série de rêves empruntés à «l'homme à la loco». L'homme à la loco est le pseudonyme d'un médecin de 46 ans qui, durant l'année 1939, a tenu, avec beaucoup de précision, le journal de ses rêves. Ce journal est donc une source précieuse. Le fait dominant qui apparaît, après découpage systématique des récits en séquences élémentaires et leur classement selon leur contenu, est le nombre considérable de «bizarreries» : des personnages qui se transforment au cours du rêve, des situations grotesques (une infirmière couchée dans un lit d'enfant), des lieux étranges et inconnus qui deviennent tout à coup des lieux familiers, etc. Pour J.A. Hobson, le nombre de bizarreries atteste de l'extrême diversité des stimulations qui se bousculent dans le cerveau et que celui-ci cherche ensuite à organiser en un ensemble cohérent. «L'activation-synthèse» correspondrait donc à un travail de recomposition en une histoire «logique», à partir de matériaux divers issus de sources multiples. L'auteur critique donc la thèse freudienne selon laquelle le contenu manifeste du rêve cacherait un contenu «latent». *Devrons-nous admettre que toute cette confusion a pour seule fonction de masquer un désir inconscient ? Ne reflèterait-elle pas plutôt les efforts altérés pour assurer l'une de ses fonctions les plus importantes : trouver des points de repère ?»*

Après l'exposé de sa thèse, J.A. Hobson conclut son livre par un chapitre qui résume les thèses actuelles sur les fonctions du sommeil (et non du rêve).

La pensée et le vivant

COMMENT ARTICULER LA PENSÉE AVEC L'ACTION

Entretien avec Francisco Varela[*]

Francisco Varela critique le modèle dominant des sciences cognitives qui conçoit le cerveau comme un ordinateur. La pensée et la conscience sont des caractéristiques des êtres humains inséparables de l'expérience et de l'action sur le monde. Dans cette perspective, les sciences cognitives peuvent rencontrer d'autres approches comme la phénoménologie et le bouddhisme, centrées sur la pensée comme expérience vécue.

Sciences Humaines : **Votre itinéraire personnel et intellectuel, qui vous a mené du Chili à la France via les Etats-Unis, de la biologie aux sciences cognitives en passant par un intérêt marqué pour le bouddhisme et la philosophie européenne, est pour le moins original. Pouvez-vous nous en retracer les étapes marquantes ?**

* Biologiste, directeur de recherche au CNRS, auteur de Invitation aux sciences cognitives, *Seuil, 1989, et de* L'Inscription corporelle de l'esprit *(avec R. Rosch et E. Thompson), Seuil, 1993.*
A lire également :
F. Varela, Autonomie et Connaissance, *Seuil, 1989 ;*
F. Varela et P. Bourgine, Toward a Practice of Autonomous Systems, *MIT Press, 1992.*

Francisco Varela : Ma vie a en effet été assez mouvementée et ponctuée de multiples déracinements. J'ai vécu jusqu'à l'âge de six ans et demi dans un petit village de la Cordillère des Andes, à 3 200 mètres d'altitude. Notre mode de vie était semblable à ce que j'imagine avoir été celui du Moyen Age européen. Mon père est ensuite allé à Santiago du Chili où j'ai vécu pendant tout le reste de mon enfance. Ce fut pour moi très difficile.

Par la suite, j'ai suivi des études universitaires et obtenu une bourse pour étudier à l'université de Harvard. J'ai alors compris que l'orientation très pragmatique de la science américaine ne me convenait pas du tout. Je m'intéressais à la biologie de la connaissance et je ne rencontrais pas d'écho lorsque je posais des questions d'interprétation, du genre « qu'est-ce que ça veut dire du point de vue de la connaissance ? », ou « comment fonctionne le cerveau ? », etc.

A vingt-trois ans, mon stage était terminé et je suis rentré au Chili, précisément la semaine précédant l'élection présidentielle remportée par Allende, avec, entre autres, comme projet de participer au développement scientifique du pays. J'ai enseigné à l'université des sciences et cette période a été la plus créative de ma vie dans tous les domaines : intellectuel, scientifique, philosophique. Mais en 1973 est survenu le coup d'Etat de Pinochet, accompagné d'une terrible répression. Comme j'étais engagé politiquement, ma femme et moi avons dû nous échapper du jour au lendemain. Nous sommes partis avec nos trois enfants, des petites valises et cent dollars en poche. Après neuf mois passés au Costa Rica, nous sommes allés aux Etats-Unis où l'on m'avait proposé un poste. C'est à cette époque que j'ai rencontré le bouddhisme. Au lendemain du coup d'Etat, j'ai vécu une crise existentielle globale en me demandant notamment ce que j'allais vraiment faire de ma vie. Face à une telle interrogation, certains suivent une psychanalyse, d'autres partent faire la guérilla. Pour ma part, je me suis intéressé au bouddhisme et cet intérêt persiste toujours. Ce n'est d'ailleurs qu'après six ou sept ans d'apprentissage pratique que la théorie du bouddhisme elle-même a commencé à m'intéresser. Il m'a encore fallu huit autres années pour que je commence à percevoir les leçons épistémologiques pouvant être tirées de cette tradition. Dès lors, les dialogues avec cette tradition sont devenus pour moi une passion théorique. C'est durant cette période que mes recherches en biologie et en épistémologie sur l'auto-organisation ont commencé à être connues dans les milieux scientifiques internationaux. A la fin de 1980, la situation au Chili semblait s'améliorer et nous avons décidé de rentrer au pays puisque l'Université me reproposait mon poste. Mais, entre 1980 et 1983, la situation s'est à nouveau dégradée et j'ai perdu tout espoir de participer à un véritable développement scientifique au Chili. Une bourse m'a alors permis de travailler un an et demi à Francfort, en Allemagne, puis j'ai obtenu un poste en France où je me suis installé en 1986.

Au cours des dix-huit premières années de vie avec mon épouse, nous avons habité quinze logements différents, dans cinq pays et trois continents ! Tous ces déménagements m'ont fait perdre la notion de racines et je pourrais aujourd'hui habiter presque n'importe où. Je perçois cela comme un élément positif qui me donne une sensation de liberté et de mobilité. Ce vagabondage géographique m'a ouvert à plusieurs influences intellectuelles d'horizons différents.

SH : Comment êtes-vous passé de la biologie aux sciences cognitives ?

F.V. : Je me suis orienté vers la biologie et plus précisément vers les neurosciences parce que je m'intéresse depuis longtemps aux racines biologiques de la connaissance. Or, depuis quelques années, ce lien biologie-connaissance sensibilise de nombreux autres chercheurs. D'un côté, des chercheurs en psychologie se sont penchés de plus en plus sur les mécanismes proprement biologiques. Parallèlement, des biologistes se sont posé des questions dont les composantes étaient de plus en plus psychologiques. En outre, des linguistes ont fait la même démarche, ainsi que des chercheurs en ingénierie qui s'intéressaient à la construction de systèmes artificiels censés avoir des capacités cognitives. Leur dialogue avec les biologistes est devenu très important. Tout cela a conduit à la constitution, vers la fin des années 70, d'un nouveau domaine de recherche, qu'on a appelé les «sciences cognitives».

Je n'ai donc pas modifié mes centres d'intérêt, mais la restructuration du champ scientifique a conduit les chercheurs à se placer à l'intérieur des sciences cognitives, puisque c'est là que se situent les enjeux. Bien entendu, je continue à travailler plutôt au sein de la biologie, mais en étant très impliqué dans ce champ unifié des sciences cognitives.

SH : Vos deux livres *Connaître les sciences cognitives* (1) et *L'Inscription corporelle de l'esprit* (2) militent pour une conception de la connaissance qui articule pensée et action, conscience et expérience.

F.V. : *Connaître les sciences cognitives* constitue un panorama des connaissances sur le sujet. Il s'agissait d'une étape préalable nécessaire avant d'écrire *L'Inscription corporelle de l'esprit*. Dans ce dernier ouvrage, j'insiste beaucoup sur l'interactivité entre les différentes sciences cognitives et sur la circulation entre science et expérience.

Les chercheurs en sciences cognitives s'efforcent de constituer une véritable science de la connaissance, mais je me demande depuis une dizaine d'années si les problèmes sont bien posés et donc si le projet peut véritablement aboutir. En effet, les modèles dominants restent paradoxalement coupés de l'expérience humaine. Le vécu individuel et les actes cognitifs ne rentrent pas explicitement dans le discours des sciences cognitives. La problématique centrale du livre *L'Inscription corporelle de l'esprit* est donc d'étudier si des ponts sont envisageables entre les sciences cognitives et l'expérience humaine ordinaire.

Perception et action étant fondamentalement inséparables dans tout acte cognitif, j'ai proposé le terme d'action incarnée ou «enaction» afin de mettre en relief deux points : tout d'abord, la cognition dépend des types d'expériences qui découlent du fait d'avoir un corps doté de diverses capacités sensori-motrices; en second lieu, ces capacités sensorimotrices individuelles s'inscrivent elles-mêmes dans un contexte biologique, psychologique et culturel plus large. En recourant au terme d'«enaction», je souhaite souligner que les processus sensoriels et moteurs, la perception et l'action, sont fondamentalement inséparables dans la cognition vécue.

SH : **Pouvez-vous nous donner un exemple concret permettant d'illustrer ce lien entre perception et action ?**

F.V. : Volontiers. Prenons, par exemple, une recherche célèbre menée il y a maintenant vingt-cinq ans par Richard Held et Alan Hein. Ces chercheurs ont élevé ensemble deux groupes de chatons. Dès leur naissance, les chats sont placés dans l'obscurité. Ils ne sont soumis à la lumière que dans les conditions d'expérience suivantes : un groupe est attelé à un chariot contenant les autres chatons. Les deux groupes partagent donc la même expérience visuelle, mais le second groupe (celui installé dans le chariot) est entièrement passif. Les animaux ont été relâchés après quelques semaines. Les chatons du premier groupe se sont comportés normalement tandis que les autres se sont conduits comme s'ils étaient aveugles : ils se cognaient sur les objets qu'ils rencontraient. Cette expérience montre bien que la vision ne consiste pas à reconnaître une réalité extérieure, à en extraire des propriétés indépendantes de nous. Voir, c'est d'abord guider visuellement notre action. Il n'y a pas de perception sans action sur le réel. Voilà ce que j'entends en disant que la cognition est une «action incarnée». Un autre exemple très significatif peut être évoqué, celui de la vision des couleurs. Selon une vision «objectiviste» courante en neurobiologie, la perception des couleurs ne serait que le reflet dans le cerveau des «couleurs de la nature». A chaque couleur correspond en effet une longueur d'onde spécifique, qui va de l'infrarouge à l'ultraviolet.
Notre système visuel ne ferait que réagir différemment en enregistrant les diverses longueurs d'onde. Cette explication partiellement valide bute cependant sur un obstacle : de nombreuses expériences montrent qu'une même longueur d'onde – celle du vert, par exemple – est interprétée différemment selon le contexte visuel, les couleurs et les sons qui lui sont

associés, la forme de l'objet, etc. Il y a donc une réinterprétation globale de l'information selon le contexte. La couleur n'est pas simplement un attribut objectif de la réalité perçu par le cerveau.

A l'opposé, une conception « subjectiviste » de la vision des couleurs tend à montrer que celle-ci dépend de « catégories mentales » propres à l'être humain. De nombreux travaux comparatifs en anthropologie, psychologie et linguistique montrent que la reconnaissance des couleurs s'opère selon un découpage perceptif subjectif. On a d'ailleurs démontré que ce découpage en catégories (bleu, jaune, vert, rouge, etc.) est en partie universel et en partie culturel (3).

L'exemple de la couleur montre, me semble-t-il, que la connaissance n'est pas le reflet d'un monde prédonné, indépendant de nos capacités perceptives, ni un simple produit de nos représentations. La couleur est liée à l'expérience, à l'action, à la biologie de l'espèce comme à notre expérience de l'environnement.

SH : **Est-ce que je résume bien votre conception en disant que la couleur n'est ni dans la réalité, ni dans la tête, mais dans la relation entre ces deux données ?**

F.V. : C'est un peu cela. On comprend alors que la science de la cognition ne peut relever ni de la seule approche objectiviste, dominante en sciences cognitives, ni d'une méthode subjectiviste incontrôlée. Les chercheurs en sciences cognitives qui ne sont pas réductionnistes considèrent que la conscience et l'expérience sont des phénomènes irréductibles impossibles à évacuer. Il faut donc se doter d'une méthode d'exploration de ce phénomène.

SH : **Quels sont les outils qui permettent ce dialogue, ce va-et-vient entre expérience et science, d'une façon respectueuse et fructueuse ?**

F.V. : En Occident, ceux qui ont le mieux compris ce problème sont des phénoménologues comme Edmund Husserl et Maurice Merleau-Ponty. E. Husserl fut le premier grand philosophe à percevoir et à théoriser la question des phénomènes mentaux. M. Merleau-Ponty fut un génie visionnaire qui a souligné ces problèmes en son temps. La tradition phénoménologique dont M. Merleau-Ponty est issu possède donc quelques outils mais qui sont trop peu élaborés pour que l'on puisse parler de méthode.

Par ailleurs, il y a dans la tradition bouddhiste, vieille de vingt siècles, une phénoménologie de l'expérience qui a développé un énorme savoir. Le bouddhisme a cultivé une méthode très proche de celle de E. Husserl, c'est-à-dire la suspension de toute croyance, l'observation et l'intuition directe des sens. D'une certaine manière, Bouddha est un précurseur de E. Husserl et les bouddhistes sont des spécialistes de la phénoménologie du mental. Ce que je dis ne constitue pas une apologie des dimensions éthiques ou historiques du bouddhisme. La tradition bouddhiste n'a rien à voir avec la religion et tout à voir avec les sciences de l'esprit. On ne peut ignorer cette accumulation de connaissances qui se situe dans le même esprit que la phénoménologie occidentale, mais mise en action, expérimentée. Il peut y avoir fertilité réciproque entre l'approche phénoménologique et la méthodologie scientifique. C'est un exemple de ce que peut constituer la science de l'avenir.

SH : **Pourquoi vouloir à tout prix créer un système qui engloberait tous les processus cognitifs ? Il y a actuellement concurrence pour l'hégémonie d'un modèle entre des approches telles que le cognitivisme, le connexionnisme ou l'enaction. Ne peut-on pas imaginer des théories de moyenne portée plutôt que des grands schémas explicatifs du processus de connaissance ? Ainsi, le modèle computationniste présente des applications pratiques en Intelligence Artificielle, le connexionnisme a quelques débouchés pour la reconnaissance des formes, et l'on pourrait dire que le modèle de l'enaction est plus adapté pour analyser des processus cognitifs reliés à l'action.**

F.V. : Il y a effectivement une forme de lutte pour le pouvoir, comme dans de multiples domaines scientifiques. Mais il faut bien comprendre qu'il s'agit d'un problème plus profond, parce que les épistémologies présentes sont incompatibles entre elles. Dans certaines circonstances telles que la construction d'un robot, il peut y avoir cohabitation pragmatique entre les modèles cognitiviste et celui de l'enaction. Mais les divergences sont très importantes au niveau épistémologique. Il est impossible de fonder un système sur des bases contradictoires.

SH : **Votre hypothèse peut générer un programme de recherche très fertile, mais elle est encore très spéculative alors que la force du cognitivisme ou du connexionnisme est de pouvoir conduire à des applications technologiques, en dépassant les discussions purement philosophiques.**

F.V. : Mes propos n'expriment pas seulement une position philosophique, épistémologique, mais constituent un véritable programme de recherche ayant des applications aussi concrètes que la robotique ou l'analyse du fonctionnement du cerveau. Par exemple, un chercheur traditionnel en robotique et en Intelligence Artificielle va construire un robot contenant d'énormes programmes, des informations et des bases de données monstrueuses. On constate aujourd'hui, après trente ans d'expérience, que cette logique atteint rapidement des limites parce que la connaissance, la capacité de faire quelque chose, de se déplacer, est tellement contextuelle qu'un programme ne peut jamais contenir les informations permettant de prévoir toutes les éventualités.

A l'inverse, le modèle de l'enaction permet d'imaginer un système qui ait une grande capacité à s'incarner, à se développer, dans un cycle d'actions-réactions face au monde. Ce qui est la voie d'avenir la plus prometteuse.

Propos recueillis par
JEANNE MALLET et JEAN-FRANÇOIS DORTIER
(*Sciences Humaines*, n° 31, septembre 1993)

---

1. F. Varela, *Connaître les sciences cognitives*, Seuil, 1989.
2. F. Varela, E. Rosch et E. Thompson, *L'Inscription corporelle de l'esprit*, Seuil, 1993.
3. Voir l'article de J.-F. Dortier « L'anthropologie cognitive : à la recherche des invariants culturels » dans cet ouvrage.

CHANTAL PACTEAU*

PENSER**

DE LA LOGIQUE À L'EXPÉRIENCE

La psychologie cognitive a forgé un modèle fondé sur la logique, l'abstraction et la conscience. Des recherches récentes suggèrent l'existence de procédures cognitives plus flexibles où la logique de l'adaptation prend le pas sur celle de la raison.

DANS LA VISION CLASSIQUE de la cognition, «*on supposait que l'activité mentale est rationnelle, et on dirigeait son attention sur la nature logique des stratégies de résolution de problèmes. On présumait que "l'esprit occidental mûr" est celui qui est capable d'abstraire le savoir des idiosyncrasies de la vie quotidienne et que ce faisant il utilise les lois aristotéliciennes de la logique…*» Ainsi débute un best-seller de la psychologie cognitive paru en 1978, *Categorization and Cognition* (1), qui rassemble les contributions qui ont certainement le plus participé à miner cette vision. En éditant cet ouvrage collectif, Eleanore Rosch et Barbara Lloyd (professeurs à l'Université de Berkeley) témoignent de l'air du temps et signent la «rébellion» en cours.

Ancré sur ce postulat de logicité de la pensée, le courant de la psychologie cognitive des années 60 va se nourrir des progrès des langages de la logique formelle et de l'informatique. Son ambition : rendre calculables toutes les activités de l'esprit. Comme dans les autres sciences cognitives, la métaphore informatique va imprégner, sinon guider les recherches (2). Le sujet humain qui résout des problèmes est considéré comme un système qui traite, étape par étape, des symboles arbitraires (du type

---

* Chargée de recherche au CNRS, Laboratoire cognition et développement.
** *Sciences Humaines*, hors série n° 19, décembre 1997/janvier 1998.
1. E. Rosch et B. Lloyd (éds), *Categorization and cognition*, Erlbaum, 1978.
2. Voir l'article de J.-F. Dortier, «Espoirs et réalité de l'intelligence artificielle» dans cet ouvrage.

de ceux de l'algèbre où des lettres se substituent à des valeurs numériques), selon des règles rigoureusement spécifiées (implication, déduction, appartenance, etc.). On parle d'algèbre de la pensée : des propositions telles que « les nuages amènent la pluie » ou « la misère entraîne la révolution » sont soustendues par la même représentation mentale, « A implique B ». L'organisation des connaissances est savante, normative. Et ces images que nous nous formons dans la tête, il faut les considérer comme de simples outils accessoires et circonstanciels, des relais dans le fonctionnement cognitif. La pensée, dans son essence ultime, est décontextualisée, désinsérée de l'espace et désinsérée du temps.

Presque deux décennies plus tard, c'est le désenchantement. Le programme computationnel n'a pas rempli son contrat. Les systèmes de règles censés sous-tendre les activités mentales *« butent sur leur fragilité, leur manque de flexibilité, leur difficulté, sur l'apprentissage en fonction de l'expérience, sur leur incapacité à généraliser correctement, sur la spécificité des domaines et sur les inefficacités dues à la recherche stérile dans de grands systèmes »* (3). Nombre de travaux empiriques montrent qu'il est possible de raisonner correctement sans se référer à des règles logiques d'inférence (4). De nouvelles modélisations informatiques apparaissent, sous la dénomination de « connexionnisme », qui proposent même des cognitions sans recours à la logique. Pour beaucoup de psychologues, la priorité n'est plus désormais la formalisation des activités mentales. La perspective devient

fonctionnaliste : la pensée naturelle est un instrument d'adaptation à un monde complexe et changeant. Dans la majorité de nos expériences d'acquisition, nous construisons des représentations contextualisées (spécifiques à la situation), simples et faciles à utiliser, autrement dit « cognitivement économiques ».

Ce changement de climat théorique va être illustré ici dans les domaines de la catégorisation et de l'acquisition du langage.

La formation des catégories

Une des solutions les plus puissantes que les êtres vivants ont inventées pour réduire la complexité du monde, le rendre cohérent et y orienter leurs conduites, est l'activité de segmentation de la « réalité » appelée catégorisation. Il s'agit de « mettre ensemble » des « objets » (objets manufacturés mais aussi personnes, animaux, plantes, lieux, événements, etc.) qui permettent des actions communes. Par là même, les similitudes sont accentuées subjectivement, ce qui permet de généraliser les savoirs sur un exemplaire à d'autres exemplaires de la même catégorie ; et les différences entre exemplaires classés dans des catégories différentes sont maximalisées, ce qui garantit de la confusion (5).

Sous le règne de l'approche computationnelle, les recherches sur l'apprentissage des catégories ont été guidées

3. W. Bechtel et A. Abrahamsen, *Le Néoconnexionnisme et l'Esprit*, La Découverte, 1993.
4. P. Johnson-Laird, *L'Ordinateur et l'Esprit*, Odile Jacob, 1994.
5. D. Dubois (éd.), *Sémantique et Cognition : catégories, prototypes, typicalité*, Editions du CNRS, 1991.

par l'idée que ces dernières sont des regroupements arbitraires d'items possédant des attributs nécessaires et suffisants qui les définissent. Pour exemple, prenons un jeu de cartes. Le joueur peut classer ses cartes de différentes manières : selon les couleurs, les pokers ou encore les atouts. Les classements qu'il effectue sont arbitraires dans le sens où il n'y a pas dans les cartes de qualités intrinsèques qui l'obligent à les classer d'une manière plutôt que d'une autre. Ces classements résultent de l'utilisation d'une règle qui stipule la prise en compte d'un attribut nécessaire et suffisant : toutes les cartes de la famille « cœur » partagent l'attribut cœur que ni les familles « trèfle », « pic » ou « carreau » ne possèdent. Il n'y a aucun chevauchement entre une famille et une autre. L'approche classique de la classification considère que, à l'image des familles de cartes, les catégories mentales sont des constructions parfaitement définies. Le travail du psychologue consiste à décrire les opérations logiques par lesquelles les individus construisent de telles catégories : par quel cheminement l'enfant parvient à la maîtrise de la classification logique ; par exemple, quand et comment comprend-il que les quadrupèdes ne sont pas les seuls à être des animaux, que les vers de terre et les insectes en sont aussi ? Quelles règles le sujet adulte élabore-t-il pour construire des catégories ? La plupart du temps, les études empiriques utilisent des *stimuli* arbitraires, et il s'agit de découvrir, par exemple, que les figures géométriques de la classe X sont rondes et de toute autre couleur que jaunes.

La rupture avec la vision classique de la catégorisation provient surtout d'un changement dans la nature des concepts étudiés. En revendiquant une approche non plus logique mais « écologique », E. Rosch a ouvert un chantier théorique qui a renouvelé le domaine. Délaissant les *stimuli* artificiels, elle s'est penchée sur les objets du monde vécu. Ce faisant, elle a mis en lumière que les catégories de ce monde sont tout sauf arbitraires et non ambiguës. Entre autres, elles sont constituées par des objets dont les propriétés ne sont généralement pas indépendantes entre elles : si un animal a des ailes, il y a de fortes chances qu'il vole (mais cela n'est pas obligatoire : ainsi, les manchots et les autruches ne volent pas). Nos catégories mentales reflètent ces « paquets » de propriétés corrélées, ce qui présente un intérêt considérable du point de vue de notre adaptation au monde. Connaissant une propriété, nous en connaissons quantité d'autres avec des chances raisonnables de ne pas nous tromper. Du fait que les catégories du monde ne sont pas organisées par des attributs définitoires, les exemplaires d'une catégorie ne sont pas équivalents : les hirondelles ou les aigles sont « plus oiseaux » que les manchots ou les autruches ; ils sont des représentants typiques de la classe des oiseaux. En témoigne le fait que lorsque l'on demande à un sujet de donner des caractéristiques propres aux oiseaux et de donner des exemples d'oiseaux, il évoquera les ailes et le vol, et citera plus fréquemment et plus rapidement les hirondelles ou les aigles que les manchots ou les autruches.

Comment formons-nous nos catégories mentales ? Une des réponses est : grâce à «l'organisation corrélationnelle» du monde, qui confère de la ressemblance aux objets d'une même catégorie. Parce qu'ils ont un bec, des ailes et des plumes, les oiseaux ont un air de famille. Et si les véhicules se ressemblent, c'est parce qu'ils roulent et qu'ils ont la même fonction : le transport. Quand nous sommes confrontés à un objet nouveau, nous allons tenter de le catégoriser pour savoir que faire de lui. Nous le jugerons en fonction de sa similarité avec une ou des représentations en mémoire. E. Rosch a proposé que les catégories mentales soient codées sous forme d'un prototype représentant une entité réelle ou fictive qui a le plus grand nombre d'attributs communs avec les autres membres de la catégorie, et en partage le moins possible avec ceux des autres catégories pour décider de l'appartenance du nouvel objet à cette catégorie. Ces comparaisons peuvent s'effectuer selon des processus d'appariement attribut par attribut, mais aussi selon des processus analogiques de mise en correspondance globale entre l'objet à classer et les représentations catégorielles. Ainsi, l'apprentissage des catégories peut tout aussi bien reposer sur de l'information codée sous forme de règles logiques que sur une activité de reconnaissance de ressemblance entre des situations présentes et passées (6).

Il existe d'autres formes catégorielles qui ne s'organisent pas autour de la similarité. L'une d'entre elles consiste à découper le monde environnant sur la base de schémas, appelés «scènes» quand ils ont trait à l'organisation de l'espace et «scripts» quand ils représentent une séquence cohérente d'évé-

nements attendus par l'individu et l'impliquant lui-même comme participant ou observateur. Par exemple, le script «déjeuner» inclut un certain nombre d'objets, tels que les objets manufacturés (cuillers, assiettes ou aliments), les personnages (enfants, parents) et ce qu'ils font (couper, servir, manger). Des objets perceptivement différents occupent une même «case» dans la séquence des événements en différentes occasions : par exemple, le premier plat que l'on mange peut être du saucisson ou des radis ; le dernier un fruit ou un gâteau. Ainsi peuvent se former des classes d'équivalence simple (*slot-fillers*) du type hors-d'œuvre ou dessert, où sont mis ensemble des objets qui peuvent se substituer les uns aux autres pour remplir une même fonction. Ce type d'organisation, fortement enracinée dans le contexte et l'expérience quotidienne, permet de comprendre pourquoi il vient à l'esprit de bien peu d'entre nous que la tomate est un fruit, alors même que nous savons qu'elle provient d'une fleur, tout comme la pomme ou la cerise ; c'est que, dans le script du repas, elle n'est habituellement pas mangée au dessert, ce qui l'exclut de la case fruits. Quant aux organisations de type «scènes», on voit bien comment elles peuvent induire des classements erronés selon la taxonomie. Si le dauphin est souvent classé comme un poisson, c'est que non seulement il ressemble plus à un requin qu'à un chien, mais aussi qu'il fait partie des scènes relatives au milieu marin.

6. J. Lautrey (dir.), *Universel et Différentiel en psychologie*, Puf, 1995.

On voit comment, dans les conceptions actuelles, les catégories allient exploitation de la structure du monde et effort cognitif minimal. Nul besoin de faire appel à des phénomènes d'abstraction lents et complexes, qui mènent à des connaissances certes efficaces car «prêtes à l'emploi» dans toutes sortes de situations, mais coûteuses. L'abstraction existe, bien sûr, mais n'a lieu que lorsque les circonstances l'exigent. Plutôt que de concevoir un seul type de représentation, pourquoi ne pas admettre, proposent certains auteurs, que les catégories puissent avoir plusieurs représentations : prototype, exemplaires, *slot-fillers* ou liste d'attributs définitoires selon le lieu et le moment ? Et pourquoi ne pas les envisager comme des constructions dynamiques, constamment réactualisées par l'expérience, instables ? Quand l'écrivain Georges Pérec écrit dans *Penser/Classer* : «*Mon problème, avec les classements, c'est qu'ils ne durent pas. A peine ai-je fini de mettre de l'ordre que cet ordre est déjà caduc*», ou encore «*l'abondance des choses à ranger, la quasi-impossibilité de les distribuer selon des critères vraiment satisfaisants font que je n'en viens jamais à bout, que je m'arrête à des rangements provisoires et flous…*», il exprime les débats les plus actuels sur la catégorisation.

L'acquisition du langage

Quels types de connaissances sous-tendent l'utilisation du langage et comment ces connaissances sont-elles acquises ? Pendant longtemps, les psychologues ont suivi Noam Chomsky pour qui le langage est sous-tendu par un système de règles qui rend compte de toutes les propositions correctes d'une langue donnée : la grammaire du langage. Pour expliquer la précocité et la compétence des enfants à acquérir la langue de leur communauté sans instruction spéciale et sur la base d'une information linguistique incomplète («pauvreté du stimulus»), on a proposé que les humains possèdent des mécanismes innés de connaissance de ce système de règles. Une vision alternative est en train d'émerger, qui suggère que si l'organisation cérébrale contraint (guide) la manière dont le langage est appris, les principes qui gouvernent les acquisitions, les représentations et les utilisations langagières sont loin de constituer des processus idéalement formels (7). Si la connaissance des structures de la langue n'est pas à la source des performances langagières, quel est donc le statut de ce que l'enfant sait ? Prenons comme exemple un aspect particulier de l'apprentissage du langage, celui de la segmentation du flux langagier en mots. Avant que l'enfant n'acquière la syntaxe, il doit découvrir les mots de sa langue maternelle, un processus d'autant plus compliqué que le flux langagier est principalement continu, sans pauses particulières ou autres indices acoustiques qui signalent les limites entre mots. Une des manières d'intégrer cette segmentation est de se baser sur la fréquence d'occurrence des diverses «syllabes». Pour prendre un exemple simple, considérons la séquence «*Joli*

---

7. M.S. Seindenberg, «Language acquisition and use : Learning and applying probabilistic constraints», *Science*, 275, 1997.

petit ». *Jo* est plus souvent suivi par *li*, que *li* par *pe* du fait que les sons qui co-occurrent à l'intérieur des mots tendent à être plus hautement corrélés entre eux que les sons représentant la fin d'un mot et le début d'un autre. Un simple apprentissage d'estimation de fréquence peut donc permettre de distinguer le mot joli de celui de petit. C'est ce qui a été observé très récemment dans des expériences où des séquences de syllabes sans sens étaient émises en continu : à l'âge de 8 mois, alors qu'ils ne produisent encore pas de mots, des bébés se sont montrés capables de segmenter le flux d'un parler artificiel en mots (8).

Une telle acquisition donne naissance à ce qu'Annie Vinter et Pierre Perruchet (9) appellent des « unités subjectives de connaissance » qui capturent de manière pertinente et économique – et non pas parfaite – un des aspects de la langue, son découpage en mots. Ainsi, il n'existerait pas de processeur susceptible d'abstraire les structures grammaticales. L'origine des apprentissages langagiers se situerait dans des processus de nature associative qui conduiraient à forger des unités en correspondance structurale avec les régularités du langage.

Une position strictement néo-associationniste est certainement tout aussi outrée que la position abstractionniste. Elle ne peut pas expliquer tous les aspects des activités cognitives. Ce n'est certainement pas la seule capture des régularités du monde qui donne de la cohérence à notre univers mental, mais peut-être nos « théories naïves » (croyances, savoirs ontologiques, etc.) (10). « *Par exemple, si un quidam, à la fin d'une soirée bien arrosée, se jette tout habillé dans une piscine, les invités en concluront qu'il est soûl. Ces invités utilisent leur théorie sur les effets de l'alcool pour déduire que le comportement du quidam résulte d'une consommation excessive de boissons alcoolisées et non d'une association du type "saute dans une piscine" et "soûl".* » (11)

8. J. Saffran, R. Aslin et E. Newport, « Statistical learning by 8-month-old infants », *Science*, 274, 1996.
9. A. Vinter et P. Perruchet, *Apprentissage implicite et développement cognitif*, Puf, à paraître.
10. D. Sperber, D. Premack et A. James Premack, *Causal cognition : a multidisciplinary debate, Fyssen Fondation Symposium*, Clarendon Press, 1995.
11. J.-P. Thibaut, « Similarité et catégorisation », *L'Année psychologique*, 97, 1997.

A la recherche de l'inconscient cognitif

Dans une période qui voit la remise en cause de l'esprit computationnel, ressurgit la question de la conscience que la psychologie expérimentale avait mise entre parenthèses. On doute aujourd'hui de l'existence d'un contrôle obligatoire par la conscience des apprentissages. D'où la recherche de « l'inconscient cognitif ». Cette question a pris une place prépondérante dans la littérature psychologique, comme en témoigne l'abondance de livres, articles et numéros spéciaux dans les revues qui font le plus autorité (quasiment tous écrits en langue anglaise). Une revue consacrée à cette seule question a même vu le jour en 1992, sous le titre de *Consciousness and Cognition*.

L'étude de la conscience en psychologie se nourrit des nombreuses observations faites en neuropsychologie qui montrent l'existence de mémoires chez des patients amnésiques (1).

Ainsi, des individus souffrant de prosopagnosie (trouble de la reconnaissance des visages) déclarent ne pas reconnaître des visages célèbres ou familiers, tout en manifestant des réactions émotives et des activités cérébrales qui prouvent une reconnaissance « couverte » ou « implicite » de ces mêmes visages. La prosopagnosie est un cas de « reconnaissance sans conscience ». Des dissociations de ce type se retrouvent chez les individus normaux. Dans la situation expérimentale classique dite « d'amorçage » (ou *priming*), on observe que la présentation subliminale (au-dessous du « seuil de conscience ») de mots facilite l'exécution ultérieure d'une tâche. Par exemple, si parmi les mots présentés de façon subliminale à un sujet, il y a le mot « chien », c'est ce mot, plutôt que « chat », qu'il produira quand il s'agira de trouver un mot commençant par les lettres CH, ou quand il lui sera demandé de donner le premier nom d'animal qui lui vient à l'esprit.

Ainsi, l'individu normal est aussi influencé par un événement dont il n'est pas conscient.

L'apprentissage implicite

On parle d'« apprentissage implicite » chaque fois que l'on observe des effets du passé sur la construction de pensées ou d'actions nouvelles, sans souvenir de ce passé. Par opposition, on parle d'apprentissage explicite quand il y a rappel conscient d'événements passés.

Ces manifestations du passé sur les acquisitions en cours suscitent des interprétations particulièrement variées et pour le moins contradictoires.

Représentations conscientes ou automatisme mental

Très sommairement, les positions des uns et des autres peuvent se distinguer ainsi (2) : d'un côté, il y a les partisans d'un seul système représentationnel pour qui les représentations ne sont que conscientes. L'activité cognitive consiste en des opérations inconscientes, de type physiologique (activation du nerf optique par un stimulus lumineux par exemple) ou associatif (orientation de la tête vers une source de bruit soudain) sur des états conscients. Dans ce cadre, les phénomènes de mémoire implicite sont interprétés en termes de représentations dégradées, par exemple. Ce courant de pensée est lui-même divisé en sous-courants, selon que les produits de la conscience sont ou ne sont pas considérés comme uniquement abstraits.

De l'autre côté, il y a les partisans de l'existence de deux systèmes représentationnels séparés, l'explicite et l'implicite, plus ou moins indépendants. Selon les uns, les connaissances inconscientes sont inflexibles, automatiques ou elles ne peuvent être déclenchées que par des *stimuli* spécifiques, alors que pour d'autres elles sont abstraites et peuvent se montrer flexibles.

---

1. R. McCarthy et E.K. Warrington, *Neuropsychologie cognitive, une introduction clinique*, collection « Psychologie et sciences de la pensée », Puf, 1994.
2. J. Cohen et J. Scooler (éds), *Scientific Approaches to Consciousness,* Lawrence Erlbaum Associates, 1997. P. Perruchet et S. Nicolas (éds) « La mémoire implicite », *Psychologie française,* décembre 1997.

GAËTANE CHAPELLE*

PEUT-ON PENSER SANS ÉMOTIONS ?**

Depuis quelque temps, les neurosciences cognitives s'intéressent de plus en plus aux émotions. Leur étude des émotions pourrait en fait modifier profondément la conception de la pensée, rapprocher le corps de l'esprit.

L
A LISTE des fonctions cognitives a longtemps englobé la perception, l'attention, la mémoire, le langage et les activités intellectuelles, mais exclu la motivation, l'émotion et l'affectivité (1). Pourtant, depuis peu, on assiste à une petite révolution. De plus en plus d'ouvrages de neurosciences cognitives, de neuropsychologie ou de psychologie cognitive font une place aux émotions. *The Cognitive Neurosciences*, de Michael Gazzaniga, leur consacre neuf chapitres, le *Vocabulaire des sciences cognitives*, dirigé par Olivier Houdé, les définit en plus de six pages, *Le Cerveau réconcilié*, de Jean Cambier et Patrick Verstichel, se termine par un chapitre sur l'affectivité, et Pierre Buser se plaint, dans *Cerveau de soi, cerveau de l'autre*, du peu de place actuellement réservé à l'émotif dans la nouvelle neuropsychologie. Mais pourquoi ce regain d'intérêt pour un domaine de la psychologie que les cognitivistes avaient laissé aux psychologues sociaux, ou aux psychophysiologistes ? Effet de mode, nécessité de créer de nouveaux créneaux de recherche, ou réel intérêt théorique ? Ces alternatives ne sont pas incompatibles. Et si les deux premières se mettent au service de la dernière, doit-on s'en plaindre ?

Elliot, un homme sans émotions

Dans quelques années, un historien des sciences désignera peut-être l'ouvrage

---

* Journaliste scientifique au magazine *Sciences Humaines*.
** Texte inédit.
1. Collectif, *Dictionnaire fondamental de la psychologie*, Larousse, 1997.

d'Antonio Damasio, *L'Erreur de Descartes*, comme l'événement déclencheur de l'intérêt des sciences cognitives pour les émotions (2). Ce neurologue de l'université de l'Iowa, aux Etats-Unis, a un jour été confronté *« à un être humain intelligent, le plus froid, le moins émotif que l'on puisse imaginer ; or sa faculté de raisonnement était si perturbée que, dans les circonstances de la vie quotidienne, elle le conduisait à toutes sortes d'erreurs »*. Une telle attitude contredisait tout à fait ce qu'A. Damasio avait appris depuis son plus jeune âge : *« On ne pouvait prendre de sages décisions que dans le calme (…) les émotions et la raison ne pouvaient pas plus se conjuguer que l'eau et l'huile. »*

Ce patient, qu'A. Damasio appelle Elliot, est tout à fait étrange. L'ablation d'une partie de son lobe frontal semble n'avoir laissé aucune séquelle. Elliot est resté tout à fait intelligent, en pleine possession de ses moyens. Il connaît tous les détails de l'actualité. Il paraît même comprendre les méandres de la conjoncture économique. En revanche, sa vie personnelle semble prise dans une tourmente. Depuis son opération, il est incapable de gérer son emploi du temps, on ne peut plus compter sur lui pour exécuter un travail donné au moment où on en a besoin. Une fois déchargé de ses activités professionnelles, Elliot s'est lancé dans des opérations financières douteuses, qui l'ont ruiné. Du côté de sa vie privée, la situation n'est pas meilleure. Il a vécu un premier divorce, puis un bref mariage et un nouveau divorce. C'est alors qu'A. Damasio a rencontré Elliot. Ses médecins voulaient savoir si son changement de personnalité était réellement maladif. Un problème pratique se pose en effet : il ne réussit pas à obtenir d'allocation pour invalidité, car on le prend pour un paresseux ou un simulateur. A. Damasio l'a donc évalué par les tests neuropsychologiques classiques : sa mémoire, son langage, ses capacités de raisonnement, de calcul, toutes ses facultés cognitives sont normales. Il a même un quotient intellectuel assez élevé. Il arrive que les tests classiques ne permettent pas de déceler de faibles anomalies des capacités mentales. Mais l'utilisation de tâches plus complexes et plus sensibles n'explique pas non plus son comportement anormal dans la vie quotidienne.

En revanche, un aspect étrange de la personnalité d'Elliot peut expliquer son comportement : son apparent détachement devant tous ses problèmes, sa froideur, son manque de réactivité émotionnelle. A. Damasio dit éprouver *« plus de peine en écoutant les récits d'Elliot que lui-même ne paraissait en ressentir »*. Elliot lui-même avoue ne plus ressentir d'émotions pour des choses ou des événements qui l'émouvaient avant son opération. A. Damasio s'est donc demandé si les problèmes d'Elliot n'étaient pas directement liés à son incapacité à ressentir des émotions.

Les bases neurologiques des émotions

L'intérêt des recherches d'A. Damasio est de ne pas se limiter à expliquer les troubles émotionnels d'Elliot par une atteinte des structures nerveuses respon-

2. A. Damasio, *L'Erreur de Descartes*, Odile Jacob, 1995.

sables des émotions. Cette démarche était celle des nombreux neuroscientifiques jusqu'alors. Elliot n'est en effet pas le premier patient frontal (on appelle ainsi un patient qui a une lésion au lobe frontal) dont le comportement émotionnel surprend les chercheurs. Les neuropsychologues cliniciens reconnaissent facilement ce type de patients car, comme Elliot, leurs comportements sont étranges : soit ils sont complètement désinhibés, et se comportent de façon extrêmement familière avec le thérapeute, multipliant les blagues, souvent à connotation sexuelle, soit, au contraire, ils vont paraître complètement apathiques, indifférents à leur entourage.

D'autres patients, souffrant eux de lésions à l'hémisphère droit, ont un comportement émotionnel en décalage avec leur entourage. Ils sont souvent euphoriques, malgré les nombreux problèmes qu'ils rencontrent depuis leur lésion cérébrale. A l'opposé, les chercheurs ont remarqué que certains patients lésés à l'hémisphère gauche, comme les aphasiques, avaient des réactions négatives exagérées, qui se manifestent par des crises de larmes excessives. Ce contraste entre l'optimisme extrême des patients droits, et le pessimisme démesuré de certains patients gauches a conduit certains chercheurs (3) à suggérer que l'hémisphère droit était le centre des émotions négatives, et l'hémisphère gauche le centre des émotions positives.

La neuropsychologie animale a permis, elle aussi, de localiser certaines structures nerveuses essentielles dans le comportement émotionnel. Le neurologue américain James LeDoux a utilisé la méthode des lésions expérimentales pour évaluer l'apprentissage de la peur chez le rat. Il apprend aux rats à associer un son à une stimulation très désagréable, un choc électrique, et mesure leurs émotions par leurs réactions corporelles, par exemple une attitude figée ou une augmentation du rythme cardiaque. J. LeDoux a remarqué qu'une lésion de l'amygdale, petit noyau situé dans les profondeurs limbiques du cerveau, empêchait le rat d'apprendre l'association entre le son et le choc électrique. La proximité de l'amygdale avec des structures nerveuses impliquées dans la mémoire renforce l'idée qu'elle est essentielle dans l'apprentissage émotionnel. D'autres travaux, menés grâce à l'imagerie cérébrale, montrent que l'amygdale est aussi impliquée dans les apprentissages émotionnels des êtres humains.

Lobe frontal, hémisphère droit, hémisphère gauche, amygdale, les candidats paraissent bien nombreux pour le centre des émotions. Tous provoquent en effet des comportements émotionnels étranges lorsqu'ils sont lésés. Mais la question est peut-être mal posée. Les émotions ne sont sûrement pas prises en charge par une seule structure nerveuse. Il s'agit d'un phénomène psychologique complexe, impliquant de nombreuses fonctions différentes, physiologiques, motrices, cognitives et subjectives. On ne peut donc raisonnablement penser qu'une seule structure nerveuse y soit impliquée.

3. G. Gainotti, «Bases neurobiologiques et contrôles des émotions», dans X. Seron et M. Jeannerod, *Traité de neuropsychologie humaine*, Mardaga, 1994.

Mais surtout, on peut se demander s'il est utile de rechercher les bases neurologiques des émotions, comme s'il s'agissait là d'une fonction psychologique séparée des autres. La démarche d'A. Damasio, dans *L'Erreur de Descartes*, est tout autre : il a essayé de déterminer quelle dimension des émotions contribuait au raisonnement. Il s'est en fait posé la question suivante : en quoi l'émotion peut-elle aider à penser ? Bien sûr, pour répondre à cette question, il fallait commencer par se demander ce qu'est une émotion, et quelles sont toutes ses facettes.

L'émotion, guide de l'action

De nombreux chercheurs en psychologie sociale ou en psychophysiologie insistent sur le fait que l'émotion a comme première fonction de nous permettre de survivre. La peur face à un danger nous conduit à le fuir, et donc à l'éviter. La colère face à une agression nous permet de mobiliser les ressources nécessaires pour la combattre, et la joie d'une relation affective nous pousse à tout faire pour la maintenir. Cette fonction adaptative de l'émotion est à l'origine de ses multiples facettes. D'un côté, l'émotion est profondément ancrée dans des mécanismes biologiques, innés, automatiques et très rapides. Nous disposons dès notre naissance d'un certain nombre de réactions très rapides face à certaines stimulations. Les nouveau-nés expriment automatiquement de la colère lorsqu'ils ont faim. Ce comportement inné a pour effet de rappeler aux parents qu'ils doivent les nourrir. Le caractère biologique des émotions adultes se manifeste dans les réactions physiologiques

(augmentation du rythme cardiaque, de la moiteur des mains) et les expressions du visage (froncement de sourcils dans la colère, sourire dans la joie). Mais les réactions innées, si elles ont l'avantage d'être rapides et automatiques, posent le problème d'être très rigides. Elles ne peuvent pas s'adapter à la complexité de l'environnement de l'être humain. Par exemple, s'il nous est de fait utile de réagir par la fuite par peur d'un chien qui mord, une même attitude de fuite n'est pas bonne lorsque nous avons peur de tenir une conférence décisive pour notre carrière.

L'émotion, chez l'être humain, implique donc également un processus plus complexe d'évaluation d'un événement et de ses conséquences. Des psychologues sociaux comme Klaus Scherer, à Genève (4), ou Nico Frijda, à Amsterdam, ont montré que différents aspects essentiels de l'événement entraient dans son interprétation, des plus simples aux plus complexes : tout d'abord, l'événement est perçu comme nouveau ou habituel, et comme positif ou négatif. Nous analysons également le rôle de cet événement dans la réalisation de nos objectifs : est-il un obstacle ou une aide ? Ensuite, son importance entre en jeu. L'émotion sera en effet bien différente si l'injustice dont quelqu'un est victime est à l'origine d'une simple remontrance ou d'une condamnation à la prison à perpétuité. Nous évaluons également si nous sommes capables d'agir sur l'événement en cours. Une grande fierté naîtra chez quelqu'un s'il

---

4. B. Rimé et K. Scherer, *Les Emotions*, Delachaux & Niestlé, 1989.

est responsable d'un événement positif, alors qu'il ne sera qu'émerveillé de sa chance si cet événement dépend des hasards de la vie. Enfin, l'événement est comparé à des normes tant sociales que personnelles : nous serons beaucoup plus sensibles au haussement de ton entre des personnes qui ne se connaissent pas qu'entre membres d'une même famille, car la norme sociale autorise davantage la seconde situation que la première.

N. Frijda a insisté sur une autre dimension essentielle de l'émotion : la préparation de l'organisme à l'événement. L'interprétation d'un événement de telle ou telle façon provoque automatiquement, et parfois inconsciemment, la préparation d'une façon de l'affronter. Combien d'entre nous ne se souviennent-ils pas de l'envie furieuse qu'ils ont eue de frapper quelqu'un ? Même si, heureusement, un contrôle de nos réactions les empêche de se réaliser. Mais, selon N. Frijda, cette préparation de l'individu à réagir est un ingrédient essentiel de nos émotions. Une expérience illustre cette idée. Des chercheurs ont demandé à des personnes de mettre leur main sur une plaque de métal dans laquelle circulait un courant électrique, suffisant pour être douloureux. A la moitié des personnes, on conseillait de retirer leur main le plus vite possible, dès qu'elles sentaient la décharge. On encourageait ainsi chez elles un comportement de fuite. Les autres, au contraire, devaient essayer de la maintenir le plus longtemps possible, malgré la douleur. Elles devaient donc affronter la douleur. Lorsqu'on évaluait la douleur subjective des unes et des autres,

elle était plus grande pour celles qui avaient dû retirer leur main le plus vite possible. Une préparation à fuir augmente donc la perception de la douleur.

Le corps et l'esprit

A. Damasio insiste beaucoup sur la double dimension de l'émotion, à la fois biologique et cognitive. Selon lui, en s'intéressant aux émotions, les sciences cognitives vont modifier leur conception de la pensée et des relations entre le corps et l'esprit. Ainsi, l'étude du patient Elliot montre l'importance des sensations corporelles, dimension essentielle des émotions, dans la prise de décision. Les recherches de son équipe ont montré qu'Elliot n'avait plus de réactions sensorielles normales dans certains événements émotionnels (mesurées par des variations très faibles de la moiteur des mains). Il a alors fait l'hypothèse suivante : ce manque de sensations corporelles empêcherait Elliot de percevoir ses émotions. Et l'information émotionnelle serait nécessaire pour prendre une décision adéquate. Cette hypothèse a eu un retentissement important dans le milieu des neurosciences : pour la première fois, un cognitiviste affirmait que l'émotion était essentielle dans le raisonnement, non pas pour le troubler ou le fausser, mais pour le conduire à une décision adéquate. A. Damasio désignait donc les émotions comme un sujet d'étude digne des sciences cognitives.

Un patient comme Elliot montre l'importance des sensations corporelles dans un processus de décision. A. Damasio utilise une formule forte pour renforcer cette idée : il affirme que « *le corps four-*

mémoire cellulaire

nit au cerveau (…) un contenu faisant intégralement partie du fonctionnement mental normal».

Penser sans conscience

L'idée même que les sensations émotionnelles peuvent influencer la pensée en introduit une autre : notre pensée est modulée par des mécanismes dont nous ne sommes pas nécessairement conscients. La distinction entre processus conscients et inconscients n'est pas nouvelle en neurosciences (5). Une anecdote célèbre, racontée par le psychologue suisse Edouard Claparède (1873-1940), illustre bien cette distinction (6). Il avait un jour serré la main d'une de ses patientes amnésiques, en ayant caché une punaise dans le creux de sa main. Le lendemain, la patiente avait refusé de lui tendre la main, mais sans savoir pourquoi. Cette anecdote est souvent utilisée pour montrer la distinction entre mémoire implicite et explicite (7). L'étude des patients amnésiques a montré que, malgré leurs grandes difficultés à enregistrer des informations nouvelles, ils étaient capables d'apprendre certaines choses, du moins à un niveau inconscient. Dans cette histoire de la punaise, l'absence du souvenir explicite de l'événement de la veille n'a pas empêché la patiente de se méfier de son médecin. Mais, en revanche, le fait qu'elle ne sache pas d'où venait cette méfiance ne lui a sans doute pas permis d'avoir l'attitude que tout un chacun aurait eu, du type : *«Ah non ! cette fois, vous ne m'aurez plus !»* Dans ce cas, l'information émotionnelle a pris le dessus sur le reste et l'a conduite à un comportement presque

inadéquat (du moins socialement). L'étude des interactions entre mémoire et émotion conduit elle aussi à une autre conception de la pensée : l'intervention de processus inconscients dans la pensée prend de l'importance. Nous sommes tous d'accord pour considérer que notre mémoire joue un grand rôle dans la capacité à s'adapter à l'environnement. Grâce à elle, se forme une connaissance du monde, des règles sociales, et de nous-mêmes. La mémoire sémantique, cette mémoire des connaissances générales et abstraites, est donc la source d'information lors de toute décision. Nous savons également qu'il nous arrive de prendre une décision en comparant l'événement que nous vivons avec un autre semblable, vécu dans le passé, en faisant donc appel à la mémoire épisodique (mémoire des événements uniques). Mais ce processus est en général assez long, laborieux, et ne peut pas se faire «dans le feu de l'action». Surtout, il s'agit d'un processus de décision volontaire, stratégique et conscient. En revanche, nous n'imaginons pas que, dans chaque comportement, la décision dépend d'une capacité à se souvenir d'un événement passé précis. Pourtant, l'accès à la mémoire épisodique semble très important dans le comportement social. L'observation des patients amnésiques le montre bien. En effet, les patients amnésiques, en plus de leurs problèmes de mémoire,

---

5. Voir dans cet ouvrage l'article de J.-F. Dortier «La conscience redécouverte ».
6. E. Claparède, « Recognition and "Meness"», dans D. Rapaport, *Organisation and Pathology of Thought*, Columbia University Press, 1951.
7. Voir dans cet ouvrage le chapitre IX sur la mémoire.

ont souvent un comportement étrange : ils semblent généralement très contents de leur sort, malgré leur grave infirmité cognitive, ne s'angoissent pas du tout pour leur avenir. Leur entourage se plaint d'ailleurs de leur manque de réactions, de leur manque d'initiatives. Et également des difficultés qu'ils éprouvent dans leur relation affective avec eux. Derrière ce tableau se cache une constante : les amnésiques semblent avoir un comportement émotionnel anormal. Mais y a-t-il un rapport entre leurs troubles de mémoire et leur comportement émotionnel ?

Pour le savoir, il fallait étudier les interactions entre mémoire et émotions, en analysant de nombreux aspects du comportement émotionnel d'un patient amnésique : André (8).

Comme de nombreux patients amnésiques, André paraissait étrangement heureux, malgré la totale dépendance dans laquelle il se trouvait par rapport à son entourage, et malgré son avenir sombre. André lui-même reconnaissait ne plus ressentir d'émotions aussi fortes qu'avant. Face à ce paradoxe, on a testé les émotions d'André en laboratoire, selon différentes techniques. Devant des extraits de films, il réagissait comme d'autres personnes. En revanche, quand il s'agissait d'imaginer mentalement un événement émotionnel, André ne ressentait pas d'émotions, alors que des personnes normales pouvaient se sentir en colère, ou joyeuses. Au vu des différentes expériences, on pouvait émettre l'hypothèse suivante : André n'était plus capable de réveiller en lui-même les aspects sensoriels précis d'un événe-

ment (les sensations de chaleur, de lumière, mais aussi de douleur ou de plaisir, les sensations corporelles, etc.). Il ne pouvait ressentir une émotion, et y réagir adéquatement, que lorsque tout dans son environnement le préparait à cela. Ainsi, il pouvait avoir peur d'un chien qui l'agressait, car il percevait directement le danger de la situation. En revanche, il n'avait pas peur à l'idée de parler en public, car cela n'éveillait pas en lui toutes les sensations déjà ressenties dans ce même type d'événement, un examen oral par exemple.

Etudier les émotions d'un patient amnésique permet alors de découvrir un aspect essentiel de nos mécanismes de pensée et de comportement : la capacité d'accéder à un souvenir précis d'un événement passé intervient dans nos processus de décision, pour nous faire percevoir toutes les dimensions d'un événement, au moment même où nous le vivons.

Les recherches sur les émotions de patients cérébrolésés se rejoignent donc sur un point essentiel : en étudiant les émotions, les sciences cognitives modifient leur conception de la pensée. Elles ne peuvent plus considérer l'être humain comme un calculateur froid et logique, parfois perturbé par de malheureuses pulsions. Mais elles doivent intégrer dans leur compréhension de la pensée les interactions entre le corps et l'esprit, ainsi que l'importance des processus non conscients. Et ce n'est qu'un début...

---

8. G. Chapelle, «Processus de mémoire et processus émotionnel : étude de cas d'un patient amnésique », thèse de doctorat, Université de Louvain, 1998.

LE MONDE
DES REPRÉSENTATIONS

CHAPITRE XIV

Les représentations mentales

JEAN-FRANÇOIS DORTIER*

L'UNIVERS DES REPRÉSENTATIONS**

OU L'IMAGINAIRE DE LA GRENOUILLE

Notre univers mental est fait de représentations. De l'idée de grenouille à l'image du bonheur, les représentations possèdent quelques règles d'organisation et de fonctionnement qui en font des outils essentiels pour orienter nos actions, communiquer avec autrui, et penser le monde...

QUEL POINT COMMUN y a-t-il entre un hamburger, Jésus-Christ et une petite grenouille ? Outre le fait qu'ils se mangent tous les trois (1), ils possèdent une autre particularité commune, qu'ils partagent d'ailleurs avec les ours en peluche, la schizophrénie, la tour Eiffel, le chiffre sept, le Père Noël ou l'existentialisme. Tous ces mots évoquent quelque chose en nous : une image, un souvenir, un fantasme, une idée plus ou moins vague... Bref, tous existent à l'état de représentation mentale.

En psychologie, la représentation est définie généralement comme un ensemble de connaissances ou de croyances, encodées en mémoire et que l'on peut extraire et manipuler mentalement. Ainsi la représentation mentale de votre cousin Maxime renvoie-t-elle à un ensemble d'informations, d'images, de sentiments associés à sa personne. Et cette représentation permet de l'identifier, de le décrire, de l'apprécier, et de se comporter à son égard de telle ou telle façon (faut-il l'inviter ou non à votre mariage ?).

Ces représentations ne sont pas seulement de petites étiquettes mentales qui nous servent à décrypter notre environnement. On les utilise aussi pour communiquer avec autrui, pour rêver, imaginer, planifier et orienter nos conduites.

---

* Rédacteur en chef du magazine *Sciences Humaines*.
** *Sciences Humaines*, n° 128, juin 2002.
1. Les Français sont connus pour déguster les cuisses de grenouilles, et les catholiques mangent symboliquement leur dieu lors de l'eucharistie (« Prenez et mangez, ceci est mon corps »).

À quoi ressemble une idée?

Quelles formes les représentations mentales prennent-elles dans le cerveau : celles de petites images ou celles d'un assemblage de symboles? Pense-t-on par images ou par concepts?

Une controverse importante oppose les psychologues à ce sujet depuis les années 80. A l'époque, la thèse dominante est celle défendue par Jerry Fodor et Zenon W. Pylyshyn. Ces deux professeurs de l'université de Rutgers (New Jersey) soutiennent que nos connaissances sont stockées sous forme d'une suite de propositions (*« Jules aime les fraises »*, *« Rome est la capitale de l'Italie »*, *« il pleut »*). Ces propositions sont traduites en symboles abstraits et liées par des règles logiques permettant de décrire le monde et de raisonner sur celui-ci. Toutes nos idées seraient donc traitées, comme dans un programme informatique, sous forme de symboles abstraits, et les images que l'on croit avoir en tête ne sont, selon Z. Pylyshyn, que des épiphénomènes. Stephen Kosslyn, un des pionniers de l'étude de l'imagerie cérébrale, soutient un point de vue contraire. La plupart de nos pensées et représentations prennent la forme de petites images intérieures. Le chercheur de Harvard a mis au point plusieurs expériences destinées à le montrer. Si on demande à un sujet de se représenter mentalement une île et qu'on lui demande de se déplacer en pensée d'un point à l'autre de cette île, on constate que le temps de réaction mental pour un déplacement est proportionnel à la distance qui sépare ces points. Tout se passe donc comme si le sujet «lisait visuellement» une carte intérieure, et sa pensée prend donc le temps du trajet imaginaire.

Les représentations structurent notre paysage mental et à ce titre, elles sont devenues l'un des thèmes d'étude privilégiés des sciences humaines. De la psychologie à l'anthropologie, de l'histoire à la sémiologie, la plupart des sciences humaines se sont penchées sur le sujet. Si ces études sont loin de constituer un champ de recherche unifié, il n'est pas impossible d'y repérer quelques tendances convergentes et mécanismes communs dans leur organisation et leur fonctionnement.

Qu'est-ce qu'une grenouille?

Prenons un exemple de représentation mentale parmi d'autres : la grenouille. En termes cognitifs, l'image courante que l'on se fait de la grenouille se résume à un schéma assez simple : c'est un petit animal à quatre pattes, qui fait des bonds, coasse, et vit auprès des mares. Mais

Ce constat a été confirmé par les expériences menées grâce aux techniques d'imagerie cérébrale fonctionnelle. Lorsqu'un sujet pense à son île imaginaire et que des questions lui sont posées sur la place de certains éléments sur cette île *(« Où est la maison ? »*, par exemple), les zones des aires visuelles cérébrales s'activent ; ces mêmes zones qui sont impliquées dans la vision directe.

Des mots aux images

Que se passe-t-il maintenant si on évoque devant un sujet des mots abstraits (liberté, adverbe, silence, puissance…). Comment seront-ils représentés mentalement ? Allan Paivio soutient la théorie du « double codage » : les mots abstraits sont codés sous forme verbale, et les mots concrets du vocabulaire (maison, poire, gomme, etc.) sont codés à la fois sous forme verbale et sous celle d'images mentales.

Ces conclusions semblent également confirmées par les expériences d'imagerie cérébrale : si on demande à un sujet placé dans le noir de se représenter un objet (une chaise par exemple), on constate que les aires du langage et les aires visuelles sont toutes deux activées. Les premières sans doute pour décoder la demande (qui est formulée sous forme verbale) et les secondes pour se représenter mentalement la chaise.

Il est donc de plus en plus admis qu'une part de nos pensées est traitée sous forme d'images et non de mots.

JEAN-FRANÇOIS DORTIER

À lire
- M. Denis, *Image et cognition*, Puf, 2ᵉ édition, 1994.
- E. Melet, « La perception et l'imagerie mentale visuelle », dans O. Houdé, B. Mazoyer, N. Tzourio-Mazoyer (dirs), *Cerveau et psychologie*, Puf, 2002.

comment s'y prend-on pour résoudre mentalement un problème du type : *« La grenouille a-t-elle des lèvres ? »* La question peut paraître sans grand intérêt, mais ce type de problème est au cœur d'un des débats les plus importants en psychologie cognitive : pense-t-on avec des images ou par concepts ? *(voir l'encadré)*

Pour un spécialiste de psychologie sociale, la grenouille sera également un intéressant objet de réflexion. Car l'image de la grenouille varie d'une société à l'autre. En témoigne le fait que les Français jugent bon de la cuisiner, ce qui choque beaucoup leurs voisins (2). Cela nous rappelle que les grenouilles, comme bien d'autres choses,

2. Carl von Linné a nommé la grenouille verte commune en Europe *Rana esculenta*, ce qui signifie grenouille comestible…

sont aussi le produit d'une société qui leur donne sens. Les représentations mentales sont aussi des faits de société : l'historien peut facilement nous en convaincre. L'helléniste Pierre Lévêque a d'ailleurs rédigé un joli petit livre sur *Les Grenouilles dans l'Antiquité* (3). Il nous montre que pour les Grecs ou les Egyptiens, la petite bête était associée à plusieurs divinités, et que ses représentations trouvaient leur place dans des sanctuaires. Ainsi chez les Grecs, la déesse mère Artémis était liée à la grenouille, tout comme, en Egypte, la déesse des naissances Héqet ; en Inde, la grenouille figurait dans des rituels de guérison...

Il existe donc une symbolique de la grenouille. A ce titre, d'ailleurs, une « psychanalyse de la grenouille » n'est pas impossible. Plusieurs éléments nous y engagent. L'animal n'a-t-il pas souvent été associé au sexe féminin ? L'ethnopsychiatre Georges Devereux (1908-1985) a même écrit tout un livre sur ces figures de femmes ou de déesses dites Baubo (4), placées dans une position obscène dite « de la grenouille », les cuisses largement écartées pour montrer leur sexe (5)...

Cette petite exploration de l'imaginaire de la grenouille nous montre déjà les multiples facettes de ce que l'on nomme « représentations ». Les grenouilles (ou tout autre objet) peuvent être traitées tour à tour comme des schémas cognitifs (images, concepts), des représentations sociales (différentes selon les milieux et les époques), comme des « forêts de symboles » véhiculant un imaginaire fantasmatique et suscitant des évocations multiples.

Il en va des grenouilles comme des canards, des serpents, des dragons, des parapluies, des maisons, des îles désertes, du cousin Maxime, des pompiers, des hommes politiques, du bonheur, des stars et des dieux : l'univers des représentations forme un vaste ensemble d'objets mentaux qui peuplent nos esprits.

De cet ensemble foisonnant, les sciences humaines sont cependant parvenues à dégager quelques logiques et mécanismes communs. Résumons-les autour de quelques idées-forces :

1) les représentations mentales sont organisées ;
2) elles sont stables ;
3) elles sont utiles ;
4) elles sont vivantes.

L'organisation des idées

Les représentations mentales sont structurées selon des lois qui leur sont propres. Une des premières quêtes des chercheurs en sciences cognitives, dans les années 60, fut de savoir sous quelles formes le cerveau humain « encodait » les représentations mentales. Une première hypothèse fut de considérer notre lexique mental sur le modèle d'un dictionnaire, où chaque représentation est définie par une liste de propriétés. Par exemple :

1) *« Les grenouilles ont quatre pattes »* ;

---

3. P. Lévêque, *Les Grenouilles dans l'Antiquité. Cultes et mythes des grenouilles en Grèce et ailleurs*, éd. de Fallois, 1999.
4. Du nom de la servante de la déesse Déméter, qui la faisait rire en lui montrant son sexe. G. Devereux, *Baubo. La vulve mythique*, éd. Godefroy, 1983.
5. On trouve des images de femmes en position de la grenouille sur certaines parois gravées préhistoriques, dans la statuaire indienne...

2) «*Ce sont des batraciens*»;
3) «*Elles pondent des œufs qui se transforment en têtards*»;
4) «*Les têtards se transforment en grenouilles*», etc.

Chacune de ces propositions peut se décomposer en propositions plus simples et élémentaires.

En combinant les propositions entre elles par des règles d'inférence, on peut aboutir à des déductions du type : si Monica est une grenouille, alors Monica vit près d'un étang, elle pond des œufs qui se transformeront en têtards, etc. Cette vision des représentations mentales sous forme propositionnelle a connu de nombreux développements (propriétés, prédicats, réseaux sémantiques). Le but était de formaliser les connaissances humaines sous forme d'arbres et de graphes, ou réseaux sémantiques, et de les transposer en programme informatique.

Mais l'espoir de retranscrire toutes les représentations mentales sous forme d'un langage symbolique a été déçu. En effet, si notre cerveau fonctionnait selon les règles strictes de la logique des propositions, il serait immédiatement pris en défaut face à des situations atypiques. Une grenouille à trois pattes, par exemple, viole une des propositions de base du lexique mental, qui veut que «*les grenouilles sont de petits animaux à quatre pattes*». En toute logique, notre pauvre grenouille handicapée doit être exclue de la catégorie des grenouilles. De même, nous serions incapables d'identifier la petite *Rheobratacus silus*. Cette petite grenouille australienne a tous les caractères de ses espèces cousines, à part le fait d'incuber ses œufs

dans son estomac avant de les recracher sous forme de petites grenouilles complètement formées ! Ici encore, une règle habituelle de reconnaissance des grenouilles (elles libèrent des œufs qui se transforment en têtards) suffirait à l'exclure de la catégorie pour un esprit régi par des règles formelles (6).

Or, il est évident que nous ne procédons pas ainsi pour nous représenter le monde. Face à ces cas limites (une grenouille à trois pattes), nous savons tout de suite identifier l'animal comme membre de la catégorie (7). Pourquoi ? Parce que nous identifions un objet, un animal, ou tout autre chose, par ressemblance avec un prototype de référence et non en établissant une liste plus ou moins longue de ses propriétés. Cette théorie dite des «prototypes» a été élaborée dans les années 70 par la psychologue américaine Eleanor H. Rosch (8). Elle a apporté un nouveau regard sur les représentations mentales. Une représentation (d'un objet, d'un être vivant, etc.) n'est pas constituée d'une minibase de données exhaustive sur le sujet. Elle se présente comme le prototype le plus courant de sa catégorie.

Dans les années 70 vont surgir d'autres

---

6. La grenouille offre un sujet de réflexion particulièrement intéressant pour les naturalistes et théoriciens de l'évolution. C'est, parmi les vertébrés, l'animal qui présente la plus grande diversité de modes de reproduction. La plupart pondent des œufs qui deviennent des têtards indépendants, mais certaines incubent les œufs à l'intérieur de la bouche ou de l'estomac. Chez certaines espèces, c'est le mâle, chez d'autres, c'est la femelle qui incube. Parfois l'incubation se fait dans une poche ventrale ou dorsale. Voir S.J. Gould, *La Foire aux dinosaures*, Seuil, 1993.
7. Sans avoir à créer une foule de sous-catégories supplémentaires : les grenouilles à trois pattes, les grenouilles en carton, etc.
8. E.H. Rosch, «Natural categories», *Cognitive Psychology*, n° 4, 1973.

théories des représentations mentales, bâties sur le même principe. Les théories des schémas, des scripts, des *frames*, des modèles mentaux et autres Mops (9). Ils ont tous en commun de considérer les représentations mentales à partir d'un *pattern* (patron, canevas, configuration) de référence. Ainsi, la théorie des schémas, reprise du psychologue anglais Frederick Bartlett (1886-1969), suppose que notre mémoire encode les informations (souvenirs d'événements, lecture d'un livre, écoute d'un exposé...) non pas comme une liste d'informations désordonnées, mais en les rassemblant autour de schémas simples, cohérents et familiers.

La vision des représentations mentales organisées en petits noyaux de sens est l'une des thèses centrales de la psychologie sociale (*voir l'encadré*). Serge Moscovici a montré que la réception de la psychanalyse, en se diffusant auprès du grand public, se réduisait de plus en plus à un schéma simple et grossier (psychanalyse = inconscient + complexe d'Œdipe). Bien d'autres travaux sont venus confirmer par la suite ce phénomène de « réduction » des représentations mentales à un petit noyau stable. On la retrouve en philosophie des sciences avec les notions de thématas, de paradigmes.

Toutes les théories cognitives contemporaines des représentations mentales (schémas, Mops, prototypes, *frames*, stéréotypes...) envisagent celles-ci comme un « formatage » des informations par des modèles ou cadres de référence. Mais d'où viennent alors la force et la prégnance de ces modèles, de ces « idées fixes » ?

Les représentations ont la vie dure

Les représentations mentales sont organisées autour de pôles de référence. Et ces points d'ancrage sont très stables. Nos opinions sur la psychanalyse, nos amis, la mondialisation ou la cuisine ne varient pas au gré des informations qui nous parviennent. Sans quoi nous changerions d'opinion politique après chaque débat, en fonction des interventions des uns et des autres. Or, on ne change pas de représentation comme on change de chemise ; les représentations ont la vie dure, elles sont stables et robustes. Pourquoi ? Du fait d'un triple ancrage – psychologique, social et institutionnel –, repéré par plusieurs disciplines des sciences humaines.

• **L'enracinement psychologique** profond des représentations mentales est lié à la formation de schèmes de perception et de comportement acquis tôt dans l'enfance (Jean Piaget), ou encore à des « formes » (*Gestalt*) impliquées dans notre système perceptif. Edgar Morin désigne sous le nom d'« *imprin-*

9. *Script, Mop, Top...* : La notion de script (proche de celle de schéma) a été créée par le linguiste Roger Schank et utilisée comme technique de représentation des connaissances en traduction automatique et en intelligence artificielle. Le modèle canonique du script est celui du restaurant. Le script du restaurant désigne la série d'épisodes caractéristiques d'un repas au restaurant : réception du client, commande, repas, paiement, etc. Chacun de ces épisodes se divise à son tour en miniscénarios bâtis sur un modèle de référence, par exemple : un repas = entrée + plat de résistance + dessert + café. La façon de manger un plat (poisson, soupe...) est elle-même soumise à des miniscénarios structurés. Dans *Scripts, Plans, Goals and Understanding*, Roger Schank et Robert P. Albeson (1977) emploient les termes Mop (pour memory organisation packet) et Top (pour thematic organisation packet) pour indiquer un niveau d'organisation des représentations d'une plus ou moins grande généralité par rapport aux scripts.

Les représentations sociales

« Les pompiers sont des gens courageux, qui font un métier difficile. » « Le sport, c'est bon pour la santé. » (1) *« Les hommes politiques sont corrompus.* » Voilà le type de lieu commun que l'on peut entendre à tout propos. Le propre de ces représentations courantes est de fonctionner comme des « clichés », qui réduisent une réalité complexe à quelques éléments saillants (pas toujours faux d'ailleurs) et de s'en servir comme guide de lecture du monde.

L'étude de ces opinions, stéréotypes, préjugés, a été l'un des thèmes fondateurs de la psychologie sociale. Elle s'est élargie aux représentations sociales, qui couvrent un champ d'étude plus large : les représentations de la maladie, de l'entreprise, de l'environnement, de l'alimentation, de la chasse, etc.

Dans les pays francophones, une tradition particulière de recherche s'est nouée à partir d'une recherche fondatrice menée par Serge Moscovici en 1961 (2). Cette recherche a porté sur l'image de la psychanalyse dans le grand public. De cette enquête fondatrice sont sorties quelques idées centrales, largement exploitées par la suite.

• **Les représentations sociales sont bâties autour d'un noyau** (certains auteurs parlent de « schémas cognitifs de base » ou de « système central »). Ce noyau correspond à quelques principes directeurs. Ainsi, dans la recherche sur la psychanalyse, S. Moscovici a mis en évidence qu'en se diffusant largement, la théorie de Freud se réduisait à deux idées simples : l'existence de l'inconscient et du complexe d'Œdipe, éléments acceptés ou rejetés en bloc. Autour de ce noyau de base s'agrègent des « éléments périphériques ».

• **Les représentations sociales sont ancrées au sein d'un groupe** et du système de valeur qui lui est propre. Dans son enquête, S. Moscovici a montré qu'à l'époque, les presses communiste et catholique ont donné chacune des interprétations très différentes de la psychanalyse, liées à leur vision particulière de l'individu et de la société. Une fois « ancrée », la représentation sociale joue un rôle de filtre cognitif, toute information nouvelle étant interprétée dans les cadres mentaux préexistants.

JEAN-FRANÇOIS DORTIER

1. Oui, mais sa pratique intensive (qui ne concerne plus qu'une petite élite de la population) provoque aussi de nombreux décès (1 500 morts par arrêt cardiaque chez les coureurs de fonds, par accident d'alpinisme, de moto, de ski...), des blessures, des défaillances, des maladies, des mutilations chroniques, etc.
2. S. Moscovici, *La Psychanalyse. Son image et son public*, Puf, 2ᵉ édition, 1976.

ting culturel» ce façonnage très précoce qui *« s'inscrit cérébralement dès la petite enfance par la stabilisation sélective des synapses, inscriptions premières qui vont marquer irréversiblement l'esprit individuel dans son monde de connaître et d'agir»* (10). Certains anthropologues et psychologues évolutionnistes pensent même que notre «esprit» organise le monde à partir de modules et d'archétypes invariants hérités de notre passé évolutif.

Bien sûr, il n'existe pas de module héréditaire spécialement dédié à la représentation des grenouilles, pas plus qu'il n'en existe pour reconnaître les réfrigérateurs ou les brosses à dents. Mais la capacité à cataloguer les choses en «objets inertes», «êtres vivants», et à classer ces derniers en catégories stables, serait, elle, bel et bien programmée. Les neurosciences nous en apportent une preuve. Des patients, atteints de lésions du cerveau très spécifiques, éprouvent des difficultés à reconnaître des objets familiers, des animaux ou des visages…

• **Un ancrage social** vient s'ajouter à l'enracinement psychologique des représentations. Les routines mentales, les mécanismes d'influence et de subordination aux normes de groupe assurent tout d'abord une stabilité des représentations dans la vie quotidienne ou le travail.

Mais si une représentation s'installe et perdure dans un groupe, ce n'est pas du seul fait du poids des habitudes et de l'inertie mentale. Certaines représentations s'enracinent plus que d'autres, parce qu'elles assument d'autres fonctions que celle de décryptage du monde.

Les représentations sociales en donnent un bon exemple. Selon Jean-Claude Abric, elles possèdent quatre fonctions essentielles : une fonction cognitive, une fonction d'orientation de l'action, une fonction de justification des pratiques et une fonction identitaire.

Cette dernière a été particulièrement étudiée à propos des stéréotypes et représentations sociales des groupes. Les préjugés des supporters de foot de Marseille à l'égard des Parisiens (ou inversement) ne sont pas simplement une représentation grossière, caricaturale et stupide. C'est un élément d'identité du groupe. Les représentations sociales permettent à un groupe de se définir par rapport à un autre et de s'évaluer positivement ou négativement à son égard. Ce racisme ordinaire, dans le sport, la politique, l'entreprise, les relations interethniques, est l'un des penchants les plus profonds de la pensée en société.

Denise Jodelet en donne un exemple dans la belle enquête qu'elle a menée sur les représentations de la folie à Ainay-le-Château, un petit village du Cher. Cette agglomération a la particularité de posséder une institution psychiatrique qui pratique depuis longtemps le placement des malades mentaux auprès des familles. Or, malgré la proximité des malades avec les habitants, les représentations des fous (qu'on appelle ici les « bredins ») tendent à se réduire à quelques catégories de base, assez grossières (« le crétin », le « maboul », le « dérangé »). Le maintien de ces caté-

---

10. E. Morin, *La Méthode, T. IV : Les Idées, leur habitat, leur vie, leurs mœurs…*, Seuil, 1991.

gories péjoratives permet aux gens du village non seulement de «domestiquer l'étrange», mais aussi de se démarquer des fous, d'affirmer leur identité et de se reconnaître comme normaux et en bonne santé face aux gens du dehors (11).

• **L'assise institutionnelle** est un autre facteur de stabilité des représentations. L'image que nous avons de la France, des malades mentaux ou des Eglises ne se forge pas dans le seul creuset d'un cerveau solitaire ou dans le cénacle de petits groupes. Les représentations se reproduisent et sont véhiculées par le biais d'institutions de toute sorte : l'école, les partis politiques, l'Etat, les médias. Ce phénomène d'inscription institutionnelle des représentations a été décrit par des anthropologues comme Maurice Halbwachs (12), Mary Douglas (13), Benedict Anderson (14).

Les historiens s'intéressent désormais beaucoup aux conditions dans lesquelles une société traite de son passé, met en scène ou efface de sa mémoire collective. Ils observent comment un événement (la Révolution française, la Première Guerre mondiale, le régime de Vichy, la guerre d'Algérie…) est rapporté et transmis *via* les manuels scolaires, le cinéma, les commémorations, les monuments et autres lieux de mémoire. L'histoire des représentations est devenue un champ de recherche à part entière (*voir l'encadré page suivante*).

Depuis peu, la géographie aussi s'occupe de ces questions de représentation. A travers les cartes, les manuels scolaires, les albums, les guides de voyage, la publicité, les documentaires,

on se construit une vision d'un pays ou d'une région. L'image que l'on se fait des Alpes, de l'Irlande ou de l'Inde soulève des enjeux qui ne sont pas purement cognitifs. Ces représentations de l'espace déterminent l'orientation des choix des vacanciers. Dans un monde où le tourisme est en passe de devenir la première industrie mondiale, le poids des représentations se mesure parfois en millions de dollars…

Si les représentations mentales tendent à s'organiser autour de petits schèmes cognitifs de base, c'est que leur rôle ne se borne pas à décrire la réalité. Elles nous servent aussi à évaluer les objets et à agir. Elles sont utiles et fonctionnelles. Revenons à notre grenouille. Notre vision du petit batracien ne se réduit pas à une description neutre et objective. L'animal peut être jugé sympathique, laid, dégoûtant ou comestible. Ce marquage affectif de la représentation détermine nos liens avec la grenouille : peut-on la prendre dans la main ? Est-elle dangereuse ? Peut-on en manger ?

On le voit : les représentations ne sont pas que des images de la réalité. Elles véhiculent aussi de véritables petits modes d'emploi du monde ; les représentations de la grenouille, du tube de dentifrice ou de la cigarette nous disent également comment il faut se comporter à leur égard. Cette dimension évaluative et pratique des représentations mentales a été soulignée par plusieurs courants de

11. D. Jodelet, *Folies et représentations sociales*, Puf, 1989.
12. *Les Cadres sociaux de la mémoire*, Albin Michel, rééd. 2000.
13. *Comment pensent les institutions ?*, La Découverte, 1999.
14. *L'Imaginaire national*, La Découverte, 2002.

De l'histoire des mentalités à l'histoire des représentations

• **Lucien Febvre (1878-1956) et Marc Bloch (1886-1944)** avaient voulu faire de l'histoire des mentalités un des axes de l'école historique des Annales. Nous étions au début des années 30, et il s'agissait alors de rompre avec une histoire des idées coupée de ses bases sociales et de penser les représentations d'une société. L. Febvre va appliquer cette approche dans un livre célèbre : *Le Problème de l'incroyance au xvie siècle. La religion de Rabelais* (1). Dans cet essai, l'historien a démontré que l'athéisme souvent attribué à Rabelais n'est pas pensable à son époque. «L'outillage mental» de la société française du xvie siècle ne permet pas alors de concevoir un monde sans dieu. Rabelais pouvait être anticlérical, agnostique, libre-penseur, déiste… mais certainement pas athée.

• Dans les années 60, l'histoire des mentalités prend la forme d'une «psychologie historique» dont **Robert Mandrou** et **Jean-Pierre Vernant** se réclament (en se référant au projet du psychologue Ignace Meyerson). Chez J.-P. Vernant, il s'agit de reconstruire la place que tient la raison dans la pensée grecque. Ses travaux sont, à l'époque, fortement influencés par l'esprit du structuralisme.

Mais globalement, les *Annales* des années 1960-1980 s'intéressent davantage aux soubassements économiques et sociaux du passé qu'aux idées et représentations.

• L'histoire des mentalités sera un des étendards de la nouvelle histoire à partir de 1978. Les travaux de **Philippe Ariès** (sur la mort, les conceptions de l'enfance), ceux de **Michel Vovelle**, **Jacques Le Goff**, **Alain Corbin**, **Jean Delumeau** et **Paul Veyne** sont enrôlés sous la bannière. L'histoire des mentalités est un concept élargi, utilisé par J. Le Goff pour désigner des études diverses qui relèvent de l'histoire des attitudes face à la mort

recherche. La psychologie sociale, on l'a vu, nous dit que les représentations sont des guides pour l'action : elles construisent nos goûts et nos dégoûts à l'égard de notre environnement.

Imaginaire, fantasmes, préjugés, théories…

Notre rapport à la grenouille, comme à tout autre objet du monde, est donc «finalisé». C'est ce que la philosophie de l'esprit désigne sous le terme «d'intentionnalité». L'intentionnalité – la notion est issue de la phénoménologie (Franz Brentano, Edmund Husserl, Maurice Merleau-Ponty) – signifie que les idées qui nous servent à penser le monde passent par des représentations

(M. Vovelle, P. Ariès), de l'imaginaire du Moyen Age (Georges Duby, J. Le Goff).

• En 1989, **Roger Chartier** lance un manifeste pour une histoire des représentations (2). Le terme est repris l'année suivante par l'Italien **Carlo Guinsburg** dans un article de la même revue (3). La même année, l'historien des sciences **Geoffrey Lloyd** lance un pavé dans la mare : « Pour en finir avec les mentalités ». Au fond, les trois auteurs défendent à leur manière une idée commune. Il s'agit de se démarquer d'une histoire qui enferme les mentalités d'une époque dans un cadre mental unique et englobant. Or, les représentations d'une époque sont toujours multiples et donnent lieu sans cesse à des réinterprétations, à des luttes de représentations. C'est la raison pour laquelle **Paul Ricœur** pense que l'on est passé d'une histoire des mentalités à une histoire des représentations (4).

• Au début des années 2000, l'histoire des représentations ne s'est pas imposée comme un courant de recherche homogène et unifié. On peut y intégrer les travaux « d'histoire culturelle », comme ceux d'histoire des idées, les travaux de **Louis Maurin** sur l'iconographie religieuse ou ceux de **Jean-François Sirinelli** sur l'histoire des intellectuels, en passant par les recherches d'**Annette Becker** sur les représentations de la guerre de 1914-1918. Un champ d'étude vaste et hétérogène, dont le seul commun dénominateur est de considérer que les représentations ont une histoire, et que l'histoire en dépend.

JEAN-FRANÇOIS DORTIER

1. Albin Michel, 1942 (rééd. 2000).
2. « Le monde comme représentation », *Les Annales*, 1989.
3. « La représentation, le mot, l'idée », *Les Annales*, 1990.
4. P. Ricœur, *La Mémoire, l'histoire, l'oubli*, Seuil, 2001.

qui sont orientées par nos désirs et nos projets.

Notre vision de la grenouille, par exemple, est reliée d'une façon singulière à notre statut d'être humain. Pour un enfant, la grenouille sera un objet de curiosité, pour un savant, un objet d'étude, pour un gourmet, un objet de délices… Bref, il n'existe pas de représentations des choses sans « intention », ou « projet ». Il en va ainsi de la plupart des représentations : du coq au vin comme du bonheur, de Jésus-Christ comme du hamburger.

Les représentations sont donc organisées, stables et utiles. Faut-il concevoir ce stock de représentations comme une boîte à outils mentale, formée de petits

modules fonctionnels destinés à décoder notre environnement, gérer nos conduites et organiser nos activités?
C'est en partie vrai. Mais en partie seulement. D'abord parce que <u>tout en étant stables, les représentations sont tout de même changeantes</u>. Elles varient au cours du temps, basculent parfois d'une conception à une autre, totalement opposées. Un des sujets de réflexion de l'histoire des idées et des représentations consiste d'ailleurs à essayer de comprendre comment et pourquoi se transforment les représentations (15). Un point de vue original en la matière réside dans les théories «épidémiologiques» de la diffusion des idées.

Un processus de filtrage cognitif
Le biologiste Stephen Dawkins a élaboré une théorie des «mèmes», destinée à rendre compte de la diffusion et de la transformation des idées humaines. Chaque représentation (de la grenouille à l'idée de Dieu) est conçue comme un petit module mental, niché au cœur de notre cerveau et destiné à guider nos conduites au quotidien. Certains mèmes sont plus adaptés que d'autres à gérer nos conduites et donc plus prégnants. Ainsi, le mème du Petit Chaperon rouge s'implante mieux dans notre esprit que la philosophie de Hegel, parce que sa simplicité est mieux adaptée à notre structure mentale (plus sensible aux récits qu'aux réflexions trop abstraites).
Mais en se transmettant d'un cerveau à un autre, certains mèmes subiraient des mutations, comparables aux mutations génétiques : des défauts de réplications en quelque sorte. Pour Dan Sperber,

auteur de *La Contagion des idées* (16), ouvrage qui se présente comme une tentative «d'épidémiologie des représentations», la mutation des représentations est liée à un mécanisme plus fondamental et profond que la simple erreur de reproduction. Toute représentation, en passant d'un cerveau à un autre, est soumise à un processus de filtrage cognitif qui déforme et réinterprète les informations échangées dans les catégories nouvelles.
Il est un autre élément qui explique la vitalité des représentations, leurs transformations permanentes. La grenouille peut aiguiller, par le jeu des renvois, vers tout un univers de significations : la grenouille de bénitier, l'homme-grenouille, le «grenouillage» politique, la grenouille du Muppett Show, etc., et, par extension et glissements de sens, à l'image d'un étang, à la dissection, au baromètre… Le monde mental de la grenouille est sans fin.
Cette «ouverture du sens» a été mise en lumière par la sémiologie – science des signes. En sémiologie, la représentation d'un objet ou d'une idée (par l'intermédiaire d'un signe, une icône, ou d'un symbole) n'est jamais réductible à une signification unique. Tout est toujours porteur de sens potentiellement multiples. Comme l'explique Umberto Eco dans *Sémiotique et philosophie du langage* (17), il n'y a pas de clôture du sens. Les tentatives théoriques pour

---

15. C. Guimelli (dir.), *Structures et transformations des représentations sociales*, Delachaux et Niestlé, 1994 ; J.-C. Abric, *Pratiques sociales et représentations*, Puf, 1994.
16. Odile Jacob, 1996.
17. Puf, 1992.

réduire une représentation – signe, icône, symbole – à un sens unique ont été des échecs.

Voilà pourquoi l'image de la grenouille peut prendre dans notre esprit des formes aussi diverses : de l'image d'un animal inoffensif, en passant par celles d'une divinité ou d'un fantasme sexuel, à celle d'un messager de la pluie. L'animal réel, lui, reste inchangé. Ce que résumait à sa façon Jean Rostand (1894-1977), grand biologiste : *« Les idées passent, les grenouilles restent. »*

PASCAL ENGEL*

LA COGNITION EST-ELLE REPRÉSENTATION ?**

En mettant la représentation au cœur de l'analyse des processus mentaux, les sciences cognitives ont réactivé toute une série de débats philosophiques classiques : qu'est-ce qu'une idée ? A-t-elle le pouvoir d'agir sur nos comportements ? Quels liens unissent représentation et réalité ?

L A NOTION de représentation est omniprésente au sein des sciences cognitives : on ne cesse d'y parler de « représentation des connaissances », d'« images mentales », de « réseaux sémantiques », de « symboles ». La représentation est même une notion fondatrice des sciences cognitives, qui sont nées en réaction au bannissement par la psychologie béhavioriste des notions d'« états mentaux ». D'autre part, elles se sont forgées autour d'une conception de l'esprit comme manipulation de représentations symboliques (sur le modèle du traitement de l'information par les ordinateurs). Mais, ce faisant, il n'est pas étonnant non plus que les sciences cognitives héritent de toutes les difficultés philosophiques traditionnelles de cette notion. Peut-on pour autant s'en passer ?

Les problèmes classiques

Revenons en effet à Platon. Si la pensée peut être vraie, elle doit représenter le réel. Mais les données sensibles et les images le font mal. Quelle est la bonne représentation ? Celle qui atteint les « Idées ». Mais comment les « Idées » peuvent-elles se réaliser dans le sensible ? Dans le *Théétète*, Socrate examine la théorie selon laquelle la pensée acquiert son contenu par l'intermédiaire d'une empreinte de la réalité elle-même sur l'esprit. Si la connaissance est un tel processus causal, il se demande comment il est possible de penser ce qui

* Membre de l'Institut Jean-Nicod, CNRS. A publié notamment : (dir.) *Précis de philosophie analytique*, Puf, 2000 ; *Introduction à la philosophie de l'esprit*, La Découverte, 1994.
** *Sciences Humaines*, hors série n° 35, décembre 2001-février 2002.

n'est pas, comment expliquer l'erreur. Sautons une vingtaine de siècles, et allons au XVIIe, au moment où s'impose, sous l'influence de René Descartes (1596-1650) et de John Locke (1632-1704), la conception classique de l'esprit comme représentation du monde par l'intermédiaire d'idées. J. Locke les classe en toutes sortes de catégories : singulières, abstraites, relatives à l'espace, au temps, aux nombres, aux relations, aux substances, etc. Il rencontre ainsi un premier problème, celui de l'abstraction, et soutient, contre R. Descartes, que les idées abstraites ne sont pas innées, mais dérivent toutes du sensible. Le second problème de la théorie de J. Locke, et sur lequel George Berkeley (1685-1753) insista, est celui de savoir comment l'esprit, s'il n'a accès qu'à ses propres idées, peut savoir s'il représente bien une réalité extérieure : si une idée ne peut être confrontée qu'à une autre idée, comment peut-elle l'être à la réalité et avoir réellement un contenu représentatif ? Appelons ce problème celui de la régression. Il revient aussi dans la théorie du langage de J. Locke : si un mot ne signifie qu'en exprimant une idée, comment savoir ce qu'il signifie, sinon par l'intermédiaire d'une autre idée, et ainsi de suite ?

Une autre version du même problème, connue sous le nom de «problème de l'homoncule», peut se formuler dans le cadre de la théorie associationniste des idées de David Hume (1711-1776) : si les idées s'associent pour former des représentations, ne faut-il pas poser un petit homoncule à l'intérieur de nous qui les comprend, mais aussi un autre homoncule comprenant le premier ?, etc.

La théorie computationnelle-représentationnelle de l'esprit

Sautons encore trois siècles. La théorie dite «classique» de l'esprit en sciences cognitives est aussi une théorie représentationniste de l'esprit, à cette différence près qu'elle soutient que les représentations mentales peuvent être identifiées, au niveau cérébral, à des symboles d'un «langage de la pensée» interne, reposant sur des processus physiques de calcul ou de «computation», à l'instar des symboles du langage d'un ordinateur. C'est la conception notamment défendue par Jerry Fodor. Il semble de prime abord que cette conception puisse éviter les problèmes de la régression et de l'homoncule, car à un moment, les symboles mentaux seront définis uniquement par leurs propriétés formelles, et en dernière instance par leurs propriétés physiques. Mais comment les symboles seront-ils, une fois traduits dans le langage mental, eux-mêmes interprétés ? Ne faudra-t-il pas recourir à un autre intermédiaire représentatif pour cela ?

Une autre version du problème de G. Berkeley est plus connue sous la forme que lui a donnée le philosophe John Searle, avec sa célèbre expérience de pensée de la «chambre chinoise». Un programme d'ordinateur se comporte de la même manière qu'il connaisse ou ignore le sens des symboles qu'il manipule. Les éléments du programme sont identifiés de manière purement syntaxique et ses opérations se passent sans référence à une interprétation qu'on peut en donner qui relie les propriétés internes des représentations à des traits sémantiques représentant la réalité.

Daniel C. Dennett :
« *La conscience est une illusion* »

« *Je suis un philosophe, pas un scientifique, et les philosophes sont davantage doués pour poser des questions que pour fournir des réponses.* » Le philosophe Daniel C. Dennett préfère remettre en cause les idées fausses – ou qu'il croit telles – que proposer une nouvelle théorie de l'esprit. Et parmi les idées fausses, dans les concepts illusoires qui nous détournent de la bonne compréhension du fonctionnement de la pensée figure la notion de « conscience ».

Pour D.C. Dennett, la conscience n'est qu'une illusion. Plus exactement, c'est un mot mystificateur car il suppose l'existence d'un centre unifié de pilotage des pensées et de nos conduites. En fait, le psychisme est un ensemble hétérogène qui combine toute une série de processus mentaux que l'on connaît mal : la perception, la production du langage, l'apprentissage, etc. Nous nous attribuons, aux autres humains et à nous-mêmes, des « intentions », une « conscience », parce que nos conduites sont finalisées. Mais ces mots font écran à la compréhension de ces mécanismes mentaux sous-jacents.

Les enfants ou les peuples primitifs attribuent aux forces de la nature (l'orage, le vent) des « intentions » parce qu'ils leur semblent animés d'une « âme ». On pourrait tout aussi bien attribuer à un ordinateur joueur d'échecs des intentions : celle de « vouloir » gagner la partie. Il n'y a aucune raison de tracer une barrière infranchissable entre l'esprit des humains, des autres animaux ou des machines. Ce sont des dispositifs mentaux comme nous qui réalisent certaines opérations. Simplement, les aptitudes se sont complexifiées avec l'évolution.

D.C. Dennett est l'un des philosophes de l'esprit les plus connus aux Etats-Unis. Il a reçu en France le prix Jean-Nicot 2001 de philosophie cognitive.

JEAN-FRANÇOIS DORTIER

A lire de D.C. Dennett
- *La Stratégie de l'interprète. Le sens commun et l'univers quotidien*, Gallimard, 1990.
- *La Conscience expliquée*, Odile Jacob, 1993.
- *La Diversité des esprits. Une approche de la conscience*, Hachette, 1998.
- *Darwin est-il dangereux ? L'évolution et le sens de la vie*, Odile Jacob, 2000.

Comme on le dit quelquefois, l'ordinateur n'est qu'un « moteur syntaxique », et non sémantique.

Certains philosophes, comme J. Fodor, ou certains linguistes, comme Noam Chomsky, acceptent une forme d'« internalisme » selon laquelle l'esprit est en quelque sorte muré dans ses représentations internes. On peut aussi soutenir que les états mentaux s'identifient non pas à des représentations concrètes dans l'esprit, mais aux rôles fonctionnels ou causaux qu'ils jouent dans un système cognitif (c'est la thèse du fonctionnalisme). Le problème est alors que deux êtres dont les rôles fonctionnels sont identiques peuvent avoir des représentations distinctes. Par exemple, vous pouvez, tout comme moi, avoir les mêmes réactions aux feux rouges, bien que vous les voyiez, pour votre part, verts (vous vous arrêtez à ce que vous voyez vert, et passez à ce que vous voyez rouge – là aussi c'est un problème qu'identifia J. Locke, celui du « spectre inversé » des couleurs). Les rôles causaux ne sont pas assez fins pour identifier les représentations.

D'autres théoriciens, comme Daniel C. Dennett, en concluent que la notion même de contenu mental, sémantique ou représentationnel, n'est qu'une sorte de grille heuristique, que nous imposons de l'extérieur sur les divers systèmes cognitifs (machines, animaux, humains) et qui n'a qu'une valeur prédictive pour le comportement. Les systèmes cognitifs ne se comprennent pas eux-mêmes, et les processus intermédiaires qu'on postule (les analyseurs de syntaxe, les processeurs d'information, etc.) seront en dernier lieu réduits à de petits homoncules stupides, sans intentionnalité (1) ni pensée, de purs mécanismes. Le prix à payer, si l'on adopte cet « instrumentalisme », est que les représentations perdent toute réalité : les sciences cognitives ne parlent pas du mental,

mais seulement du cerveau et de ses propriétés fonctionnelles ou physiques. Réagissant contre ces difficultés des modèles « symboliques » en sciences cognitives, le courant connexionniste renonce à parler de représentations structurées à la manière des symboles d'un langage, et propose de les analyser en termes de liens et de valences associés à la manière des éléments d'un réseau. Mais cette stratégie, même si elle est plus proche des bases biologiques et cérébrales de la cognition, n'échappe à aucun des problèmes classiques. Elle ne rend pas bien compte de la structure des représentations et de leurs propriétés logiques et inférentielles (si on comprend que A et B, on doit comprendre que A) ni de la manière dont les symboles sont interprétés : c'est en fait une version sophistiquée de l'associationnisme de D. Hume. Elle présuppose une conception inductive de l'apprentissage des concepts, et par conséquent se heurte aux mêmes problèmes que la théorie empiriste de l'abstraction.

La théorie causale de la représentation

La seule manière d'éviter ces écueils semble être d'admettre l'idée que l'esprit n'est pas un théâtre intérieur de représentations internes, mais que ses contenus sont au moins partiellement déterminés par l'environnement extérieur, en adoptant une forme d'« externalisme ».

C'est à ce type d'intuition que font appel les expériences de pensée d'auteurs comme Hilary Putnam, quand ils

1. Voir les mots clés en fin d'ouvrage.

nous invitent à imaginer que nous nous transportons dans un environnement en tous points identique au nôtre, à cette différence près que les propriétés non observables d'une substance (par exemple la composition chimique de l'eau) sont, dans cet environnement, très distinctes. Il semble que dans ces conditions notre pensée à propos de l'eau ne puisse pas être la même que celle que nous avons dans notre environnement réel. L'environnement externe change le contenu de nos états mentaux. Mais comment accepter cette idée sans abandonner la théorie computationnelle de l'esprit, et l'idée, fondatrice des sciences cognitives, qu'il existe des lois du mental relativement autonomes par rapport aux fluctuations, nécessairement plus difficiles à cerner, de l'environnement physique, biologique ou social ? Le problème peut aussi se formuler comme celui, encore très classique, de la causalité mentale. R. Descartes supposait que nos représentations mentales, parties de la substance pensante, interagissent causalement avec des événements physiques, de manière à les causer ou à être causées par eux.

Mais comment expliquer cette mystérieuse interaction ? Les sciences cognitives, en adoptant la thèse de la réalité physique des représentations, donc le matérialisme, ont les moyens d'éviter cette anomalie causale du cartésianisme, puisque cause et effet sont des événements physiques. Mais ceci suppose soit que toutes les propriétés mentales sont identiques à des propriétés physiques, soit que les premières dépendent des secondes, et en particulier des propriétés du cerveau. Mais la causalité céré-

brale est une causalité locale. Si l'on soutient que les contenus mentaux (par exemple de perception) sont déterminés en eux-mêmes par des événements extérieurs de l'environnement physique, comment préserver ce caractère local de la causalité ?

Les programmes de « naturalisation » de la notion d'intentionnalité proposés par des philosophes comme Fred Dretske, J. Fodor, Ruth Millikan, Joelle Proust ou Pierre Jacob, permettent une solution à ce problème. Ils supposent que l'on peut isoler des dépendances causales régulières entre des signes ou représentations internes à un organisme (elles-mêmes dépendantes de ou réductibles à des propriétés physiques) et des états de l'environnement. La signification des représentations mentales est d'abord une forme d'indication fiable. Il y a covariance causale entre des propriétés physiques internes et des propriétés causales de l'environnement. Mais ici, nous retrouvons le problème de Platon : la question de l'erreur. Par définition, un signe naturel ne ment pas, alors qu'il est de la nature d'une représentation de pouvoir être fausse.

La plupart des théories naturalistes de la représentation proposent d'ajouter un élément fonctionnel et biologique au tableau : un dispositif cognitif récepteur d'informations et capable de représentations a été sélectionné par l'évolution, et il est supposé fonctionner d'une certaine manière normale (par exemple, pour une grenouille, identifier des taches noires dans son champ visuel). Quand le système se trompe et prend par exemple des balles de plomb pour des insectes, il dysfonctionne. Cette

Hilary Putnam :
«*Combien y a-t-il d'objets sur la table ?*»

«*Je critique une thèse que j'ai moi-même précédemment soutenue.*» Il est rare qu'un philosophe change d'avis. Plus précisément : il est exceptionnel qu'au cours de sa vie intellectuelle, un penseur rejette explicitement un système de pensée qu'il avait mis au point auparavant. C'est pourtant ce qu'a fait Hilary Putnam à l'égard de la théorie «fonctionnaliste» et «mentaliste» de la pensée ; une théorie qu'il a contribué à forger avec Jerry Fodor, son ancien élève.

Selon la théorie mentaliste, les représentations, croyances, idées peuvent se traduire sous forme de symboles, d'«atomes de sens» que l'on peut isoler et traiter par des procédures logiques. Cette théorie suppose que l'esprit humain fonctionne en manipulant des concepts, des symboles, et que l'on peut assigner à chacun un contenu précis (par exemple, un chien est un animal domestique à quatre pattes, qui aboie, etc.). Par calcul (« computation »), il devient alors possible de construire une pensée élaborée.

H. Putnam conteste cette version des représentations. Aucun concept, aucune notion – «chien», «eau», «salade» ou «Hilary Putnam» – ne se laisse enfermer dans un contenu simple, réductible à quelques propositions élémentaires (que l'on pourrait ensuite combiner entre elles). La signification est toujours multiple et se construit dans l'interaction. Si on demande à quelqu'un combien il y a d'objets sur une table où se trouvent un cahier et un crayon, la personne répondra «*deux*». Si on lui demande : «*Et les pages du cahier ?*», la personne sentira le piège. Faut-il compter les pages comme des objets indépendants ? La notion d'«objet» est bien sûr relative. Elle se construit comme une convention, non comme un concept précisément déterminé et donc formalisable.

Mais H. Putnam ne veut pas dissoudre non plus les notions dans un vague relativisme (selon lequel «*la signification d'un mot vient de son usage*»). Il professe désormais un «*réalisme interne*». Si on définit avec précision la notion d'objet, alors il devient possible de répondre à la question «*combien y a-t-il d'objets sur la table ?*» avec précision, sans équivoque. Dans ce cadre, le schéma mental (les concepts de «chien», «objet» ou «cahier») peut acquérir une définition universelle, bien que conventionnelle et socialement construite. H. Putnam pense ainsi échapper à la fois au mentalisme et au relativisme.

Jean-François Dortier

A lire de H. Putnam
- *Raison, vérité et histoire*, Minuit, 1984.
- *Représentation et réalité*, Gallimard, 1990.

solution rencontre néanmoins deux difficultés. La première est que la sélection naturelle sélectionne des fonctions sans nécessairement sélectionner des contenus de représentations (comme le remarque J. Fodor, Charles Darwin (1809-1882) s'occupe de combien de mouches la grenouille avale, pas des descriptions sous lesquelles elle les avale). La seconde est que la notion de fonction est souvent relative à l'observateur, et n'est pas donnée. Il est bien difficile de dire, dans ces conditions, que ce qui est représenté joue un rôle fonctionnel et a été sélectionné par la nature. On peut bien admettre que les dispositifs cognitifs ont été sélectionnés, mais il est plus difficile de le dire des contenus qu'ils véhiculent.

Ces hypothèses sur les liens entre cognition et évolution trouvent cependant un cadre plus approprié si l'on suppose qu'une bonne partie de la cognition est «modulaire» : non seulement il y a des modules et des systèmes autonomes pour les représentations venues des modalités sensorielles, mais aussi pour les représentations conceptuelles (par exemple des modules spécifiques pour les concepts d'espèce naturelle, pour les artefacts, pour les représentations sémantiques en général…), mais aussi pour tout un ensemble de capacités, qui vont de l'aptitude à reconnaître la numéricité au langage, en passant par la physique naïve et la capacité à manipuler une «théorie de l'esprit» d'autrui. Le problème, comme le note encore J. Fodor au sujet d'une telle conception, est qu'il n'est pas sûr qu'elle soit compatible avec la théorie représentationnelle-computationnelle de l'esprit, car

la modularité n'est plus, dans la perspective évolutionniste, expliquée par des traits locaux des représentations, mais par leurs propriétés globales, environnementales et historiques. C'est peut-être vrai, mais il faut alors se résoudre à admettre que les contenus mentaux sont en eux-mêmes dénués de pouvoir causal propre, et admettre une forme d'épiphénoménisme à leur sujet.

« Qualia », représentation et métareprésentation

La conception représentationnelle de l'esprit pose encore un autre problème : il n'est pas évident que tous les contenus mentaux représentent quelque chose. Ce que les philosophes classiques appellent les «qualités secondes» des objets, comme la couleur, les sons, les odeurs, par rapport à leurs qualités premières (comme la structure physique ou les propriétés spatiales) ne semblent rien représenter, mais avoir seulement des propriétés phénoménales, c'est-à-dire «produire un certain effet». De même pour les sensations, comme la douleur, ou les émotions : ce sont des «qualia», mais pas des représentations, au sens où le sont des croyances ou des concepts (2).

Une conception fonctionnaliste, qui individualise les états mentaux en termes de rôles causaux, peut-elle en rendre compte ? Si l'esprit traite seulement des représentations et exemplifie ces rôles causaux, un être qui ne disposerait que de ces propriétés en fait d'«esprit» serait-il seulement un être conscient ? Là

---

2. Certains auteurs comme Dan Sperber vont même jusqu'à dire que toute la cognition est modulable.

aussi, deux stratégies distinctes ont été proposées pour résoudre ce problème du caractère phénoménal de la conscience et des qualia : nier purement et simplement leur existence et admettre que leur caractère en apparence irréductible est une illusion (position de D.C. Dennett), ou bien chercher à réduire ces qualia à des représentations.

Cette alternative peut être formulée comme opposant deux conceptions du traitement cognitif de la conscience. L'une est foncièrement « décentrée » : l'esprit traite des informations, mais il n'y a aucun centre qui les regroupe quelque part. L'autre conception peut être appelée modulaire : il y a au moins deux types de conscience, phénoménale et qualitative d'une part, et fonctionnelle ou d'accès à ces représentations phénoménales d'autre part. La seconde hypothèse, comme la première, permettrait d'expliquer des phénomènes comme celui de la « vision aveugle » où le sujet semble bien traiter certaines informations, mais n'y a pas accès consciemment.

Une autre version du problème de la relation des représentations à la conscience est la question des métareprésentations. Non seulement l'esprit (au moins chez les animaux supérieurs) traite des informations, mais il a la capacité de se représenter ces mêmes informations. Nous savons (ou croyons) des choses, mais nous savons aussi que nous les savons. C'est une capacité essentielle chez les primates, à la fois pour prédire le comportement d'autrui, mais aussi pour pouvoir réviser ses croyances et rejeter des croyances fausses (on retrouve ainsi la question de l'erreur). Comment cette capacité est-elle possible, à la fois dans l'architecture d'un esprit, et du point de vue de ses origines ontogénétiques et phylogénétiques ?

Un grand nombre de travaux en éthologie, en psychologie de l'enfant et en psychopathologie ont exploré la nature de cette capacité de métareprésentation et de métacognition, essentielle à ce que l'on appelle la « théorie de l'esprit ». Cette capacité a également des liens avec le langage, car on voit mal comment certaines métareprésentations complexes enchâssées (croire qu'on croit qu'on croit, par exemple) sont possibles sans les propriétés des phrases d'une langue à former des propositions complexes.

Adieu la représentation ?

Un certain nombre de philosophes n'ont pas manqué de réagir à ces difficultés en soutenant que l'ensemble du programme des sciences cognitives était fondé sur une notion illusoire et sur des apories insurmontables. Ils en ont conclu que la visée synthétique et unificatrice de ces disciplines avait fait long feu.

D'autres en concluent que l'erreur vient essentiellement de la théorie représentationnelle elle-même et de son paradigme « symbolique » et « propositionnel », et qu'une théorie de la cognition plus proche des bases biologiques et neuronales remettrait les choses dans le droit chemin. On s'inspire ainsi de notions comme celles « d'être-au-monde » ou d'une phénoménologie de la perception, ou d'une sorte de néo-aristotélisme, selon lequel l'esprit est « informé » par des « formes » venues tout droit des choses elles-mêmes.

Mais un tel programme d'une science cognitive sans représentations est-il possible ? On peut déjà soutenir que les difficultés foncièrement philosophiques abordées ici n'ont pas empêché le développement des théories empiriques de la cognition qui utilisent cette notion de représentation. Certes, il n'est pas aisé de dire, par exemple, quelles sont les propriétés des « cartes cognitives » des animaux, qui leur permettent de se représenter leur environnement spatial. Mais même si la notion de carte cognitive soulève toutes les questions classiques, on sait, assez bien, par exemple, comment les chauves-souris se dirigent. On peut aussi leur prêter une capacité de corriger leurs erreurs par « recalibration » des propriétés d'un environnement changeant (3).

Une théorie de la représentation visuelle rencontre tous les problèmes que nous avons soulevés, mais les modèles de la vision dont on dispose ne peuvent pas faire l'économie de la notion de représentation, même s'il faut la diversifier. Certes, notre perception est essentiellement liée à l'action et au mouvement corporel, mais l'étude de l'action elle-même semble conduire à l'idée que le cerveau code des représentations, même si celles-ci n'ont pas la forme de propositions structurées. Et comment analyser la mémoire sans utiliser la notion de représentation ? Ou encore, pour ne pas parler des travaux sur l'imagerie mentale, en psychologie du raisonnement logique, l'hypothèse selon laquelle nous manipulons des « modèles mentaux » quand nous faisons des inférences se heurte au fait que nous ne

savons pas bien identifier les substrats neuronaux de ces représentations, mais nombre de comportements étayent cette hypothèse. Tout contenu mental n'est pas représentation, et toutes les représentations ne sont pas de type symbolique. En ce sens, peut-être l'espoir d'une théorie unifiée de la cognition est-il encore très loin de nous.

Mais l'idée d'une science cognitive sans représentations a-t-elle un sens ? La vieille idée de J. Locke que le langage sert avant tout à véhiculer des informations et l'esprit à se représenter le monde est difficile à évacuer. Le langage est avant tout un système de communication de l'information, comme sont obligés de s'en souvenir les voyageurs dans un pays étranger qui perdent leur chemin ou veulent acheter quelque chose. Un être qui n'a pas le langage a des capacités mentales moindres qu'un être qui l'a, même si la pensée non-linguistique est possible.

Ce qui manque le plus à une théorie de la cognition comme représentation, c'est une analyse de leur usage en contexte, les propriétés du contexte ne faisant pas nécessairement l'objet d'une représentation explicite. Ce qui manque aussi, c'est une certaine conception de leur dynamique, de leur évolution et de leur transmission. Mais l'idée qu'une théorie de l'esprit et du mental puisse se passer de la notion de représentation me paraît avoir un coût exorbitant.

---

3. Parfois associée à des hypothèses sur la perception qui ne sont pas sans rappeler la théorie écologique de Gibson.

LA MAIN, L'ACTION ET LA CONSCIENCE

ENTRETIEN AVEC MARC JEANNEROD*

*Saisir la balle au vol, un simple mouvement semble-t-il.
Pourtant, un domaine de recherche en expansion, la cognition
motrice, a révélé l'importance des représentations mentales
de l'action pour atteindre son but : anticipation, planification,
interprétation de l'action du partenaire, simulation mentale,
etc.*

**Sciences Humaines : Comment passe-t-on, en quelques décennies, de l'étude
du sommeil du chat à celle de la reconnaissance de soi ? Dit autrement, quel
chemin avez-vous parcouru pour passer d'une étude de « bas niveau » du système nerveux central, à l'étude d'une des capacités cognitives considérées
comme la plus « élevée », la conscience de soi ?**

Marc Jeannerod : Vous raconter mon parcours scientifique
nécessite une reconstitution *post-hoc*. C'est souvent comme
ça. On suit sa trajectoire, puis un beau jour on se retourne, on
regarde d'où on vient et on s'étonne.

Quand je suis arrivé dans le laboratoire de Michel Jouvet pour
faire ma thèse, il m'a confié le problème du mouvement des
yeux qui existent chez le chat, comme chez l'homme d'ailleurs,
pendant certaines périodes du sommeil. L'idée était d'en étudier les mécanismes neurophysiologiques, donc de bas niveau.
Mais évidemment, on ne pouvait s'empêcher d'imaginer que
ce mouvement oculaire était lié aux rêves. Un Américain,
William Dement, avait d'ailleurs montré que le mouvement
oculaire pouvait être corrélé, chez l'homme, avec les scènes
oniriques.

Après un post-doctorat aux USA sur les techniques d'enregistrement de l'activité électrique du cerveau, par microélec-
trodes, et l'étude du système vestibulaire (qui joue un grand
rôle dans le contrôle de l'équilibre), je suis rentré en France
et j'ai commencé à monter mon propre laboratoire. Je voulais
poursuivre mes travaux sur le mouvement des yeux, mais chez
le sujet éveillé cette fois. Mon intérêt portait sur le caractère à
la fois moteur et perceptif des mouvements des yeux. Un problème se posait : puisque les yeux bougent tout le temps, la
perception que l'on a de l'environnement devrait elle aussi être
en perpétuel mouvement. Or, nous ne voyons pas les choses
bouger. L'une des hypothèses, très ambitieuse, était que, pour

* Voir l'encadré
page suivante.

Le pari de l'interdisciplinarité

Marc Jeannerod, professeur à l'université Claude-Bernard de Lyon, est le fondateur et le directeur de l'Institut des Sciences Cognitives (Bron). Ses travaux actuels explorent la façon dont on comprend les actions d'autrui et ses intentions, au travers entre autres l'étude de patients schizophrènes. Il dirige avec Nicolas Georgieff l'équipe de recherche «Psychopathologie de l'intention».

Diplômé de médecine en 1965, spécialisé en neurologie, il fit sa thèse sous la direction de Michel Jouvet à l'université de Lyon. Tout au long de sa carrière, suivant en cela l'évolution des neurosciences, ses travaux le mèneront vers la cognition et l'esprit. Ses publications sur la représentation de l'action le feront reconnaître internationalement. Dans les années 1990, il sera chargé de créer le premier centre interdisciplinaire français en sciences cognitives, l'Institut des Sciences Cognitives à Bron. Sa prochaine mission est de créer un lieu de réflexion sur les nouvelles relations entre la psychiatrie et les neurosciences cognitives.

M. Jeannerod a par ailleurs largement contribué à la diffusion des connaissances scientifiques, en publiant chez Fayard *Le Cerveau-machine*, 1983, et chez Odile Jacob, *Esprit, où es-tu ?* en 1991, avec Jacques Hochmann, *De la physiologie mentale*, 1996, et récemment *La Nature de l'esprit*, 2002 et *Le Cerveau intime*, 2002, dont le titre est issu de l'exposition qu'il a conçue pour la Cité des Sciences et de l'Industrie.

se protéger de ces mouvements perturbateurs, le système nerveux prenait la scène d'avant, la scène d'après, et construisait une synthèse. Il s'agit donc d'une activité «anticipative», correspondant à l'idée que la perception est construite par le cerveau selon un processus *top-down* (1).

SH : Il y avait donc à cette époque très peu de concepts cognitifs dans vos travaux ?

M.J. : Il n'y en avait pas. Pas du tout, et on nous le reprochait d'ailleurs. Je me suis mis assez tardivement à la cognition, puisqu'après, je me suis occupé du mouvement de la main. Un collègue m'avait dit : *« La main est une autre rétine, qui bouge elle aussi et qui attrape les objets. »* C'était une belle analogie. En plus, il n'y avait encore aucune publication dans ce domaine. Et j'avais envie de travailler tout seul. J'ai donc étudié les mouvements de la main, en faisant tout moi-même du début à la fin. J'ai vite fait une découverte très intéressante : pendant le mouvement du bras vers l'objet à saisir, il se passe toutes sortes de choses au niveau de la main et des doigts. Ce que j'ai appelé la «préformation de la main». Par des mesures précises, je me suis aperçu que la pince entre le pouce et l'index s'ouvre jusqu'à un certain point, plus grand que l'objet à saisir, puis se referme. Mais surtout, l'ouverture de la pince est d'une dimension exactement corrélée à la taille de l'objet. Cela signifiait donc qu'il existe une représentation très précise, au millimètre près, de la taille de l'objet, de son orientation dans l'espace, de sa forme, etc. Je me trouvais donc là face au problème de la représentation centrale d'une action.

Après plusieurs années de travail et de discussions avec des collègues, nous avons débouché sur une autre idée : puisque cette représentation motrice existe, pourquoi ne pas l'étudier en tant que telle, en l'absence d'action. Cela a surpris tout le monde, dont l'équipe de Giacomo Rizzolatti, de l'université de Bologne, avec qui je collaborais. Lors d'un séjour chez eux, je me suis mis à leur raconter une expérience qui leur paraissait vraiment étrange. J'avais enregistré l'activité cardiaque et respiratoire de personnes qui s'imaginaient en train de courir. On a alors remarqué, que sans le moindre mouvement et sans la moindre consommation d'oxygène au niveau des muscles, les systèmes cardiaque et respiratoire subissaient toutes sortes de modifications. Avec mon collaborateur Jean Decéty, nous avons ensuite vérifié le phénomène pour différents types de mouvements, avec un niveau d'analyse beaucoup plus fin, en s'inspirant des travaux de la psychologie expérimentale. Et nous avons publié en 1994 dans *Nature*, un article sur l'activité du cerveau, mesurée par imagerie cérébrale, lorsque l'individu imagine une action. Au même moment, Giacomo Rizzolatti découvrait les neurones miroirs : des neurones qui codent aussi bien l'exécution d'un mouvement que l'observation du même mouvement exécuté par un autre sous les yeux du sujet.

Tous ces travaux montraient donc que le cerveau pouvait se représenter une action sans que cette action soit exécutée. A partir de là, Jean Decéty a étudié le comportement d'imitation, de simulation, etc.

Moi, je me suis à nouveau séparé de cette très belle ligne de recherche, pour en explorer une autre, avec cette idée : si les mêmes neurones ou zones cérébrales s'activent lorsque je saisis une pomme avec la main, ou lorsque j'observe quelqu'un en train de le faire, comment puis-je faire la différence entre «j'agis» et «il agit»? Comment savoir si une action m'appartient ou non? Il s'agissait alors d'une élaboration philosophique, que j'ai menée avec des philosophes, Pierre Jacob, Joëlle Proust et Elisabeth Pacherie, sur le concept de soi. Ensuite, avec Nicolas Georgieff, pyschiatre, nous nous sommes intéressés à la schizophrénie, avec l'idée que cette maladie permettrait de tester l'effet d'erreurs d'attribution sur le concept de soi.

SH : Vous dites dans *La Nature de l'esprit* que «*la fonction principale du système cognitif est de fabriquer des représentations*». Les représentations sont d'ailleurs le concept fondateur des sciences cognitives. Mais affirmer l'existence de représentations mentales dans l'action n'est pas évident d'emblée!

M.J. : En effet. Comment une action peut-elle être représentée avant même d'avoir été exécutée? Ce serait comme si la flèche du temps s'inversait. A moins d'en arriver à l'idée que l'action n'est pas forcément quelque chose que l'on doit exécuter. On n'exécute probablement qu'une faible partie de nos actions. Et puis les représentations peuvent être de différents niveaux : assez élevé, comme les intentions, les désirs, les croyances, qui peuvent être conscients, mais aussi de bas niveau, et très automatique, comme l'ensemble de la planification du mouvement, des rotations mentales, de l'évaluation des conséquences d'une action comme celle de saisir une tasse de café, par exemple. Cette représentation de bas niveau est d'ailleurs partagée par beaucoup d'espèces animales. Par exemple, un chat sur un meuble, avant de sauter, va devoir évaluer les conséquences, mesurer la distance, etc. Il ne saute pas tout de suite. Il se représente l'action.

Ce qui nous mène d'ailleurs à la notion de «conscience de l'action». On a beaucoup discuté avec des philosophes, en Angleterre en particulier, sur l'idée qu'il existe plusieurs niveaux de conscience de l'action. Tout d'abord, un niveau où il n'y en a pas, justement. Quand l'individu opère une coordination visuomotrice rapide, automatisée. Par exemple, si un obstacle apparaît subitement entre la main et l'objet qu'elle cherche à atteindre, l'individu opère immédiatement une correction du mouvement. Cela montre qu'il cherche à atteindre un but qu'il s'est représenté, quitte à le faire par des moyens différents de ceux prévus au départ. Il y a donc déjà une représentation de l'action, même si elle n'est pas consciente.

Mais lorsque ce système automatique et rapide est débordé, lorsqu'il est mis en échec, vous prenez conscience des stratégies à mettre en œuvre pour arriver au but. C'est le deuxième niveau de conscience de l'action : comment arriver au but. Ce type de représentation se modélise d'ailleurs très bien en termes de cybernétique, qui montre que l'état interne qui précède le mouvement contient le mouvement désiré, le mouvement réel et la différence entre les deux, corrigée par le système. Le troisième niveau de conscience de l'action est celui qui permet de dire « c'est moi qui agis » et non quelqu'un d'autre. C'est le niveau de l'attribution de l'action.

SH : Depuis les grands progrès des techniques d'imagerie cérébrale, les neurosciences ont connu un véritable essor. Elles offrent la possibilité de comprendre les fondements cérébraux de la pensée. Mais ce retour vers le cerveau ne risque-t-il pas d'éloigner les préoccupations de la recherche en sciences cognitives de son programme initial : comprendre la pensée. Y a-t-il encore une place pour une modélisation cognitive de la pensée ?

M.J. : Oui, il existe encore des études purement cognitives de la pensée, sur le langage, la mémoire, etc. Croire que les modifications de l'activité cérébrale sont concomitantes aux activités mentales, ou montrer des liens de causalité entre elles, n'empêche pas d'étudier la pensée par les méthodes de la psychologie expérimentale. Chez l'enfant, ou chez les patients, la psychologie est d'ailleurs quasiment la seule voie disponible. Je pense qu'il ne faut pas confondre l'étude très détaillée des phénomènes mentaux par les méthodes psychologiques et l'entreprise de naturalisation de ces processus mentaux par les neurosciences. Je pense qu'effectivement il y a des relations de causalité entre un état cérébral et un état mental, ce qui n'empêche pas que l'état mental puisse être décrit par les méthodes de la psychologie. Il ne peut pas être décrit simplement par l'existence d'un réseau d'activation. Cela ne suffit pas. Et de toute façon, il faut la rencontre et la collaboration du psychologue cognitif et du neuroscientifique pour arriver à des résultats intéressants. Le psychologue cognitif utilise une méthodologie, des paradigmes, un modèle du fonctionnement mental que les neurosciences ou la neuro-imagerie (2) ne connaissent pas. On a donc besoin de la rencontre du paradigme des sciences cognitives, et de la neuro-imagerie.

Prenons l'exemple d'une expérience de psychologie cognitive

absolument canonique dans le domaine de l'imagerie mentale : cette fameuse expérience de Roger N. Shepard dans laquelle les participants devaient décider si deux objets étaient identiques ou non. Il s'agissait d'objets en 3 dimensions, constitués d'assemblages de petits cubes. Ces objets étaient soit différents, soit identiques, mais présentés selon des orientations différentes. Shepard a pu montrer que le temps de réponse dépendait de l'angle de rotation du second objet par rapport au premier. Ce qui signifiait donc que les personnes faisaient une rotation mentale de l'objet pour donner leur réponse. Nous utilisons très souvent ce type de rotations mentales dans la vie quotidienne : pour savoir si tel couvercle tient sur telle boîte, ou si tel objet peut aller à tel emplacement.

Ce que les neuroscientifiques ont fait, c'est montrer, grâce aux techniques d'imagerie cérébrale, que ces rotations mentales mettaient en jeu le lobe pariétal et qu'elles étaient impossibles pour les personnes qui souffraient de lésions dans cette zone.

SH : Et dans le domaine de la motricité, a-t-on uniquement progressé dans la description des liens entre cerveau et action, ou l'introduction de notions cognitives a-t-elle permis un renouvellement des questions ?

M.J. : Je crois que l'on assiste, depuis les années 1990, à la naissance d'un nouveau domaine de recherche : la cognition motrice. On admettait depuis longtemps l'existence d'une représentation de l'action, avec ces mots magiques : « Avant d'être exécutée, l'action doit être planifiée, programmée ». Mais il s'agissait d'une notion assez restrictive, avec peu de possibilités d'adaptation. Et les termes « programmation » et « planification » impliquaient l'idée que l'action se terminait toujours par le mouvement. Depuis l'émergence de la cognition motrice, l'idée s'est développée que le cerveau est en permanence en train d'agir sur l'extérieur, et que « action » et « mouvement » peuvent être dissociés.

Il s'agit d'une différence fondamentale, car c'est ainsi que la cognition motrice en est arrivée à étendre ses recherches à la compréhension des actions d'autrui. Lorsqu'on se représente mentalement les actions que l'on observe, lorsqu'on les simule, cela donne la possibilité d'imiter et d'apprendre. Dans la musique, ou dans les gestes fins d'un métier, l'apprentissage par observation est essentiel. L'observation de l'action d'autrui, l'imitation et ensuite la répétition.

La cognition motrice s'est également posé le problème de la

conscience de soi. Si je me représente mentalement tant mes propres actions que celles d'autrui, comment puis-je savoir si « j'agis » ou « il agit » ? Il s'agit donc de la question de l'attribution des actions et de son rôle dans la conscience de soi.

La cognition motrice modifie réellement le regard que l'on porte sur le fonctionnement de la pensée : on s'éloigne d'une vision purement intellectuelle de la cognition, qui isole l'esprit du corps. L'esprit traite aussi bien les informations qui proviennent de l'environnement, et avec lequel le corps interagit en permanence, que les informations qui lui parviennent de l'intérieur du corps. Mais la cognition motrice a longtemps été négligée car elle concerne des mécanismes procéduraux, implicites, automatiques, plus difficiles à objectiver.

Il faut d'ailleurs reconnaître que ce n'est pas par hasard que ce domaine de recherche se développe en France. La France est un des rares pays où on s'est toujours intéressé à l'action. Les Anglo-Saxons s'intéressent davantage à la perception. En France avec les psychologues de l'enfant comme Henri Wallon, ou Jean Piaget, des philosophes de l'action comme Louis Blondel, il y a eu une grande tradition de la recherche sur l'action. Je crois que je fais partie de cette tradition.

SH : **Vous nous avez expliqué comment vous êtes passé de l'étude du mouvement de la main à celle de la simulation des actions d'autrui, ou du rôle de l'attribution des actions dans la conscience de soi. Mais vous avez mené ces dernières années des travaux sur la schizophrénie. Cela a-t-il un rapport avec vos précédents travaux ?**

M.J. : Oui, car nous avons défini les trois niveaux différents de conscience de l'action dont je vous ai parlé en étudiant des patients schizophrènes. Le psychologue anglais Christopher Frith a proposé dans les années 1990 un modèle de la schizophrénie qui affirmait que les troubles des schizophrènes étaient liés à un dysfonctionnement du deuxième niveau de conscience : celui du « comment », des stratégies à mettre en œuvre pour arriver à un but. Nous avons testé cette hypothèse avec Nicolas Georgieff et Pierre Fourneret. Et nous sommes arrivés à des observations un peu différentes. Tout d'abord, le niveau non-conscient de l'action était préservé chez les schizophrènes, puisqu'ils corrigeaient très bien leurs mouvements si des perturbations les y obligeaient. Mais en plus, ils étaient parfaitement capables de prendre conscience de ces corrections de mouvement lorsque les perturbations devenaient trop importantes. Leur conscience du «comment» paraissait donc intacte. Par contre, lorsqu'on les plaçait dans des conditions expérimentales ambiguës, ils se trompaient sur l'auteur de l'action : ils se l'attribuaient trop souvent à eux-mêmes. On a donc fait l'hypothèse que c'était à ce troisième niveau, celui de l'attribution de l'action, que se situait leur déficit. Le psychiatre insiste d'ailleurs toujours sur le fait que le problème des schizophrènes se situe au niveau de l'intersubjectivité, de la communication sociale, mais non pas de la compréhension de l'action. Mais ces hypothèses sont encore à vérifier.

Nous avons également émis des hypothèses sur les relations entre ces trois niveaux de conscience de l'action et le cerveau. Le premier niveau, non conscient et automatique, de la transformation visuomotrice serait géré dans la zone du cortex pariétal. Le deuxième niveau, celui du «comment ça marche» et de la capacité à modifier consciemment l'action, dépendrait du cortex frontal. Enfin, le troisième niveau, celui de l'attribution de l'action, ferait intervenir un réseau complexe de zones corticales, qui serait déficient chez le schizophrène. Mais là, il s'agit encore d'hypothèses théoriques qu'il faudrait pouvoir vérifier par imagerie cérébrale chez des patients schizophrènes. Mais ce n'est pas évident. Il est délicat de mettre dans des situations ambiguës, provoquant des erreurs d'attribution, des patients qui ont déjà de grandes difficultés de compréhension d'eux-mêmes et des relations avec les autres, etc. Mais ensuite, les enfermer dans l'appareillage de l'imagerie par résonance magnétique rend la situation éthiquement très sensible. Il faut prendre de nombreuses précautions.

SH : **Il existe de plus en plus de travaux sur les capacités et les déficits cognitifs des patients schizophrènes. La schizophrénie est alors conçue comme une situation créée par la nature qui permet de comprendre le fonctionnement normal de la pensée. Cela ne va-t-il pas modifier les relations entre psychiatrie et neurosciences ?**

Cette question est l'étape future de mes réflexions. Je viens d'être chargé de créer un lieu de réflexion sur les relations entre neurosciences et psychiatrie, sur la place des neurosciences en psychiatrie.

Il faut rappeler que ce débat est récurrent dans le questionnement scientifique. Les premiers psychiatres qui ont considéré que la «folie» était une maladie, Philippe Pinel en particulier, affirmaient déjà, à la fin du XVIIIᵉ siècle, qu'elle résultait de lésions invisibles. Ensuite, il y a eu la période de la neuro-psychiatrie, pendant laquelle la psychiatrie était entre les mains des neurologues. Il s'agissait en fait d'un seul domaine, même si un secteur d'asile était réservé aux déments que les médecins ne pouvaient pas soigner. Puis vers 1968, il y a eu fracture : la psychiatrie a décidé de se séparer de la neurologie. Actuellement, on semble assister à un mouvement de retour en arrière : les neurosciences devenues cognitives auraient leur place en psychiatrie. J'assistais il y a quelque temps à Québec à un congrès de psychiatrie de langue française (l'information psychiatrique) dont le thème était « la place des neurosciences en psychiatrie ». C'est un questionnement très actuel et très bénéfique qui renouvelle la psychiatrie.

Avec l'épisode de la psychiatrie biologique, qui a en quelque sorte suivi l'invention des drogues, on a pensé que tout était biochimique. Mais cette psychiatrie-là était très négative vis-à-vis de la description clinique. Alors qu'au contraire, les neurosciences cognitives reviennent à une description détaillée du symptôme dans la schizophrénie, ou l'autisme, dans l'espoir de trouver des situations paradigmatiques pour tester la conscience de soi, la conscience de l'action, etc. C'est réellement un nouveau domaine qui s'ouvre.

Propos recueillis par
GAËTANE CHAPELLE
(*Sciences Humaines*, n° 134, janvier 2003)

---

1. Voir les mots clés en fin d'ouvrage.
2. *Idem.*

Les représentations sociales

Les représentations suicide

JEAN-FRANÇOIS DORTIER[*]

LA SOCIÉTÉ DANS LA TÊTE[**]

Les stéréotypes ont la vie dure. Tout un courant de la psychologie sociale s'est attelé à étudier la formation et l'organisation des représentations sociales.

LA PSYCHANALYSE est plus qu'une théorie du psychisme modèle ou une thérapie : c'est un phénomène de société. Au XXᵉ siècle, aucune psychologie n'a connu autant de succès ni une diffusion aussi massive dans le public.

Durant l'entre-deux-guerres, la psychanalyse se diffuse dans les sphères de l'intelligentsia. Des marxistes aux existentialistes, des surréalistes aux théologiens jésuites… philosophes, anthropologues, écrivains, artistes en débattent des deux côtés de l'Atlantique. Puis, dans les années 50, elle se répand dans un public encore plus vaste. Notamment par l'intermédiaire de la grande presse qui s'en fait l'écho. Les mots « inconscient », « complexe d'Œdipe » deviennent populaires. Elle suscite rejet chez les uns, stimule l'intérêt chez les autres. En 1961, Serge Moscovici, un jeune psychosociologue, publie une étude sur la diffusion de la psychanalyse auprès du public (1). Il ne s'agit pas pour lui d'étudier la psychanalyse comme théorie, mais comme « représentation » dans le public et à travers ce qu'en disent les journaux. Comment la presse présente-t-elle la théorie de Freud ? Comment les gens réagissent-ils face à son message ? Premier constat : la psychanalyse ne laisse pas indifférent. La presse communiste la traite de « *science bourgeoise* » : importée des Etats-Unis en France, elle

---

* Rédacteur en chef du magazine *Sciences Humaines*. Auteur de *Les Sciences humaines. Panorama des connaissances*, Sciences Humaines Editions, 1998.
** *Sciences humaines*, n° 91, février 1999.
1. S. Moscovici, *La Psychanalyse, son image et son public*, Puf, 1961 (2ᵉ éd., 1976).

contribuerait à détourner les masses de la lutte des classes. La presse catholique réagit de façon plus différenciée. Il y a une attitude de réserve à l'égard de la sexualité, mais on admet que la psychanalyse contribue à traiter des problèmes psychologiques et pédagogiques. Dans son étude sur l'image de la psychanalyse, S. Moscovici met au jour deux phénomènes majeurs liés à la transformation d'une théorie en représentation commune : l'« objectivation » et l'« ancrage ». Le premier phénomène — l'objectivation — consiste à transformer une notion abstraite et complexe en une réalité simple, concrète, et perceptible sous une forme imagée. C'est le cas de la notion d'inconscient. Alors que Freud a reformulé plusieurs fois sa théorie de l'inconscient (il oppose d'abord l'inconscient au préconscient et au « conscient »; puis il décide d'abandonner la notion d'inconscient qu'il juge ambiguë au profit d'un modèle de la personnalité en trois instances : le ça, le moi, le surmoi), le discours commun ne retient qu'une vision simple et concrète de l'inconscient. Il devient une réalité clairement établi et qui, bien que cachée, agit comme un sujet autonome, un deuxième « moi ». Par ailleurs, le public accepte la notion d'inconscient en la dépouillant de sa dimension sexuelle clairement affirmée chez Freud. De même, le « complexe d'Œdipe » est devenu une expression d'usage courant : « avoir des complexes » ne renvoie plus à une problématique œdipienne mais devient synonyme de « conflit psychologique intérieur ».

L'objectivation s'accompagne d'un autre phénomène : l'ancrage. L'ancrage rend compte du fait qu'une représentation, pour s'incorporer dans un réseau de représentations existantes, doit y trouver une place et une fonction. Pour s'incorporer, la représentation doit être « fonctionnelle ». Elle permet de donner du sens à des phénomènes nouveaux. Ainsi, certains conçoivent la psychanalyse comme une « technique de confession », ou simplement un luxe d'auto-analyse propre à certains milieux sociaux : les riches, les intellectuels, les artistes... Vue sous cet angle, elle peut prendre place dans un système plus global d'interprétation de la réalité.

L'enquête de S. Moscovici sur la diffusion de la psychanalyse est considérée comme fondatrice de tout un courant d'études sur les représentations sociales. Dans son sillage, un programme de recherches s'est structuré en Europe : il vise à cerner les contours, l'organisation, la dynamique et les fonctions des représentations sociales.

Qu'est-ce qu'une représentation ?

C'est un ensemble d'idées qu'un groupe véhicule à propos d'un phénomène donné : « Le Rock ? c'est ringard ! », « Le capitalisme est la cause de la misère. », « Les infirmières sont dévouées. », « Autrefois, les gens se parlaient plus. » De telles représentations, il y en a partout et à propos de tout. Chacun les mobilise pour interpréter le monde qui l'entoure. Il y a des représentations de la maladie (du sida, de la maladie mentale), de l'économie (de la Bourse, de l'entreprise, du rôle de l'Etat, de la mondialisation, etc.), des techniques (impact des nouvelles technologies de communication sur les rapports humains, du lien entre les machines et l'emploi, etc.), des groupes humains (les Asiatiques, les Africains, les Belges…), du sport, de la chasse, de la musique classique, etc.

La première caractéristique des représentations est d'être relativement stables dans le temps et cohérentes dans leur contenu. On ne change pas tous les jours d'opinion sur le sport, l'hygiène ou la politique. C'est à cette condition que les représentations peuvent justement servir de grille de lecture du réel. Elles sont «sociales» en un double sens. D'une part, elles portent sur des phénomènes sociaux (le travail, la politique, les groupes humains, l'art, etc.). D'autre part, elles sont sociales parce qu'issues et héritées de la société. Ce sont rarement des constructions purement individuelles : on les partage en général au sein d'un groupe.

Structure et dynamique

Les représentations possèdent une organisation. C'est un des premiers constats des chercheurs. Elles s'organisent notamment autour d'un «noyau central», c'est-à-dire d'un ensemble d'idées forces qui forment leur centre de gravité. S. Moscovici l'avait remarqué dans son étude sur la psychanalyse. De la théorie de Freud, on ne retenait souvent qu'un «noyau figuratif» simple : l'idée d'inconscient et celle de complexe qui semblent résumer toute la théorie psychanalytique.

La théorie du «noyau central» des représentations a été développée notamment par le psychologue Jean-Claude Abric. Le noyau central est *ce qui donne à la représentation sa signification et sa cohérence»* (2). Par exemple, la guerre de 14 constitue, selon une vision aujourd'hui courante, un vaste «carnage», une «boucherie», où les nations ont envoyé se faire tuer des millions d'hommes. Dans cette perspective, la guerre est vue négativement. Tout nationalisme ou patriotisme est absent de cette vision. La complexité des enjeux, la diversité des situations nationales, la multiplicité des façons dont elle a été vécue sont gommées. La Grande Guerre n'est rapportée qu'à une seule image clé : les tranchées de Verdun et ses massacres.

Autour de ce noyau organisateur, il existe des «éléments périphériques». Ils sont moins rigides que le noyau, s'agrègent autour de lui et parfois le protègent contre les critiques. Ainsi, il est courant pour un raciste d'affirmer : *« Je n'aime pas les Arabes… »* (ou les Noirs, les Juifs…), tout en ajoutant aussitôt *« il y en a bien sûr des bons comme partout».* Le noyau central est donc très réducteur. Mais on va admettre des exceptions : *« Tous ne sont pas comme ça. »* Ces éléments périphériques forment un discours annexe, qui entoure le cœur de la représentation, le module, le protège. Selon J.-C. Abric, ces éléments périphériques ont justement une fonction de concrétisation, de régulation et de défense.

Les opposants à la chasse s'indignent de voir tuer des animaux, considérant qu'il s'agit d'un meurtre gratuit, inutile et cruel. Pour justifier que l'on tue aussi des animaux en abattoirs, on aura recours

---

2. J.-C. Abric, *Pratiques sociales et représentations*, Puf, 1994.

à des éléments périphériques : «*Ici, le meurtre n'est pas gratuit.*», «*Ce sont des animaux d'élevage.*», «*On ne détruit pas l'équilibre de la nature.*», «*Les bouchers ne tuent pas pour leur plaisir.*», etc.

La dynamique des représentations

Le propre des représentations est d'être relativement stables sur une période donnée, comme nous l'avons vu, mais aussi d'appartenir à tout un groupe. D'une part, la stabilité des représentations leur permet justement d'organiser les informations nouvelles.

D'autre part, les représentations sont des phénomènes de groupe. Elles sont rarement un phénomène individuel. La représentation des fonctionnaires chez les artisans – comme celle de la nature chez les écologistes, ou celle de l'élève chez les enseignants – est partagée par tout un groupe. Elle a souvent pour origine des théories sociales et est entretenue par un médiateur (une association professionnelle, les médias, etc.).

La façon dont naissent, se forgent et changent les représentions sociales a été encore assez peu étudiée par les spécialistes. Un constat d'ensemble peut cependant être tiré. Ce sont souvent des facteurs externes qui conduisent aux modifications des représentations. «*L'équilibre d'une représentation sociale est seulement rompu par des facteurs externes qui se ramènent en dernière analyse à des modifications de l'environnement et des pratiques.*» (3) Par exemple, un voyage aux Etats-Unis va changer radicalement la vision de ce pays. Une expérience personnelle (comme un stage en entreprise) va modifier la représen-

tation d'une entreprise. Une rencontre déterminante avec un paraplégique va modifier la conception que l'on a du handicap.

Le processus de confrontation pratique est donc déterminant dans le changement de la représentation. Ce constat peut paraître banal : mais on suppose généralement le contraire lorsque l'on prétend vouloir «changer les mentalités» par l'éducation, l'explication, la pédagogie… bref par le simple recours au discours et à d'autres représentations.

La domestication de l'étrange

Quelles sont les fonctions des représentations ? Plusieurs rôles leur sont assignés : comprendre la réalité sociale, orienter son action, définir son identité et réguler les relations entre groupes (4). Tout d'abord, elles offrent un cadre de référence pour interpréter l'environnement social et les situations nouvelles. «*C'est la première et peut-être la plus importante fonction attribuée aux processus représentationnels*», note Pascal Moliner. Face à un univers complexe, polymorphe, varié, changeant, la représentation joue un rôle de réducteur d'incertitude. Selon la belle expression de S. Moscovici, la représentation a une fonction de «*domestication de l'étrange*». Par exemple, face au monde très diversifié de l'entreprise composé d'une infinité de situations différentes (de l'entreprise artisanale à la firme multinationale, de l'entreprise publique à la société

3. M.L. Rouquette et P. Rateau, *Introduction à l'étude des représentations sociales*, Pug, 1998.
4. Voir P. Moliner, «Représentation et cognition sociale», dans J.-P. Leyens et J.-L. Beauvois, *L'Ere de la cognition*, t. III, Pug, 1996.

privée, de l'exploitation agricole à la société informatique…), le mot «entreprise» fonctionne cependant dans l'esprit de chacun comme un objet univoque, unifié par des caractéristiques semblables (lieu de conflits, de concurrence et d'exploitation pour les uns, lieu d'épanouissement personnel, d'enrichissement, de créativité pour les autres). Ces représentations vont cependant jouer un rôle dans les débats politiques, les choix d'orientation des jeunes.

On touche ici à une deuxième fonction essentielle des représentations. Elles ne forment pas des images «neutres» du monde. Leur fonction est «évaluative». Une représentation propose un jugement, une appréciation ; elle implique une prise de position. Elle donne une couleur émotionnelle, une valeur (positive ou négative) aux choses. S. Moscovici a montré combien la psychanalyse a été appréciée ou rejetée, considérée par les uns comme une thérapie libératrice, ou repoussée par d'autres comme une théorie fausse et scandaleuse. De même, aujourd'hui, les nouvelles technologies suscitent enthousiasme ou scepticisme, peur ou attrait, répulsion ou adhésion. On constate d'ailleurs que l'élaboration de ce jugement est souvent effectuée *a priori* et non à la suite d'une longue délibération. «*Il est raisonnable de conclure que l'on s'informe et que l'on représente quelque chose uniquement après avoir pris position et en fonction de la position prise*», remarque encore S. Moscovici. On juge avant de s'informer, on s'intéresse à ce que l'on aime. La lecture en est un bon exemple : on lit les journaux qui correspondent à nos penchants et options. On croit s'informer

pour y découvrir la réalité et se faire une idée. Le plus souvent, on y recherche des confirmations, des arguments, des justifications de nos idées préétablies.

Pourquoi les représentations sont-elles polarisées affectivement ? Pourquoi cet «engagement» préalable à l'égard de tel ou tel objet ? En fait, parce que les représentations touchent sans doute à des enjeux sensibles : la définition de ses intérêts, de son territoire, de son identité et de ses alliances. Les représentations que les salariés ont des chefs d'entreprise, et inversement que les chefs d'entreprise ont des ouvriers, participent de leurs relations réciproques et du statut de chacun. Les relations entre groupes ethniques sont également empreintes de représentations (préjugés, stéréotypes). La stigmatisation d'un groupe par un autre ne relève pas seulement de l'incompréhension : elle permet de se valoriser, de définir son identité, de tracer les frontières entre soi et les autres. Le mépris à l'égard d'une population, par exemple, si caractéristique du racisme, est aussi une façon de se valoriser soi-même.

De ce point de vue, les représentations jouent un rôle actif dans l'histoire et la société. Préparant et orientant l'action, «*elles sont un produit de l'histoire, mais elles participent aussi à cette histoire*» (5).

Un immense champ d'étude encore en friche

L'étude des représentations sociales a ouvert un grand champ de recherche. Il touche à des thèmes voisins explorés par d'autres disciplines : l'idéologie politique,

---

5. M.-L. Rouquette et P. Rateau, *op. cit.*

les savoirs populaires, les «ethno-méthodes» (savoirs pratiques mobilisés dans l'action), les croyances et les mythes, les «mentalités». D'ores et déjà de nombreuses études ont paru. On peut les classer, avec Pierre Mannoni, en deux grands groupes (6) :
– celles qui «*s'efforcent d'appréhender le nouveau concept, de dégager ses caractéristiques et ses modalités de fonctionnement*» ;
– les études monographiques qui por-tent sur des sujets aussi divers que : la représentation de la maladie, de la folie, de l'enfance, de la technologie, des professions, de l'entreprise, etc.

Le champ d'exploration est immense, et les études sont encore limitées, peu nombreuses et finalement peu connues par rapport aux enjeux humains qu'elles représentent.

---

6. Voir P. Mannoni, *Les Représentations sociales*, Puf, 1998.

JEAN-FRANÇOIS DORTIER*

COMMENT L'INDIVIDU PENSE EN SOCIÉTÉ**

Plusieurs courants de la sociologie contemporaine s'emploient à comprendre comment pensent les individus en société. À l'opposé du modèle de l'idiot culturel, englué dans ses croyances, les sciences sociales découvrent un individu qui analyse la situation, possède des compétences, réfléchit en agissant. Bref, qui pense. Reste à savoir à quoi et comment.

L'INTÉRÊT des sociologues pour les représentations sociales et les rôles des idées dans la vie sociale n'est pas nouveau. Mais la plupart des auteurs «classiques» étudient la pensée en société sous l'angle des représentations collectives, des idéologies et des visions du monde qui enferment les acteurs dans un univers mental qui leur échappe. Pour Karl Marx, l'idéologie, comme la religion, est synonyme d'aliénation. Chez Emile Durkheim, les représentations collectives sont d'abord un ciment du social. Les idéologies jouent pour les sociologues le même rôle que la « culture » pour les anthropologues. Elles forment un ensemble de «croyances» qui soudent les groupes, dont les individus sont prisonniers et par lesquelles ils sont mysti-

fiés. La pensée des individus ou des groupes ne sert pas à connaître mais à croire.

Désormais, les sociologues ne voient plus les choses ainsi. Il s'est produit depuis quelque temps une révolution copernicienne dans la façon de considérer la pensée en société. Loin d'être un simple automate social, englué dans les croyances et les normes, on découvre que l'individu en société dispose d'aptitudes cognitives. Qu'il s'agisse du consommateur, de l'électeur, du salarié ou de la ménagère, l'individu raisonne, analyse, réfléchit. Bref, il est jugé «compétent». Et ces connaissances ne sont pas de simples «représentations», des

* Rédacteur en chef du magazine *Sciences Humaines*.
** *Sciences Humaines*, hors série n° 35, décembre 2001-février 2002.

miroirs déformés du monde social. Elles sont constitutives de l'activité sociale et contribuent à l'orienter.

De l'ethnométhodologie à la sociologie cognitive

La prise de conscience des aptitudes cognitives des acteurs s'est imposée par l'intermédiaire de plusieurs courants différents. On peut les regrouper selon trois axes : le premier est centré sur les approches de l'ethnométhodologie et de la sociologie cognitive ; le deuxième sur la théorie du choix rationnel ; le troisième sur la sociologie de la réflexivité. En 1967, Harold Garfinkel publie *Studies of Ethnomethodology*, ouvrage qui allait faire date dans l'histoire de la sociologie américaine. Parmi ses études, l'auteur décrivait l'histoire d'un jeune transsexuel – nommé Agnès – qui avait subi une opération pour devenir une femme. Ce qui intéressait H. Garfinkel était la façon dont Agnès allait devoir acquérir sa féminité sur les plans de la vie quotidienne (se maquiller, s'habiller en femme, etc.). Les attitudes et pratiques qui, chez une femme «normale», sont devenues routinières, banales, devaient, pour Agnès, faire l'objet d'un long apprentissage. H. Garfinkel a nommé *«ethnométhodes»* ces connaissances implicites et savoirs pratiques utilisés par les acteurs sociaux dans leur vie courante. Pour faire la cuisine, choisir un vêtement, se comporter de façon adaptée dans un restaurant, conduire une automobile, il faut maîtriser une foule de savoirs devenus invisibles à force d'être «routinisés». Ils sont pourtant nécessaires pour évoluer dans une société. On prend conscience de ces ethnométhodes lorsque l'on voyage dans un pays inconnu dont on ne connaît pas les codes de civilité (comment saluer les gens, faut-il donner un pourboire au serveur, combien ? etc.). Les ethnométhodes relèvent de savoir-faire si ordinaires qu'on n'y prête plus attention, elles apparaissent comme naturelles alors qu'elles sont le résultat d'un long apprentissage intériorisé. Au fil du temps, cette construction sociale s'efface et prend l'apparence du naturel. Les ethnométhodes ne sont au fond pas si éloignées de ce que Pierre Bourdieu nomme un *habitus*, un programme de comportements (façon de parler, de manger, de se vêtir, de consommer) propres à un milieu donné.

L'ethnométhodologie a connu un essor important au sein de la sociologie américaine à partir des années 60. Elle a généré des travaux sur les professions visant à connaître quels savoir-faire, connaissances, modes de pensée sont déployés par les médecins, garagistes, commerciaux ou scientifiques dans l'exercice de leur métier.

La sociologie cognitive promue par l'Américain Aaron Cicourel s'est développée dans le sillage de l'ethnométhodologie, dont elle est proche. Son approche se centre davantage sur le rôle du langage, des mécanismes de décision et de la communication dans les interactions quotidiennes. Sa référence est explicite aux sciences cognitives. Elle a généré une série de travaux sur la façon dont on rend la justice, dont un élève prend ses décisions d'orientation…

En France, l'ethnométhodologie et la sociologie cognitive sont arrivées assez tardivement. Elles font surtout l'objet de réflexions théoriques, plus que de travaux empiriques, où s'illustrent des auteurs (1) comme Louis Quéré, Patrick Pharo, Bernard Conein, Michel de Fornel, Albert Ogien (2).

La rationalité des choix

Un autre courant sociologique, d'inspiration plus rationaliste, s'évertue à valoriser le rôle de la cognition dans l'action sociale. Il rassemble des auteurs comme Jon Elster et Raymond Boudon (3).

Le sociologue d'origine norvégienne J. Elster s'est livré à une critique du modèle du choix rationnel (*rational choice*), utilisé en économie, pour rendre compte des comportements des agents. Pour J. Elster, les acteurs sont bien rationnels : leurs actions quotidiennes mettent en jeu des stratégies conscientes. Leurs comportements ne sont pas mus uniquement par des contraintes ou des idéologies qui les embrigadent. Cependant, comme électeur ou comme consommateur, aucun acteur ne ressemble à ce raisonneur rigoureux et infaillible que propose le modèle du *rational choice*. J. Elster s'appuie sur les expériences du psychologue Amos Tversky, qui a montré que les individus confrontés à des raisonnements logiques se laissent aisément piéger par des «biais cognitifs» (4). Leurs calculs, déductions et estimations ne sont pas exempts de nombreuses erreurs. Dès lors, il faut considérer l'acteur social comme un «animal qui évite les gaffes» plutôt que comme un *«animal rationnel»*. Dans ses différents ouvrages, J. Elster s'intéresse aux *«ruses de l'action»* employées par les individus pour parvenir à leurs fins : comment s'y prennent-ils par exemple pour dompter leurs propres émotions ou piéger leur volonté défaillante dans le but d'arrêter de fumer ou de se forcer à organiser leur travail ?

Le sociologue R. Boudon a toutefois une approche assez proche de celle de J. Elster. Comme lui, il refuse aussi de considérer que nos actions sont dirigées par les croyances irrationnelles ; comme lui, il se démarque de l'approche du *rational choice*, qu'il juge irréaliste ; comme lui, il a utilisé la théorie des biais cognitifs pour rendre compte de la formation des idéologies.

Dans *L'Idéologie ou l'Origine des idées reçues* (5), puis dans *L'Art de se persuader* (6), il entreprend d'expliquer les idéologies politiques ou les préjugés en faisant appel à des processus de raisonnement logique. Pour lui, même les croyances apparemment irrationnelles, comme les pratiques magiques, peuvent être fondées sur une rigueur apparente. Ainsi, les rituels de la pluie, pratiqués par certaines tribus, se situent au moment de l'arrivée de la saison des pluies, et il n'est pas absurde de penser que ce sont ces rituels qui la font venir. De même, les idéologies politiques – comme le communisme ou le tiers-mondisme – sont

---

1. L'ethnométhodologie a été promue par des auteurs comme Alain Coulon, qui l'a utilisée dans le domaine de l'éducation. Voir notamment de cet auteur : *L'Ethnométhodologie*, Puf, «Que sais-je ?», 1987 ; *Ethnométhodologie et éducation*, Puf, 1993.
2. M. de Fornel, A. Ogien, L. Quéré (dirs), *L'Ethnométhodologie. Une sociologie radicale*, Colloque de Cerisy, La Découverte, 2001.
3. R. Boudon, A. Bouvier, F. Chazel, *Cognition et sciences sociales*, Puf, 1997.
4. Tels que les utilisent les modèles de micro-économie ou la théorie des jeux.
5. Fayard, 1986.
6. Seuil, 1992.

fondées sur une solide charpente rationnelle. La plupart de ceux qui les adoptent ont même pu succomber à ce piège rationnel, plutôt qu'à leur passion et à leur volonté de croire.

En somme, pour R. Boudon, on peut toujours avoir de «bonnes raisons» de se tromper. On peut expliquer les erreurs de jugement et croyances diverses en créditant le sujet d'aptitudes cognitives rationnelles, même si cette rationalité n'est pas parfaite. La source de l'idéologie ne provient pas des émotions mais des erreurs de jugement.

Dans ses derniers travaux, R. Boudon s'intéresse moins aux causes rationnelles des idéologies qu'aux mécanismes cognitifs qui interviennent dans les jugements moraux. Mais l'approche n'a pas changé. Il voit toujours à l'œuvre des raisonnements (et non des préjugés, des émotions) dans la détermination de l'action.

Les approches de J. Elster et de R. Boudon relèvent d'un rationalisme cognitiviste. Elles alimentent actuellement tout un débat sur la place respective des normes, des émotions et de la rationalité dans les conduites et les jugements moraux (7).

Sociologie et réflexivité

Si l'acteur pense, réfléchit, soupèse, calcule, évalue avant d'agir, c'est parce que ses actions ne sont jamais totalement enfermées dans le cadre de normes, de conventions, d'habitudes, de programmes d'action tout faits. Le sociologue anglais Anthony Giddens parle de «*réflexivité*» pour rendre compte de ce processus d'autoanalyse (8).

La réflexivité, c'est l'aptitude d'acteurs «*constamment engagés dans le flot des conduites quotidiennes (...) à comprendre ce qu'ils font pendant qu'ils le font*». Cette capacité réflexive est en partie consciente et discursive (les acteurs peuvent expliquer pourquoi ils agissent ainsi), en partie inconsciente et pratique (elle relève de routines, d'habitudes...). Il n'y a pas de frontière très précise entre les deux.

En France, des sociologues comme François Dubet, Jean-Claude Kaufmann, Bernard Lahire ou Pierre Corcuff ont entrepris d'explorer le rôle de la réflexivité dans la détermination des conduites. La plupart de ces sociologues partagent une analyse commune selon laquelle cette réflexivité de l'action n'est pas propre à une période de l'histoire humaine. Tous les groupes humains, tous les individus en sont capables, mais la réflexivité se serait renforcée à l'époque contemporaine avec le relâchement des contraintes, de la rigidité des rôles sociaux et des normes de conduite qui pesaient sur la destinée des individus. La désinstitutionnalisation de la famille, la flexibilité et instabilité des emplois ainsi que la multiplicité des sollicitations de la vie moderne exigent de l'individu une autoanalyse et une redéfinition permanente de ses choix.

F. Dubet parle de «*distanciation*» pour évoquer cette prise en compte de la réflexivité des acteurs. Les rôles et normes sociaux n'étant plus clairement établis, il importe alors de s'interroger en permanence sur la façon de se com-

---

7. R. Boudon, *Le Sens des valeurs*, Puf, 1999 ; R. Boudon, P. Demeuleneaere, R. Viale (dirs), *L'Explication des normes sociales*, Puf, 2001.
8. A. Giddens, *La Constitution de la société*, Puf, 1987.

porter. Comment l'enseignant doit-il agir vis-à-vis d'un élève qui perturbe sa classe : punir, dialoguer, laisser passer ? Aucun prêt-à-penser ou prêt-à-agir n'est vraiment imposé. Le répertoire comportemental reste ouvert. D'où une réflexion permanente. C'est le cas pour les femmes dont la vie est tiraillée entre plusieurs modèles : femme active ou mère de famille, célibataire ou épouse. La crise d'identité masculine oblige aussi les hommes à redéfinir leurs conduites. Il en va de même du manager (quel style de management adopter ?) du salarié (dois-je ou non rester à un poste ?...).

Les *habitus* sociaux, programmes de comportement *«incorporés et adaptés à un milieu social»*, ne suffisent plus à régler les conduites. B. Lahire montre que dans toute une série de tâches quotidiennes – la façon de faire ses courses, de gérer son travail –, l'acteur social ne peut pas s'en remettre à l'activation des programmes inconscients. Il lui faut au contraire réfléchir (9).

Résumons : la sociologie actuelle propose trois voies d'approche pour étudier la pensée des acteurs sociaux. La première s'intéresse aux ethnométhodes, *habitus* et connaissances ordinaires ; la deuxième aux rationalités de l'action ; la troisième à la réflexivité des acteurs. Ces approches sont en rupture avec la vision classique de l'acteur (10). Elles possèdent quelques caractères communs.

Un programme en cours

Toutes trois proposent une nouvelle vision de l'acteur en société. Il n'est plus un *«idiot culturel»* (H. Garfinkel), une sorte d'automate social prisonnier des normes, *habitus*, idéologies. A l'inverse, on ne le considère pas non plus comme un calculateur froid dont le cerveau fonctionnerait comme un programme informatique. Les sociologues se rejoignent pour rejeter un modèle «computationnel», qui voudrait expliquer l'esprit humain par quelques règles élémentaires de fonctionnement.

De cette nouvelle approche de l'acteur pensant, perçu comme un bricoleur mental, découle une nouvelle règle de la méthode sociologique. Dans la démarche classique, le sociologue tend à considérer que l'acteur est aveugle aux raisons profondes qui pèsent sur ses choix. Ses actions, ses pensées ne peuvent être saisies qu'au terme d'une démarche d'«objectivation» des conduites extérieures. On rapporte ses choix électoraux ou de consommation à sa classe socioprofessionnelle, à l'analyse de ses déterminismes inconscients par exemple. La nouvelle façon d'envisager l'étude sociologique rejette ce postulat. Si l'acteur possède une certaine compétence, analyse, délibère, soupèse, le sociologue doit prendre en compte ses réflexions et délibérations intérieures. Comment ce médecin, cette femme au foyer ou ce clochard pense-t-il, analyse-t-il en situation ? Quelle implication a cette pensée sur son action ?

S'il analyse la situation sociale dans laquelle il agit, l'acteur social peut même

9. B. Lahire, *L'Homme pluriel*, Nathan, 1998 ; F. Dubet, *Sociologie de l'expérience*, Seuil, 1997 ; J.-C. Kaufmann, Ego. *Pour une sociologie de l'individu*, Nathan, 2001 ; P. Corcuff, *Les Nouvelles Sociologies*, Nathan, 1996.
10. P. Watier, *La Sociologie et les représentations de l'activité sociale*, Méridien Klincksieck, 1996.

être considéré comme un sociologue à sa manière. Le chef d'entreprise qui part à la conquête d'un marché doit analyser une situation sociale, connaître plus ou moins bien son environnement. L'étudiant en quête d'orientation cherche à comprendre les ressorts du système, le fonctionnement (souvent opaque) de l'université. Il évalue le marché du travail, les modes d'entrée dans une profession. Le consommateur avisé scrute, compare, hésite, s'informe avant d'acheter. Toutes ces stratégies sont parfois très élaborées et ne peuvent se réduire à quelques conditionnements sociaux. Une double relation se noue entre les sciences sociales et la société. Le discours sociologique peut devenir une des composantes du savoir commun (étude de marché, représentation des classes, des tribus…) et le savoir des acteurs devient un auxiliaire de l'analyse sociologique. Comme l'écrit A. Giddens, il y a *« une réciprocité d'interprétation (…) entre les scientifiques des sciences sociales et les sujets qui font partie de leur objet d'étude »* (11).
L'orientation cognitive de la sociologie contemporaine propose donc un pro-

gramme prometteur. Mais ces travaux restent – en France surtout – pour l'essentiel programmatiques. Beaucoup de réflexions abstraites sont consacrées à l'élaboration des principes (qu'est-ce que la rationalité, comment s'articulent normes et choix stratégiques dans l'action ? etc.). Les études empiriques, les matériaux concrets qui viendraient donner corps aux débats théoriques manquent à l'appel.
J.-C. Kaufmann ou P. Corcuff plaident pour un programme de recherche qui rassemble des matériaux empiriques (12). A quoi pensent les acteurs sociaux, médecins, policiers, consommateurs, journalistes, écrivains, pilotes de ligne ? Comment s'articulent leur pensée, rationnelle et réflexive, et leur action ? Comment se combinent contraintes et choix ? Quelle importance leurs rêves, leurs analyses, leurs conceptions ont-ils sur l'action ?
Un beau programme pour les années à venir…

---

11. A. Giddens, *op. cit.*
12. J.-C. Kaufmann, *op. cit.* ; P. Corcuff, *op. cit.*

ANNEXES

MOTS CLÉS

Agnosie

Trouble de la reconnaissance visuelle, auditive, tactile… des objets ou des formes suite à une lésion cérébrale. Par exemple, le malade atteint de « prosopagnosie » ne reconnaît plus les visages.
→ *voir amnésie, aphasie*

Amnésie

Trouble de la mémoire. Il existe plusieurs formes d'amnésies : on distingue les symptômes d'amnésie « rétrograde », marquée par l'impossibilité de se souvenir des épisodes de son passé (ceux qui précèdent un traumatisme), et l'amnésie antérograde, qui se traduit par l'incapacité à fixer de nouveaux événements en mémoire.
→ *voir agnosie, aphasie*

Aphasie

Trouble du langage provenant le plus souvent d'une lésion corticale. Il en existe plusieurs sortes. Dans les « aphasies de Broca », le sujet ne retrouve plus ses mots, s'avère incapable de nommer les objets courants ou met un mot à la place d'un autre. Dans les « aphasies de Wernicke », le sujet émet un flux verbal abondant mais sans signification apparente.
→ *voir agnosie, amnésie*

Attitude propositionnelle

« Je pense que la Terre est ronde. », *« J'espère qu'il fera beau demain. »* Nos pensées, croyances ou désirs sont construits comme la combinaison d'une attitude exprimée par un verbe (*« je pense que »*) gouvernant une proposition (*« la Terre est ronde. »*) susceptible d'être vraie ou fausse.
→ *voir fonctionnalisme*

Béhaviorisme

Le béhaviorisme (ou comportementalisme) est une théorie psychologique des conduites humaines dans laquelle le conditionnement tient un rôle central. Le béhaviorisme repose sur deux idées centrales :
– la psychologie se veut une science du comportement qui ne se préoccupe que des conduites observables et non des états mentaux du sujet ;
– la base des conduites humaines est le conditionnement, c'est-à-dire l'apprentissage par association entre un stimulus (S) et une réponse (R).
Le béhaviorisme a eu une influence déterminante sur la psychologie américaine des années 30 aux années 60. J.B. Watson (1878-1958) est le chef de file de l'école béhavioriste. Les Américains Edward L. Thorndike (1874-1949), Clark L. Hull (1884-1952) et Burrhus F. Skinner (1904-1990) en furent les principaux représentants.

Catégorisation

On appelle « catégorisation » l'acte mental qui consiste à organiser la réalité en classes d'objets ayant des propriétés communes : les légumes, les arbres, les Asiatiques, les hommes, la couleur rouge, etc., sont des catégories.

Cognitivisme

Dans un sens général, le cognitivisme est assimilé aux recherches menées en sciences cognitives et qui adoptent l'idée de traitement de l'information. Dans un sens plus restreint, il est assimilé au « computationnisme » ou modèle computo-représentationnel. Ici, les hypothèses sont plus restrictives. Ce modèle postule : 1) l'existence d'états mentaux ; 2) que ces états mentaux soient traités sous formes de représentations symboliques et d'attitudes propositionnelles ; 3) que des opérations logiques (association, implication) forment un « langage de la pensée » similaire à un programme d'ordinateur.

Computation, computationnisme

Computation provient de l'anglais *computer* qui signifie « ordinateur », mais aussi calculateur. Les techniques computationnelles sont des techniques de calcul effectuées par un ordinateur. Le computationnisme est un modèle des sciences cognitives qui envisage la pensée sur le modèle de l'ordinateur et la pensée comme un programme informatique. Selon cette hypothèse, le cerveau est une machine à traiter l'information et la pensée est réductible à une suite d'opérations mathématiques et logiques simples qui se succèdent selon un ordre déterminé. On parle aussi de modèle « computo-représentationnel » ou « computo-symbolique » ou parfois encore de « symbolisme ».
→ *voir cognitivisme*

Connexionnisme

Théorie cognitive basée sur des modèles informatiques ou modèles de « réseaux de neurones formels » inspirés de l'organisation des cellules du cerveau. Le traitement des données est réalisé par un réseau de micro-unités qui traitent en parallèle et simultanément.
Il existe plusieurs types de connexionnisme.

Constructivisme

Ce terme possède plusieurs sens voisins. Parfois, il est assimilé à la théorie de Jean Piaget qui conçoit le développement de l'intelligence comme une construction progressive associant une maturation biologique (ou schèmes d'action ou de pensée préexistants) et l'expérience (acquis). Le constructivisme est donc ici distinct à la fois de l'innéisme et de l'empirisme.
Le constructivisme est également associé au courant de pensée issu de l'Ecole de Palo Alto qui conçoit la réalité comme une « invention » ou une « construction mentale ».

Déclaratif

Une connaissance « déclarative » est un savoir associé à un contenu précis, par opposition aux connaissances procédurales qui portent sur les savoir-faire.
→ *voir procédural*

Emergence

« Le tout est plus que la somme des parties. » Voilà l'idée générale que résume la notion d'émergence.
Elle désigne l'apparition d'une nouvelle propriété résultant de l'assemblage d'éléments dont aucun ne contient les propriétés de l'ensemble.

Etat mental/cérébral

Un «état mental» désigne la face subjective de l'activité du psychisme (penser, percevoir, sentir) et qui contient des représentations ou des sensations. L'activité physicochimique du cerveau proprement dite constitue les «états cérébraux» associés aux états mentaux.

Ethnoscience

Etude des savoirs utilisés dans les sociétés traditionnelles et qui concernent les plantes, les animaux, les planètes, etc.

Facteur de raisonnement

Ce terme regroupe les capacités communes permettant de réussir les divers tests faisant appel au raisonnement non verbal (induction, déduction, etc.).

Facteur verbal

Ce terme regroupe les capacités communes permettant de réussir les divers tests portant sur le langage.

Fonctionnalisme

On peut compter le temps avec un réveil mécanique ou une montre à quartz : quel que soit le support matériel, la fonction assurée est toujours la même.
Selon le fonctionnalisme, courant de la philosophie de l'esprit représenté notamment par Jerry Fodor, on peut comprendre les phénomènes mentaux à partir de leur fonction (et de leur signification interne) indépendamment du support matériel qui permet de les réaliser.

Forme → *voir Gestalt*

Frame

Proposé par Marvin Minsky (1975), l'un des pionniers de l'Intelligence Artificielle, le *frame* est proche des schémas ou des scripts. C'est un «cadre de référence» qui décrit les traits essentiels relatifs à une situation ou à un objet donné.
→ *voir schéma, script*

Gestalt

Selon Max Wertheimer (1880-1943), Kurt Koffka (1886-1941) et Wolfgang Köhler (1887-1967), les principaux représentants de ce courant de la psychologie, la perception visuelle organise les données de l'environnement à partir de formes (*Gestalt* = forme) très prégnantes, (les «bonnes formes»). Percevoir, c'est donc projeter sur la réalité des formes ou des configurations connues.

Grammaire générative

Selon Noam Chomsky, une grammaire générative énonce les conditions de production d'une phrase grammaticalement correcte. Il existerait un petit nombre de règles de composition qui permettent d'engendrer (ou de «générer») toutes les phrases d'une langue.

Grammaires d'unification

Nées dans les années 80, leur objectif est d'unifier syntaxe et sémantique. Leurs modèles formels sont explicitement forgés dans le cadre de la traduction automatique.

Graphe conceptuel

Représentation graphique d'une proposition.

Graphème et phonème

Unités simples, l'une d'écriture, l'autre de parole. «Pin» est un phonème contenu dans « sapin », « pinson » et « pintade ». La correspondance entre phonèmes et graphèmes n'est pas systématique. Ainsi, le phonème ε peut être représenté par les graphèmes è, ê, ei, ai.

Heuristique

C'est une stratégie de résolution de problèmes. Ainsi, pour détecter une panne dans un circuit, on peut isoler chacun de ses éléments et vérifier leur fonctionnement un à un.

Inférence

Opération logique qui permet de passer d'une proposition à une autre, par déduction, induction, généralisation.

Intelligence Artificielle (IA)

Domaine de l'informatique qui s'attache à construire des programmes « intelligents », c'est-à-dire capables d'analyser un environnement, de résoudre des problèmes, de prendre des décisions, d'apprendre, de percevoir.

Intentionnalité

Désigne cette propriété de l'esprit d'être tourné vers ou de porter sur des objets qui lui sont extérieurs, ou même qui n'existent pas. Toute représentation, tout désir, toute croyance est le produit de l'intentionnalité.

Langue naturelle

En IA, on désigne ainsi le langage humain, par opposition au langage artificiel de la machine.

Logique floue

Lotfi A. Zadeh, professeur à Berkeley, a introduit dans les années 60 la notion de sous-ensemble flou (*fuzzy set*), puis en 1978, il a créé « la théorie des possibilités ». Dans la logique des ensembles, un élément x appartient ou n'appartient pas à un ensemble A. Dans la logique floue, un élément x peut être affecté d'un degré d'appartenance à A pouvant varier de 0 (*n'appartient pas*) à 1 (*appartient*). Avec la logique floue, on entre dans le monde du possible au lieu du certain, du vraisemblable au lieu du vrai.

Modèles mentaux

« Je vais au cinéma. » Cette action renvoie implicitement à toute une série de séquences typiques : « faire la queue pour acheter un billet », « s'asseoir dans un fauteuil dans une grande salle devant un écran », « voir un film ». Voilà ce qu'on peut appeler un « modèle mental ». C'est le portrait typique correspondant à une représentation schématique d'un objet ou d'une situation. Selon le psychologue Philip Johnson-Laird, nombre de nos raisonnements en situation sociale s'appuient principalement sur la mobilisation de modèles mentaux implicites.

Modularité

La construction d'une image dans le cerveau résulte de la combinaison de données traitées par des « modules » spécialisés : vision des formes, vision des couleurs, vision du mouvement, etc. La conception modulaire de la cognition suppose que les fonctions telles que la vision, le langage, la lecture… soient effectuées par l'assemblage d'une multitude d'opérations spécialisées qui traitent chacune une partie de l'information.
Selon Jerry Fodor, le représentant le plus connu de la théorie modulariste, les

modules (de la vision, du langage) sont des activités autonomes et qui peuvent être sous le contrôle de processus centraux.

Neuromédiateur ou neurotransmetteur
Molécule chimique qui assure la transmission d'informations d'un neurone à l'autre par le canal des synapses.

Neuroimagerie cognitive
Sous-discipline des neurosciences qui utilise les techniques d'imagerie cérébrale pour l'étude des bases neurales des fonctions cognitives.

Neurosciences
Ensemble de disciplines (neurophysiologie, neuropsychiatrie, neuroendocrinologie, neurobiologie, etc.) qui prennent comme objet d'étude le système nerveux central, son anatomie, sa physiologie et son fonctionnement. Cette étude se fait le plus souvent en liaison avec des activités mentales particulières (le langage, la mémoire, la vision, etc.).

Perception subliminale
Perceptions d'une image ou d'un objet qui sont trop brèves pour apparaître à la conscience mais qui sont néanmoins traitées par le cerveau. On admet qu'il existe une perception subliminale mais les hypothèses sur leur influence durable et sur leur utilisation par la publicité sont mythiques.

Philosophie analytique
La philosophie analytique ou « philosophie du langage » est une école philosophique anglo-saxonne née en Angleterre dans les années 30.
Proche de la logique formelle et de la linguistique, la philosophie analytique rejette la prétention à connaître le monde ou à trouver une vérité. Elle s'intéresse plutôt aux énoncés du langage. Les énoncés « analytiques » sont des énoncés logiques qui portent sur le langage, à la différence des énoncés synthétiques qui portent sur les faits. Pour le courant analytique, l'analyse des propositions linguistiques permet d'augmenter la connaissance en en clarifiant le sens. Le rôle de la philosophie est donc d'élucider le sens du langage.
Le courant anglais de la philosophie analytique (ou philosophie du langage ordinaire) est représenté par l'Ecole d'Oxford : John L. Austin (1911-1960), Gilbert Ryle (1900-1976), Alfred J. Ayer (1910-1989). La philosophie de l'esprit anglo-saxonne s'est développée sur le terrain de la philosophie analytique du langage.

Positivisme logique, ou Cercle de Vienne
Mouvement de pensée animé par des logiciens et des épistémologues (Rudolf Carnap, Mauritz Schlick) dans les années 30. Son effort principal est la recherche d'un langage rigoureux dans lequel les propositions de la philosophie pourraient être aussi bien établies que celles des sciences. Les membres de ce groupe ont mis en œuvre une philosophie portant sur la science comme source unique de savoir.
→ *voir philosophie analytique*

Pragmatique
Partie de la linguistique qui étudie le langage en tant qu'outil de communication. Pour la pragmatique, nombre d'énoncés du langage ne servent pas à décrire le monde mais à agir sur autrui : «*Descends*»,

«Je te baptise», *«Tiens!»*. Dès lors, le sens des phrases et des mots ne peut être compris que dans leur contexte d'énonciation. John Austin (*Quand Dire, c'est faire*, 1961) a été le pionnier de la pragmatique.

Procédural

Ce terme provient de l'informatique. Une procédure est un ensemble d'instructions à effectuer pour réaliser une tâche. Le raisonnement «procédural» désigne l'ensemble des règles à suivre pour atteindre un objectif donné.
→ *voir déclaratif*

Processus top-down

La perception d'un objet de l'environnement ne se fait pas uniquement sur la base des informations provenant des sens. Une représentation mentale est générée par le cerveau afin d'interpréter l'image. Par exemple, dans la phrase manuscrite « la tour Eiffel est à Paris », si « Paris » est illisible, il sera identifié grâce au contexte. On dit donc que la perception se fait par un processus de haut en bas.

Proposition

En grammaire, on appelle proposition une phrase pourvue de sens, qui peut être vraie ou fausse. De manière plus générale, les philosophes analytiques appellent proposition tout état mental ayant un contenu qui peut être dit vrai ou faux.
→ *voir attitude propositionnelle*

Prototype

Le terme a été proposé par Eleanor Rosch comme un mode de «représentation des connaissances», un modèle de référence qui sert à définir un mot, une catégorie. Par exemple, le moineau est le prototype de l'oiseau, c'est-à-dire le représentant le plus courant de la catégorie. C'est à partir de ce prototype que l'on agrège autour de lui les membres de la famille qui possèdent avec lui certains traits communs.

Psychologie évolutionniste

Courant de la psychologie en plein essor aux Etats-Unis et qui considère les différentes aptitudes mentales comme des dispositifs adaptatifs, hérités de l'évolution.

Rationalité limitée

Pour Herbert A. Simon, le raisonnement humain en situation sociale n'est jamais parfaitement rigoureux. Il parle de *«rationalité limitée»* pour souligner le fait que les acteurs ne peuvent élaborer des choix optimaux (faute d'informations, de capacités de raisonnement ou de temps suffisant). La plupart du temps, le sujet se contentera d'adopter des solutions acceptables plutôt que des solutions optimales.

Réductionnisme

Les phénomènes psychologiques ne sont-ils que des phénomènes biologiques? Les phénomènes biologiques ne sont-ils pas *in fine* que des phénomènes chimiques? Le réductionnisme, c'est la tentative de rapporter l'explication d'un phénomène à un niveau d'organisation inférieur et plus élémentaire.
→ *voir émergence*

Représentation

Le mot «soleil» est une représentation verbale d'un astre qui brille dans le ciel, le drapeau américain est une représentation d'un pays, le signe «+» est une représentation logique de l'opération

« ajouter ». Prendre en compte les représentations dans les activités mentales les plus élaborées (raisonnement, vision, mémoire, etc.), c'est admettre que le traitement des informations passe, à un certain niveau, par des symboles, des images ou des signes. Le modèle de l'ordinateur où chaque information est traitée sous forme symbolique est à l'origine de la redécouverte de la notion de représentation. La prise en compte des représentations est considérée comme le grand apport des sciences cognitives par rapport à la psychologie béhavioriste.

→ *voir représentation des connaissances*

Représentation des connaissances

« *Alexandre est mon poisson rouge* », « *un poisson rouge est un animal* », « *un animal est un être vivant* ». La représentation des connaissances, c'est l'ensemble des méthodes – descriptives ou logiques – par lesquelles on cherche à traduire les connaissances relatives à un objet (par exemple, un « mammifère ») ou un concept (par exemple, Dieu) afin de transmettre ces informations à l'ordinateur. Les principales méthodes de représentation des connaissances sont les réseaux sémantiques, les prototypes, les scripts et les schémas.

→ *voir représentation, réseau sémantique, prototype, schéma, script*

Réseau sémantique

Méthode de représentation des connaissances décrite sous forme d'un réseau de concepts liés entre eux. Les concepts sont des étiquettes représentant un objet ou une idée. A chaque étiquette sont associées plusieurs informations (exemple : la chaise est un meuble, les oiseaux sifflent, etc.).

Des connaissances nouvelles sont susceptibles d'être produites par inférence (c'est-à-dire par déduction). Par exemple, si la machine a appris que « *Minou est un chat* » et que « *les chats miaulent* » alors la machine peut en déduire que « *Minou miaule* ». Les réseaux sémantiques ont été créés par Ross Quillian en 1966.

→ *voir représentation des connaissances*

Réseaux de neurones formels

« *Les réseaux de neurones formels sont aux neurones ce que les chevaux-vapeur sont aux chevaux et les chenilles métalliques sont aux chenilles velues.* » Jean-Gabriel Ganascia, *Dictionnaire de l'informatique et des sciences de l'information.*
Les modèles connexionnistes utilisent la notion de « réseaux de neurones formels » pour désigner une architecture informatique inspirée des réseaux de neurones du cerveau.

Schéma

Un schéma est un ensemble de connaissances associées entre elles et qui structurent notre perception de la réalité et structure la mémoire. Ainsi, le mot « maison » renvoie à un schéma stéréotypé : quatre murs, un toit, une cuisine, des chambres, etc. La notion de schéma a été proposée par le psychologue anglais Frederic Bartlett à partir de ses travaux sur la mémoire.

→ *voir script, prototype, frame*

Script

Notion proche de celle de schéma, créée par le linguiste Roger Schank et utilisée comme technique de représentation des connaissances en traduction automatique et en Intelligence Artificielle.

→ *voir schéma, modèles mentaux*

Sémantique

Domaine de la linguistique qui étudie le sens (la signification) des mots.

Stéréotype

En psychologie sociale, les stéréotypes, ce sont les images figées que l'on applique à un groupe humain (les Asiatiques sont travailleurs, les Allemands sont ordonnés, etc.).

Syntagme

Ferdinand de Saussure désigne par syntagme toute combinaison d'unités linguistiques (lettres, mots, etc.) qui se suivent et sont liées entre elles. Par exemple, « le chien » est le « syntagme nominal » dans la phrase : « Le chien aboie. » Ce syntagme (composé de deux éléments) se compose du déterminant « le » et du nom « chien »

Syntaxe

Partie de la grammaire qui étudie les règles par lesquelles les mots se combinent et s'agencent entre eux pour former une phrase cohérente.

Système vestibulaire

Système sensoriel jouant un rôle important dans la perception du mouvement et l'équilibration.

Traitement automatique du langage naturel (TALN)

Le langage naturel, c'est le langage humain (par rapport aux langages informatiques). Le TALN désigne donc l'ensemble des techniques de décodage, de reproduction du langage humain par un ordinateur : synthèse vocale, lecture et traduction automatique, reconnaissance de l'écriture.

BIBLIOGRAPHIE GÉNÉRALE

Nous nous sommes limités pour cette bibliographie aux ouvrages synthétiques, récents et publiés en français. Chacun de ces ouvrages renvoie à son tour à une mine de références bibliographiques (anglo-saxonnes notamment).

Introduction générale aux sciences cognitives

D. ANDLER (dir.), *Introduction aux sciences cognitives*, Gallimard, coll. Folio, 1992.

G. BEAUVALLET, *Un voyage d'exploration en sciences cognitives*, L'Harmattan, 1996.

J.-J. FELDMEYER, *Cerveau et pensée. La conquête des neurosciences*, Georg, 2002.

S. PINKER, *Comment fonctionne l'esprit*, Odile Jacob, 2000.

S.K. REED, *Cognition, théories et applications*, De Boeck Université, 1999.

F. VARELA, *Invitation aux sciences cognitives*, Seuil, 1989, (rééd. 1996).

G. VIGNAUX, *Les Sciences cognitives, une introduction*, La Découverte, 1992.

Histoire des sciences cognitives

J.-P. DUPUY, *Aux origines des sciences cognitives*, La Découverte, 1994.

H. GARDNER, *Histoire de la révolution cognitive*, Payot, 1993.

A. PELISSIER (dir.), *Sciences cognitives, textes fondateurs (1943-1950)*, Puf, 1995.

Dictionnaires

O. HOUDÉ, D. KAYSER, O. KŒNIG, J. PROUST et F. RASTIER, *Vocabulaire des sciences cognitives*, Puf, 1998.

G. TIBERGHIEN, *Dictionnaire des sciences cognitives*, Armand Colin, 2002.

Intelligence Artificielle

D. CREVIER, *A la recherche de l'Intelligence artificielle*, Flammarion, 1993.

J. PITRAT, *De la machine à l'intelligence*, Hermès, 1995.

G. TISSEAU, *Intelligence artificielle*, Puf, 1996.

Psychologie cognitive

B. CADET, *Psychologie cognitive*, In Press, 1998.

P. LEMAIRE, *Psychologie cognitive,* De Boeck Université, 1999.

J.-L. ROULIN (dir.), *Psychologie cognitive*, Bréal, 1998.

C. TIJUS, *Introduction à la psychologie cognitive*, Armand Colin, 2001.

A. WEIL-BARRAIS, *L'Homme cognitif*, Puf, 1993.

Neurosciences cognitives

M.F. BEAR, B.W. CONNORS et M.A. PARADISO, *Neurosciences, à la découverte du cerveau*, Pradel, 1997.

J.-P. CHANGEUX, *L'Homme neuronal*, Fayard, 1980.

J. DELACOUR, *Une introduction aux neurosciences cognitives*, De Boeck Université, 1997.

M. GAZZANIGA, R. IVRY et G. MANGUN, *Neurosciences cognitives, la biologie de l'esprit*, De Boeck, Université, 2001.

M. HABIB, *Bases neurologiques des comportements*, Masson, 1998.

O. HOUDÉ, B. MAZOYER, et N. TZOURIO-MAZOYER, *Cerveau et psychologie*, Puf, 2002.

M. JEANNEROD, *La Nature de l'esprit*, Odile Jacob, 2002.

Linguistique et sciences cognitives

S. AUROUX, *La Philosophie du langage*, Puf, 1996.

M. FAYOL, *Des idées au texte*, Puf, 1997.

B. LAKS, *Langage et Cognition*, Hermès, 1996.

S. PINKER, *L'Instinct du langage*, Odile Jacob, 1998.

Philosophie de l'esprit

B. ANDRIEU, *La Neurophilosophie*, Puf, « Que sais-je ? », 1998.

P. ENGEL, *Introduction à la philosophie de l'esprit*, La Découverte, 1994.

J.-N. MISSA, *L'Esprit-Cerveau. La philosophie de l'esprit à la lumière des neurosciences*, Vrin, 1993.

D. PINKAS, *La Matérialité de l'esprit*, La Découverte, 1995.

C. POIREL, *Le Cerveau et la pensée. Critique des fondements de la neurophilosophie*, L'Harmattan, 1997.

J.R. SEARLE, *La Redécouverte de l'esprit*, Galllimard, 1995.

Pensée animale

B. CYRULNIK (dir.), *Si les lions pouvaient parler. Essais sur la condition animale*, Quarto/Gallimard, 1998.

D. HAUSER, *A quoi pensent les animaux ?*, Odile Jacob, 2002.

D. LESTEL, *Les Origines animales de la culture*, Flammarion, 2001.

J. VAUCLAIR, *L'Intelligence de l'animal*, Seuil, 2ᵉ édition, 1992.

J. VAUCLAIR, *La Cognition animale*, Puf, « Que sais-je ? », 1998.

J. VAUCLAIR, *L'Homme et le Singe, psychologie comparée*, Flammarion, 1998.

Perception

J.-D. BAGOT, *Information, sensation, perception*, Armand Colin, 1996.

M. DENIS, *Image et cognition*, Puf, 1989.

R.L. GREGORY, *L'Œil et le cerveau. La psychologie visuelle*, De Boeck Université, 2000.

G. KANIZSA, *La Grammaire du voir, essais sur la perception*, Diderot Editeur, 1998 (1ʳᵉ édition italienne, 1980).

D. MARR, *Vision : A Computational Investigation into the Human Representation and Processing of Visual Information*, W.H. Freeman & Company, 1982.

I. ROCK, *La Perception*, De Boeck Université, 2000.

Apprentissage et mémoire

A. BADDELEY, *La Mémoire humaine, théorie et pratique*, Pug, 1993.

C. KEKENBOSCH, *La Mémoire et langage*, Nathan, 1994.

A. LIEURY, *La Mémoire de l'élève en 50 questions*, Dunod, 1998.

I. ROSENFIELD, *L'Invention de la mémoire*, Eshel, 1989.

D.L. SCHACTER, *A la recherche de la mémoire : le passé, l'esprit et le cerveau*, De Boeck Université, 1999.

G. TIBERGHIEN, *La Mémoire oubliée*, Mardaga, 1997.

M. VAN DER LINDEN, *Les Troubles de la mémoire*, Mardaga, 1991.

Intelligence

H. GARDNER, *Les Formes de l'intelligence*, Odile Jacob, 1997.

J. LAUTREY et M. HUTEAU, *Les Tests d'intelligence*, La Découverte, 1998.

A.-N. PERRET-BELMONT, M. GROSSEN et M. NICOLET, *La Construction de l'intelligence dans l'interaction sociale*, Peter Lang, 1996.

J. PIAGET, *La Psychologie de l'intelligence*, Armand Colin, 1956.

Attention et conscience

J.-F. CAMUS, *La Psychologie cognitive de l'attention*, Armand Colin, 1996.

Collectif, *Les Troubles de la conscience*, De Boeck Université, 1998.

A. DAMASIO, *Le Sentiment même de soi. Corps, émotions et conscience*, Odile Jacob, 1999 (rééd. 2002).

J. DELACOUR, *Biologie de la conscience*, Puf, 1994.

D. DENNETT, *La Conscience expliquée*, Odile Jacob, 1993.

Lecture et écriture

T. BACCINO et P. COLÉ, *La Lecture experte*, Puf, « Que sais-je ? », 1995.

M. FAYOL, *Des idées au texte. Psychologie cognitive de la production verbale, orale et écrite*, Puf, 1997.

C. GOLDER et D. GAONAC'H, *Lire et comprendre, psychologie de la lecture*, Hachette, 1998.

G. SERRATRICE et M. HABIB, *L'Ecriture et le Cerveau*, Masson, 1993.

L. SPRENGER-CHAROLLES et S. CASALS, *Lire. Lecture et écriture, acquisition et troubles du développement*, Puf, 1996.

Raisonnement et résolution de problèmes

J. COSTERMANS, *Les Activités cognitives, Raisonnement, décision et résolution de problèmes*, De Boeck université, 1998.

E. DROZA-SENKOWSKA, *Les Pièges du raisonnement*, Retz, 1997.

C. GEORGE, *Polymorphisme du raisonnement humain, Une approche de la flexibilité de l'activité inférentielle*, Puf, 1997.

M.-D. GINESTE, *L'Analogie et la Cognition*, Puf, 1997.

J.-F. RICHARD, *Les Activités mentales*, Armand Colin, 3ᵉ édition 1998.

Développement cognitif de l'enfant

J. BIDEAUD, O. HOUDÉ et J.-L. PEDINIELLI, *L'Homme en développement*, Puf, 1993.

O. HOUDÉ, C. MELJAC, *L'Esprit piagetien*, Puf, 2000.

R. LÉCUYER, *L'Intelligence des bébés en 40 questions*, Dunod, 1996.

R. LÉCUYER, M.-G. PÊCHEUX et A. STRÉRI, *Le Développement cognitif du nourrisson*, 2 tomes, Nathan, 1994 et 1996.

J. MELHER et E. DUPOUX, *Naître humain*, Odile Jacob, 1990.

La pensée et le vivant

B. CYRULNIK, *L'Ensorcellement du monde*, Odile Jacob, 1997.

A. DAMASIO, *L'Erreur de Descartes, La raison des émotions*, Odile Jacob, 1995.

E. MORIN, *La Méthode. La connaissance de la connaissance*, t. 3, Seuil, 1986, et *Les Idées, leur habitat, leur vie, leurs mœurs, leur organisation*, t. 4, Seuil, 1991.

F. VARELA et E. THOMSON, *L'Inscription corporelle de l'esprit, sciences cognitives et expériences humaines*, Seuil, 1993.

J.-D. VINCENT, *Biologie des passions*, Odile Jacob, 1986.

Les représentations

C. BORNARDI et N. ROUSSIAU, *Les Représentations sociales. Etat des lieux et perspectives*, Mardaga 2001.

W. DOISE et G. MUGNY, *Psychologie sociale et développement cognitif*, Armand Colin, 1997.

M. DOUGLAS, *Comment pensent les institutions*, La Découverte, 1999.

J.-P. LEYENS et J.-L. BEAUVOIS, *L'Ere de la cognition, T. 3 La psychologie sociale*, Pug, 1997.

E. MORIN, *Les Idées, leur habitat, leur vie, leurs mœurs, leur organisation*, Seuil, 1991.

J.-M. SECA, *Les Représentations sociales*, Armand Colin, 2001.

D. SPERBER, *La Contagion des idées*, Odile Jacob, 1996.

INDEX THÉMATIQUE

INDEX DES NOMS
DE PERSONNES

Coyette F. : 66
Cyrulnik B. : 223-226

Damasio A. : 193, 371-378, 406-409
Damasio H. : 372
Darwin C. : 437
Dawkins S. : 428
DeCasper A. : 240
Decéty J. : 443
Dehaene S. : 76, 100, 308
Delumeau J. : 426
Dement W. : 441
Dempster F. : 315
Denckla M. : 69
Denis M. : 247-249
Dennett D.C. : 13, 24-25, 175, 193,
        379-381, 433, 434, 438
Descartes R. : 15, 188, 191, 209, 224,
        371, 380, 432, 435
Descola P. : 162
Devereux G. : 420
Doré F.Y. : 253-258
Dortier J.-F. : 15-30, 35-43, 53-55,
        107-115, 133-141, 148-149,
        159-163, 195-197, 287-294,
        303-309, 363-370, 379-381,
        383-385, 417-429, 453-458,
        459-464
Drestke F. : 196, 435
Douglas M. : 425
Dreyfus H. : 24, 111
Dubet F. : 462
Duby G. : 427
Dupoux E. : 306
Durand K. : 282
Durkheim E. : 459

Eccles J.-C. : 188
Eco U. : 428
Edelman G.M. : 146, 264-265
Ehrenfels C. von : 244
Elster J. : 461

Engel : 196, 431-439
Eysenck H.J. : 293

Fantz R. : 275, 276
Fayol M. : 333-337
Febvre L. : 426
Feigenbaum E. : 20, 110, 116
Feigl H. : 188
Feuerstein R. : 294
Feyerabend P. : 189
Flavell J. : 339
Flourens M.-J.-P. : 17, 61-62
Flynn J. : 292
Fodor J. : 12, 37, 22-24, 25, 41, 176, 196,
        432, 433, 435, 436, 437
Foerster H. von : 19
Fornel M. de : 461
Fossey D. : 221
Fourneret P. : 447
Freud S. : 383, 454
Frichtel M. : 282
Frijda N. : 408-409
Frisch K. von : 223
Frith C. : 447
Fuchs C. : 138, 143-151

Galien : 61
Gall F. J. : 17, 61, 87
Gallup G. : 220
Gardner H. : 26, 223, 292
Garfinkel H. : 460, 463
Gazzaniga M. : 28, 191, 366, 405
Georgieff N. : 444, 447
Geschwind N. : 372
Gesell A. : 288
Gibbs C. : 341
Gibson J. J. : 232
Giddens A. : 462, 464
Giordan A. : 273
Goody J. : 167
Greenberg J. : 153-154
Griffin D. : 221, 305

Liste des auteurs

James Anderson, Primatologue, Senior Lecturer à l'Université de Stirling, Ecosse

Claude Bonnet, Professeur de psychologie expérimentale à l'université Louis-Pasteur de Strasbourg

Jean-Paul Caverni, Directeur de recherche au CNRS

Jean-Pierre Changeux, Professeur au Collège de France

Gaëtane Chapelle, Journaliste scientifique au magazine *Sciences Humaines*

Boris Cyrulnik, Médecin, psychiatre et psychanalyste

Antonio Damasio, Directeur du département de neurologie de l'Université de l'Iowa, professeur et chercheur associé du Salk Institute de La Jolla

Michel Denis, Directeur de recherche au CNRS

François Y. Doré, Professeur de psychologie à l'Université de Laval, Québec

Jean-François Dortier, Rédacteur en chef du magazine *Sciences Humaines*

Pascal Engel, Membre de l'Institut Jean-Nicod, CNRS

Michel Fayol, Professeur de psychologie à l'Université Blaise-Pascal, Clermont-Ferrand

Catherine Fuchs, Directeur de recherche au CNRS, laboratoire LaTTiCe, et directeur du programme Cognitique au ministère de la Recherche

Olivier Houdé, Professeur de psychologie cognitive à l'université Paris-V

Marc Jeannerod, Professeur , directeur de l'Institut des Sciences Cognitives, et de l'équipe de recherche Psychopathologie de l'intention

Nicolas Journet, Journaliste scientifique au magazine *Sciences Humaines*

Annette Karmiloff-Smith, Professeur et directrice au Development Unit, à l'Institute of Child Health (Londres)

Jacques Lautrey, Professeur de psychologie à l'université Paris-V

Gilbert Lazard, Membre de l'Institut

Roger Lécuyer, Laboratoire Cognition et Développement, Institut de Psychologie, Université René-Descartes, CNRS

Alain Lieury, Professeur de psychologie à l'université Rennes-II

James McClelland, Professeur de psychologie, Université Carnegie Mellon, Pittsburgh

Gilles Marchand, Journaliste Scientifique au magazine *Sciences Humaines*

Jean-Noël Missa, Chercheur au Fonds national belge de la recherche scientifique, Université Libre de Bruxelles

Laurent Mucchielli, Chargé de recherche au CNRS (CESDIP)

Bernadette Noël, Professeur aux facultés universitaires catholiques de Mons, Belgique

Chantal Pacteau, chargée de recherche au CNRS, Laboratoire cognition et développement

Jacques Pitrat, Chercheur au LIP6, Laboratoire d'informatique de Paris–VI

David Premack, Professeur émérite de psychologie à l'Université de Pennsylvanie

Jean-François Richard, Professeur de psychologie à l'université Paris-VIII

John R. Searle, Professeur de philosophie à l'Université de Berkeley, Californie

Dan Sperber, Anthropologue, Directeur de recherche au CNRS

Robert J. Sternberg, Professeur de psychologie à l'Université de Yale

Guy Tiberghien, Professeur de psychologie à l'Institut des sciences cognitives de Lyon

Francisco Varela, Biologiste, directeur de recherche au CNRS

Jacques Vauclair, professeur de psychologie à l'Université de Provence (Aix-en-Provence)

Jean-Didier Vincent, Professeur de neurophysiologie à l'université Bordeaux-II

TABLE DES MATIÈRES

Achevé d'imprimer en décembre 2002
par l'imprimerie QUEBECOR WORLD
N° d'impression : 026456
Dépôt légal : janvier 2003